特 殊 钢 丛 书

高强度紧固件用钢

惠卫军 翁宇庆 董 瀚 编著

北 京
冶 金 工 业 出 版 社
2009

内 容 简 介

本书在简要介绍高强度紧固件及其用钢的概况和冶金生产工艺的基础上，重点从钢种特点、设计、性能及其应用和发展趋势等方面介绍了耐延迟断裂高强度螺栓钢、高强度螺栓用硼钢、高强度螺栓用冷作强化非调质钢、高强度螺栓用热轧双相冷镦钢等，此外还介绍了在线软化处理高强度螺栓钢的技术及其工业应用。

本书可供从事钢铁材料研究、生产的科技人员和材料应用的工程技术人员阅读，也可供大专院校相关专业师生参考。

图书在版编目（CIP）数据

高强度紧固件用钢／惠卫军，翁宇庆，董瀚编著. —北京：冶金工业出版社，2009.8

（特殊钢丛书）

ISBN 978-7-5024-5012-0

Ⅰ. 高…　Ⅱ. ①惠…　②翁…　③董…　Ⅲ. 高强度钢　Ⅳ. TG142.7

中国版本图书馆 CIP 数据核字（2009）第 142825 号

出 版 人　曹胜利
地　　址　北京北河沿大街嵩祝院北巷 39 号，邮编 100009
电　　话　（010）64027926　电子信箱　postmaster@cnmip.com.cn
策划编辑　杨传福　张　卫
责任编辑　张爱平　美术编辑　李　新　版式设计　张　青
责任校对　王贺兰　责任印制　牛晓波
ISBN 978-7-5024-5012-0
北京兴华印刷厂印刷；冶金工业出版社发行；各地新华书店经销
2009 年 8 月第 1 版，2009 年 8 月第 1 次印刷
169mm×239mm；20.5 印张；385 千字；313 页；1-2000 册
65.00 元

冶金工业出版社发行部　电话：（010）64044283　传真：（010）64027893
冶金书店　地址：北京东四西大街 46 号(100711)　电话：（010）65289081
（本书如有印装质量问题，本社发行部负责退换）

《特 殊 钢 丛 书》

编辑委员会

《特殊钢丛书》序言

特殊钢是众多工业领域必不可少的关键材料，是钢铁材料中的高技术含量产品，在国民经济中占有极其重要的地位。特殊钢材占钢材总量比重、特殊钢产品结构、特殊钢质量水平和特殊钢应用等指标是反映一个国家钢铁工业发展水平的重要标志。近年来，在我国社会和经济快速健康发展的带动下，我国特殊钢工业生产和产品市场发展迅速，特殊钢生产装备和工艺技术不断提高，特殊钢产量和产品质量持续提高，基本满足了国内市场的需求。

目前，中国经济已进入重工业加速发展的工业化中期阶段，我国特殊钢工业既面临空前的发展机遇，又受到严峻的挑战。在机遇方面，随着固定资产投资和汽车、能源、化工、装备制造和武器装备等主导产业的高速增长，全社会对特殊钢产品的需求将在相当长时间内保持在较高水平上。在挑战方面，随着工业结构的提升、产品高级化，特殊钢工业面临着用户对产品品种、质量、交货时间、技术服务等更高要求的挑战，同时还在资源、能源、交通运输短缺等方面需应对日趋激烈的国内外竞争的挑战。为了迎接这些挑战，抓住难得发展机遇，特殊钢企业应注重提高企业核心竞争力以及在资源、环境方面的可持续发展。它们主要表现在特殊钢产品的质量提高、成本降低、资源节约型新产品研发等方面。伴随着市场需求增长、化学冶金学和物理金属学发展、冶金生产工艺优化与技术进步，特殊钢工业也必将日新月异。

从 20 世纪 70 年代世界第一次石油危机以来，工业化国家的特殊钢生产、产品开发和工艺技术持续进步，已基本满足世界市场需求、资源节约和环境保护等要求。近年来，在国家的大力支持下，我国科研院所、高校和企业的研发人员承担了多项国家科技项目工作，在特殊钢的基础理论、工艺技术、产品应用等方面也取得了显著成绩，特别是近 20 年来各特钢企业的装备更新和技术改造促进了特殊钢行业进步。为了反映特殊钢技术方面的进展，中国金属学会特殊钢分会、先进钢铁材料技术国家工程研究中心和冶金工业出版社共同发起，并由先进钢铁材料技术国家工程研究中心和中国金属学会特殊钢分会负责组织编写了新的《特殊钢丛书》，它是已有的由中国金属学会特殊钢分会组织编写《特殊钢丛书》的继续。由国内学识渊博的学者和生产经验丰富的专家组成编辑委员会，指导丛书的选题、编写和出版工作。丛书编委会将组织特殊钢领域的学者和专家撰写人们关注的特殊钢各领域的技术进展情况。我们相信本套丛书能够在推动特殊钢的研究、生产和应用等方面发挥积极作用。本套丛书的出版可以为钢铁材料生产和使用部门的技术人员提供特殊钢生产和使用的技术基础，也可为相关大专院校师生提供教学参考。本套丛书将分卷撰写，陆续出版。丛书中可能会存在一些疏漏和不足之处，欢迎广大读者批评指正。

《特殊钢丛书》编委会主编

中国工程院院长 徐匡迪

2008年夏

前　言

紧固件的使用已有两千多年的历史。在三大基础零部件中，紧固件的应用量最大，应用面最广，其应用在我们的日常生活中随处可见。在各工业部门的全部生产过程中，约有 60%的工时是消耗在装配和紧固上。

与被连接的各种结构件相比，紧固件往往很小，历史上因紧固件质量问题所造成的损失许多是灾难性的，其重要性不言而喻。如航空史上罕见的 1985 年发生的 520 人丧生的客机失事惨案便是由于一架波音 747 客机尾翼上的 850 个紧固件中有一部分存在严重的质量问题，造成尾翼破坏而导致飞机坠毁。大量血的教训和巨大的物资损失促使人们开始重视紧固件这种随处可见又随处可用，且一向被忽视的通用零件。为此，美国政府 1990 年由当时的总统乔治·布什签署了《紧固件质量保证法》。这表明，小小的紧固件必须引起人们足够的重视，也使设计师们必须认识到：许多机械的紧固问题同样是设计的关键之一。

在《紧固件机械性能——螺栓、螺钉和螺柱》（GB/T 3098.1—2000）中，螺栓、螺钉和螺柱等的性能等级共分为 10 个级别，其中 8.8 级及其以上为高强度紧固件。高强度紧固件的应用和发展对现代机械的紧凑小型化、轻量化、高性能化及提高结构工程的连接强度起着重要的作用。高强度紧固件的承载能力、使用寿命比中、低强度紧固件高得多。高强度紧固件通常采用中碳钢或中碳合金钢来制造，成品紧固件需进行淬火和回火处理，也可选用其他钢种来制造。随着现代汽车、机械、建筑、轻工等各个生产部门的发展，对制造各类紧固件（如螺栓、螺钉、螺母等）使用的材料提出了更高设计应力和轻量化的要求，这其中最有效的措施便是紧固件用钢的高强度化。然而，延迟断裂是紧固件用钢高强度化时必须首先克服的难题。在 20 世纪末，日本、韩国和我国分别投入巨资重点实施的“超级钢计划”、“高性能结构钢计划”和“新一代钢铁材料的重大基础研究”中，1500 MPa 级耐延迟断裂高强度结构（螺栓）钢的研究均是其中的一个重要课题。这足以表明国际上对此问题的重视程度。

钢铁研究总院自 1997 年起负责承担了“973”项目“新一代钢铁材料的重大基础研究”中的 1500 MPa 级合金结构钢课题（G1998061503），重点从纯净度、晶粒细化、微观组织和控制氢陷阱等方面对高强度钢的延迟断裂行为进行了大量的基础研究。我们通过大量实验探索，发现通过合理地控制钢的晶粒尺寸、强化晶界和控制氢陷阱能够在钢的强度显著提高、同时具有良好塑性和韧性的基础上，明显地改善高强度钢的耐延迟断裂性能。在理论研究的基础上，提出了解决高强度钢延迟断裂问题的创新性思路，并成功地设计出 1300～1600 MPa 级的新一代耐延迟断裂高强度结构钢 ADF 系列及其制造技术，建立中国自己的耐延迟断裂高强度结构钢系列，填补了国内空白，获得了 6 项国家发明专利。随后在负责承担的国家“十五”科技攻关计划课题“新一代高强度螺栓钢研究与开发”（2002BA314B08）中，重点对 ADF 系列钢的冶金生产和应用技术进行了大量的研究工作。独特的设计思路使得 ADF 系列钢满足现行的冶金、螺栓生产工艺流程。其冶金生产工艺成熟，质量稳定。采用 ADF 系列钢开发的多种高强度螺栓首先于 2003 年在南京依维柯汽车公司投入工业化批量生产应用，累计装车近 10 万辆，使用性能良好；近年来在雷诺大功率发动机、五十铃汽车发动机等方面也得到应用。在某军工重点型号上，ADF 钢制的多种 13.9 级螺栓已正式定型和批量应用。

除紧固件用钢的高强度化外，进一步提高其经济性也是一个十分重要的发展方向。对此，国内外先后开发了中低碳硼钢、冷作强化非调质钢、双相钢等钢种，用来制造各种高强度紧固件。钢铁研究总院自 20 世纪 80 年代起，便紧跟国际上的发展趋势，在国家科技攻关计划（编号 75-28-01-07）的支持下，在国内开展了冷作强化非调质钢的研发工作，先后开发了 LF20Mn2V、18Mn2V 等钢种，用来制造 U 形螺栓等。近年来，我们在国家“863”计划（编号 2005AA001110）的支持下，与马鞍山钢铁股份公司合作，采用微合金化与低温热机械轧制相结合的技术路线，成功地开发出具有超细铁素体+退化珠光体组织的新型冷作强化非调质钢 MFT8，用来制造 8.8 级高强度紧固件。该钢种既解决了传统非调质钢线材塑性和冷加工性较差的难题，又具有良好的经济性。目前，在国家科技支撑计划（编号 2007BAE30B04）的支持下，正在与马鞍山钢铁股份公司合作，开展新型贝氏体型冷作强化非调质钢线材的研发。

紧固件主要靠冷镦成形，采用传统工艺生产的冷镦钢线材需在冷镦前进行耗时耗能的球化退火处理。因此，紧固件生产厂家多年来一直迫切要求冶金企业开发可省略球化退火的在线软化的冷镦钢线材。我们与马钢合作，在国家“863”计划课题（2003AA331030）的支持下，在钢铁研究总院等单位在低碳钢控轧控冷技术基础研究过程中提出的形变诱导铁素体相变（DIFT）理论的基础上，创造性地将该理论应用到中碳钢，系统地研究了中碳钢的形变诱导相变规律，提出了低温热机械轧制在线球化碳化物的模型和技术路线；并结合化学成分优化，在国际上率先成功地开发出 8.8 级在线软化免退火的高性能中碳冷镦钢盘条新产品 35K-M 和简化软化退火处理的中碳合金钢 SCM435。该项成果已稳定地应用于生产，已批量生产出在线软化处理的高性能低成本冷镦钢热轧盘条 20 多万 t，经济和社会效益显著，项目获得了 2007 年安徽省科学技术一等奖。该项目所开发的技术原理可推广到轴承钢、齿轮钢、其他合结钢等要求软化退火的钢类，具有广阔的应用前景。

本书正是在上述主要研发工作的支撑下，结合国内外高强度紧固件用钢的研究开发情况，将我们近 20 年来的研发工作进行了较系统的归纳总结，这是本书的核心和重点；同时还对其他一些较重要的钢类进行了归纳介绍。本书共 8 章，前 3 章为高强度紧固件用钢一般特征、冶金生产及其性能特征的总体介绍，随后 4 章则按钢类进行了介绍，最后一章介绍了高强度紧固件用钢的软化处理技术。第 1 章介绍了高强度紧固件及其用钢的发展概况；第 2 章简要介绍了高强度紧固件用钢的冶炼、轧制等冶金生产技术；第 3 章则在归纳总结了高强度螺栓受力特征及其性能要求的基础上，重点分析了冷镦性能、疲劳性能及延迟断裂性能的特点、主要影响因素和实验评估方法等；第 4 章从断裂力学、微合金化理论、晶界强化理论综合应用和分析的基础上，归纳出高强度螺栓钢的抗延迟断裂关键技术，并开发出新的耐延迟断裂高强度螺栓钢系列；第 5 章首先从硼钢的淬透性、晶粒尺寸控制、冷加工性、常规力学性能、延迟断裂性能、疲劳性能等方面介绍了硼钢性能特征，随后介绍中低碳硼钢成分的设计原则及其应用情况；第 6 章介绍了冷作强化非调质钢冷变形的主要影响因素、冷变形对微观组织和性能的影响及其冷变形后螺栓的时效处理过程中的组织和性能变化，介绍了铁素体+珠光体型和贝氏体型冷作强化非调质钢的成分设计、国内外开发钢种的性能特征及其工业应用情况；第 7 章介绍了热轧双相冷镦钢的成分设计、力学性能及其主要影响因素、国内外开发的钢种及其工业应用；第 8 章介绍了碳化物的球化机制及其主要影响因素、碳化物的常规球化退火工艺及加速球化退火处理的技术及中碳钢的在线软化退火处理技术。

目前国际上还未见关于高强度紧固件用钢方面的专著。本书力求在归纳、总结我们多年来高强度结构钢研发工作的基础上，把常用的高强度紧固件用钢的基本情况、当前进展及发展趋势做一个较全面的分析，但由于编者的水平有限，本书的论述肯定有不少不足与值得商榷之处，衷心希望读者批评和指正。

本书中的研究工作和写作过程得到了钢铁研究总院、先进钢铁材料技术国家工程研究中心特别是作者所在合金结构钢研究室研发团队的大力支持鼓励及提供相应的工作条件和经费支持。特别感谢陈思联、时捷、王毛球等的支持与参与。本书中的工业生产和应用研究工作得到了东北特钢集团、马鞍山钢铁股份公司、第一汽车集团、东风汽车有限公司、南京依维柯汽车公司和泉州威兰汽车零部件有限公司等的大力支持和紧密合作，特别要感谢赵秀明、滕力宏、高惠菊、张宇、苏世怀、孙维、于同仁、朱云明、熊云奇、卢海波、庄雄辉、邱建喜等的热情支持和密切合作。在本书的写作过程中，与雍岐龙教授等进行了有益的讨论。本书还得到了各钢厂和紧固件制造行业朋友的帮助，在此一并表示衷心的感谢。

作　者

2009 年 5 月

目　录

1　绪论 …… 1
1.1　高强度紧固件及其用钢概况 …… 1
1.2　高强度紧固件的发展概况 …… 3
1.3　国内外生产需求情况 …… 4
参考文献 …… 5
2　高强度紧固件用钢的冶金生产 …… 6
2.1　高强度紧固件用钢的冶炼和浇铸技术 …… 6
2.2　高强度紧固件用钢的轧制技术 …… 8
2.2.1　精密轧制 …… 8
2.2.2　无表面缺陷轧制 …… 9
2.2.3　控制轧制和控制冷却 …… 11
参考文献 …… 12
3　高强度螺栓及其用钢的性能特征 …… 13
3.1　高强度螺栓的受力特征及其性能要求 …… 13
3.2　冷镦性能 …… 13
3.2.1　冷镦性能的评价方法 …… 14
3.2.2　冷镦性能的主要影响因素 …… 21
3.3　疲劳性能 …… 28
3.3.1　螺栓疲劳断裂的特点 …… 28
3.3.2　螺栓疲劳性能试验方法 …… 30
3.3.3　影响螺栓疲劳性能的主要因素 …… 30
3.4　耐延迟断裂性能 …… 32
3.4.1　延迟断裂的概念与特征 …… 33
3.4.2　氢与高强度钢的延迟断裂行为 …… 36
3.4.3　延迟断裂的主要影响因素 …… 40
3.4.4　高强度钢的延迟断裂机理 …… 45
3.4.5　延迟断裂敏感性的评价方法 …… 48

参考文献 …… 56

4 耐延迟断裂高强度螺栓钢 …… 63

4.1 概述 …… 63
4.2 改善高强度钢耐延迟断裂性能的关键技术 …… 64
4.2.1 组织细化 …… 64
4.2.2 微合金化处理 …… 79
4.2.3 晶界强化 …… 97
4.2.4 合金元素钼的应用 …… 109
4.3 耐延迟断裂高强度螺栓钢的开发 …… 119
4.3.1 耐延迟断裂高强度螺栓钢开发时通常采取的措施 …… 119
4.3.2 耐延迟断裂高强度螺栓钢的国内外开发概况 …… 119
4.3.3 ADF 系耐延迟断裂高强度螺栓钢的开发及其性能特征 …… 121
参考文献 …… 143

5 高强度螺栓用硼钢 …… 153

5.1 概述 …… 153
5.2 硼钢的性能特征 …… 153
5.2.1 硼钢的淬透性 …… 153
5.2.2 硼钢的晶粒尺寸控制 …… 156
5.2.3 硼钢的冷加工性 …… 159
5.2.4 硼钢的常规力学性能 …… 161
5.2.5 硼钢的耐延迟断裂性能 …… 163
5.2.6 硼钢的疲劳性能 …… 168
5.3 高强度螺栓用硼钢的设计及其应用 …… 170
参考文献 …… 175

6 高强度螺栓用冷作强化非调质钢 …… 177

6.1 概述 …… 177
6.2 冷作强化非调质钢的设计 …… 179
6.2.1 设计原则 …… 179
6.2.2 热轧线材的强度和塑韧性控制 …… 180
6.2.3 7T 级、8.8 级和 9.8 级螺栓用冷作强化非调质钢的设计 …… 188
6.2.4 10.9 级螺栓用冷作强化非调质钢的设计 …… 194
6.3 冷作强化非调质钢的冷变形 …… 197

6.3.1　冷变形性的主要影响因素……197
6.3.2　冷变形对微观组织结构的影响……199
6.3.3　冷变形对性能的影响……205
6.4　冷作强化非调质钢制螺栓的时效处理……218
6.4.1　微观组织的变化……218
6.4.2　力学性能的变化……219
6.4.3　时效处理温度的选择……222
6.5　冷作强化非调质钢的性能特征及其工业应用……223
6.5.1　7T级、8.8级和9.8级螺栓用冷作强化非调质钢……224
6.5.2　10.9级和12.9级螺栓用冷作强化非调质钢……225
6.5.3　冷作强化非调质钢制螺栓的应用性能……226
6.5.4　冷作强化非调质钢制造高强度螺栓的经济性分析……232
参考文献……234

7　高强度螺栓用热轧双相冷镦钢……237

7.1　概述……237
7.2　双相钢的组织特征及生产方法……238
7.3　热轧双相冷镦钢的成分设计……239
7.3.1　热轧双相冷镦钢的碳含量……239
7.3.2　热轧双相冷镦钢的合金化……241
7.4　双相钢的力学性能及其主要影响因素……246
7.4.1　双相钢强韧性的特点……246
7.4.2　马氏体含量的影响……247
7.4.3　马氏体碳含量的影响……248
7.4.4　马氏体形态及分布的影响……250
7.4.5　铁素体状态的影响……251
7.4.6　回火的影响……252
7.4.7　冷拔变形和时效的影响……255
7.4.8　包辛格效应……257
7.5　热轧双相冷镦钢的开发及其应用……257
参考文献……262

8　高强度螺栓钢的软化退火处理……264

8.1　概述……264
8.2　碳化物球化的机制……264

8.2.1 片层状珠光体球化理论 ……265
8.2.2 碳化物颗粒的球化长大理论 ……267
8.3 影响碳化物球化的主要因素 ……269
8.3.1 化学成分的影响 ……269
8.3.2 原始组织的影响 ……269
8.3.3 加热温度与保温时间的影响 ……270
8.3.4 冷却速度的影响 ……271
8.3.5 残留碳化物的影响 ……271
8.4 碳化物球化退火工艺 ……272
8.4.1 常规球化退火工艺 ……272
8.4.2 加速球化退火处理技术 ……274
8.5 在线软化处理技术 ……288
8.5.1 在线软化处理技术的基本考虑 ……288
8.5.2 在线软化处理技术的前期探索 ……289
8.5.3 在线软化处理技术的实验室研究 ……293
8.5.4 在线软化处理技术的工业应用 ……306
参考文献 ……307

名词术语 ……311

1 绪　　论

1.1 高强度紧固件及其用钢概况

紧固件或称标准件、标准紧固件，是一种用途极为广泛的机械基础零部件，其主要作用是连接和紧固。紧固件通常包括：螺栓、螺柱、螺母、螺钉、垫圈、销、自攻螺钉、挡圈、铆钉、组合件等十几个类别，有标准的、非标准的多种形式。由于紧固件规格、几何形状、材料的不同，紧固件的总数已达50多万种。

人类自开始制造工具的时候起，就面临连接问题。紧固件的使用已有两千多年的历史。20世纪以来，生产力迅猛发展，紧固件的生产和使用发展到一个新的水平，从而为紧固件的通用化、标准化和专业化奠定了物质基础。紧固件和连接技术的研究，已经成为专门的学科；紧固件的生产已经形成专门的行业，成为机械工业中的一个重要组成部分。

紧固件是一种非常重要而又量大面广的基础件，其应用随处可见。据统计，约有70%的被连接件和组合装置是由紧固件连接的，而在各工业部门的全部生产过程中，约有60%的工时是消耗在装配和紧固上。如一部汽车所使用的紧固件有2000多个（占汽车成本的3%～4%左右），一架洛克霍德C5A运输机需用226万多个紧固件，一辆坦克需用7000多个紧固件[1]。

紧固件虽小，但其重要性却不言而喻。若紧固件质量不合格，所造成的损失往往是灾难性的，如在20世纪80年代初期，美国通用汽车公司由于安装在轿车底部控制架上的两个12.9级螺栓发生了延迟断裂，前后发生了27次交通事故，最终在640万辆轿车上不得不用10.9级螺栓更换了这两种螺栓，为此耗资7000多万美元。1985年8月日本航空公司一架波音747客机由于飞机尾翼上850个螺栓中有一部分存在质量问题，造成尾翼破坏而失事，造成航空史上罕见的520人丧生的惨案。对此，当时全世界74家航空公司对共608架飞机的35.3万个螺栓进行了更换，其工作量和经济损失十分惊人。鉴于质量低劣的紧固件所造成的巨大损失，美国政府1990年特意颁布了《紧固件质量保证法》[1]。

按GB/T 3098.1—2000《紧固件机械性能——螺栓、螺钉和螺柱》的规定，螺栓、螺钉和螺柱等的性能等级分为3.6、4.6、4.8、5.6、5.8、6.8、

8.8、9.8、10.9、12.9 共 10 个级别，其中 6.8 级以下为常用紧固件，8.8 级以上为高强度紧固件（习惯上多称为高强度螺栓）。上述性能等级中的第一部分数字（“.”前）表示公称抗拉强度 R_m 的 1/100，第二部分数字（“.”后）表示公称屈服强度 R_{eL} 或 $R_{p0.2}$ 与 R_m 比值（屈强比）的 10 倍，这两部分数字的乘积为公称屈服强度 R_{eL} 或 $R_{p0.2}$ 的 1/10。各性能等级的最小屈服强度和最小抗拉强度应等于或大于其公称值。

紧固件用钢按紧固件成品生产工艺路线又可分为非热处理型、调质型、非调质型及表面硬化型。6.8 级以下的紧固件多选用非热处理型中碳和低碳钢制造，成品紧固件无需淬火回火处理。高强度紧固件用钢通常为调质型中碳钢或中碳合金钢制造，成品紧固件需进行淬火回火处理，也可选用非调质钢、硼钢、F-M 双相钢或低碳马氏体钢[2]。表面硬化型钢为低碳钢和低合金钢（ML18A、ML20Cr 等），主要用于制造自攻螺钉和紧固螺钉，成品螺钉需经渗碳、渗氮等表面硬化处理[3]。表 1-1 为各级别紧固件通常可选用的钢类，表 1-2 为 GB/T 3098.1—2000《紧固件机械性能——螺栓、螺钉和螺柱》中规定的各高强度等级紧固件适用的材料。

表 1-1　不同级别紧固件通常选用的钢类

级　别	3.6	4.6	5.6	4.8	5.8	6.8	8.8	9.8	10.9	12.9
低碳钢	○	○	○	○	○					
中碳钢			○	○	○	○	○			
硼　钢						○	○	○	○	
非调质钢						○	○	○	○	
低合金钢							○	○	○	○
合金钢									○	○

表 1-2　GB/T 3098.1—2000 规定的各高强度等级紧固件适用的材料

强度区分	材料和热处理	化学成分（质量分数）/%					回火温度/℃ 最小
		C		P	S	B	
		最小	最大	最大	最大	最大	
8.8①	低碳合金钢（如硼或锰或铬），淬火并回火或中碳钢，淬火并回火	0.15②	0.35	0.035	0.035	0.003	425
		0.25	0.55	0.035	0.035		
9.8	低碳合金钢（如硼或锰或铬），淬火并回火或中碳钢，淬火并回火	0.15②	0.35	0.035	0.035	0.003	425
		0.25	0.55	0.035	0.035		
10.9③,④	低碳合金钢（如硼或锰或铬），淬火并回火	0.15②	0.35	0.035	0.035	0.003	340

续表 1-2

强度区分	材料和热处理	化学成分（质量分数）/%					回火温度/℃最小
		C		P最大	S最大	B最大	
		最小	最大				
10.9④	中碳钢，淬火并回火或低、中碳合金钢（如硼或锰或铬），淬火并回火或合金钢，淬火并回火⑤	0.25	0.55	0.035	0.035	0.003	425
		0.20②	0.55	0.035	0.035		
		0.20	0.55	0.035	0.035		
12.9④,⑥,⑦	合金钢，淬火并回火⑤	0.28	0.50	0.035	0.035	0.003	380

① 为保证良好的淬透性，螺纹直径超过 20 mm 的紧固件，需采用对 10.9 级规定的钢；

② 碳含量低于 0.25%（桶样分析）的低碳硼合金钢的锰最低含量：8.8 级为 0.6%；9.8、10.9 和 10.9 级为 0.7%；

③ 该成品应在性能等级代号下增加一横线标志；

④ 用于该性能等级的材料应具有良好的淬透性，以保证紧固件螺纹截面的芯部在淬火后、回火前获得约 90%的马氏体组织；

⑤ 合金钢至少应含有以下元素中的一种元素，其最小含量为：w（Cr）为 0.30%；w（Ni）为 0.30%；w（Mo）为 0.20%；w（V）为 0.10%；

⑥ 考虑承受抗拉应力，12.9 级的表面不允许有金相组织能测出的白色磷聚集层；

⑦ 该化学成分和回火温度尚在调查研究中。

1.2 高强度紧固件的发展概况[1,4]

高强度化是材料研究和开发的永恒主题。高强度螺栓连接是继铆接、焊接之后发展起来的一种新型连接形式，它具有承载能力高、受力性好、耐疲劳、不松动、较安全及施工简便、可拆换等优点。以下以钢结构、桥梁等用高强度紧固件为例，简要介绍其发展概况。

美国在世界上最早使用高强度螺栓。早在 1938 年，美国就在桥梁维修中首次使用了高强度螺栓。1947 年美国成立了“铆钉连接和螺栓连接委员会”，1951 年该委员会制定了《高强度螺栓连接施工规范》，后来在 1954 年又做了修改，至 1960 年形成了《结构连接用 ASTM A325 螺栓标准》。在 1962 年修订标准时，对抗拉强度 80 kg（784 MPa）级的 A325 和 100 kg（980 MPa）级的 A490 螺栓做了规定。1964 年，除 A325 螺栓外，用高强度钢制造的 90～110 kg（882～1078 MPa）级螺栓也被纳入 ASTM A490 标准。

1953 年联邦德国开始高强度螺栓的研究。1956 年制定了高强度螺栓连接的计算、施工、装配暂行标准，该标准将螺栓分为 80 kg 级和 100 kg 级两种。联邦德国曾用过 1200 MPa 级螺栓，但在 1974 年修改标准时，规定只使用 1000 MPa 级螺栓，其原因是强度过高所引起的螺栓的延迟断裂问题没有得到解决。1976 年编制出版了《钢结构中高强度螺栓使用规程》。

日本于 1954 年开始研究高强度螺栓，制定了《摩擦型连接用高强度六角螺栓、六角螺母、平垫圈连接副标准》；1964 年制定了高强度螺栓的 JIS 标准，并于 1965 年发布了《高强度螺栓摩擦型连接设计施工规范》。20 世纪 70 年代初，高强度螺栓在日本施工现场连接中得到了普遍应用，取代了过去沿用的铆钉连接。日本在高强度螺栓的研究方面做了大量工作，在螺栓用钢选择方面，曾采用过 F13T 级高强度螺栓，以求得更高的接头效率，但因在实际应用中发生延迟断裂才终止了使用，后来 F11T 级螺栓同样发生了延迟断裂事故，对其不再推荐使用。表 1-3 是日本高强度螺栓的发展过程。

表 1-3　日本高强度螺栓的发展过程[1]

年　份	项　　目	概　　要	强度级别
1953	着手研究	开始研究铁道桥梁用螺栓，后设置高强度螺栓委员会，研究建筑方面的高强度螺栓	
1958	建筑上首次使用高强度螺栓	最初用在大楼扩建工程上	900 MPa
1960	在桥梁上使用高强度螺栓	在铁路桥墩上使用 800 MPa 级高强度螺栓	800 MPa
1962	使用 1100 MPa 级高强度螺栓	在铁道合成横梁上使用	1100 MPa
1964 1965	使用 1300 MPa 级高强度螺栓	在铁道、道路和桥梁等上使用	1300 MPa
1964	高强度螺栓的 JIS 标准制定	制定 JIS B1186	F7T，F9T，F11T，F13T
1967	JIS B1186 修订，F13T 级螺栓废止	1964～1965 年使用的 F13T 级螺栓在使用数月至数年后发生突然断裂事故（延迟断裂），据此废止 F13T 级螺栓	F8T，F10T，F11T
1979	修改 JIS B1186，F11T 级螺栓加上括号	由于 F11T 级螺栓也发生了延迟断裂事故，对 F11T 加以括号，不再推荐使用	F8T，F10T，（F11T）

我国高强度螺栓连接技术的研究与应用，与工业发达国家相比，起步稍晚，但近些年来发展迅猛。1957 年，铁道科学研究院开始研究高强度螺栓连接技术。1961 年建成了第一座孔跨长 41.62 m 的栓焊桁架桥；1968 年建成的南京长江大桥，其纵横梁连接均用 40B 钢制作的高强度螺栓；同年建成的首都体育馆钢结构中，采用 45 钢制作的高强度螺栓连接。20 世纪 80 年代建设的宝钢一期工程，钢结构总量 30 万 t，现场安装连接全部采用高强度螺栓，总用量达 200 万套。

2000 年以来，随着汽车、机械、建筑、轻工等各个生产部门的发展，对作为连接部件的螺栓提出了更高设计应力和轻量化的要求，对此，最有效的措施便是螺栓的进一步高强度化，各国随后开展了 12.9 级以上高强度螺栓用钢的研究开发[2]。

1.3　国内外生产需求情况

我国是一个紧固件制造大国，有紧固件企业 6800 多家，年产量 300～320

万 t 左右，年耗钢材 400 万 t 左右，占世界总产量的四分之一左右，其中 8.8 级及其以上的高强度紧固件约占总产量的 40%（120～128 万 t）。

我国在高强度螺栓钢的冶金质量和研究开发方面与国外先进水平相比存在很大差距，特别是汽车、机械制造、能源、交通、桥梁、建筑、化工及航空、航天等需用的高等级高强度螺栓尚不能完全满足要求，仍需大量从国外进口。如随着我国汽车工业的快速发展和大量车型的引进，汽车行业对高等级高强度螺栓的需求量剧增，目前所需的高强度螺栓及其用钢仍需大量进口，其中 10.9 级以上的高强度螺栓及其用钢 90%以上需从国外进口。因此，虽然我国紧固件年出口量约 100 万 t，但基本为低强度级别的低档产品，出口价格不到进口价格的十分之一。据中国紧固件工业协会的初步统计，我国 2002 年进口了高档中碳钢或中碳合金钢盘条 15 万 t，进口了高强度螺栓 12 万 t。

参考文献

[1] 徐景华，杨保胤. 标准紧固件[M]. 北京：机械工业出版社，1996.

[2] 惠卫军，董瀚，翁宇庆. 高强度螺栓钢的发展动向[J]. 机械工程材料，2002，26(11):1～4，38.

[3] 戴宝昌. 重要用途线材制品生产新技术[M]. 北京：冶金工业出版社，2001.

[4] 王伯琴，陈录如，陈先峰. 高强度螺栓连接[M]. 北京：冶金工业出版社, 1991.

[5] Padfield C. Automotive fasteners[J]. Advanced Materials & Process，1998，(10):49～53.

[6] 松本斉. 遅れ破壊はどの強度レベルまで危険か[J]. 特殊鋼，1995，44(12):24～26.

2　高强度紧固件用钢的冶金生产

高强度螺栓等紧固件多采用冷镦加工成形，因而螺栓等紧固件用钢又称为冷镦钢。冷镦是在常温下利用金属塑性成形，其变形速度快、变形程度大、变形不均匀，因而对原材料的内在质量、表面质量及尺寸精度等要求苛刻。在常用的结构钢中，冷镦钢的检测项目最多（详细要求见 GB/T 6478—2001《冷镦和冷挤压用钢》），这就对其冶金生产提出了更高要求。

2.1　高强度紧固件用钢的冶炼和浇铸技术

高强度紧固件对钢材的质量要求很高，因而普遍采用炉外精炼和具有电磁搅拌的连铸工艺。其优点是：钢中的 C、Si、Mn、Cr、Mo 等主要元素可控制在较通常更窄的范围内（窄成分范围化，见表 2-1），钢材均匀性好和产品淬火回火后性能波动范围减小，这点对于省略淬火回火处理的冷作强化非调质钢线材尤为重要；能减少 P、S、O、N 等杂质含量并对其进行控制，从而减少钢中非金属夹杂物的数量（高洁净化），使其微细分散化，以提高钢的冷镦性和改善表面质量[1,2]。

表 2-1　炉外精炼窄成分控制示例[1]

元　素	炉外精炼成分控制范围/%	JIS 机械制造用碳钢的许可成分偏差/%
C	± 0.01	± 0.025
Si	± 0.02	± 0.10
Mn	± 0.02	± 0.15
Cr	± 0.02	
Mo	± 0.01	

在日本，多采用大断面方坯或矩形坯连铸，而国内则较多地采用小方坯连铸。国内某厂的工艺流程为：铁水预处理脱硫→60 t 复吹转炉→吹氩站喂线→LF 炉精炼→140 mm^2 小方坯连铸→高速线材控轧控冷→成品盘条。

钢中的夹杂物特别是 B 类（氧化铝类）和 D 类（球状氧化物类）是造成冷镦开裂和早期疲劳破坏的主要原因之一，一般紧固件的强度级别越高，夹杂物的危害性越大；夹杂物尺寸愈大、距表面距离愈近，危害性愈大。图 2-1 为不同钢种的裂纹萌生界限与夹杂物的尺寸、夹杂物距表面深度的关系[3]。可见，对于正火态实验材料，夹杂物的有害尺寸随着材料塑性的降低和夹杂物存在位置接近表层而降低，SWRCH45K 钢最表层夹杂物的临界值在 10 μm 以下。因此，通常要求距表面 2 mm 以内的夹杂物应不大于 10～15 μm，强度级别愈高，距表面愈近的有害夹杂物允许存在的尺寸愈小。对此，应严格控制钢中的夹杂物，特别是结晶器卷渣形成的大型夹杂物。研究表明[4]，卷渣产生与否取决于渣、金属界面钢液流速是否超过某一临界速度，而临界速度又取决于渣的黏度、密度、钢-渣界面张力等因素，其中渣的黏度是重要因素。在结晶器、浸入式水口形状参数确定的情况下，渣、金属界面钢液的流速，受铸机拉速和浸入式水口的浸入深度也即结晶器内钢液面高度的影响。连铸操作中拉速变化频繁、结晶器内钢水液面大幅波动会造成结晶器保护渣卷入坯壳[5]。

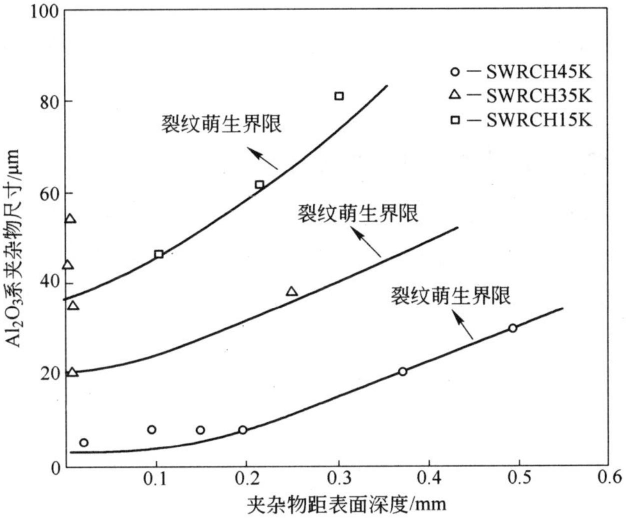

图 2-1 不同钢种的裂纹萌生界限与夹杂物的尺寸、夹杂物距表面深度的关系[3]
（正火态实验料，压缩实验试样高与直径比值 1.5，压下量 70%）

如果坯料表面质量有严重缺陷，在高速线材生产过程中不能得到完全消除，则在材料表面形成冷顶锻过程中的裂纹源。坯料表面缺陷主要包括[6]：

（1）坯料表面重皮。钢锭在浇注过程中，由于钢水的喷溅，在铸锭表面就会产生重皮。经过初轧开坯轧制，使重皮更加隐蔽，不易发现，经酸洗后暴露出来。在坯料表面未经过有效清理的情况下，经过轧制，使重皮的缺陷部位拉长，在线材表面形成较细小、断续的裂纹。

（2）坯料表面裂纹。坯料表面的裂纹对于初轧坯料来说不可能完全避免。较小的裂纹经过高速轧制，在表面氧化和延伸的作用下，基本可以消除；较大的裂纹由于氧化层的存在，不能被压合消除，经过高线轧制后被拉长，残留在产品表面。

（3）坯料表面尖锐过度。坯料表面重皮和裂纹等缺陷，如果清理质量不高，在坯料表面留下尖锐过度的棱角，该棱角在经高线轧制时翻倒，由于加热氧化层的存在，缺陷不能弥合，残留在线材表面。

此外，要特别重视对坯料隐形缺陷的检查和控制。如果钢坯内部的气泡、针孔和偏析出现在坯料的表面附近，在经过多道次轧制后，会被拉细和拉长，同样在产品表面形成微裂纹。因此，应优化冶炼和模铸或连铸工艺，以获得具有良好表面质量的钢坯，并防止产生钢锭皮下气泡、偏析及缩孔现象。此外，还应重视钢坯的清理工序。对此，多采用钢坯酸洗（或喷丸）清理氧化皮后，用磁粉探伤检测表面缺陷，采用砂轮修磨工艺或火焰清理工艺进行表面清理，再由人工进行表面质量检查。也有钢厂采取钢坯剥皮的方法，这虽然能够保证表面质量，但加工量较大，成本较高，在实际应用中主要针对一些具有特殊要求的高端产品。

2.2　高强度紧固件用钢的轧制技术

总体上讲，高强度紧固件用钢轧制技术的努力目标主要体现在以下三点[1]：

（1）尺寸精度良好的棒线材（不需拉拔的高精度轧材）；

（2）轧制热处理棒线材（利用控制轧制的非调质线材，控制冷却的简免退火线材）；

（3）无表面缺陷的棒线材（不需剥皮）。

2.2.1　精密轧制

较高的尺寸精度是节约钢材的最有效方法之一。精密轧制技术要求严格控制轧制温度，通过计算机控制轧辊间材料的张力，采用减定径机组获得良好的尺寸精度、脱碳均匀化和少表面缺陷，并采用在线的光学尺寸测量仪，最终获得尺寸精度极高的线材，从而可省略冷镦前的除鳞和拉拔，降低紧固件的制造成本[2]。目前高速线材的直径偏差达到 ± 0.15 mm 毫无困难，甚至可以达到 ± 0.10 mm、 ± 0.05 mm，但盲目地过高要求不见得十分经济。高精度产品只能在轧机最良好的状态下生产，保证高精度除需常换轧辊外，还要在导卫、孔型、轧机、传动、电控等方面做许多工作[7]。

轧制工序是控制尺寸精度的主要环节。而影响精度的主要因素有温度、张力、孔型设计、轧辊及工艺装备的加工精度、孔槽及导卫的磨损、导卫安装和轧机调整及轧机的基座刚度、调整精度、轧辊轴承的可靠性及电传控制水平和精度等[7]。轧件的温度变化将影响变形抗力和宽展，从而造成轧机尺寸的波动。在热轧线材生产中，张力是影响轧材尺寸精度的最主要因素。自动检测和自动控制是影响轧材精度的另一个重要因素。

2.2.2　无表面缺陷轧制

紧固件用钢轧材的表面缺陷除对模具有损害外，重要的是严重影响中间产品及最终产品的质量。紧固件厂生产统计表明，冷镦开裂中，约 80%是由线材表面缺陷造成的。冶金厂的实践也表明，0.10 mm 以上的划伤往往造成 1/2 冷顶锻开裂，要保证 1/3 冷顶锻合格，局部划伤不应超过 0.07 mm[8]。图 2-2 为对材料缺陷要求最严格的法兰面螺栓的杆部表面缺陷与法兰面裂纹的关系[3]。可见，对于最有代表性的退火 SWRCH 45K 钢，表面缺陷的许可容限为 0.07 mm。为保险起见，表面缺陷深度应不超过 0.05 mm。因此在生产中应重视对线材表面质量的控制，要求线材表面光滑圆整，不得有裂纹、折叠、耳子、结疤、分层及夹杂等，同时尽可能减少表面氧化层和脱碳层[7]。

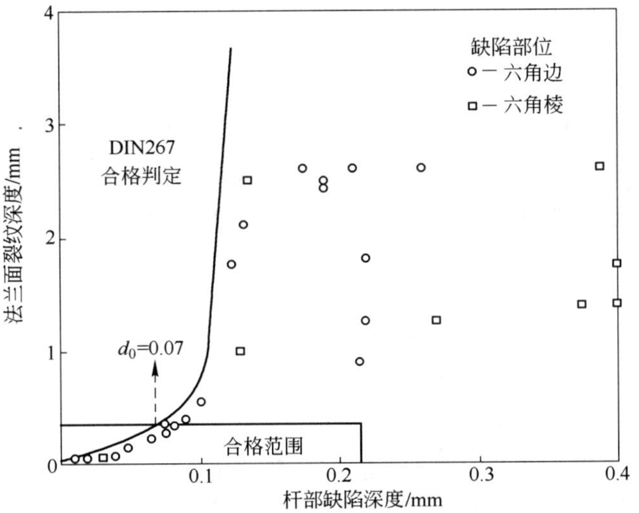

图 2-2　法兰面螺栓杆部缺陷深度与法兰面裂纹深度的关系[3]

轧材表面缺陷一是由坯料带来的；二是在加热轧制或精整过程中造成的。总的来讲，线材表面质量的控制首先要严格控制坯料质量，严格检查、正确判定并认真清理修磨，详见 2.1 节；原料在加热过程中要严格按照加热制度进行控制，减少一次氧化铁皮和脱碳；在工艺上采取单线无扭轧制、完善的孔型系统、合理的延伸分配和滚式导卫装置，避免线材产生折叠、耳子和划痕等缺陷；轧后线材采用控制冷却，使线材表面形成薄和易于清除的二次氧化铁皮及轻微的二次脱碳层。

轧材表面沿轧制方向的条状凸起称为耳子，主要是轧槽过充满造成的。轧槽导卫安装不正及放偏过钢，均能使轧件产生耳子。轧制温度的波动或局部不均匀，影响轧件的宽展量，也可能形成耳子。此外，缩孔、偏析、分层及外来夹杂物等坯料缺陷，影响轧件的正常变形，亦可能形成耳子。

轧材表面沿轧制方向平直或弯曲的细线，在横截面上与表面呈小角度交角的缺陷多为折叠。它主要是由前道次的耳子或其他纵向凸起物折倒轧入本体造成的，而坯料上的缺陷处理不当留下的深沟，在轧制时也形成折叠。折叠的两侧伴有脱碳层或部分脱碳层，折缝中间常存在氧化铁。

轧材表面沿轧制方向有平直或弯曲、折曲的细线的缺陷多为裂纹。有的裂纹内有夹杂物，两侧也有脱碳现象。钢坯上未消除的裂纹、皮下气泡及夹杂物都会在轧材上造成裂纹缺陷。连铸坯上的针孔如不清除，经轧制被延伸、氧化、熔接，会造成成品的针状发纹。针孔是铸坯常见的重要缺陷之一，不显露时很难检查出来，对此应特别予以注意。此外，合金含量高的钢坯加热工艺不当（预热速度过快、加热温度过高等），以及轧后冷却速度过快等，亦可造成成品裂纹，后者还可能出现横向裂纹。轧后控冷不当形成的裂纹无脱碳现象伴生，裂缝中一般无氧化铁皮。

线材表面的氧化铁皮愈少愈好，这不仅可以提高金属收得率而且可以缩短酸洗时间，减少酸耗，甚至可以用机械除鳞取代酸洗，减少环境污染。从易于去除和抗锈蚀性好的要求考虑，希望氧化铁皮的成分以 FeO 为主。控制高价氧化铁（Fe_2O_3、Fe_3O_4）的生成要严格控制终轧温度、吐丝温度和线材在 350℃以上温度停留的时间。低温开轧可减少加热时生产的氧化铁皮，并可改变氧化铁皮中 FeO、Fe_2O_3、Fe_3O_4 的比例，使氧化铁皮易于脱落。

碳含量在 0.3%以上的冷镦钢线材，应严格控制其表面脱碳层的深度。脱碳的表面层形成犬牙状铁素体嵌入基体中，将严重影响线材的表面硬度特别是疲劳性能。为了防止这类钢的表面脱碳，须严格控制其终轧温度、吐丝温度以及高温停留时间。如对 SWRCH35K 钢，为了控制脱碳，加热工艺主要采取了快速加热和低温出钢；在供热分配上，均热段占 60%～70%，加热段占 30%～40%，如表 2-2 所示。

表 2-2　SWRCH35K 钢的加热温度控制[9]

钢坯出炉温度/℃	均热段炉温/℃	加热段炉温/℃	炉尾温度/℃
980～1030	1040～1100	800～900	750～820

棒材表面缺陷一般采用目测检查和荧光磁粉探伤检查，为了提高效率和提高探伤可靠性，还建立了自动磁探伤机和超声波探伤机组合的棒材制品探伤系统。对于线材，全长检查缺陷困难，通常是轧后在盘卷端末部切取试样进行荧光粉探伤和酸洗后目测检查。尽管开发了热轧后能够在线全长检测的热涡流探

伤机，但其探伤效果要明显低于冷探伤[2]。

2.2.3 控制轧制和控制冷却[7,10]

控制轧制在线材中的应用是20世纪70年代后期才开始的。由于线材的变形过程由孔型所确定，要改变各道次的变形量比较困难，轧制温度的控制主要取决于加热温度（即开轧温度），在无中间冷却的条件下，无法控制轧制过程中的温度变化。在第一套V型机组问世后，摩根公司在高速线材轧机上引入控温轧制技术MCTR（morgan controlled temperature rolling），即控制轧制。可采用二阶段变形制度或三阶段变形制度进行控制轧制。

一般采用降低开轧温度的办法来保证对温度的有效控制。对于中碳冷镦钢，由于再加工性能和使用性能的需要，希望转变组织晶粒细小、脱碳层薄，所以需尽可能降低终轧温度，一般控制在930～980℃。此外，如采用低温（小于800℃）轧制并结合随后的缓慢冷却，可得到退化甚至球化的珠光体组织，从而可缩短冷镦前的球化退火时间甚至省略球化退火处理，详见第8章。终轧温度的控制可通过增减精轧机组机架间冷却水量和精轧机前水冷箱水量来实现。

线材轧后的温度和冷却速度决定了线材内在组织、力学性能及表面氧化铁皮数量，因而对产品质量有着极其重要的影响。随着高速线材轧机的发展，控制冷却技术得到不断改进和完善。一般线材轧后控冷过程可分为三个阶段：第一阶段的主要目的是为相变做组织准备及减少二次氧化铁皮生成量。一般采用快速冷却到相变前温度，此温度称为吐丝温度；第二阶段为相变过程，主要控制冷却速度；第三阶段相变结束，除有时考虑到固溶元素的析出采用慢冷外，一般采用空冷。

对于中碳含量的冷镦钢，适合采用斯太尔摩缓慢或延迟型冷却；而对于含Cr、Mo、Mn等合金元素的中碳合金钢，由于等温转变时间被显著延长，一般要求以缓慢甚至极慢的速度冷却。这样除能得到较高的断面收缩率外，还具有低的强度，从而有利于简化甚至省略冷变形前的软化退火。

对于不同钢号的冷镦钢，根据目的不同，在终轧温度、吐丝温度及辊道运输速度的控制上有所区别，应根据具体情况分析，通常可选择吐丝温度和辊道速度的下限控制。如ML10～ML45钢线材的吐丝温度选择适中的820～840℃，可减少氧化铁皮的生成量；ML15MnVB钢线材由于合金元素锰含量较高（1.20%～1.60%），且含有微合金元素钒、硼，显著地提高过冷奥氏体的稳定性，延缓并降低先共析铁素体的生成速度，选择降低的吐丝温度（约780℃），可在相转变前获得细小的奥氏体晶粒，结合缓慢冷却（辊道速度0.15 m/s），可获得细铁素体+少量珠光体组织，抗拉强度为500～600 MPa，能满足综合性能高的要求。

参考文献

[1] 古沢貞良，加藤猛彦．ねじ材料の進步動向-炭素鋼，合金鋼等[J]．特殊鋼，1986，35(11):8～11.

[2] 長谷川豊文，加藤猛彦．ねじ材料の動向-炭素鋼·合金鋼[J]．特殊鋼，1991，40(2):12～15.

[3] 大佐佐哲夫．検査技術の動向-素材[J]．特殊鋼，1991，40(2):25～27.

[4] 雷洪，朱苗勇，赫冀成．连铸结晶器内卷渣过程的数学模型[J]．金属学报，2000，36(10):1113～1117.

[5] 和前进，潘金焕，姜钧普，等．影响湘钢冷镦钢质量的主要因素[J]．钢铁，2004，39(2):21～23,31.

[6] 李慧峰，张文茹，张国儒．影响高线产品冷镦性能轧钢因素的分析及控制[J]．钢铁，2003, 38(1):25～27,70.

[7] 高速轧机线材生产编写组．高速轧机线材生产[M]．北京：冶金工业出版社，2003.

[8] 戴宝昌．重要用途线材制品生产新技术[M]．北京：冶金工业出版社，2001.

[9] 施能达．冷镦钢热轧盘条的生产特点[J]．轧钢，1992，(2):24～28.

[10] 李曼云，孙本荣．钢的控制轧制和控制冷却技术手册[M]．北京：冶金工业出版社，1998.

3 高强度螺栓及其用钢的性能特征

3.1 高强度螺栓的受力特征及其性能要求

螺栓在各种机构中起着连接、紧固、定位、密封等作用。除了作简单定位的螺栓之外，螺栓在安装时都需要预先拧紧，因此都承受静拉伸载荷。预紧力愈大，连接强度和紧固、密封性便愈高。通常正确的设计是以足够高的预紧力克服被连接件间的相对位移，避免螺栓承受弯曲、剪切载荷。一些螺栓，如连杆螺栓、缸盖螺栓等，除受到轴向预紧拉伸载荷的作用外，通常还会在工作过程中受到附加的轴向拉伸（交变）载荷、横向剪切（交变）载荷或由此复合而成的弯曲载荷的作用，有时还受到冲击载荷的作用。通常情况下，附加的横向交变载荷会引起螺栓的松动，轴向交变载荷会引起螺栓的疲劳断裂，而在环境介质的作用下轴向拉伸载荷则会引起螺栓的延迟断裂[1~4]。对此，在应用高强度螺栓时，对材料成分、冶金质量、螺栓结构、制造工艺、安装及使用提出了更高的技术要求。一般来讲，高强度螺栓及其用钢通常应满足以下要求[2,3]：

（1）高的抗拉强度，以便抵抗拉长、拉断、滑扣和磨损。

（2）较高的塑性和韧性，以减少对偏斜、缺口应力集中和表面质量的敏感性。

（3）对于在海边、河边、油田等潮湿大气或腐蚀气氛环境下工作的螺栓，要求螺栓材料具有足够低的延迟断裂敏感性，以保证螺栓工作时安全可靠。

（4）对于承受交变载荷和冲击载荷的螺栓，要求具有较高的疲劳抗力和多次冲击拉伸抗力，以抵抗疲劳、多冲断裂。

（5）对于在严寒地区或低温下工作的螺栓，还要求具有低的韧-脆转化温度。

（6）中小直径螺栓往往多采用冷镦成形螺栓头和搓（滚）丝生产工艺，这就要求材料具有良好的冷镦等冷加工工艺性能。

3.2 冷镦性能

标准紧固件的成形工艺主要有顶锻、镦锻、挤压等，紧固件行业一般通称为镦，进一步可分为冷镦、温镦、热镦和带中间加热装置的冷温镦四种工艺[1]。目前以冷镦工艺的应用最为普遍，温镦工艺仍在发展过程中。由于高强度产品需求量的扩大，合金钢材料得到广泛应用，热成形工艺也得到重视和发展。以下主要介绍紧固件用钢材的冷镦性能特征及其要求。

螺栓等紧固件通常采用冷镦加工成形，因而螺栓等紧固件用钢又称为冷镦钢。冷镦是在常温下利用金属塑性成形的。采用冷镦工艺制造紧固件，不但效率高，质量好，而且用料省，成本低。但是冷镦工艺对原材料质量的要求很高。冷镦性能是冷镦钢的重要性能之一，它通常表示圆柱体材料在高速应变条件下，成形为螺栓、螺丝或其他冷成形件的头部而不出现裂纹的能力[5]。

在冷镦工艺产生的初期，人们重视钢材的变形抗力，这主要是为了提高工模具的使用寿命。随着冷镦机向高负荷和高速化方向发展，冷镦钢的变形能力也逐步得到重视。在冷镦成形过程中材料往往要承受最大达 70%～80%的总变形量，且变形速率很高，因而要求原材料具有良好的塑性。概括来讲，作为冷镦用钢应具备的主要性能有：具有良好的冷成形性；对于冷镦变形要具有尽可能小的变形抗力和尽可能高的变形能力。为此，一般要求冷镦钢线材的硬度和强度尽可能低，通常要求不大于 HRB82，屈强比为 0.5～0.65；同时希望线材的冷加工强化系数越低越好（冷作强化非调质钢除外），即不易产生加工硬化；为了避免在冷镦时引起裂纹，要求线材具有足够高的断面收缩率，一般要求低碳钢线材的断面收缩率应不低于 60%，中碳及低合金钢的断面收缩率不低于 50%～60%，合金钢的断面收缩率应不低于 50%；此外，在冷镦过程中，线材表面所受的应力最大，因此为了避免在冷镦时表面开裂，要求钢材表面质量良好，同时钢材的表面脱碳层要尽可能小[6,7]。

表 3-1 为影响钢材冷镦性的主要因素的汇总[7]。可见，除材料化学成分因素外，微观组织、线材轧制条件、冷镦加工前的处理等均对冷镦性有一定的影响。

表 3-1　影响钢材冷镦性的主要因素[7]

材料			线材轧制	退火或球化退火	拉拔		冷镦
化学成分	微观组织	偏析			拉拔条件	表面处理	
C、Si、Mn、Cr、Mo、S、P、Al、N、O等	铁素体+珠光体、贝氏体、马氏体	方形偏析	加热温度、轧制温度、轧制速度、冷却条件、表面氧化层	退火工艺、线材原始组织、线材拉拔（拉拔量）	拉拔减面率	表面除鳞、表面润滑（磷化、皂化等）	尺寸、工具、冷镦方式、冷镦工艺、冷镦速率、润滑状况

3.2.1　冷镦性能的评价方法

通常，材料的冷镦性能可从两个方面来评价：一方面是它的变形抗力；

另一方面是它的变形能力。变形抗力是材料在变形时所必需的应力，该加工力越大，则意味着越容易引起模具损耗及塑性变形和破坏。变形能力是指在不引起破坏的条件下材料的最大变形程度，通常用压力加工时的临界裂纹萌生度来评价[6,7]。此外，还应考虑材料的加工硬化率，即如果材料变形初期的变形抗力小而加工硬化率大（如奥氏体系不锈钢），则变形过程中的抗力就很大。因此，通常认为低的强度（硬度）和应变加工硬化率可获得良好的冷镦性能。

3.2.1.1 传统的冷镦性能评价方法

冷镦实验结果受材料微观组织、变形速率、工具和工件尺寸形状及工具和工件之间摩擦等因素的交互影响。评估冷镦性能的传统试验方法包括冷顶锻试验和拉伸试验。这些实验室试验能够在不同材料之间进行比较，但从精确模拟冷镦过程的角度来讲，却存在一些缺点，如冷顶锻试验通常更多地用来揭示材料的外部和内部缺陷。

在 GB/T 6478—2001 中，规定直径 5～40 mm 的钢材应进行冷顶锻试验。试样在冷顶锻试验时不得出现裂纹。根据试样冷顶锻后与冷顶锻前的高度之比，钢材的冷顶锻性能分为：

高　级　1/4

较高级　1/3

普通级　1/2

碳含量大于等于 0.30%的牌号以及含合金元素的牌号，当要求高级或较高级的冷顶锻性能时，试样需先进行球化退火处理。一般要求做外六角螺栓应保证冷顶锻 1/2 试验合格，做螺母和法兰面螺栓及非标件须保证冷顶锻 1/3 试验合格。

在冷顶锻试验时，模具表面存在摩擦，因此试样的形状往往变成鼓形或桶形。由于试样端面的变形受到约束，这使得端面的变形很小甚至不变形，而变形基本集中在试样中间的圆周部分。试样表面鼓形变形的程度随着摩擦力的增加和试样高径比（高度与直径的比值）的减小而增加。显然，鼓形变形表面的周向应变使得可采用顶锻试验来评估材料的变形能力。如图 3-1 所示为可利用顶锻变形前后圆柱体表面网格间距的变化来计算应变[8]：

轴向应变：
$$\varepsilon_Z = \ln\left(\frac{h}{h_0}\right) \tag{3-1}$$

周向应变：
$$\varepsilon_\theta = \ln\left(\frac{W}{W_0}\right) = \ln\left(\frac{D}{D_0}\right) \tag{3-2}$$

式中，h_0 和 h 分别为标距的初始高度和最终高度；W_0 和 W 分别为标距的初始宽度和最终宽度；D_0 和 D 分别为试样的初始直径和最终直径。

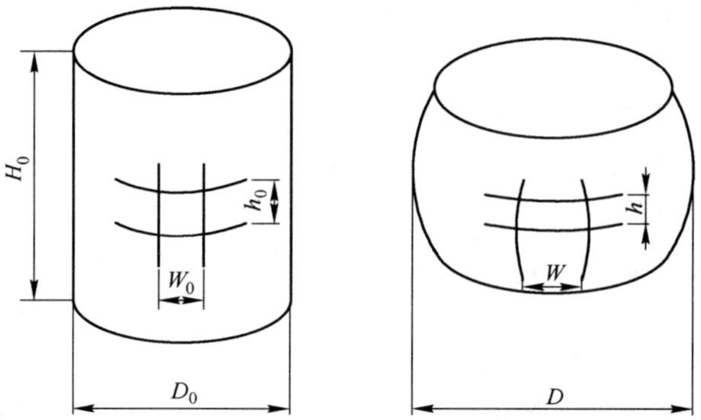

图 3-1　顶锻圆柱体上用来测定应变的网格示意图[8]

鼓形变形自由表面的应变除受摩擦状态影响外，还受试样高径比的影响。因此，为了尽量避免鼓形变形，试样高径比的上限设为 2，其下限则取决于设定试样表面网格时所需的合适高度。试样的高径比范围通常为 0.75～1.75[8]。工具和工件间的摩擦状态则可通过使用各种润滑剂和模具表面磨光、抛光等手段来改变。

评估冷镦性能的传统试验方法的缺点主要体现在：对于拉伸试验，其变形速率（小于 10^{-1} s^{-1}）远低于实际冷镦过程中的变形速率（大于 10^2 s^{-1}）；此外，由于仅在试样长轴方向均匀加载，因而只考虑了一个应力分量。对于冷顶锻试验，尽管它提供了一些有用的信息，然而下面的一些因素却使得它模拟冷镦过程的精度降低[8]：

（1）同拉伸试验一样，冷顶锻试验的变形速率明显低于实际冷镦过程；

（2）用肉眼观察试样表面是否出现裂纹具有一定的主观性；

（3）冷顶锻试验的摩擦条件与实际冷镦存在差异；

（4）通过冷顶锻试验难以获得大量的数据以定量地评估材料的冷镦性能。因此，冷顶锻试验是采用一定形状的试样来评估特定变形状态下材料的冷镦性能。显然，对于各种形状的工件来说，其结果具有一定的局限性。对此，多年来，国内外一直在努力探索设计更可靠的新方法来评估材料的冷镦性能[5,8~10]

3.2.1.2　冷顶锻时裂纹萌生的预测技术

简化或省略热处理工序的线材微观组织多为不完全球化组织或铁素体+珠光体组织，其冷镦性能显然低于具有完全球化组织的线材。为此，除了探索该类组织对冷镦性能的影响程度外，还需探索冷顶锻时裂纹萌生的主要控制因素及其预测技术[11,12]。

根石等[11]采用英国 Swansea 大学开发的弹塑性有限元法 ELFEN 来计算冷顶锻试验时试样（高径比 1.5 的等径和中间高的两种圆柱试样）的轴向应变和

周向应变路径，并采用冷顶锻试验测定出现裂纹的临界变形量，对常用的具有不同球化程度的 S45C 和 SCM435 钢的结果汇总见图 3-2。

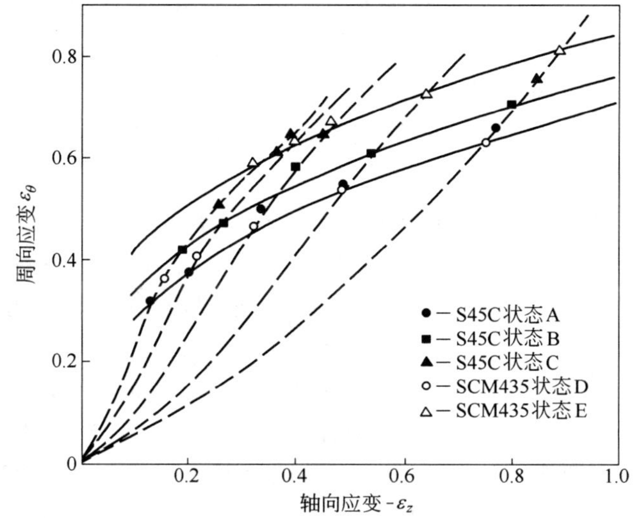

图 3-2 S45C 和 SCM435 钢的形变极限曲线[11]

虚线—计算的应变路径；实线—形变极限曲线，表征表面裂纹的出现；数据点—出现表面裂纹时的轴向应变测定值

实验料的热处理条件和力学性能见表 3-2。从图中可以看出：

（1）对于各试验材料，其裂纹萌生界限可由轴向应变和周向应变共同决定的曲线表示；

（2）对于同一钢种，随着碳化物球化程度的增加，即随着材料的软化，裂纹萌生曲线向高周向应变方向移动，即许可的临界应变增加；

表 3-2 冷顶锻裂纹预测用实验材料的热处理条件和力学性能[11]

状态	材 料	热处理条件	微观组织	力 学 性 能
A	S45C	650℃×3 h ⟶ FC	铁素体+珠光体	R_m=645 MPa, Z=55.4%, HV170
B	S45C	710℃×5 h ⟶ SC	球化体	R_m=560 MPa, Z=66.0%, HV158
C	S45C	750℃×5 h ⟶ SC	球化体	R_m=475 MPa, Z=64.9%, HV141
D	SCM435	900℃×0.5 h ⟶ 650℃×0.5 h ⟶ AC	铁素体+珠光体	R_m=660 MPa, Z=53.7%, HV170
E	SCM435	750℃×5 h ⟶ SC	球化体	R_m=545 MPa, Z=64.2%, HV140
F	S25C	650℃×3 h ⟶ FC	铁素体+珠光体	HV125
G	SCr420	750℃×5 h ⟶ SC	球化体	HV126
H	20MnB	650℃×3 h ⟶ SC	铁素体+珠光体	HV150

注：FC—炉冷；SC—慢冷（10℃/h）；AC—空冷。

（3）如果通过材料自身获得其裂纹萌生曲线，并计算出部件最终成形时的轴向和周向应变，则通过与裂纹萌生曲线的对比，可事先预测裂纹的萌生。

特别值得注意的是，即使对于不同的钢种 S45C 和 SCM435，如进行类似的热处理而获得相同的硬度（状态 A 和 D；状态 C 和 E），则其裂纹萌生曲线基本一致。这表明，裂纹萌生曲线有可能与钢种无关，而是由材料的硬度和冷顶锻时轴向应变和周向应变共同决定的。对图 3-2 中的轴向应变 ε_z、周向应变 ε_θ 及材料的硬度 HV 进行拟合，可得：

$$\varepsilon_\theta = -0.00426 \times \mathrm{HV} + 0.694 + 0.755 \times (-\varepsilon_z)^{0.345} \tag{3-3}$$

为了证实此点，根石等[11]追加其他钢种（碳钢 S25C、铬钢 SCr420 及硼钢 20MnB）进行了同样的试验。将所有实验材料，根据其硬度按式 3-3 计算出其裂纹萌生曲线，同时将冷顶锻试验获得的裂纹萌生时的临界压缩应变及轴向应变和周向应变进行整理，可得图 3-3。试验结果证实了上述设想和式 3-3 的可行性。式 3-3 适用于冷镦用碳含量为 0.20%～0.45%的碳钢和含 Cr、Mo、B 元素的低合金钢，并且如冷顶锻试验那样进行轴向压缩和沿周向延伸变形的自由表面裂纹的预测。根石等还进一步选用 S45C 和 SCM435 钢，来制作与冷顶锻试验变形基本相同的六角法兰面螺栓，以此对式 3-3 的可行性进行验证。图 3-4 为法兰面螺栓成形时的应变路径与裂纹萌生曲线的比较。可见，对螺栓成形过程，裂纹萌生时的轴向应变和周向应变与钢种无关而与硬度有关，且裂纹萌生条件与式 3-3 的预测结果相当一致。

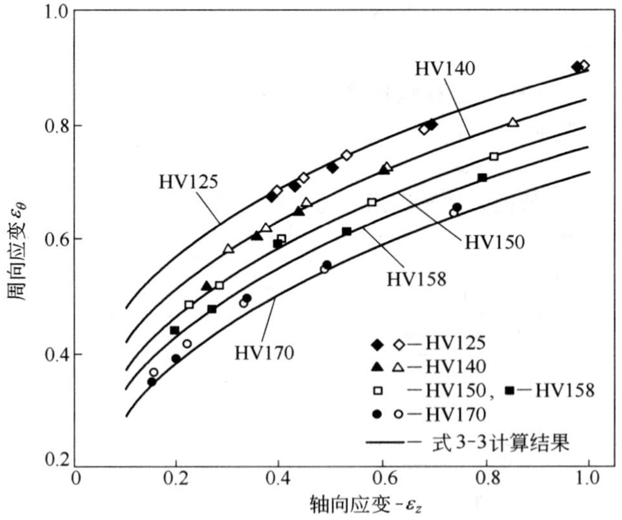

图 3-3　不同硬度实验材料的形变极限曲线[11]

显然，对于实际生产，首先根据螺栓变形情况和采用有限元法计算出的螺栓成形时的轴向应变和周向应变的路径，代入裂纹萌生预测式 3-3，可获得冷镦成形时裂纹不萌生时的材料许可最大硬度（临界硬度）。根据该硬度可确定对简化或省略热处理钢材的硬度要求，或者根据材料的硬度确定轴向应变和周向应变的临界值，用以指导模具和冷镦工艺的设计。应当指出的是，将式 3-3 应用于实际生产过程时，还应考虑冷镦前为了调整线材尺寸和改善表面质量而进行的拉拔和矫直等线材预应变的情况，或者线材晶粒极端粗大或超细小等情况。

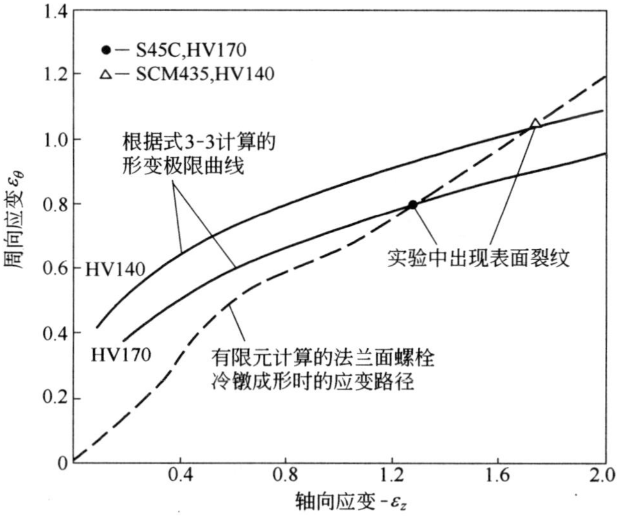

图 3-4　法兰面螺栓成形时的应变路径与裂纹萌生曲线的比较[11]

对此，根石等[12]进一步研究了预应变对冷顶锻裂纹萌生临界变形量的影响。试验选择有代表性的中碳钢 S45C，进行了不同减面率的拉拔。将不同减面率拉拔后的线材硬度代入式 3-3，可获得各自的裂纹萌生曲线；根据冷顶锻试验获得的临界压缩量计算出轴向应变和周向应变（未考虑拉拔变形对轴向和周向应变的影响）。二者汇总在图 3-5 中。可见，根据未拉拔的 5 号样品的硬度计算出的裂纹萌生曲线与实际冷顶锻试验获得的轴向应变和周向应变一致；而根据线材拉拔后硬度计算出的裂纹萌生曲线却与实际冷顶锻试验获得的轴向应变和周向应变相分离。如果考虑拉拔应变对冷顶锻变形时轴向和周向应变的影响，则根据线材拉拔前硬度计算出的裂纹萌生曲线与考虑拉拔应变影响的总的轴向和周向应变一致，见图 3-6。根据此结果，抑制冷顶锻时萌生裂纹的途径为：

（1）通过退火处理改变线材的硬度；

（2）通过拉拔、冷镦工艺改变应变的路径，即根据式 3-3 可进行冷镦时抑制裂纹萌生的材料设计及模具、冷镦工艺设计。同样，根石等选用具有不同硬度的 S45C 钢，经拉拔后制作法兰面螺栓对式 3-3 的可行性进行了验证，证明了其良好的可行性。这表明，在冷镦前进行拉拔等冷加工的情况下，裂纹萌生的临界变形是由线材冷加工前的硬度及随后冷加工时所产生的总的轴向和周向应变共同决定的。

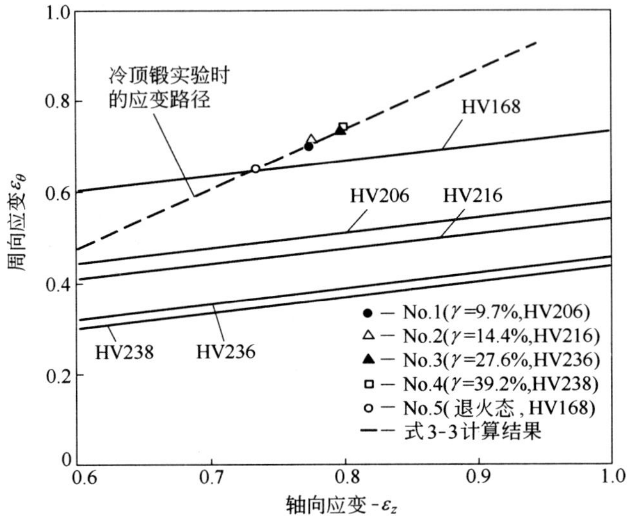

图 3-5　S45C 钢在不同减面率拉拔后的形变极限曲线[12]

（图中冷顶锻变形过程中的轴向和周向应变未考虑拉拔的影响）

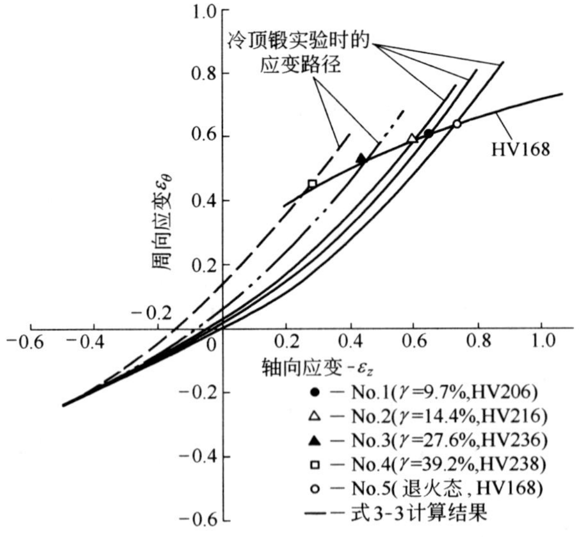

图 3-6　S45C 钢在不同减面率拉拔后的形变极限曲线[12]

（图中冷顶锻变形过程中的轴向和周向应变考虑拉拔的影响）

显然，对于裂纹萌生预测式 3-3 的适用范围及冷镦时裂纹萌生的控制机制有待进一步的探索。

3.2.2 冷镦性能的主要影响因素

首先应当强调的是，线材表面质量和非金属夹杂物对其冷镦性能具有十分显著的影响，对此已在第 2 章中进行了论述，在此不再赘述。

3.2.2.1 化学成分的影响

表 3-3 汇总了常用的合金和杂质元素对机械制造用钢冷镦性和力学性能的影响[7]。C、S、N、O 等恶化钢材的变形能力，而变形抗力则随钢中主要元素含量的增加而提高，其中以碳的影响最大，硅的影响次之（如图 3-7 所示）[7]。

表 3-3 碳、常用合金元素及杂质元素对机械制造用钢冷镦性和力学性能的影响[7]

元素（含量/%）	流变应力	变形能力	抗拉强度	淬透性	备 注
C （0.05～0.50）	↑↑	↓	↑↑	↑↑	
Si （0.05～0.35）	↑	—	—	—	尽可能降低其含量
Mn （0.50～1.60）	↑	—	↑	↑↑	
P （0.005～0.030）	—	—	—	—	
S （0.005～0.065）	—	↓↓	—	—	
Cr （0.004～1.50）	↑	—	↑	↑↑	也对韧性有益
Mo （0.005～0.50）	↑	—	↑	↑↑	也对韧性有益
Al （0.020～0.10）	—	—	—	—	主要用来细化晶粒
N （0.001～0.013）	—	↓	—	—	含量过低易产生粗晶
O （0.0006～0.015）	—	↓↓	—	—	尽可能降低其含量

注：↑↑表示显著提高；↑表示提高；—表示影响不明显；↓表示降低；↓↓表示显著降低。

钢中杂质元素通常恶化钢的冷镦性，应尽可能降低其含量。降低钢中硫含量可提高钢的变形能力，降低磷含量可降低钢的变形抗力，同时可减少磷、硫在晶界的偏聚而减轻晶界脆化；降低硫还可以减少钢中的非金属夹杂物，改善钢的韧塑性。因此，降低钢中磷、硫含量不仅可以改善钢的冷镦性能，还可以改善钢的耐延迟断裂性能。从图 3-8 中可以看出，硫含量对 S45C 钢出现裂纹的倾向（出现裂纹的临界变形量）有很大的影响，降低硫含量可使这种倾向大大减少，特别是当硫含量降低到 0.002%时，效果更明显[13]。因此，高强度螺栓钢中的磷、硫有从控制目标不高于 0.035%降低到不高于 0.025%（P）、0.020%（S）的趋势。氮元素明显恶化钢的变形能力，应尽可能降低其含量，但如果氮含量过低，易引起奥氏体晶粒粗化（与铝等结合形成的细小氮化物起细化晶粒的作用）。同样，降低钢中的氧含量，氧化物夹杂的含量随之降低，同样能大大改善钢的冷加工变形能力及制品的表面质量。

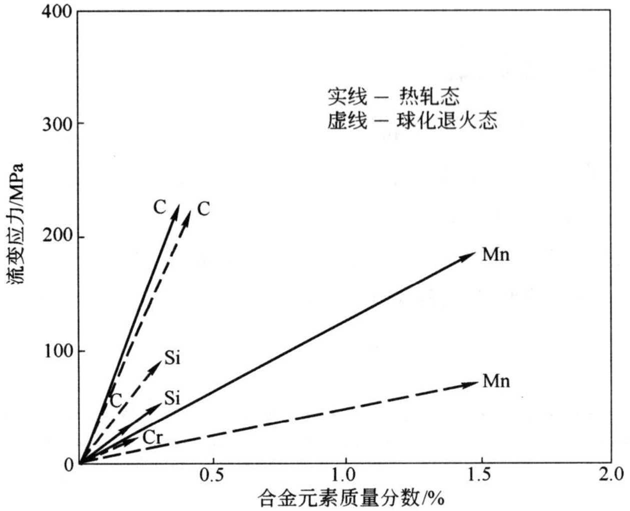

图 3-7 碳和合金元素对冷顶锻性的影响[7]

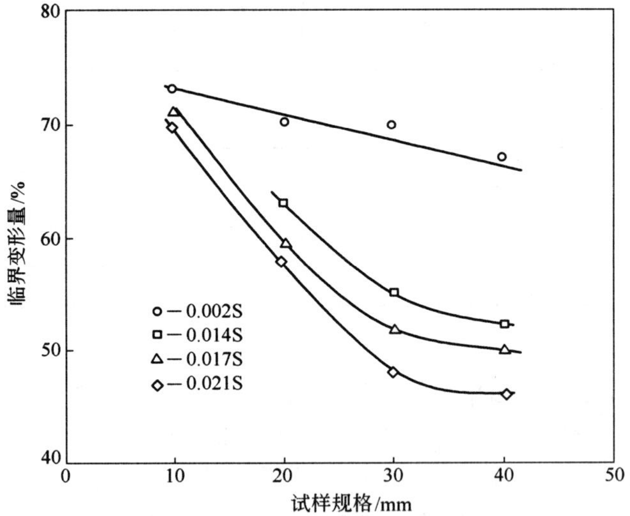

图 3-8 硫含量及钢材尺寸对出现裂纹时临界变形量的影响（S45C 钢）[13]

在上述合金元素中，硅元素对冷镦性的影响应特别引起重视[14~16]。图 3-9 为消除了硅、[N+O]以外元素影响的、与 S40C 钢相当的实验材料在球化退火处理状态的常规力学性能和冷镦性随硅、[N+O]含量的变化情况[14]。可见，减少钢中硅含量，抗拉强度（变形抗力）和加工硬化率降低，变形能力提高。显然，将硅含量控制在 0.18%以下效果并不显著，可能的话，应将其含量控制在 0.10%，甚至 0.05%以下。结合图 3-9*b* 和图 3-10 中可以看出，硅和氧的效果

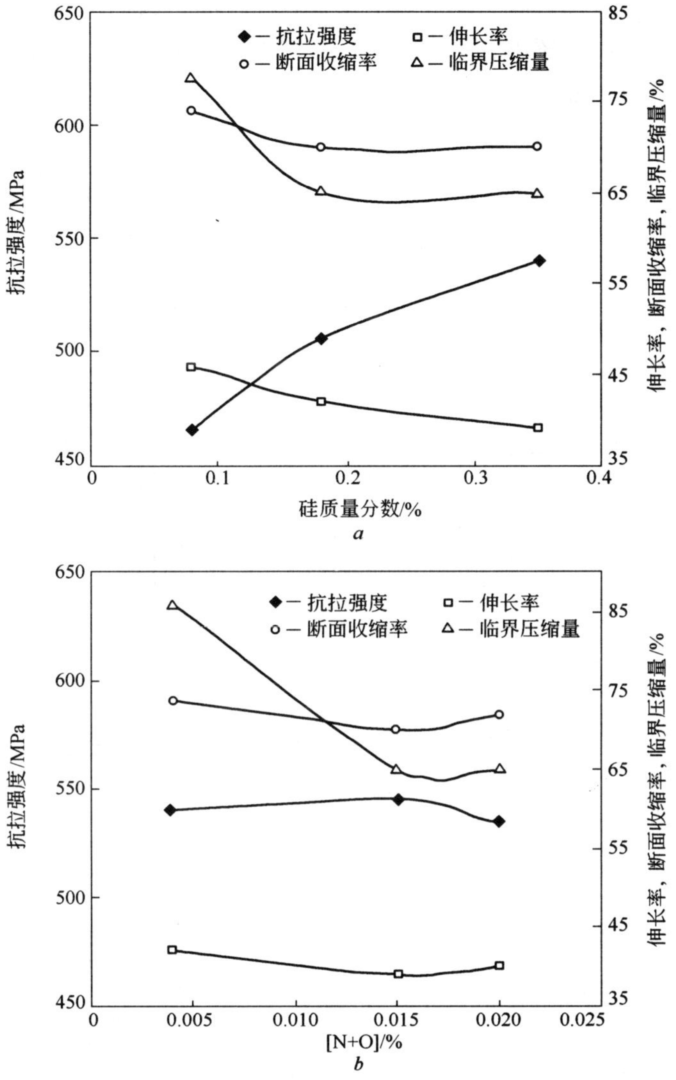

图 3-9　硅和[N+O]量对常规力学性能和冷镦性的影响（与 S40C 钢相当实验料）[14]

可以叠加，同时减少两者含量效果会更显著，这表明硅酸盐系夹杂物的影响较大。硅为铁素体强化元素，减少其含量，不仅冷镦时的变形抗力降低，而且冷镦后零件的强度亦较低。从图 3-11 中可以看出，在冷镦前的球化退火状态，低硅料与普通硅含量料的强度相差 100 MPa（约 15%～20%），冷镦并淬火回火处理后的强度仅相差 30 MPa（约 3%）[14]。这是由于硅为促进铁素体形成元素，球化退火处理时的长时间热处理，硅原子更倾向偏聚于铁素体中而非碳化物中，因而当总体强度低时，因硅含量差异而引起的强度差别就相对较大。

然而，淬火回火处理后碳化物等强化元素对强度的贡献大，因硅含量差异而引起的强度差别就相对较小。总之，降低硅元素含量可显著改善钢的冷镦性，而对其他性能的影响程度较小。

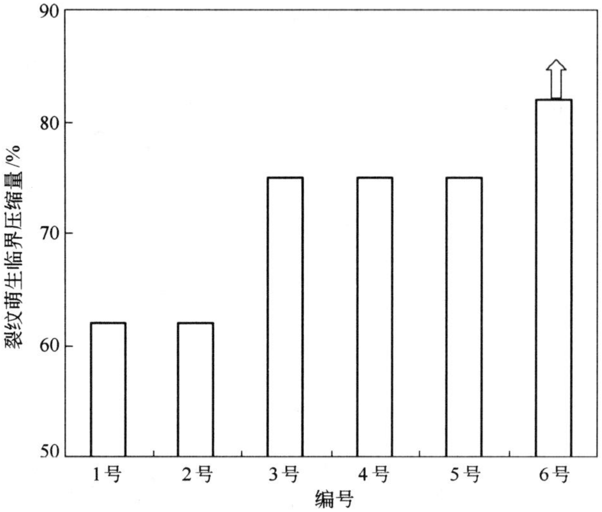

编　号	1	2	3	4	5	6
硅质量分数/%	0.33	0.18	0.08	0.29	0.30	0.06
氧质量分数/%	0.011	0.008	0.009	0.001	0.0006	0.0008

图 3-10　硅与[O]质量分数的组合对裂纹萌生临界压缩量的影响（S40C 钢）[14]

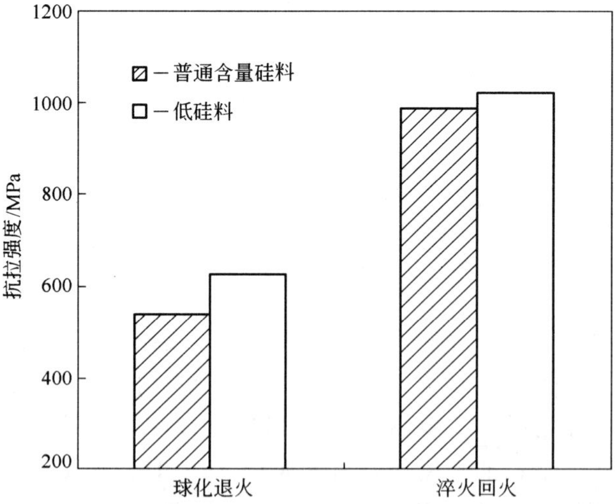

图 3-11　SCM4 钢普通含量硅料和低硅料的性能比较[14]

此外，众所周知，铝脱氧钢的室温冷镦性要明显优于硅脱氧钢。鉴于在高速连续冷镦过程中，工件会有一定程度的温升，因而对温间（小于 250℃）冷镦性有必要进行研究。结果表明，铝脱氧钢的温间冷镦性同样要优于硅脱氧钢，更适合于作为冷镦钢[17]。这主要是由于铝脱氧钢中的氮被固定，可防止动态应变时效，而硅脱氧钢中过多的游离氮会引起动态应变时效。

图 3-12 为冷顶锻临界变形量与碳当量[$w(C_{eq})=w(C)+1/5(w(Si)+w(Mn))$]的关系[7]。可见，碳当量小于 0.55 时冷顶锻变形量高达 80 %时仍未萌生裂纹。

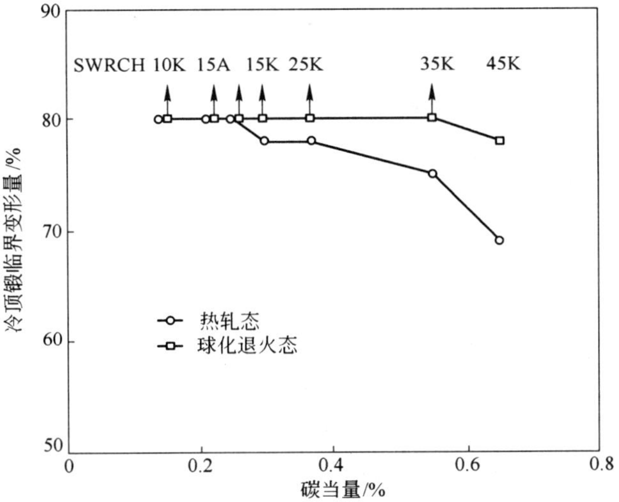

图 3-12 碳当量与冷顶锻临界变形量的关系[7]

3.2.2.2 微观组织的影响

在冷镦成形过程中材料往往要承受最大达 70%～80%的总变形量，因而要求原材料的塑性好，硬度尽可能低。对此，往往要在冷镦前进行球化退火处理，以使钢材获得足够的塑性以满足冷镦成形的要求。如图 3-12 所示，球化退火材的冷顶锻临界变形量大于热轧材。随着渗碳体球化率的增加，钢材的冷镦性能逐渐提高，见图 3-13[18]。

降低钢中残余元素的含量是改善冷镦钢线材塑性的主要途径之一。然而，对于具有较高残余元素含量的冷镦钢线材，如果优化球化退火工艺而获得良好的球化组织，则可获得与具有低残余元素含量的冷镦钢线材相当的良好冷镦性能[19]。

鉴于冷镦条件和工件变形量的差异以及为了简化球化退火工艺，缩短球化退火处理时间甚至省略球化退火处理工序，有时可采用具有不完全球化组织的冷镦钢线材。

井上等[20]通过改变 S40G 碳钢（0.39%C）缓慢冷却退火法的最高加热温度（图 3-14*a*）获得了具有不同球化程度的组织（图 3-14*b*），拉伸和压缩试验

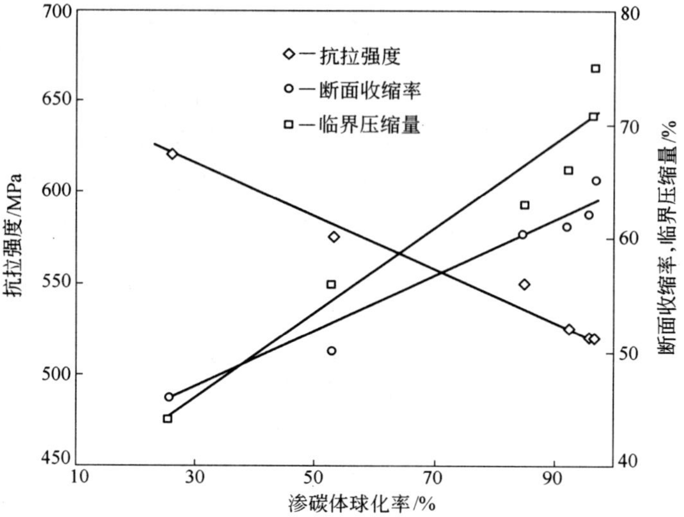

图 3-13　渗碳体球化率对 ML45 钢抗拉强度、断面收缩率及临界压缩量的影响[18]

结果表明，球化程度对变形抗力（强度和硬度）的影响很小，然而却对变形能力（塑性）具有十分明显的影响（图 3-14*c*）。虽然加热时未溶解珠光体（最高加热温度低于 A_1 温度时）对塑性仅有少许恶化，但是缓冷时新生成的粗大珠光体（最高加热温度高于 A_1 温度过多，在随后缓冷过程中生成）却显著地降低塑性。对拉伸断口及纵截面的 SEM 观察发现，球化或部分球化碳化物处萌生的微裂纹倾向于沿拉伸轴向各自长大，因而在裂纹萌生后需消耗相当大的应变直至断裂；而新生成的珠光体处萌生的裂纹却很快长大到珠光体球团的尺寸并沿垂直于轴向的方向快速扩展，因而断裂应变较低。上述结果同时表明，即使球化程度不好，如果存在未溶解珠光体或新生成的珠光体，其强度和硬度变化就有可能很小，因而传统的通过测定硬度来评估球化退火程度的方法是不完善的。

鹿礒等[10]对具有不同球化程度的 S48C 钢的研究结果表明，对于不完全球化试样，冷顶锻微裂纹萌生于紧靠桶形自由表面下的渗碳体，缩短渗碳体长度有助于改善冷镦性能；而对于热轧态铁素体+珠光体组织的试样，微裂纹则萌生于应变集中的软相先共析铁素体。此外，研究还发现，通过设计合适的冷镦变形应变路径可改善不完全球化组织的冷镦性能。

3.2.2.3　轧制条件和冷镦前加工的影响

对于省略冷镦前软化退火处理的线材，盘卷间和盘卷内的强度波动等将影响其冷镦性能。因此，需加强对轧制条件的管理，尽可能减少线材性能的波动。为了抑制轧材的强度波动，可采用轧后控制冷却，使线材整体的冷却速度尽可能一致。

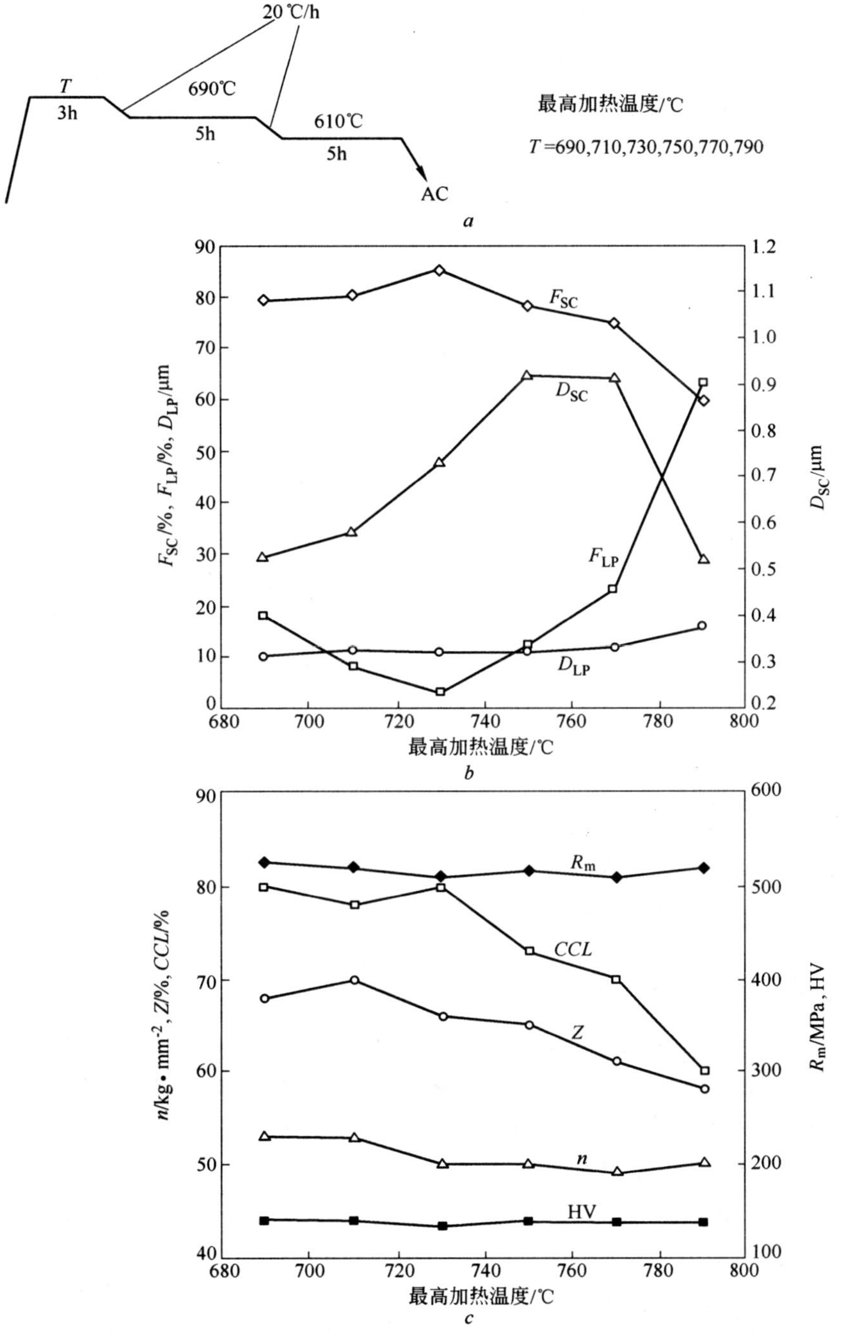

图 3-14 球化退火工艺（*a*）、球化程度（*b*）及力学性能（*c*）随最高加热温度的变化[20]

F_{SC}—球化碳化物百分比，%；F_{LP}—层状珠光体百分比，%；D_{SC}—球状碳化物尺寸，μm；
D_{LP}—层状珠光体团尺寸，μm；*CCL*—临界压缩变形量，%；*n*—加工硬化系数，kg/mm^2；
Z—断面收缩率，%；R_m—抗拉强度，MPa

为了改善热轧材的表面质量、获得所需的尺寸精度或强度水平（对于冷作强化非调质钢），往往需要在冷镦前进行一定减面率的拉拔。如图 3-15 所示，尽管冷拔材的强度远高于热轧材，但其变形抗力却明显低于热轧材[7]。这种现象与包辛格效应有关，对此将在第 6 章中详细论述。

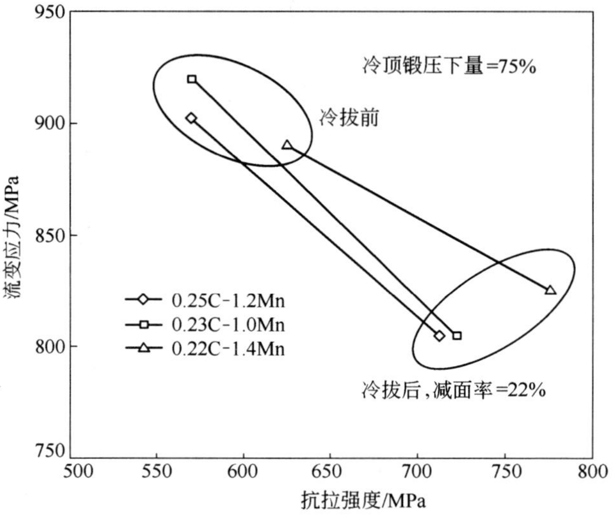

图 3-15　拉拔变形对线材形变抗力和抗拉强度的影响[7]

3.3　疲劳性能

如前所述，很多螺栓在其服役过程中承受交变载荷，如拉压、弯曲、剪切、扭转等，所以疲劳断裂是螺栓失效的重要形式之一。

3.3.1　螺栓疲劳断裂的特点

螺栓是一种典型的多缺口零件，其疲劳性能将明显地受到螺栓的结构、尺寸、材料及制造工艺等多种因素的影响。与同样材料的缺口件相比，其疲劳强度通常明显偏低。其原因主要在于：

（1）各螺纹的受力不均匀；

（2）拉伸应力集中；

（3）弯曲应力集中；

（4）表面粗糙度。

这其中除第二项外，其余均为通常缺口件所不具有，而是螺栓连接体所特有的力学因素。

螺栓的螺纹沟实际上是一个个小的尖锐缺口，在外载作用下该处形成的应力集中将导致螺栓的疲劳强度显著降低。螺纹沟疲劳缺口应力集中系数 β_k 与螺纹沟底直径、螺纹沟底圆角半径、螺纹牙形角以及螺栓强度级别（抗拉强度）等有关[21]：

$$\left.\begin{aligned}&\beta_k=1+\xi_1\cdot\xi_2\cdot\xi_3\cdot\xi_4\cdot\xi_5\\&\xi_1=-1.35+0.014R_m,\ \xi_2=1-\exp(-0.07d_r),\ \xi_3=1-\exp[-0.082(d_r/r)]\\&\xi_4=1-\exp[-12(1-d_r/r)],\ \xi_5=1-\exp[-1.7(180-2a)^{\pi/180}]\end{aligned}\right\}\quad(3\text{-}4)$$

式中，R_m 为螺栓的抗拉强度，MPa；d_r 为螺纹沟底直径，mm；r 为螺纹沟底圆角半径，mm；$2a$ 为螺纹牙形角，(°)。

根据式 3-4 可计算出不同规格螺纹的缺口应力集中系数。如对于常见的重要汽车螺栓，其螺纹沟疲劳缺口应力集中系数大多在 4～9 的范围内，属于严重应力集中的缺口零件。

除螺纹沟外，影响螺栓疲劳性能的另外薄弱部位是螺纹与杆部的过渡处及螺栓头部与杆部的过渡圆角处。由于截面的突变，在这些部位也存在较高的应力集中。

通常情况下，如杆部没有严重的缺陷，螺栓的疲劳断裂都集中在应力集中的螺纹沟，或螺栓头部与杆部的过渡圆角处。机械加工螺栓的疲劳断裂多发生在螺纹沟；对于滚丝螺栓，螺纹沟和螺栓头部与杆部过渡圆角处的开裂机会相当；当螺栓由于试验机对中不良、夹具或装夹不当以及螺栓本身形状不规则而受到偏心载荷作用时，其疲劳断裂多发生在头部与杆部过渡圆角处[21]。

常见的螺栓连接结构受到轴向拉伸载荷作用时，螺栓的各扣螺纹牙受力是不均匀的，一般是螺母内第一扣螺纹牙受力最大，随后各扣螺纹牙的受力依次减小，见图 3-16[22]。但由于第一扣螺纹牙受变形的约束较小，易于产生变形

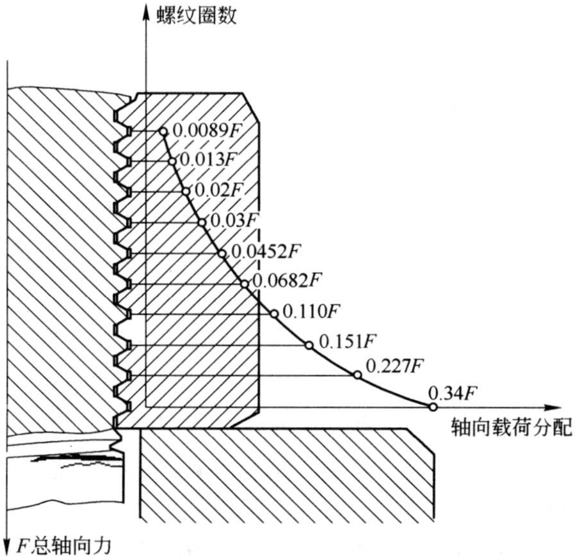

图 3-16 螺栓螺母内螺纹各扣间的载荷分配[22]

而使根部应力松弛，因此，螺栓的疲劳断裂通常不发生在受名义应力最大的螺母内第一扣螺纹牙沟处，而是发生在应力状态较硬的第二扣螺纹牙沟或第一扣与第二扣螺纹牙之间的某处。

3.3.2　螺栓疲劳性能试验方法[21]

螺栓疲劳强度一般采用轴向拉伸疲劳试验方法测定，详细参见 GB/T 13682—1992《螺纹紧固件轴向载荷疲劳试验方法》。疲劳试验试样为成品螺栓，不能进行再加工。可以使用不同类型的轴向载荷疲劳试验机，如电磁共振式高频疲劳试验机或电液伺服材料试验机等。一般应按正弦波形加载，频率在 4.2～250 Hz 范围内。试验夹具应能将试验载荷传递给试样，并能自动对中。试验一般在恒定平均载荷下持续进行，试验平均载荷一般取螺栓名义抗拉载荷的 40%～70%。根据螺栓的服役承载特点，试验也可在恒定最小应力或恒定应力比下持续进行，直至试样失效或达到规定的循环次数为止。螺栓疲劳试验的循环基数一般取 10^7 周次。

螺栓的疲劳性能通常采用疲劳强度或 S-N 曲线来表征，所用的强度指标一般为零件所承受的载荷。疲劳极限的测定一般采用升降法，为缩短试验时间，也可采用 SAFL 法。螺栓疲劳 S-N 曲线的测定方法基本上与材料试验时相同，疲劳曲线的过载部分一般应取 4 级载荷水平，每级载荷至少要有 3 个数据点。

由于螺栓是一种带有尖锐缺口的零件，其疲劳性能对材料、工艺及试验条件等因素更为敏感，因而其疲劳强度分散性大。要获得相同的试验精度，所需的螺栓试样数量往往要比其他零件多。

3.3.3　影响螺栓疲劳性能的主要因素

影响螺栓疲劳性能的主要因素有以下几点：

（1）螺纹牙沟形状和半径尺寸的影响。螺栓受载时，螺纹牙沟处就会产生应力集中，其值在很大程度上取决于牙沟的形状。改变牙沟的形状如螺纹的沟槽越平滑，应力集中就越小，疲劳强度则越高。一般而言，平底牙沟的螺栓疲劳强度最低。如以圆形牙沟代替平底牙沟，螺栓的疲劳强度便可得到提高。如 JIS 形状螺纹牙沟的弹性应力集中系数为 2.54，而改进的 R–r 形状牙沟为 1.52，即后者的牙沟应力集中系数较前者降低了 40%，从而可使疲劳强度至少提高 20%[23]；又如经调质处理的 40CrNiMo 钢制螺栓，螺纹为 6 mm×1.0 mm 的平底牙沟时其疲劳强度为 95 MPa，而采用最大半径为 0.1 mm 的弧形牙沟时，其疲劳强度可提高到 120 MPa，即提高 26%[22]。日本新日铁公司新开发的 CD（critical design for fracture）螺栓的疲劳强度提高的幅度更大，高达

100%[24]。CD 螺栓的主要特点是螺母内螺纹牙的高度逐渐降低，以使其受力更为均匀。

（2）螺纹表面粗糙度的影响。螺纹的表面粗糙度对螺栓的疲劳寿命影响很大。如螺纹为 6 mm×1.0 mm 的 40CrNiMo 钢制螺栓，其粗糙度 R_a 由 0.08～0.16 降到 0.63～1.35 时，疲劳强度下降 33%；螺纹尺寸为 12 mm×1.5 mm 的螺栓，其表面粗糙度 R_a 由 0.08～0.16 降到 0.16～0.32 时，疲劳强度下降 21%[22]。

（3）螺纹滚丝工序的影响。滚压螺纹会产生形变强化层和较高的残余压应力，对阻止疲劳裂纹的萌生和早期扩展起很大作用；同时，也会降低牙沟的表面粗糙度，因而有利于螺栓疲劳强度的提高。但是如果滚压螺纹后再进行热处理，就会使上述有利因素消失。所以从改善螺栓疲劳性能的角度考虑，应在热处理后滚压螺纹[25]。但此时存在另一个问题，即螺栓特别是高强度螺栓经过热处理后其硬度通常较高，致使滚丝模寿命降低。此外，如果滚丝的质量不够好，在螺纹的表面或根部产生微裂纹或类似接触疲劳的剥落现象，则改善螺栓疲劳性能的效果不明显，甚至会降低其疲劳性能。

从图 3-17 中可以看出，通过持续不断地调整滚丝工艺、改进滚丝轮及采用 MJ 螺纹等措施，提高了滚丝质量，使得 ADF1 钢制 14.9 级螺栓的疲劳性能得到了较大幅度的提高，疲劳强度平均值比进口 AISI 4140 钢制 12.9 级螺栓高出 48%。图 3-18 为 20MnVB 和 40Cr 钢在相同硬度下，热处理工序对所制螺栓疲劳性能的影响[22]。20MnVB 钢制螺栓经淬火和低温回火处理，组织为低温回火马氏体，硬度 HRC 39±1；40Cr 钢制螺栓经调质处理，组织为高温回火

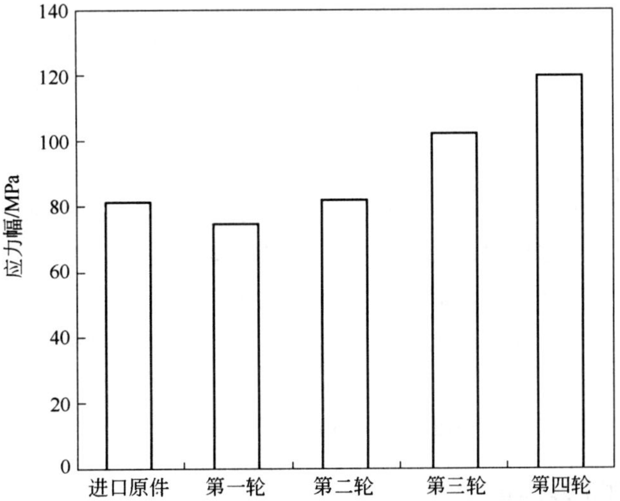

图 3-17 ADF1 钢制 14.9 级发动机缸盖螺栓在不同滚丝工艺下的轴向疲劳性能变化
（平均载荷 σ_a=890 MPa，进口原件为 AISI 4140 钢制 12.9 级螺栓）

马氏体，硬度为 HRC 30±1。可见，热处理后滚丝的螺栓其疲劳强度均有较显著的提高。

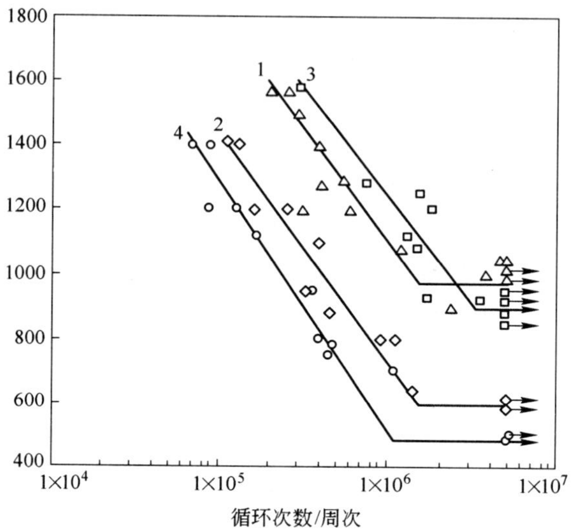

图 3-18　热处理前后滚丝螺栓（M12×1.25）的旋转弯曲疲劳 S-N 曲线[22]

（平均载荷 40 MPa，频率 9000 次/min）

1—40Cr 钢，先调质后滚丝，HRC30±1；2—40Cr 钢，先滚丝后调质，HRC30±1；3—20MnV 钢，先热处理后滚丝，HRC39±1；4—20MnV 钢，先滚丝后热处理（200℃回火），HRC39

（4）钢材冶金缺陷的影响。原材料表面脱碳，通常是在轧制加热过程中对坯料表面没有有效的保护所致。如果脱碳层较浅而成品又要经过充分的切削加工，会使脱碳层去掉，从而消除这种脱碳的影响。然而，有些螺栓是在冷镦或冷拔后不再进行切削加工，于是原材料的表面缺陷也就一直保留在成品零件的表面上。

螺栓表面的严重脱碳层是其上的一个薄弱区域，在冷镦后的滚丝过程中，由于钢材表面的变形量大，会把脱碳层大部分挤压到螺纹的顶部区域中。这种脱碳层的强度、硬度均很低，故极易发生磨损和脱扣（丝扣被剪坏）失效，并且极易成为疲劳裂纹源区，造成早期疲劳失效。

钢中的夹杂物特别是粗大的硬脆夹杂物破坏了基体材料的连续性，在内外应力的作用下易在夹杂物与基体的界面处产生很高的应力集中，导致疲劳裂纹的早期萌生，显著降低高强度螺栓的抗疲劳性能[26]。

3.4　耐延迟断裂性能

钢的回火马氏体组织具有良好的强度和韧性配合，而且还可以通过调整碳和合金元素等添加元素的种类、数量和热处理工艺而控制其强度，因此在合金结构钢中得到了十分广泛的应用。然而回火马氏体钢在自然环境下易发生延迟断裂，且延迟断裂的敏感性随强度的提高而增大。图 3-19 是各种典型的低合金回火马氏体钢在水中的延迟断裂强度随抗拉强度的变化[27]。可见，随着抗拉强度的提高，特别是当抗拉强度超过约 1200 MPa 时，延迟断裂强度急剧降低。因此，回火马氏体钢的实际使用强度往往受到限制。延迟断裂是紧固件等机械零部件高强度化时必须高度注意的问题。

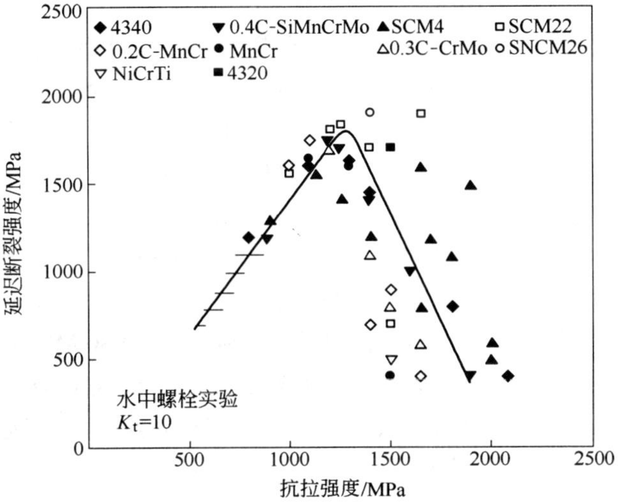

图 3-19 低合金回火马氏体钢的延迟断裂敏感性随抗拉强度的变化[27]

高强度螺栓属于缺口零件，具有很高的缺口敏感性，容易在缺口集中部位如杆与头部的过渡处或螺纹根部产生延迟断裂。因此，高强度螺栓钢的延迟断裂是一个十分典型的事例[27~33]，由此造成的事故屡屡发生，经济损失相当惊人。例如日本在 20 世纪 80 年代初，架设在阪神高速公路的阿波罗桥上和东京高速公路上的高强度螺栓先后发生了多起延迟断裂破坏，对此决定采用超声波定期对全部螺栓进行检查，该工作量十分巨大，仅每年的费用就高达 1 亿日元。由于高强度螺栓的延迟断裂事故频繁发生，对抗拉强度超过 1200 MPa 的螺栓多采取尽量不使用的办法。日本在 1967 年 JIS B 1186 标准修订中，高强度螺栓级别分为 F8T、F10T、F11T，明确废止 F13T 级螺栓；1977 年以后，即使在正常强度范围内使用的 F11T 级螺栓也发生了多起延迟断裂事故，因而在 1979 年重新修订中建议不再使用 F11T 级螺栓；在 1981 年，铁道桥则中止使用 F11T 级螺栓[27,31]。

3.4.1 延迟断裂的概念与特征

延迟断裂（delayed fracture），又称滞后断裂，是在静止应力作用下的材料，经过一定时间后突然脆性破坏的一种现象。该词最早在 20 世纪 40 年代用于指玻璃等脆性材料的滞后断裂现象。20 世纪 50 年代以后，随着航空用镀镉高强度螺栓的滞后断裂而逐渐得到广泛的使用[27,34,35]。

延迟断裂现象是材料—环境—应力相互作用而发生的一种环境脆化，是氢致材质恶化（氢损伤或氢脆）的一种形态。其他的氢致材质恶化还包括氢致塑性损失、氢压引起的微裂纹（如钢中白点、焊接冷裂纹、H_2S 或酸中浸泡裂纹）、高温高压氢腐蚀、氢化物相的产生和氢致马氏体相变等。其中由原子氢扩散、富集所引起的氢致塑性损失及氢致延迟断裂为可逆氢脆，而其他氢损伤均是加载前就存在的损伤，因而为不可逆氢脆。对于氢致延迟断裂，所谓延迟是指恒载荷（或恒位移）条件下，原子氢通过应力诱导扩散富集到临界值需要经过一段时间，故加载后要经过一定时间后氢致裂纹才会形核和扩展。如将原子氢除去后就不会发生延迟断裂，故它是可逆的[27,34]。

应当指出的是，由氢引起的钢铁材料材质恶化形态多种多样，因材料强度水平、含氢环境种类等不同，其称呼往往不尽相同：对于高强度钢（抗拉强度 $R_m \geqslant 980$ MPa）通常称为延迟断裂；对于中等强度钢（980 MPa>$R_m \geqslant 490$ MPa）通常称为硫化物裂纹、硫化物应力腐蚀裂纹；对于低强度钢（R_m<490 MPa）通常称为氢致裂纹、氢诱导裂纹、氢鼓泡等。图 3-20 为材料强度—氢环境—氢损伤习惯称呼的关系示意图。

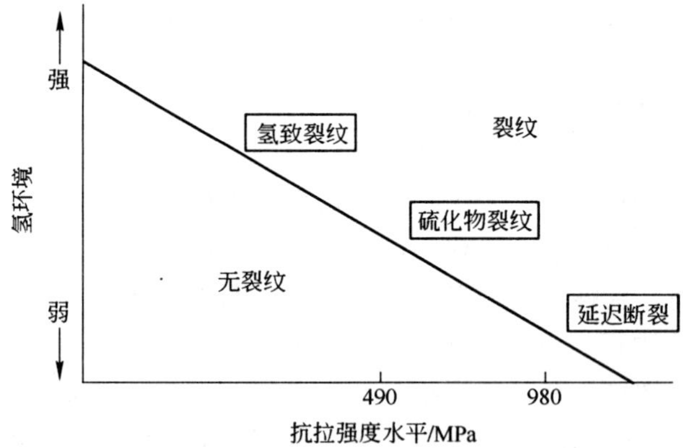

图 3-20　材料强度—氢环境—氢损伤习惯称呼关系示意图

广义的延迟断裂包括氢脆、应力腐蚀和液体金属脆，对此不再赘述。由于高强度钢在水介质中的应力腐蚀实质上是一种氢致开裂过程[34]，因此，本书所指的延迟断裂主要是高强度钢的氢致延迟断裂和在水介质中的应力腐蚀。

延迟断裂现象是妨碍机械制造用钢高强度化的一个主要因素。它大体上可分为以下两类[35~37]：

（1）主要是由外部环境侵入的氢（外氢）引起的延迟断裂。如桥梁等使用的螺栓，在潮湿空气、雨水等环境中长期暴露而发生延迟断裂。

（2）酸洗、电镀处理等制造过程中侵入钢中的氢（内氢）引起的延迟断裂。如电镀螺栓等在加载后，经过几小时或几天的较短时间后而发生延迟断裂。

对于前者，一般是由于在长期暴露过程中发生腐蚀，腐蚀坑处腐蚀反应生成的氢侵入而引起的；后者是由于制造过程如酸洗、电镀处理时侵入钢中的氢在应力的作用下向应力集中处富集而引起的，见图 3-21[36]。图 3-22 是高强度螺栓延迟断裂过程示意图[31]。

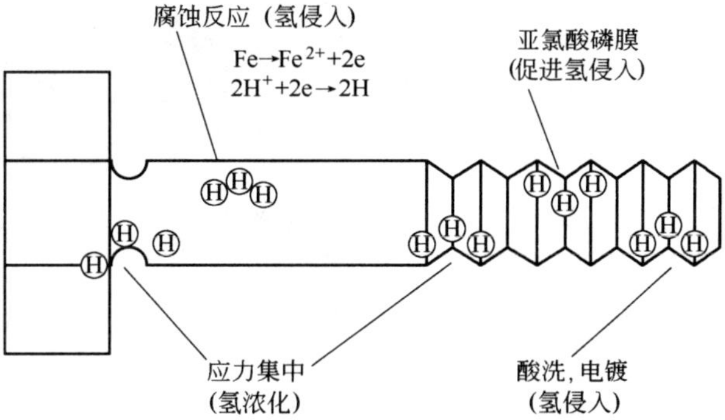

图 3-21　高强度螺栓延迟断裂的产生原因示意图[36]

实际用钢在自然环境下发生延迟断裂的主要是回火马氏体钢，它一般具有以下特征[27,28,31,32,37]：

（1）在抗拉强度大于 1200 MPa、硬度 HRC≥38 的强度水平时，延迟断裂的敏感性显著增大；

（2）延迟断裂通常在室温附近发生，但是从室温到 100℃附近，随温度的升高，延迟断裂的敏感性增大（与低温脆性断裂的不同点）；

（3）宏观上，延迟断裂没有伴随有大的塑性变形（与蠕变断裂的不同点）；

（4）在静载荷下（应变速率为零）发生（与疲劳断裂的不同点）；

（5）在较屈服强度低得多的应力下发生；

（6）在发生低温回火脆性的温度 350℃附近回火后，延迟断裂敏感性最大；

（7）受原奥氏体晶界裂纹的支配。

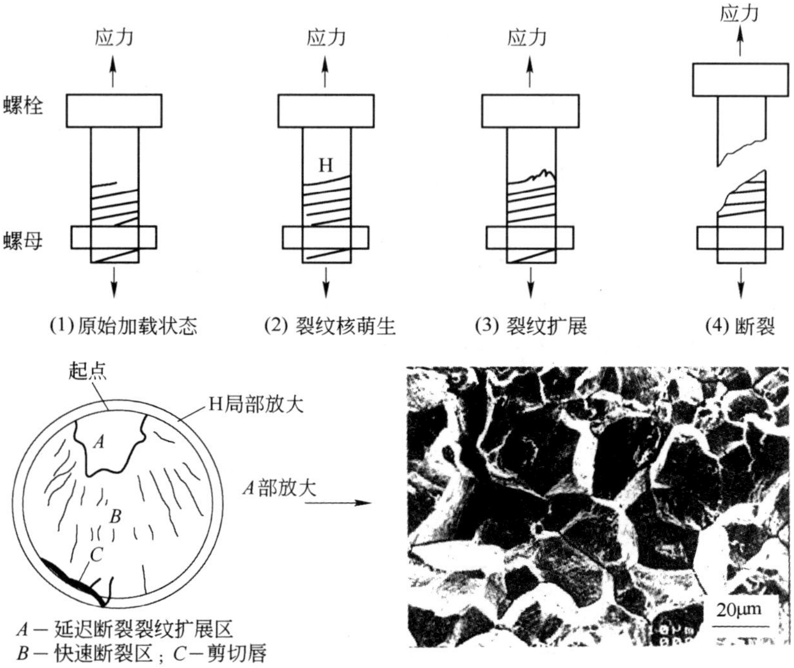

图 3-22 高强度螺栓延迟断裂过程示意图和典型断口形貌[31]

3.4.2 氢与高强度钢的延迟断裂行为

高强度钢在冶炼、加工及使用过程中经常会有氢进入材料中。在一般情况下，进入钢中的氢是极其有害的。对于很多材料，即使进入极微量的氢，通过扩散和富集也会引起延迟断裂。

无论延迟断裂现象以何种机制发生，在断裂前都要发生氢在金属中的扩散和富集过程。对于金属—氢系统，要发生延迟断裂过程，需经过氢的侵入、氢的扩散和富集、氢致裂纹萌生和扩展直至断裂。因此，氢在金属中的扩散和富集，作为氢与金属交互作用的过渡过程，是延迟断裂过程的前提和桥梁[38]。

3.4.2.1 氢的存在形式

大量实验和生产中氢损伤实例足以说明，氢可以有以下四种状态存在于金属中[34]：

（1）氢以原子状态,准确地说是以离子状态（H^-、H、H^+）存在于金属晶体点阵的间隙中。

（2）氢以分子状态气体存在于金属内的孔洞、裂隙或气泡中。

（3）氢原子与金属原子相互作用形成氢化物。

（4）氢与金属中的第二相之间发生化学反应，生成含氢的气体存在于金属中。

3.4.2.2 氢陷阱

陷阱的概念是在 1949 年由 Darken 和 Smith 提出来的，Evans 也认为，应该把钢中可动的氢和固定的氢区别开来。各种晶体缺陷（空位、位错、晶界、相界）、第二相（包括夹杂）乃至各种溶质元素的周围存在应力、应变场，这个内应力场能与氢周围存在的应变场交互作用，从而把氢吸引在缺陷或第二相周围。这种能捕获氢的缺陷或第二相就称为氢的陷阱[34,39,40]。恒温时，处在晶格间隙位置的氢（固溶的氢，浓度为 C_L）和处在陷阱的氢（浓度为 C_T）将达到动态平衡，即

$$\boxed{\mathrm{H}}\ （陷阱中的\ \mathrm{H}）\longrightarrow \boxed{}（陷阱）+\mathrm{H}（点阵中\ \mathrm{H}） \tag{3-5}$$

Hirth 指出氢的分布服从 Fermi-Dirac 统计分布[41]：

$$\frac{C_T}{1-C_T}=\frac{C_L}{1-C_L}\exp\frac{E_b}{RT}\approx C_L\exp\frac{E_b}{RT} \tag{3-6}$$

Fe-H 系中，C_L 很小，故$(1-C_L)\approx 1$，据此可得：

$$C_T\approx C_L\exp(E_b/RT) \tag{3-7}$$

式中，E_b 为陷阱结合能。显然，陷阱中的氢浓度 C_T 与陷阱结合能 E_b 有关，E_b 愈大，C_T 愈高。氢陷阱的另一个参数是陷阱密度 N_T，它是单位体积中陷阱的数目，规定一个单位体积陷阱（空洞型陷阱除外）至多只能捕集一个氢[39]。

根据陷阱与氢交互作用的本质，氢陷阱可分为吸引陷阱、物理陷阱及混合型陷阱；根据陷阱结合能 E_b 的高低，氢陷阱可分为可逆陷阱和不可逆陷阱；根据陷阱捕集氢的能力，则又可分为能饱和的陷阱和不能饱和的陷阱。如果氢与陷阱的结合能 E_b 大，室温时氢就不能逸出陷阱而参与扩散，这样的陷阱称为不可逆陷阱；反之，如果氢与陷阱的结合能 E_b 小，室温时氢就可以从陷阱中逸出，进入点阵间隙位置，这样的陷阱称为可逆陷阱[35,42]。可逆陷阱可与较强的陷阱交换氢而成为一种氢源。由于氢致延迟断裂在室温附近比较明显，故可逆陷阱对钢的延迟断裂敏感性影响更大。表 3-4 给出了两类陷阱的特性及陷阱能[34,40]。值得注意的是，这种分类是相对的。陷阱的可逆性与温度有关，从式 3-7 中可见，当温度升高时，C_T 降低，室温时不可逆的陷阱也可能变为可逆陷阱。

表 3-4 氢与陷阱的结合能和陷阱类型[35,41]

陷阱	一般溶质原子（如 Cr、V、Ni、Si 等）	位错	小角晶界	空洞	TiC	Fe_3C	大角晶界
E_b/eV	≤0.2	0.25	0.27	0.22	0.95	0.85	0.61
分类	可逆陷阱				不可逆陷阱		

陷阱是金属中潜在的缺陷，在陷阱处可能是氢致裂纹形核的部位。但是氢致延迟断裂是否发生则取决于陷阱对氢的容量、临界浓度值以及受力后到达陷阱位置的氢量。如果氢量超过临界浓度，就会使裂纹形核。有许多陷阱实际上并不导致裂纹形核，这样的陷阱便是有利的陷阱。因为它可将氢吸收到自己的周围，防止足够的氢量向容易使裂纹形核的潜在危险部位集中[40]。

氢陷阱对氢的溶解度、扩散和富集等都有很大的影响，因而控制陷阱的本质、数量和分布是提高材料耐延迟断裂性能的重要途径之一。表 3-5 汇总了 α-Fe 中各种氢陷阱的结合能 E_b 和陷阱密度 N_T[39,43]。可见，TiC 是钢中目前已知的最强的氢陷阱。

表 3-5 α-Fe 中的氢陷阱参数[39,43]

陷 阱	C	N	Cu	Ni	Si	Mn	Cr
E_b/kJ · mol^{-1}	3.3	13	0	0～4.3	1.8～20	8.5	9.7～26
N_T/cm^{-3}	4×10^{18}	2×10^{19}			10^{21}		
陷 阱	Mo	Co	Ti	RE	空 位	位 错	位错芯
E_b/kJ · mol^{-1}	10.7～27	3.6	26～43	29	22～46	19～30	59
N_T/cm^{-3}			10^{21}	5×10^{21}	10^{17}	10^{13}～10^{20}	10^{13}～10^{20}
陷 阱	晶 界	相 界	AlN	Fe_3C	TiC	MnS	表 面
E_b/kJ · mol^{-1}	26～59	70	64	84	95	72	67～91
N_T/cm^{-3}	10^{13}～10^{17}		5×10^{18}	5×10^{18}	5×10^{18}	10^{13}	10^{15}

值得注意的是，表中的数据似乎应重新考虑。如早期 Pressouyre[43]从第一轮渗氢和第二轮渗氢的差别中，分析得到 TiC 的结合能为 95 kJ/mol。后来有研究证明[44]，这一差别与阳极表面对扩散氢的阻滞及残余扩散氢有关。冼爱平等[45]用电化学法和 Lee 等[46]用不同温度下热放氢的方法测得 TiC 的结合能均约为 28 kJ/mol。表 3-6 给出了 Lee 等人的实验测定结果[46~54]。

表 3-6 有关氢陷阱参数（热放氢法测定）**[46~54]**

陷 阱	晶 界	位 错	VC	Fe_3C	MnS	TiC
T_c/K	378(3.1)①	495（2.6）	473（1.7）	393（3.0）	768（3.4）	996（3.0）
E_{aT} /kJ · mol^{-1}	17.2	26.8	29.2～36	18.5	72.2	86.9
E_b /kJ · mol^{-1}	9.6	25.6		9.7		28.1

① 括号中的数据为加热速度，K/min。

姚大千等[38]对氢陷阱理论、Kedzierzawski[55]对铁和铁合金中的氢陷阱行为、Bernstein 和 Pressouyre[56]对氢陷阱在控制钢氢脆的作用方面进行了比较详细的论述，对此不再赘述。应当指出的是，由于实际钢铁材料微观组织以及氢致延迟断裂过程的复杂性，使得上述表中主要来源于简单金属体系的研究结果还不能简单地应用于实际钢铁材料。

3.4.2.3 氢富集[39,57]

通过应力诱导扩散，氢将向高应力区富集，经过足够长的时间后，氢浓度分布将达到稳定值。如氢应变场是球对称，则：

$$C_\sigma = C_{\mathrm{H}} \exp(\sigma_h \overline{V}_{\mathrm{H}} / RT) \tag{3-8}$$

式中，C_σ 是应力作用下的氢浓度；C_{H} 是无应力时的氢浓度；$\sigma_h = (\sigma_1 + \sigma_2 + \sigma_3)/3$。

如氢的应变场为非球对称，则：

$$C_\sigma = C_{\mathrm{H}} \exp(-U / RT) = C_{\mathrm{H}} \exp(V \sum \varepsilon_i \sigma_i) \tag{3-9}$$

式中，$V=a^3N$ 为金属摩尔体积；ε_i 为氢的摩尔应变场。

根据上式，褚武扬计算了单向拉伸应力 σ，单向压缩应力$-\sigma$，以及扭转应力 τ 作用下富集的氢浓度分布分别为：

$$C_\sigma = C_{\mathrm{H}} \exp[(0.7\varepsilon_1 + 0.3\varepsilon_2) a^3 \sigma / kT] \tag{3-10}$$

$$C_{-\sigma} = C_{\mathrm{H}} \exp[-(0.15\varepsilon_1 + 0.85\varepsilon_2) a^3 \sigma / kT] \tag{3-11}$$

$$C_\tau = C_{\mathrm{H}} \exp[0.55(\varepsilon_1 - \varepsilon_2) a^3 \tau / kT] \tag{3-12}$$

根据拉、压应力下氢浓度分布的差异，通过拉、压应力下的氢渗透就可求出 ε_1 和 ε_2。

一般认为裂尖前方存在一个塑性区，从而裂纹钝化成一个曲率为 ρ 的尖缺口，最大 σ_h 在缺口前方 $\chi=3.81\rho$ 处，且 $\sigma_h = \sigma_{\mathrm{s}}(1+\pi)/2$。如认为氢的应变场为球对称，则可利用式 3-8 求得塑性区中的最大氢浓度。对钢取 $\overline{V}_{\mathrm{H}}=2.0\ \mathrm{cm^3/mol}$，$\sigma_{\mathrm{s}}=1000\ \mathrm{MPa}$，$T=300\ \mathrm{K}$，代入式 3-8 可得 $C_\sigma / C_{\mathrm{H}}=5$。因此氢富集并不大。如认为氢的应变非球对称，则应力诱导氢富集将明显升高。计算表明，最大氢富集浓度在 $\theta=\pm 62°$ 处，该处 C_σ 是裂纹延长线方向（$\theta=0°$）的 2 倍，在离裂尖 $r=5\ \mathrm{nm}$ 处，$C_\sigma / C_{\mathrm{H}}=200$。

因为位错周围存在氢气团，且位错能带着氢气团一起运动，因而位错密度高的地方，氢浓度也高。也可以认为塑性应变大的地方，氢浓度愈高。可以认为氢浓度由外加应力引起的氢富集 C_σ 和位错引起的氢富集 C_ε 两部分构成，即 $C = C_\varepsilon + C_\sigma$。

用恒位移缺口试样预充氢后再加载至局部屈服，然后用离子探针原位测量缺口前端的氢分布。它显示两个氢浓度峰：一个在缺口顶端，该处塑性应变量最大，即 C_ε 最大；另一个峰处在缺口前方最大三向应力 σ_h 处，该处 C_σ 最大。C_ε 和 C_σ 两条分布曲线的叠加就导致缺口顶端存在氢浓度分布的双峰。

3.4.2.4　引起延迟断裂的氢

如前所述，既然高强度钢的延迟断裂是由氢引起的，那么，最为关键的问题就是何种状态的氢对高强度钢延迟断裂裂纹的萌生和扩展起主导作用。

在通常状态下，氢固溶入铁中为一吸热反应，在室温常压下的固溶氢量小于 $0.001\times10^{-4}\%$（0.001 ppm）。实际环境中测得的发生延迟断裂的氢量约为 $0.1\times10^{-4}\%$（0.1 ppm）[58～61]，远高于固溶的氢量，因而实验测得的氢并不是固溶状态的氢，而是钢中各种陷阱所捕集的氢。一般而言，处于低能陷阱（可逆陷阱）中的氢在室温能够进行扩散，为室温可扩散性氢；而处于高能陷阱（不可逆陷阱）中的氢在室温难以从陷阱中跑出，为室温非扩散性氢。一些人提出了划分可逆陷阱与不可逆陷阱的标准，如 Gibala 等[62]将陷阱结合能 60 kJ/mol 作为可逆陷阱与不可逆陷阱的分界线。在加热时，处于陷阱中的氢在热能的作用下，能够从陷阱中释放出来，而陷阱结合能的高低决定了氢释放温度的高低，因而热放氢技术的一个重要特点是能够将具有不同结合能的陷阱直观地区别开。

一般而言，200～400℃以下的低温放出的氢为可扩散性氢，而在 400～600℃以上的温度范围放出的氢为非扩散性氢[63]。由于延迟断裂在室温附近最为明显，因而通常认为延迟断裂是由室温可扩散性氢引起的，而不是由室温非扩散性氢引起的[63,64]。此点已得到实验的支持[65～68]，如松本等[65]将 SCM440 钢淬火回火后（回火马氏体组织、强度水平 1200 MPa 级）进行充氢、镀镍，并在不同温度烘烤后进行热放氢分析和慢应变速率实验（SSRT）。实验结果表明，200℃以下温度放出的氢量随烘烤温度的升高而减少，而 200℃以上温度放出的氢量却增加；与全氢量相比，延迟断裂强度比与 200℃以下放出的氢量（可扩散性氢量）的相关性更好。此外，对于组织和强度水平均与 SCM440 钢不同的 PC 钢棒（珠光体和贝氏体强加工组织、强度水平 1800 MPa 级）也得到同样的结果[66,67]。

3.4.3　延迟断裂的主要影响因素

3.4.3.1　强度的影响

很多研究工作表明，随着屈服强度的提高，应力腐蚀临界应力场强度因子 K_{ISCC} 下降，裂纹扩展速率增大或延迟断裂时间减少，因而认为决定应力腐蚀抗力的最主要因素是钢的屈服强度水平[69～76]，如 E.A.Steigerwald[70]将 AISI 4340、D6AC、HP9-4-45、HP9-4-25 和 H11 五种合金元素含量差别较大的钢热处理到强度大致相同的水平，发现尽管五种钢的应力腐蚀断裂时间有明显差别，但 K_{ISCC} 值却在同一水平。显然，此时化学成分对 K_{ISCC} 的影响也是通过屈服强度起作用的。

一些研究结果对此提出了疑义。如 Sandoz[69]的研究工作表明，在相同的屈服强度水平下，淬火回火低合金超高强度钢如 AISI 4340、300M 和 D6AC 的 K_{ISCC} 远低于 18Ni 马氏体时效钢。但上述结果是在化学成分不同或处理状态不同的钢种下获得的，即难以排除屈服强度以外其他因素如合金元素的影响，如对 AISI 4340 型和 CrMo 型钢，在屈服强度相同的条件下，提高碳含量会使 K_{ISCC} 显著降低[77,78]。又如，在 30CrMnSiA 钢的正常淬火和回火之间增加一次 Ac_3 温度以下两相区的亚温淬火，结果发现在强度基本不变的情况下，延迟断裂的沿晶断裂倾向性减少，临界断裂应力 σ_c 得到明显提高[79,80]。此外，当强度高于某一级别后（如超高强度钢），强度的影响就不明显，例如当 $R_{p0.2} \geqslant 1400$ MPa 时，K_{ISCC} 或 K_{IH} 就随强度变化而变化很小或基本不变[81,82]。因此，还难以认为屈服强度对延迟断裂抗力具有决定性作用，而需从微观的角度对此进行深入的探讨。

关于强度通过何种机制影响延迟断裂抗力，目前并没有一致的结论。早期，Gerberich 等[71]推导出 $R_{p0.2}$ 与氢致延迟断裂应力场强度因子 K_{th} 的关系为：

$$K_{th} = \left(\frac{RT}{\alpha \overline{V}_H}\right) \ln\left(\frac{\beta}{R_{p0.2}}\right) - \frac{R_{p0.2}}{2\alpha} \tag{3-13}$$

式中，$\overline{V}_H$ 为氢在 α-Fe 中的偏摩尔体积；α，β 为常数；R 为气体常数；T 为绝对温度。作者认为高强度钢氢致延迟断裂过程是在裂纹尖端前沿弹、塑性区交界处，由于塑性约束具有最大三向拉应力而导致氢富集，当氢浓度达到临界值时就萌生二次裂纹并与主裂纹相连接。应力场强度因子 K_{th} 代表了氢在该处的热力学平衡分布浓度达到临界值时的力学特征值。$R_{p0.2}$ 的主要作用在于决定了弹塑性区交界处最大三向拉应力的大小。$R_{p0.2}$ 越高，此三向拉应力越高，氢聚集的浓度越高，越容易发生断裂，因而 K_{th} 越低。然而，上述模型中裂纹尖端前沿的局部最大拉应力只有屈服强度的几倍，如对于非应变强化材料，局部最大拉应力仅是屈服强度的 3 倍左右，远低于金属晶界的结合或断裂强度[74]。因此，该模型仅指出断裂过程是由应力控制的，并没有明确地提出一种合适的断裂机制。

在上述 Gerberich 模型的基础上，Doig 和 Jones[83]则指出当缺口前端最大三向拉应力区的氢浓度超过某一临界值时发生断裂，同时附加引入一个临界距离参数 d_c，即要求此临界距离内的水静应力超过某一临界值。他们的 K_{ISCC} 表达式为：

$$K_{ISCC} = \left[\frac{3\sigma_f}{2(1+\nu)}\right]\left\{2\pi\rho\left[\exp\left(\frac{\sigma_f}{R_{p0.2}} - \frac{1}{2}\right) - 1\right] + 2\pi d_c\right\}^{1/2} \tag{3-14}$$

式中，σ_f为临界局部断裂应力；ρ为缺口曲率半径。式 3-14 仅适用于钝缺口的情况，如对于预制裂纹试样，$\rho=0$，此时 K_{ISCC}与 $R_{p0.2}$无关，这显然与实验结果不符。

Nair 等[73]提出关于 K_{ISCC} 的塑性流变诱发断裂理论，认为 K_{ISCC} 是含氢条件下裂纹尖端塑性区内距裂纹尖端临界距离 l^*的流变应力 σ_f 达到临界值 σ_f^*时的力学特征值，其表达式见式 3-15。在该理论中，作者认为 K_{ISCC}对 $R_{p0.2}$ 的依赖关系主要在于裂纹尖端局部流变应力 σ_f 随 $R_{p0.2}$ 增高而增高的缘故。

$$\sigma_f(l^*, K_{ISCC}) = \sigma_f^*[R_{p0.2}, C_H(l^*)] \tag{3-15}$$

3.4.3.2　碳和常用合金元素的影响

碳明显提高钢的延迟断裂敏感性，特别是对高强度钢的影响更为明显。如前所述，随着碳含量的增加，4340 钢和 Cr-Mo 型钢的延迟断裂抗力明显降低[78,79]。碳含量增加会带来钢中组织、结构的变化，它不仅使马氏体中碳的固溶度增大，还强烈地降低钢的 *M*s 点，导致孪晶马氏体的产生，而且还增加晶界碳化物的数量，这是碳增加钢的延迟断裂敏感性的一个主要原因。然而，适量的碳含量是获得所需的高强度所必需的。

一般认为，锰增加高强度钢的延迟断裂敏感性。如随着锰含量的增加，4340 钢的氢致应力场强度因子降低，而且这种有害作用在阴极化条件下的水溶液中更为明显[71,78,84]。锰的这种影响可能与钢中杂质元素硫有关。锰和硫结合成 MnS 夹杂物，氢诱发裂纹往往以 MnS 为起点而发生延迟断裂。Sandoz 则推测锰和碳的影响机制可能在于影响裂纹内 $H^+ + e \longrightarrow H$ 这一反应发生的位置。松山[27]则认为锰促进晶界脆化元素磷的晶界偏聚而增加钢的延迟断裂敏感性，但在低合金钢所添加锰元素的含量范围内，锰含量变化的影响则往往很小。

硅对高强度钢延迟断裂抗力的影响比较复杂。Carter[85]对 4340 钢的研究结果表明，在 2000 MPa 的强度水平下，硅含量在 2.15%以下变化时对 K_{ISCC} 没有明显影响，但是当 $w(Si)>1.5\%$时，应力腐蚀裂纹扩展速率则显著降低；在 1600 MPa 的强度水平下，$w(Si)<1.5\%$时却产生有益的作用。由于硅的这种作用而导致 300M 钢的诞生（在 4340 钢的基础上加入 1.5%～1.8%Si）。一般认为，硅加入后能够抑制回火过程中ε 碳化物的析出。在应力腐蚀过程中 H^+ 容易在 ε 碳化物上获得电子变成原子氢，故加硅可减少进入试样的氢量。另外，硅能使氢的表观扩散系数明显下降，从而可使 d*a*/d*t* 下降[34]。此外，高井等[86]的研究结果表明，在 1400 MPa 级的钢中复合添加硅和钙，通过改变晶界结合力和氢扩散行为而改善钢的延迟断裂敏感性。1.5%Si+0.003%Ca 复合添加具有最佳的延迟断裂抗力，这主要是由于适量添加硅、钙晶界析出的 MnS 被

CaS 取代而使夹杂物形态变为粒状并成为氢的强陷阱，从而使断口中韧性断裂的比例增加；而低硅钢中添加钙则没有这种效果。

同锰元素一样，硅促进杂质元素的晶界偏聚却又会增加钢的延迟断裂敏感性，如有研究表明[87]，硅、锰含量极低的高纯 Ni-Cr-Mo-C 钢的 K_{th} 较商业和实验室冶炼的高纯 4340 钢高出 5 倍，且断裂方式由沿晶断裂转变为穿晶断裂。作者认为，对于超高强度钢只要有很少量的杂质（P、S、N 等）即可削弱晶界，使其优先成为延迟断裂的路径，去除锰、硅的作用则在于进一步消除高纯钢中杂质元素的晶界偏聚。Bandyopadhyay 等[72]随后则提出以（Mn+0.5Si+P+S）作为表征磷、硫偏聚倾向的成分参数。对 $R_{p0.2}$=1450 MPa 的 4340 钢的研究表明，成分参数小于 0.2 时，K_{th} 随成分参数的减少而显著提高；而当成分参数大于 0.2 时则几乎没有影响。

对铬的影响至今仍没能得出一致的结论。虽然 Sandoz[70,79,85]认为，铬对各种环境下的 K_{ISCC}（K_{IH}）没有影响，但一般认为铬能使氢致延迟断裂敏感性增加，这在铬含量较低时更为明显[88]。然而，铃木等[89]对 0.30C-0.95Si-0.54Mn-0.50Mo-0.2V 钢的研究结果却表明，在 P、S、Mn 含量不变的情况下，铬含量的增加能够抑制沿晶断裂的发生，从而提高钢的延迟断裂抗力。

目前对钼的作用还有争议，这可能与具体钢种有关[27,34,90~93]。如 Craig 等[90]认为，钢中加入钼能阻碍碳化物的长大而提高延迟断裂抗力。松山[27]则认为钼和铬一样，属于提高钢的耐蚀性的元素，会抑制腐蚀反应而抑制表面氢的生成，但在通常低合金钢的含量范围内，这种效果很小。

镍为稳定奥氏体元素，这使得钢中容易生成较多的残余奥氏体。奥氏体对氢的固溶量大，因而可以捕集氢而使氢无害化；另外，局部碳量高的不稳定残余奥氏体在应力的作用下容易转变为马氏体，又会增加延迟断裂的敏感性[25]。Craig[94]认为镍对高强度钢的硫化氢应力腐蚀抗力和氢脆没有影响。白神等[95]则对 1420 MPa 级 PC 钢（0.3C-0.25Si-0.8Mn-Ti-B）的研究结果表明，镍能够在试样表面浓化而抑制氢的侵入，因而提高钢的延迟断裂抗力。

应当指出，合金元素对高强度钢延迟断裂抗力的影响比较复杂，在不同类型钢中合金元素的影响是有差别的，因而针对不同的情况还应作具体的分析。如从图 3-19 可以看出，对各种不同的低合金回火马氏体钢，均得到大体相同的倾向，即在低合金钢的成分范围内，大体上得到一个数据带，也就是说，不管 C、Mn、Ni、Cr、Mo 等主要合金元素如何增减，在抗拉强度 1200 MPa 以上，延迟断裂敏感性急剧增大。此外，Sandoz[69,78]对 4340 钢的系统研究亦表明，在屈服强度相同的条件下，$w(Cr)<2\%$、$w(Mo)<1.2\%$、$w(Co)<2.5\%$、$w(Ni)=3\%\sim9\%$时均对 K_{ISCC} 没有明显影响。由此可见，在低合金钢的组成范围内，延迟断裂的倾向主要是由微观组织和环境决定的，合金元素的直接影响

是有限的。表 3-7 为 Thompson 等[96]总结的钢中合金元素对氢致延迟断裂敏感性的影响。

表 3-7　钢中合金元素对氢致延迟断裂敏感性的影响[98]

元　素	S，P	Mn	Si	Cr	Mo	Ni	Ti	C
一般敏感性	明显增加	增　加	降　低	增　加	不一定	不清楚	降　低	明显增加
K_{IH}	影响大	降　低	提　高	影响小	影响小	影响小	不清楚	降　低
da/dt	增　加	不清楚	降　低	增　加	不清楚	不清楚	不清楚	不清楚

3.4.3.3　微观组织的影响

由于钢的强度水平与钢的微观组织有着密切的关系，因而在一定强度水平下，钢的延迟断裂敏感性总是与某种特定的组织相联系。不同的微观组织具有不同的延迟断裂敏感性。一般来说，奥氏体、珠光体的延迟断裂敏感性比马氏体小，而在珠光体组织中，渗碳体的形状对延迟断裂敏感性有重要影响，马氏体组织中含碳高的比含碳低的更容易脆化[40]。

在自然环境下发生延迟断裂的主要是回火马氏体钢。当合金成分一定时，热处理是控制微观组织的决定因素。众所周知，淬火回火钢在 300～400℃的温度范围回火时，其延迟断裂敏感性急剧恶化，这是由于低温回火脆性与氢脆现象重叠的结果[97~99]。一般而言，晶界上析出渗碳体特别是薄膜状渗碳体会使延迟断裂敏感性显著增大[100~102]。因此，控制原奥氏体晶界碳化物的性质是改善高强度钢耐延迟断裂性能的一种重要手段。对此将在后面的章节中论述。

3.4.3.4　工艺因素的影响

如前所述，高强度螺栓的表层磷浓化也是引起其延迟断裂的一个重要因素。这是由于在螺栓冷镦成形前的磷化处理会在螺栓表面形成一层不溶性的金属磷酸盐薄层（磷化层）。该层在淬火回火过程中分解，使得磷在钢中扩散而导致螺栓表层磷浓化而降低晶界强度，从而促进延迟断裂的发生[27]。需在螺栓成形后进行表面润滑剂的清除，这会增加制造成本。因此，伴随着螺栓的高强度化，还开展了非磷系润滑膜的开发。

酸洗、电镀处理时侵入钢中的氢在应力的作用下向应力集中处富集同样会引起高强度螺栓的延迟断裂。对此，对高强度螺栓特别是 10.9 级及其以上的螺栓需在电镀后 4 h 内进行脱氢的烘烤处理或者改用危害性较小的达克罗等其他表面处理方式。

改变螺纹牙沟的形状可降低应力集中程度，除可改善高强度螺栓的疲劳性能外，还可减少螺纹牙沟处氢的富集和扩散，亦可明显地提高高强度螺栓的延迟断裂抗力。

3.4.4 高强度钢的延迟断裂机理[39,57]

氢在高强度钢延迟断裂过程中的作用是复杂的，已提出了多种理论，主要包括：氢压理论、氢吸附降低表面能理论、氢降低键合力（弱键）理论及氢促进局部塑性变形理论等，下面对此进行简述。目前还没有一种理论能够圆满地解释各种氢致延迟断裂现象，对其机理还需从微观断裂过程、氢致裂纹形成和扩展的条件及其定量表达式等方面开展深入的研究。

3.4.4.1 氢压理论

在氢气环境中，H_2 分解成 H 进入金属，其浓度 C_H 和 $\sqrt{P}$ 成正比。反之，如果溶解在金属中的氢进入某些特殊区域（如夹杂物或第二相界面、空位团）就会复合成 H_2，即 $2H \longrightarrow H_2$，这时该处的氢气压力 P 就和 ${C_H}^2$ 成正比，但由于 H_2 不是理想气团，压力较高时要用逸度 f 代替，据此可得：

$$f = (C_H / B)^2 = {C_H}^2 \exp(-2\Delta H / RT) \tag{3-16}$$

式中，$B=A\exp(\Delta H/RT)$，ΔH 为氢溶解热。

当局部区域 C_H 很高，从而按上式算出的逸度换算成压力后等于原子键合力 σ_{th}，则就会使局部地区的原子键断裂而形成微裂纹。在高逸度电解充氢时，充氢过程中就会产生氢鼓泡或氢致微裂纹。它与是否存在外加应力无关，也不需滞后时间（即不需要应力诱导扩散、富集），这完全是氢压 P 等于 σ_{th}，从而使原子键断裂而形成的微裂纹。

前面提到的各种不可逆氢损伤，如钢中白点、H_2S 诱发的裂纹、焊接冷裂纹以及充氢时产生的鼓泡和裂纹，只能用氢压理论来解释。但对于可逆氢损伤，如氢致可逆塑性损失以及氢致延迟断裂，仅仅用氢压理论无法解释。

3.4.4.2 氢降低键合力（弱键）理论

该理论认为，当局部应力集中 σ_{yy} 等于原子键合力 σ_{th} 时，原子键就破坏，从而微裂纹形核；固溶的原子氢能使原子键合力从 σ_{th} 降为于 $\sigma_{th}(H)$。这表明，使氢致微裂纹形核所需的局部应力集中将从 $\sigma_{yy} = \sigma_{th}$ 降为 $\sigma_{yy}(H) = \sigma_{th}(H)$。这样就会使造成局部应力集中所需的临界外加应力从 σ_c 降为 $\sigma_c(H)$，或使临界应力场强度因子从 K_{IC} 降为 K_{IH}。如局部应力集中为 σ_{yy}，单位面积原子数为 n，则集中力为 σ_{yy}/n，当它等于原子键合力 σ_{th} 时，微裂纹就形核，即裂纹形核判据为：

$$\sigma_{yy} \geqslant n\sigma_{th} \tag{3-17}$$

Oriani 假定 $\sigma_{th}(H) = \sigma_{th} - \alpha C_\sigma$，式中，$\alpha$ 为比较系数，C_σ 为应力诱导扩散富集后的氢浓度，因而氢致裂纹形核判据为：

$$\sigma_{yy} = n\sigma_{th} - \alpha n C_\sigma \tag{3-18}$$

据此可得氢致开裂门槛值：

$$\frac{K_{\mathrm{IH}}}{k\sqrt{\rho}}=\frac{K_{\mathrm{IC}}}{k\sqrt{\rho}}-\alpha n C_{\sigma} \tag{3-19}$$

式中，k 为数值系数；ρ 为裂纹尖端曲率半径；C_{σ} 由式 $C_{\sigma}=C_{\mathrm{H}}\exp(\sigma_h \overline{V}_{\mathrm{H}}/RT)$ 给出，式中，σ_h 由式 $\sigma_h=K_{\mathrm{I}}/q\sqrt{\rho}$ 给出，q 也是数值系数。在氢致开裂临界条件 K_{I}=K_{IH} 时，$\ln(C_{\sigma}/C_{\mathrm{H}})=K_{\mathrm{IH}}\overline{V}_{\mathrm{H}}/(RTq\sqrt{\rho})$，将其代入上式就可估算 K_{IH}。

尽管氢降低原子键合力的物理本质目前并不十分清楚，而且还没有直接的实验证明氢是否能使原子键合力大幅度下降，但氢能降低原子键合力似乎已被广泛接受。氢降低原子键合力是否是氢致开裂的决定性因素目前还有争议。但只要氢能降低键合力，就能促进裂纹的形核和扩展，这一点是无可争议的。

对氢致不可逆损伤只能用氢压理论才能解释，但它并不排斥弱键理论。因为固溶的原子氢使原子键合力降低后在更低的内氢压下就可使氢压裂纹形核。在这种情况下，氢压理论占主导地位，氢降低键合力仅占次要地位。对需要通过应力诱导氢扩散、富集后才能导致微裂纹形核的氢致延迟断裂，氢压理论并不占主导地位。但此时氢降低键合力理论也不一定占主导地位。

氢降低原子键合力理论中需要进一步研究的问题如下：

（1）用什么实验能直接证明氢能降低原子键合力？

（2）键合力随氢浓度下降的定量表达式；

（3）氢降低键合力和氢促进局部塑性变形是否有关系？

3.4.4.3　氢降低表面能理论

该理论认为，氢吸附在表面就会使表面能由 γ 降为 $\gamma(\mathrm{H})$。根据 Griffith 理论，断裂应力 σ_{c} 或断裂韧性 K_{IC} 与 $\sqrt{\gamma}$ 成正比，因而当氢使 γ 下降，必然使 σ_{c} 降为 $\sigma_{\mathrm{c}}(\mathrm{H})$，或使 K_{IC} 降为 K_{IH}，即：

$$\sigma_{\mathrm{c}}(\mathrm{H})=\sqrt{\frac{2\gamma(\mathrm{H})E}{(1-\nu^2)\pi\alpha}},\quad K_{\mathrm{IH}}=\sqrt{\frac{2\gamma(\mathrm{H})E}{(1-\nu^2)}} \tag{3-20}$$

但对金属材料来说，裂纹扩展总会涉及局部塑性变形，从而要消耗塑性变形功 γ_{p}。而且 γ_{p} 远远大于表面能。故这时 σ_{c} 和 K_{IC} 应当用 Orowan 公式，即 ${\sigma_{\mathrm{c}}}^2=(2\gamma+\gamma_{\mathrm{p}})E/[(1-\nu^2)\pi a]$，${K_{\mathrm{IC}}}^2=(2\gamma+\gamma_{\mathrm{p}})E/(1-\nu^2)$。由于 γ 远小于 γ_{p}，因此如果氢吸附仅仅降低表面能，而并不使塑性变形功 γ_{p} 下降，则氢不能使 σ_{c} 和 K_{IC} 明显下降。褚武扬等导出：

$$\gamma_{\mathrm{p}}(\mathrm{H})/\gamma_{\mathrm{P}}=\rho(\mathrm{H})\gamma(\mathrm{H})/\rho\gamma \tag{3-21}$$

即氢通过降低 γ 和 ρ（氢使应变局部化）从而使 γ_{p} 或有效表面能 $2\gamma_{\mathrm{eff}}=2\gamma+\gamma_{\mathrm{p}}$ 下降。可以认为表面能 γ 与原子键合力 σ_{th} 成正比，因此氢降低 γ 与氢降低 σ_{th} 是一致的。

根据 Gibbs 吸附方程，表面吸附气体（如 H_2，O_2，SO_2，CO，CO_2 等）

均使表面能下降。吸附 O_2，SO_2，CO 等虽然使 γ 下降，但并不发生延迟断裂，也不会使 σ_c 或 K_{IC} 明显下降。相反，当 H_2 中混有少量 O_2 或 SO_2，CO，CO_2 时，由于他们在 α-Fe 上的吸附能力比 H_2 更强，从而阻碍氢的吸附及进入，即能减弱或抑制氢致开裂。由此可知，吸附虽然能降低表面能，但并不一定能引起延迟断裂或产生可逆塑性损失。用氢降低原子键合力来解释氢降低表面能似乎更为合理。

3.4.4.4 氢促进局部塑性变形导致脆断的理论

褚武扬等进行了氢致裂纹形核的原位研究。如利用螺钉和垫块自加载的恒位移试样，研究了氢致裂纹的形核和扩展过程，以及他们与局部塑性变形的关系；利用带有环境室的 TEM 原位研究了低压 H_2 条件下位错发射和裂纹形核的关系。这些研究结果均表明，当氢促进的位错发射、增值和运动发展到临界条件，局部应力集中等于原子键合力，原子键断开就引起氢致微裂纹的形核；氢致微裂纹可在原裂纹顶端连续形核，也可在裂尖前方无位错区中不连续形核。

在此研究的基础上，他们提出了氢致开裂的新机理。氢促进位错发射和运动（即促进局部塑性变形），因此在比空拉时更低的外应力下，氢促进的局部塑性变形就会发展到临界条件，使得局部地区（如裂尖无位错区、位错塞积群前端）的应力集中 σ_y 等于被氢降低了的原子键合力 $\sigma_{th}(H)$，从而导致氢致微裂纹在该处形核。原子氢进入微裂纹就复合成 H_2 产生氢压，它能使微裂纹稳定化，同时也能协助局部应力使之解理扩展。

该理论考虑了氢促进局部塑性变形，氢降低原子键合力以及氢压的作用。可以解释为何从微观上看氢能促进局部塑性变形，但从宏观上看却是氢脆（门槛值下降，断裂应变或延伸率下降，有时断裂形貌由韧变脆）。因为只有扩散、富集的氢浓度 C_σ 达到临界值才能使氢的各种影响（氢促进局部塑性变形、降低键合力、形成较大的氢压）变得明显，因此根据该新理论导出的氢致延迟断裂力学参量，如门槛应力或门槛应力强度因子等，均与 C_σ 有关。从而就可定性解释试样中可扩散氢浓度、氢陷阱、温度及形变速度对氢致开裂敏感性的影响。但要使该理论定量化还有很多工作要做。

对氢致裂纹形核门槛应力 $\sigma_c(H)$ 和无氢时裂纹形核的门槛应力 σ_c 可得：

$$\sigma_c(H) = \{\sigma_f + g[2\mu b\sigma_{th}(H)/((1-\nu)\pi^2 L)]^{1/2}\}/k \qquad (3\text{-}22)$$

$$\sigma_c = \sigma_f + g[2\mu b\sigma_{th}/((1-\nu)\pi^2 L)]^{1/2} \qquad (3\text{-}23)$$

这里，应用了氢降低原子键合力理论，即 $\sigma_{th}(H) < \sigma_{th}$；也应用了氢促进局部塑性变形理论，即引进了 k 因子。两者的综合效果是使氢致裂纹形核门槛应力 $\sigma_{th}(H)$ 远低于无氢条件下的相应值 σ_c。由于 $\sigma_{th}(H)$ 和 k 对 C_σ 的定量关系无法

获得，因而很难把上式进一步定量化。

3.4.5 延迟断裂敏感性的评价方法

3.4.5.1 延迟断裂实验方法的分类

高强度钢的延迟断裂受许多因素的影响，目前尚无通用的评价标准。延迟断裂的试验方法有使用试样的，也有使用实物零件的。理想的情况是使用实物零件在实际使用环境中进行试验，但试验周期往往很长，有时甚至需要 10 年以上的时间。因此，在实验室评价材料的耐延迟断裂性能往往采用加速型实验来进行相对评价。这里搞清楚加速试验和实际环境的关系是极其重要的问题。由于实用目的不同，不同的研究者提出了各种各样的加速型试验方法，这些方法大体上可分为以下几类[32,103]：

（1）恒载荷和恒应变（拉伸、弯曲）试验，求出延迟断裂临界应力（门槛值或一定时间下的断裂应力）或断裂时间；

（2）低应变速率（拉伸）试验（SSRT），求出断裂应力和塑性参量；

（3）断裂力学试验，用预制疲劳裂纹的试样求出临界应力场强度因子 K_{th} 或 K_{ISCC} 及裂纹扩展速率 da/dt 等断裂力学参量；

（4）求出发生断裂的临界氢含量等。

从应力加载方式来看，可分为恒应变（恒位移）、恒载荷和慢应变速率试验三种。受力方式以弯曲应力和拉伸应力为主。为了加速试验进程，试验所采用的试样多开缺口或预制疲劳裂纹，但也有采用光滑试样的[32]。光滑试样模拟了设计和制作上完美无缺的构件，而缺口或预裂纹试样，则模拟了存在宏观缺陷的构件。试验环境则多种多样，有代表性的如常温水、3.5%NaCl 水溶液、饱和水蒸气、温水、0.1 mol/L 的 HCl 水溶液、氢气、饱和 H_2S 的 0.5%醋酸水溶液、高温潮湿气氛、Walpole 缓蚀液等（外部氢条件）。也有在加载前预充氢后电镀（防止氢逃逸），然后再熔烧或室温放置一定时间使氢均匀分布（内部氢条件）。

3.4.5.2 表征延迟断裂的主要力学参量[34,39]

A 塑性（或其他性能）损失

氢致塑性损失参数主要用断面收缩率，伸长率及断裂真应变来衡量。鉴于延迟断裂需要在环境中经过一定时间后才能导致裂纹的形核和扩展，因而只有拉伸速率特别慢，才能反映延迟断裂。分别在空气中和环境中慢应变速率拉伸，测出上述参数，则延迟断裂塑性损失 I 为：

$$I = [(A_0 - A)/A_0] \times 100\% \tag{3-24}$$

式中，A_0 为试样原始截面面积；A 为拉断后的最小截面面积；I 愈大，则延迟断裂敏感性愈大。

B 门槛应力

外加恒应力，氢就会通过应力诱导扩散而富集在最大应力处，经过足够长时间后，最大应力处的局部氢浓度由式 3-8（氢的应变场球对称 $\varepsilon_1=\varepsilon_2$）或式 3-9（$\varepsilon_1>\varepsilon_2$）给出。虽然外加单向应力为 σ，但夹杂或第二相顶端会产生局部应力集中，可以认为：

$$\sigma_{\mathrm{h}}=\alpha\sigma \tag{3-25}$$

式中，α 是与夹杂形状有关的应力集中系数。随外加 σ 的增加，$C_\sigma=C_{\mathrm{H}}\exp(\alpha\sigma\overline{V}_{\mathrm{H}}/RT)$ 也增大，当 C_σ 等于临界值 C_{th} 时，就会使氢致裂纹形核、扩展，最终导致延迟断裂。这时所对应的外加应力（能发生氢致延迟断裂的最低外应力）就是氢致延迟断裂的门槛应力 σ_{c}，即：

$$\sigma_{\mathrm{c}}=\frac{RT}{\alpha\overline{V}_{\mathrm{H}}}(\ln C_{\mathrm{th}}-\ln C_{\mathrm{H}}) \tag{3-26}$$

当 $\sigma<\sigma_{\mathrm{c}}$ 时，即使经过无限长时间（应力诱导氢扩散已达到平衡），C_σ 也不能等于临界值 C_{th} 时，从而不会引起氢致开裂。如果 $\sigma>\sigma_{\mathrm{c}}$，代入式 3-8 算出的平衡氢浓度 C_σ 远大于 C_{th}，由于扩散富集的氢浓度 $C_\sigma^*(t)$ 是随扩散时间（加载时间）而不断增大的，其极限值为 C_σ，即 $C_\sigma^*(t=\infty)=C_\sigma$；当 $\sigma>\sigma_{\mathrm{c}}$ 时，$t=t_{\mathrm{F}}$ 时扩散富集的氢浓度就等于临界值 C_{th}，即 $C_\sigma^*(t=t_{\mathrm{F}})=C_{\mathrm{th}}$。显然 σ 愈大，t_{F} 愈小。t_{F} 亦称为延迟断裂时间。

为了测量门槛应力 σ_{c}，用一组初始氢浓度 C_{H} 相同的试样（预充氢或加载后在相同电流密度下动态充氢），加不同的恒载荷，记录每个试样的氢致延迟断裂的时间 t_{F}，作出 $\sigma-t_{\mathrm{F}}$ 曲线，由此可求出 σ_{c}。令 σ_{y} 是能发生氢致断裂的最小外加载荷，σ_{n} 是在规定时间（由试样厚度或直径来确定）内不发生延迟断裂的最大载荷，则

$$\sigma_{\mathrm{c}}=(\sigma_{\mathrm{y}}+\sigma_{\mathrm{n}})/2,\quad(\sigma_{\mathrm{y}}-\sigma_{\mathrm{n}})\leqslant 0.1(\sigma_{\mathrm{y}}+\sigma_{\mathrm{n}}) \tag{3-27}$$

为了保证实验误差不高于 10%，就要求 $(\sigma_{\mathrm{y}}-\sigma_{\mathrm{n}})\leqslant 0.1(\sigma_{\mathrm{y}}+\sigma_{\mathrm{n}})$。如果这个条件不满足，就用另一个试样加外载荷 $\sigma^*=(\sigma_{\mathrm{y}}+\sigma_{\mathrm{n}})/2$，继续做实验，如不断就用 σ^* 代替 σ_{n}；如断裂，则用 σ^* 代替 σ_{y}。

C 门槛应力场强度因子

对于氢致延迟断裂，其门槛应力场强度因子 K_{IH} 为：

$$K_{\mathrm{IH}}=\frac{3RT\sqrt{\pi\rho}}{2(1+\nu)\overline{V}_{\mathrm{H}}}(\ln C_{\mathrm{th}}-\ln C_{\mathrm{H}}) \tag{3-28}$$

其物理意义及测量方法与门槛应力 σ_{c} 完全相同，唯一的区别是前者适用于含裂纹试样，后者则适用于无裂纹试样。

D　裂纹扩展速率 da/dt

延迟断裂均需经过裂纹形核、扩展才导致断裂。裂纹扩展速率 da/dt 是衡量延迟断裂敏感性的一个重要参量。用预裂纹试样测出裂纹长度 a 随时间 t 的增长曲线，则可作出 a–t 曲线。对于某一 a_i 值，可求出此曲线的斜率，它就是与 a_i 相对应的$(\mathrm{d}a/\mathrm{d}t)_i$。对恒载荷试样，随裂纹扩展（$a$ 增大），裂纹前端 K_{I} 增大，当 K_{I} 等于材料断裂韧性 K_{IC} 时试样将断裂。故在快速断裂前，a 随时间急剧上升。对恒位移试样，随裂纹扩展，K_{I} 下降，当 $K_{\mathrm{I}}=K_{\mathrm{ISCC}}$ 或 K_{IH} 时，裂纹就将停止扩展，从而 a–t 曲线就将成为一水平线。

作出 a–t 曲线以获得 da/dt 的关键是要测出裂纹长度 a。具体测量方法主要有：表面直读法、柔度法、电阻法、声发射和超声波法等。

3.4.5.3　加速型延迟断裂试验

图 3-23 是典型的延迟断裂试验方法的示意图[27,32,40]。

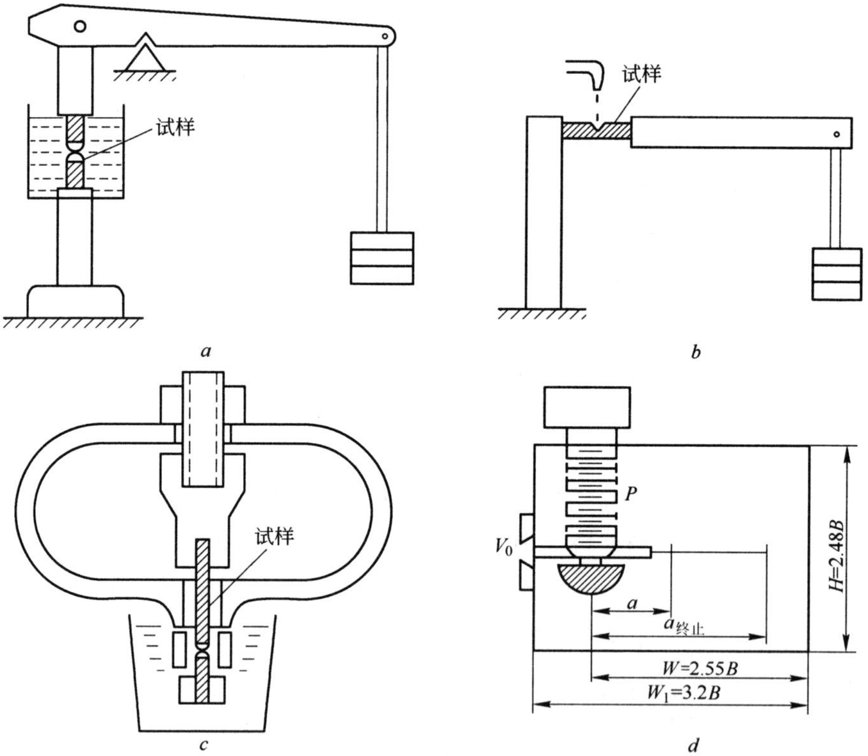

图 3-23　典型的延迟断裂试验方法的示意图

a—恒载荷拉伸；*b*—恒载荷弯曲；*c*—恒应变拉伸（螺栓型）；*d*—改进的 WOL 型试样
P—载荷；V_0—张开位移；*a*—裂纹长度；*B*—试样厚度；*W*—试样长度；*H*—试样宽度

A　恒载荷延迟断裂试验

这种试验通常采用光滑或带缺口的圆棒或平板试样在恒载荷下拉伸，或者采用带缺口的悬臂弯曲试样、四点弯曲试样。恒载荷试样是在裂纹产生之前就固定应力的。因此，当光滑试样裂纹产生时，试样有效截面积减少，应力随之增大。可见裂纹产生后就不能获知准确的应力值，这是这类试样的缺点。

对于这类实验，采用光滑或缺口试样可得到类似疲劳曲线的应力 σ–断裂时间 t_F 曲线。一般用临界应力 σ_c 或断裂时间 t_c 来评价材料的延迟断裂敏感性。

B 恒应变延迟断裂试验

恒应变延迟断裂试验的主要特点是简单、经济、试样紧凑，不需要特殊的装置，仅利用夹具或螺栓紧固即可获得应力。试样的实际应力随工作截面的减少而降低。

一般通过测定延迟断裂试样数占总试样数的百分比或试样断裂时间，以比较材料延迟断裂的敏感性。

C 慢应变速率试验（SSRT）

恒载荷和恒应变等延迟断裂试验方法在测定材料延迟断裂敏感性时常常耗时太长，而且通常都人为规定一个限定的时间。因此，采用恒应变和恒载荷试验方法往往得不到确切的试验结果，而且试验结果的分散度较大。目前国内外已广泛采用慢应变速率试验（SSRT）方法，以促进试样在很短的时间内发生延迟断裂并能敏感地反映材料的延迟断裂性能[104]。

通常用塑性（面缩、伸长率）损失、最大断裂应力、断裂时间和吸收能量等指标评定给定材料-介质体系对延迟断裂的敏感性。

SSRT 试验具有以下优点：

（1）试验速度快；

（2）可以在短时间内得到延迟断裂的结果；

（3）可以在实际介质中试验；

（4）试验包括了延迟断裂全过程。

延迟断裂包括孕育期、裂纹扩展和断裂三个过程，恒应变和恒载荷试验为了加速试验而采用缺口试样却躲过了孕育期，而孕育期往往是决定延迟断裂寿命的主要阶段。

但是，SSRT 试验条件与实际条件仍然是有差别的。因为这种快速试验方法总是比实际条件更苛刻些。故应和其他试验数据相比较，才能得出更为客观的结论。此外，SSRT 试验的结果还受加载速度的影响。如数值模拟结果表明[104]，缺口试样的缺口根部附近富集的氢浓度受加载速度的影响，即随着加载速度的降低，缺口根部附近富集的氢浓度增加，从而导致缺口断裂应力降低。因此，为了保证足够的氢富集，SSRT 试验的加载速度应尽可能低。然而，实际试验中为了加快试验速度和减轻氢的逸出，加载速度应尽可能快。对于 AISI 4135 钢，合适的加载速度为 0.005 mm/min。

D　断裂力学试验

这类方法采用预裂纹试样，其主要优点是节省了裂纹产生的时间；真实反映了实际构件难免存在宏观缺陷的情况；可直接应用线弹性断裂力学公式；评价判据 K_{ISCC} 或 K_{IH} 不随试样而变，可以应用于设计。但是这种方法只是评价裂纹的扩展，对于裂纹的产生不能提供任何资料。包含裂纹发生和扩展过程的定量试验，仍是今后要努力探讨的问题。

原则上讲，用以测量断裂韧性的各种试样均可用来测量 K_{ISCC} 或 K_{IH}。通常采用的延迟断裂试样可分为恒载荷和恒位移试样。

早期多采用单边裂纹平板悬臂梁弯曲恒载荷试样测定 K_{ISCC} 或 K_{IH}。与测定临界应力 σ_c 类似，需采用一组试样获得应力场强度因子 K_{Ii}-断裂时间 t_F 曲线，试验周期较长，费用较高。因此，近来多采用恒位移试样，如改进的 WOL 型试样和 DCB 型试样。其主要优点在于：用螺钉自行加载，不需用试验机，可以大批量测试，特别是可以把试样放在实际使用环境中进行试验；用一个试样就可测出 K_{ISCC} 或 K_{IH}，同时可测出 da/dt。其主要缺点是裂纹容易分叉。

无论采用何种加速延迟断裂试验方法，均应力求能够正确地反映材料的相对延迟断裂敏感性，否则有可能得出不一致甚至互相矛盾的结论。如山崎等[106]以 0.4C-0.5Mn-1.2Cr-0.6Mo 钢为基础，研究钒对临界扩散性氢量 w_c(H)和氢渗透特性的影响。结果表明添加钒使钢的 w_c(H)增加了近 10 倍，耐延迟断裂性能显著提高。然而，最近漆原等[107]用 SSRT 实验法对添加不同钒量的 SCM440 钢的研究结果表明，添加钒使钢中的扩散性氢量（室温至 350℃放出的氢量）显著增加，延迟断裂敏感性（用 $100\times(1-E_1/E_0)$表征）相应增加。又如横田等[108]的研究结果表明，尽管 B 钢的 K_{ISCC} 值很高，然而由于其通过腐蚀电池作用而吸收的扩散性氢量显著提高，其耐延迟断裂性能（实物螺栓加载后在食盐水中浸泡 24 h—大气中放置 24 h 来回反复，历时 5 个月，以螺栓有无断裂来评价）反而不如 K_{ISCC} 值较低、但腐蚀电池作用较小的 C 钢（图 3-24）。

如上所述，多年来由于没有统一的评价耐延迟断裂性能的实验方法，各个公司和研究机构均采用各自的方法进行实验，实验数据的互比性很差甚至互相矛盾。为此，各机构曾试图提出统一标准化的试验方法，如 1978 年 FIP 提出了评价 PC 钢棒耐延迟断裂性能的 FIP 试验法（恒载荷拉伸试验）、日本 JIS 的“高强度螺栓钢的延迟断裂试验法”（缺口平板试样在腐蚀液中恒载荷弯曲）等[33]。上述评价方法用 pH 值表征钢材的使用环境，在一定的 pH 值下进行实验。因而，上述试验方法的可靠性值得怀疑，即钢材的氢侵入特性受环境的影响很大，在实际环境与实验环境中不同钢种间的氢侵入难易程度有可能完全不同，而且难以预测实际环境下发生延迟断裂的可能性。此外，在腐蚀液中试样尺寸的减小、缺口部位形状的变化、腐蚀反应及腐蚀液浓度的变化等因素均会对试验结果产生影响。

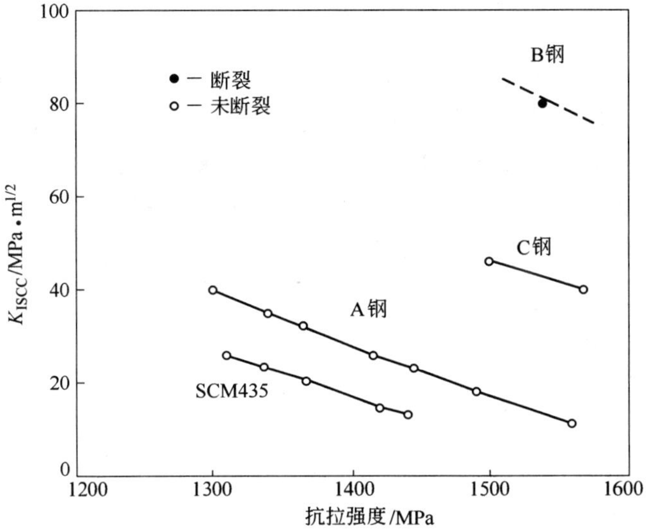

图 3-24 实物螺栓的延迟断裂试验结果与抗拉强度和 K_{ISCC} 的关系[110]
（A 钢：0.40C-0.68Cr-0.22Mo-0.58Ni-0.04Ti；B 钢：0.001C-10.3Cr-0.99Mo-10.1Ni-1.51Ti；C 钢：0.30C-9.0Ni-0.04Ti；SCM435: 0.37C-1.11Cr-0.17Mo）

3.4.5.4 延迟断裂敏感性新的评价方法

前已指出，高强度钢的延迟断裂是由钢中的氢引起的破坏，延迟断裂除了依存于材料因素外，还依存于环境因素（氢渗入条件）和应力因素。目前没有统一实验方法（定量化方法）的主要原因是由于钢中许可的临界氢量和环境氢量的定量化还没有能够统一。因此，探索像屈服强度或抗拉强度那样是材料本身固有特性的评价指标就成了近些年研究工作的热点之一[51,63]。

A 改进的恒载荷延迟断裂试验

通过模拟发生延迟断裂的实际环境，可对渗入的氢量定量化。在这种定量的氢渗入条件下，与实际使用效果良好的现有钢（低强度钢）相比较，新开发钢（高强度钢）如果具有同等或以上的延迟断裂发生临界应力，就可以认为它具有优良的耐延迟断裂性能。更进一步的方法是改变氢渗入条件，求出各钢种的临界应力变化，就可以得到应力与环境（氢渗入条件）的临界组合，从而可以明确应力与环境变化的许可范围[63]。在高强度高应力状态下，延迟断裂发生的临界氢渗透系数变小，就容易发生延迟断裂。为了模拟实际环境，櫛田等[49]在 pH 值为 3.5 的 Walpole 水溶液中进行氢渗透试验，求得氢渗透系数。这是由于闭塞电池的作用，在低合金钢的裂纹尖端 pH 值约为 3.5，故设定此值为实际环境的最苛刻条件。最苛刻的条件即为环境氢渗透系数的最大值，因而可通过阴极充氢再现该氢渗透系数值，进行模拟螺栓螺纹底部形状的动态充氢缺口拉伸恒载荷实验，据此对开发的新钢种进行评价。

B　临界氢含量法

对某一材料，能否发生延迟断裂取决于应力状态和钢中的氢量。因而在力学条件一定的情况下，裂纹的萌生条件是氢量的函数。当钢中的氢浓度 w_0(H) 超过裂纹萌生临界氢浓度 w_C(H)时，便发生延迟断裂。图 3-25 是櫛田等[60]提出的延迟断裂评价图。如能获得钢的应力-氢量关系和实际环境下钢中的氢浓度 w_0(H)及部件的受力情况，就可以判断能否发生延迟断裂。

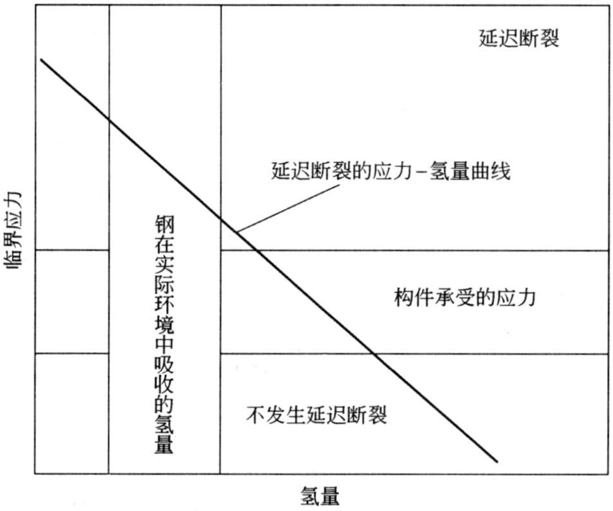

图 3-25　延迟断裂评价图[61]

然而，如前所述，钢中的氢有种种不同的存在状态，并非所有的氢均与延迟断裂过程有关。室温可扩散的室温扩散性氢引起延迟断裂，而室温非扩散性氢则与延迟断裂无关[60]。延迟断裂时间随钢中扩散性氢量的降低而延长，当氢量低于某一值时便不会发生延迟断裂，称此氢量为发生延迟断裂的临界扩散性氢量，见图 3-26[109]。图 3-27 是高橋等[109]提出的实际环境中构件中的氢量与延迟断裂过程的想像示意图。即实际构件的延迟断裂过程是在三向应力集中处，当侵入的氢量积聚到超过裂纹萌生所需的氢量（w_C(H)）时便萌生裂纹，这段时间为裂纹萌生的孕育期，此后即使侵入的氢量小于 w_C(H)，破坏过程仍能继续进行。

鈴木等[63]在外部氢条件下进行缺口拉伸延迟断裂试验，并把用热分析而求得的扩散性氢量作为临界扩散性氢量 w_C(H)。结果表明，570 K 附近回火时延迟断裂的敏感性最大，此时对应的临界扩散性氢量最小，而且改良钢较原有

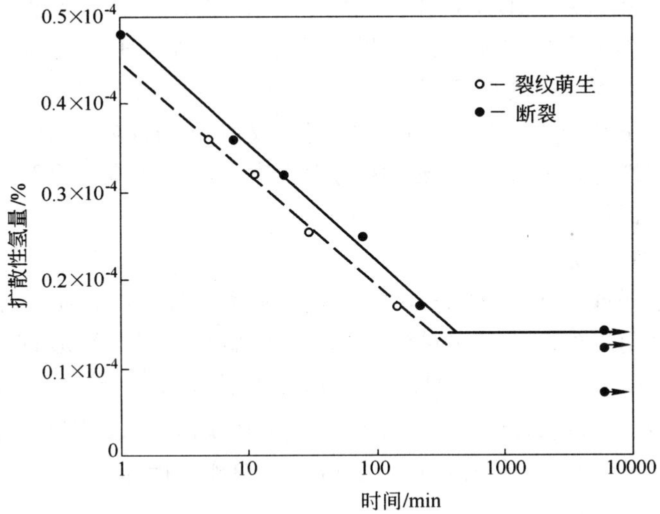

图 3-26 扩散性氢量与延迟断裂时间的关系[111]

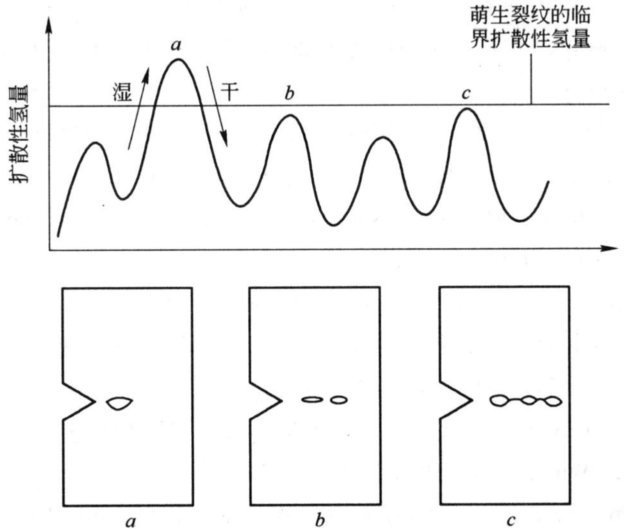

图 3-27 实际环境中构件的氢量与延迟断裂过程的假想图[111]

a—初始裂纹萌生；*b*—更多裂纹萌生；*c*—裂纹连接

钢有更高的临界扩散性氢量，因而可用临界扩散性氢量 $w_C(H)$作为钢种选择的相对评价参数。由于难以测定实际裂纹萌生时裂纹尖端局部区域的氢量，所以这里假定此氢量 $w_C(H)$与试验开始时试样内的全部扩散性氢量 $w_T(H)$成正比。在上述工作的基础上，山崎等[52]通过研究含 Cr、Mo、V 的高强度螺栓钢的耐延迟断裂性能，提出了评价实际环境下螺栓钢延迟断裂性能的另一种更为合理的新参量：$(w_C(H) - w_E(H))/w_C(H)$。这里 $w_C(H)$为试样内氢浓度分布均匀时，通过恒载荷延迟断裂实验求得的临界扩散性氢量，$w_E(H)$为通过模拟环境条件的 5% NaCl 水溶液中的循环腐蚀实验而求得的环境吸收的氢量。他们通过与实物螺栓暴露试验结果的对比分析，发现仅仅用 $w_C(H)$难以完全正确地评价钢的耐延迟断裂性能，而需要把 $w_C(H)$与由于腐蚀而从环境中渗入的氢量 $w_E(H)$综合起来进行评价。

C　Weibull 应力法

鉴于上述评价指标 $w_C(H)$与试样形状和应力条件有关，而研究结果表明，试样缺口底部附近的应力分布对延迟断裂的敏感性有很大的影响。由于用试样的最大应力 σ_{max} 作为评价指标时，$w_C(H)$与应力集中系数 K_t 有关，而用 Weibull 应力 σ_W 作为应力场的评价指标时 $w_C(H)$与 K_t 无关。因此，高木等[110,111]最近提出用 Weibull 应力作为延迟断裂敏感性的评价指标。

参考文献

[1] 徐景华，杨保胤．标准紧固件[M]．北京：机械工业出版社，1996.

[2] 惠卫军，董瀚，翁宇庆．高强度螺栓钢的发展动向[J]．机械工程材料，2002，26(11):1～4,38.

[3] 万筱如，许昌淦．高强度及超高强度钢[M]．北京：机械工业出版社，1988.

[4] 王大伦，赵德富．轴及紧固件的失效分析[M]．北京：机械工业出版社，1988.

[5] Muzak N, Naidu K, Osborne C. New methods for assessing cold heading quality[J]. Wire J Inter., 1996，(10):66～72.

[6] 项程云．合金结构钢[M]．北京：冶金工业出版社，1999.

[7] 阿南吾郎，並村裕一，長谷川豊文，はか．冷間圧造性に優れた線材の開発[J]. R&D 神戸製鋼技報，1998，48(1):39～42.

[8] Sarruf Y, Cao B H, Jonas J J, Nickoletopoulos N. Criteria and tests for cold headability[J]. Wire J Inter., 1999, (2):98～105.

[9] Yoo Sunjoon, Lee Duklak, Chung Dongtaek. Prediction of cold heading quality with high strain rate compression tester[J]. Wire J Inter., 1997, (9):84～89.

[10] 鹿礒正人，金築裕，勝亦正昭．不完全球状化組織を有する中炭素鋼の冷間鍛造性[J]．鉄と鋼，1998，84(10):721～716.

[11] 根石豊，渡部了，春畑美文，はか．冷間据込み時の割れ発生予測[J]．塑性と加工，2002，43(2):140～144.

[12] 根石豊，渡部了，春畑美文，はか．冷間据込み時の割れ発生に及ぼす予ひずみの影響[J]．塑性と加工，2002，43(5):401～405.

[13] 長谷川豊文，加藤猛彦．ねじ材料の動向－炭素鋼·合金鋼[J]．特殊鋼，1991，

40(2):12～15.

[14] 南俊弘，矢倉林之，木下修司．鋼の冷間鍛造性と低 Si-Al キルド冷間鍛造用鋼の開発[J]. R&D 神戸製鋼技報，1973，23(3):68～78.

[15] Souza C R, Cetlin P R. The influence of aluminum, silicon and titanium on cold headability of 0.2 percent carbon steel wire[J]. Wire J Inter., 1993, (8):80～83.

[16] 星野俊幸，天野虔一，田畑倬久，はか．高炭素鋼の冷間鍛造性に及ぼす化学成分の影響[J]. 川崎製鋼技報，1991, 23(2):105～111.

[17] 三好栄次，武田三雄，大野鉄．Al キルド鋼の冷間鍛造性[J]. 塑性と加工，1971，12(3):167～173.

[18] 吴凡，董军锁．中碳当量冷顶锻钢碳化物快速球化的工业实验[J]. 钢铁研究学报，1997，9(4)：64～66.

[19] Dhers J, Thivard B, Genta A. Improvement of steel wire for cold heading[J]. Wire J Inter., 1992, (10):73～76.

[20] 井上毅，落田義隆，木下修司．鋼の冷間鍛造性におよぼす球状化程度の効果[J]. 鉄と鋼，1975，61(6):808～816.

[21] 姚贵升．汽车金属材料应用手册（上）[M]. 北京：北京理工大学出版社，2000.

[22] 王大伦，赵德寅，郑伯芳．轴及紧固件的失效分析[M]. 北京：机械工业出版社，1988.

[23] 平井敬二，宇野暢芳．超高強度ボルトの疲労強度に関する研究[J]. 日本建築学会構造系論文集，2005，(595):117～122.

[24] 西田新一．ボルトの疲労強度向上法[J]. Plant Engineer, 2003, (4):64～67.

[25] 平井敬二，脇山広三，宇野暢芳．高疲労強度を有する高力ボルトに関する研究[C]. 日本建築学会構造系論文集，2007，(618):215～220.

[26] 惠卫军，赵海民，聂义宏，等．洁净度对高强度钢高周和超高周疲劳破坏行为的影响．2007 年中国钢铁年会论文集[C]. 北京：冶金工业出版社，2007，1:343～351.

[27] 松山晋作．遅れ破壊[M]. 東京：日刊工業新聞社，1989.

[28] 中里福和．ボルトの遅れ破壊[J]. 鉄と鋼，2002，88(10):606～611.

[29] Padfield C. Automotive fasteners[J]. Advanced Marterials & Process, 1998, (10):49～53.

[30] 清水秀治，江藤元大，船見国男．高力ボルトの遅れ破壊[J]. 材料試験技术，1997，42(2):97～103.

[31] 松本斉．遅れ破壊はどの強度レベルまで危険か[J]. 特殊鋼，1995，44(12):24～26.

[32] 中里福和．高強度鋼の遅れ破壊と金属組織[J]. 日本金属學会会報．1982，

21(6):441～448.

[33] Nakasato F, Takahashi M. Delayed-failure analysis of high-strength structural bolts[J]. Metals Technology, 1980, (11):449～455.

[34] 褚武扬. 氢损伤与滞后断裂[M]. 北京：冶金工业出版社，1988.

[35] McCarty E D, Wetzel D, Kloberdanz S. Hydrogen embrittlement in automotive fastener applications[P]. SAE No.960312,1996, 117～145.

[36] 中山武典. 鉄鋼材料の高強度化と防食技術[J]. 材料と環境，1999，48(8)：484～489.

[37] 惠卫军，董瀚，翁宇庆. 耐延迟断裂高强度螺栓钢的研究开发[J]. 钢铁，2001，36(3):69～73.

[38] 姚大千，胡壮麒，师昌绪. 金属中氢陷阱捕集行为研究的进展[J]. 机械工程材料，1989，(1):1～4.

[39] 褚武扬，乔利杰，陈奇志，等. 断裂与环境断裂[M]. 北京：科学出版社，2000.

[40] 李仁顺. 金属的延迟断裂及防护[M]. 哈尔滨：哈尔滨工业大学出版社，1992.

[41] Hirth J P. Effects of Hydrogen on the properties of Iron and Steel[J]. Metall. Trans. A, 1980, 11A(6):861～890.

[42] Pressouyre G M. A classification of hydrogen traps in steel[J]. Metall. Trans. A, 1979, 10A(10):1571～1573.

[43] Pressouyre G M, Bernstein I M. A quantitative analysis of hydrogen trapping[J]. Metall. Trans. A, 1978, 9A(11):1571～1580.

[44] 冼爱平. [D]. 沈阳：中国科学院金属研究所，1985.

[45] 冼爱平，李培基，李薰，等. 低碳钢中沉淀 TiC 对氢捕集[J]. 金属学报，1986，22(3):A181～187.

[46] Lee H G, Lee J Y. Hydrogen trapping by TiC particles in iron[J]. Acta Metall., 1984, 32(1):131～136.

[47] Choo W Y, Lee J Y. Thermal analysis of trapped hydrogen in pure iron[J]. Metall. Trans. A, 1982, 13A(1):135～140.

[48] Choo W Y, Lee J Y. Effect of cold working on the hydrogen trapping phenomena in pure iron[J]. Metall. Trans. A, 1983, 14A(6):1299～1305.

[49] 櫛田隆弘，松本 斉，倉富直行，ら. 13T 級高力ボルト用鋼の遅れ破壊感受性の定量化と水素吸蔵挙動[J]. 鉄と鋼，1996, 82(4):297～302.

[50] 土田武広，原徹，津崎兼彰. V 添加高強度鋼の水素吸収挙動と微細組織の関系[J]. 鉄と鋼, 2002, 88(11):771～778.

[51] 山崎眞吾，高橋稔彦. 高強度鋼の耐遅れ破壊特性の定量的評价方法[J]. 鉄と鋼，1997, 83(7):454～459.

[52] Hong G W, Lee J Y. The measurement of the trap binding energy by thermal analysis technique[J]. Scripta Metall., 1983, 17(7):823～826.

[53] Choo W Y, Lee J Y. Hydrogen trapping phenomena in carbon steel[J]. J. of Mater. Sci., 1982, 17:1930～1938.

[54] Lee J L, Lee J Y. Hydrogen trapping in AISI 4340 steel[J]. Metals Sci., 1983, 17(9):426～432.

[55] Kedzierzawski P. Hydrogen trapping in iron and iron alloys[C]. In: Oriani R A, Hirth J P, Smialowski M, eds. Hydrogen Degradation of Ferrous Alloys. New Jersey: Noyes, 1980, 271～288.

[56] Bernstein I M, Pressouyre G M. The role of traps in the microstructural control of hydrogen embrittlement of steels[C]. In: Oriani R A, Hirth J P, Smialowski M, eds. Hydrogen Degradation of Ferrous Alloys. New Jersey: Noyes, 1980, 641～685.

[57] 黄克智，肖纪美. 材料的损伤断裂机理和宏微观力学理论[M]. 北京：清华大学出版社，1999.

[58] 阪下真司, 秋山英二, 津崎兼章, ら. 本四架橋で暴露されたボルト内の水素濃度分布[J]. CAMP-ISIJ, 2001, 14:643.

[59] 本郷栄次郎, 佐藤亘宏, 杉山嘉俊, ら. 送電鉄塔に長期間使用した溶融亜鉛メッキ高力ボルトの水素含有量[J]. CAMP-ISIJ, 1998, 11:1238.

[60] 櫛田隆弘, 松本斉, 中里福和. 高強度鋼の遅れ破壊を科学する昇温水素分析技術[J]. 住友金属，1998, 50(3):25～30.

[61] 櫛田隆弘. 全国暴露試験による高強度ボルト用鋼の大気環境における吸蔵水素濃度の評価[J]. CAMP-ISIJ, 1997, 10:558.

[62] Gibala R, Demeglio D S. In Hydrogen in metals[J]. AIME, 1981, 113.

[63] 鈴木信一，石井伸幸, 宮川敏夫, ら. 鋼材の遅れ破壊特性評価試験法[J]. 鉄と鋼, 1993, 79(2):227～232.

[64] 南雲道彦. 鋼中の水素の存在状態と脆化の関系[J]. 金属，1997, 67(12):995～1002.

[65] 松本 斉, 中里福和, 櫛田隆弘. 鉄鋼材料の遅れ破壊と拡散性水素との関系[J]. 住友金属,1996, 48(4):128～131.

[66] 高井健一, 綿貫隆, 野末章. 高強度鋼の遅れ破壊に無害なトラップ状態の水素の抽出[J]. CAMP-ISIJ, 2001, 14:644.

[67] 溝口茂, 田中典男, 山下英治, ら. 水素脆化に及ぼす鋼中水素の存在状態の影響[J]. CAMP-ISIJ, 1996, 9:508.

[68] 滲瀬文雄, 中山武典, 並村裕一,ら. 電気亜鉛めつきボルト用鋼の遅れ破壊と拡散性水素の関系[J]. 神戸製鋼技報, 2000，50(1):65～68.

[69] Sandoz G. High Strength Steels. Stress Corrosion Cracking in High Strength Steel and in Titanium and Aluminum Alloys[C]. Brown B F. Washington DC : Naval Research Lab., 1972, 80～145.

[70] Steigerwald E A, Benjamin W D. Effect of composition on the environmentally induced delayed failure of precracked high-strength steel[J]. Metall. Trans. A, 1971, 2A(2):606～608.

[71] Gerberich W W, Chen Y T. Hydrogen-controlled cracking-An approach to threshold stress intensity[J]. Metall. Trans. A, 1975, 6A(2):271～278.

[72] Bandyopadhyay N, Kameda J, McMahon Jr. C J. Hydrogen-induced cracking in 4340-type steel: Effects of composition, yield strength, and H_2 pressure[J]. Metall. Trans. A, 1983, 14A(5):881～888.

[73] Nair S V, Tien J K. A plastic flow induced fracture theory for K_{ISCC}[J]. Metall. Trans. A, 1985, 16A(12):2333～2340.

[74] 郑文龙. 强度对钢 SCC 敏感性的影响[J]. 中国腐蚀与防护学报, 1984, 4(4):287～292.

[75] 郑文龙，蔡安定，朱国培. 强度对 34CrNi3Mo 钢在 NaOH 水溶液中 SCC 敏感性的影响[J]. 金属学报, 1983, 19(2):A134～140.

[76] 郑文龙，朱国培，欧阳怀瑾，等. 强度对两种低合金钢在海水中腐蚀疲劳行为的影响[J]. 金属学报, 1986, 22(3):A275～282.

[77] Li G F, Wu R G, Lei T C. Carbide-Matrix Interface Mechanism of Stress Corrosion Cracking Behavior of High-Strength CrMo Steels[J]. Metall. Trans. A, 1992, 23A(10):2879～2885.

[78] Sandoz G. The effects of alloying elements on the susceptibility to stress-corrosion cracking of martensitic steels in salt water[J]. Metall. Trans. A, 1971, 2(4):1055～1063.

[79] 吴忍畊，李仁顺. 亚温淬火对 30CrMnSiA 钢氢致延迟断裂的影响[J]. 中国腐蚀与防护学报, 1984, 4(1):22～28.

[80] 李仁顺，吴忍畊，臧佩绅，等. 热处理对 30CrMnSiA 钢抗氢脆性能的影响[J]. 中国腐蚀与防护学报, 1990, 10(3):187～195.

[81] 褚武扬，李世琼，肖纪美，等. 高强度钢水介质应力腐蚀研究[J]. 金属学报，1980，16(2):179～189.

[82] Chu W Y, Liu T H, Hsiao C M, et al. Mechanism of Stress Corrosion Cracking of Low Alloy Steel in Water[J]. Corrosion, 1981, 37(6):320～327.

[83] Doig P, Jones G T. Mechanisms of Environmental Sensitive Cracking of Materials[J]. Swann P R, Ford F P, Westwood A R C, eds. The Metals Society, London, 1977, 446.

[84] Sandoz G. A unified theory for some effects of hydrogen source, alloying elments, and

potential on crack growth in Martensitic AISI 4340 steel[J]. Metall. Trans. A, 1972, 13A(5):1169～1176.

[85] Carter C S. The effect of silicon on the stress corrosion resistance of low alloy high strength steels[J]. Corrosion, 1969, 25(10):423～431.

[86] 高井健一, 関純一, 崎田栄一, ら. 高強度鋼の遅れ破壊特性に及ぼす Si,Ca の複合添加の影響[J]. 鉄と鋼, 1993, 79(6):685～691.

[87] Banerji S K, McMahon Jr. C J, Feng H C. Intergranular fracture in 4340-type steels: Effects of impurities and hydrogen[J]. Metall. Trans. A, 1978, 9A(2):237～247.

[88] Snape E. Roles of composition and microstructure in sulfide cracking of steel[J]. Corrosion, 1968, 24:261.

[89] 鈴木信一，原田宏明，石井伸幸. 材料とプロセス[J], 1988, (1):1889.

[90] Craig B D, Krauss G. The structure of tempered martensite and its susceptibility to hydrogen stress cracking[J]. Metall. Trans. A, 1980, 11A(11):1799～1808.

[91] 戸塚信夫，中井揚一. 析出物の水素トラップ効果と水素脆化の効果[J]. 日本金属學会会報, 1983, A113～116.

[92] Craig B D. The role of Mo in the enhanced resistance to hydrogen stress cracking of AISI 4100 steels[J]. Metall. Trans. A, 1982, 13A(6):1099～1101.

[93] Tumulurn M D. A study of the sulfide stress cracking behavior of two low alloy steels[J]. Mater. Performance, 1987, (2):9～15.

[94] Craig B D. Review of nickel's role in sulfide stress cracking of low alloy steels[J]. Corrosion, 1988, 44(11):776～782.

[95] 白神哲夫，石川信行，石黒守幸，ら. 1420MPa 級高強度鋼の遅れ破壊特性に及ぼすの影響[J]. 鉄と鋼，1996, 82(9):777～782.

[96] Thompson A W, Bernstein I M. Advances in Corrosion Science and Technology[J]. Fontana M G, Stachle R W eds. 1980, 7:53.

[97] 木下修司，山田凯朗，松本年男. 低合金钢的 350℃脆性与延迟断裂[C]. 见：王迪，刑文彬，解子章 等译. 钢中微量元素的偏析与晶界脆化. 北京：冶金工业出版社，1985，169～177.

[98] 松山晋作. 低合金钢延迟断裂的晶界裂纹[C]. 见：王迪，刑文彬，解子章等译. 钢中微量元素的偏析与晶界脆化. 北京：冶金工业出版社，1985，178～191.

[99] Yoshino K, McMahon Jr. C J. The cooperative relation between temper embrittlement and hydrogen embrittlement in a high strength steel[J]. Metall. Trans. A, 1974, 5A(2):363～370.

[100] 福井彰一. 低合金鋼の遅れ破壊特性におよぼす焼もどしの影響[J]. 鉄と鋼, 1969,55(2):151～161.

[101] Davis R A, Dreyer G A, Gallaugher W C. Stress corrosion cracking study of several high strength steels[J]. Corrosion, 1964, 20(3):93～103.

[102] 中里福和，寺崎富久長. 超強力鋼の遅れ破壊特性[J]. 鉄と鋼，1975, 61(6):841～855.

[103] 惠卫军，董瀚，翁宇庆. 高强度钢耐延迟断裂性能的评价方法[J]. 理化检验—物理分册，2001, 37(6):231～235.

[104] 春名 匠，柴田俊夫. 応力腐蝕割れ感受性評価のための低ひずみ速度試験（SSRT）の進展[J]. まてりあ, 1997, 36(4):311.

[105] Maoqiu Wang, Akiyama E, Tsuzaki K. Crosshead speed dependence of the notch tensile strength of a high strength steel in the presence of hydrogen[J]. Script Materialia, 2005, 53:713～718.

[106] 山崎眞吾，石川房男，高橋捻彦. 高強度鋼の遅れ破壊特性に及ぼす V 添加の影響[J]. CAMP-ISIJ, 1996, (9):1493.

[107] 漆原 亘，中山武典，並村裕一,ら. SSRT による SCM440 鋼の遅れ破壊に及ぼすＶの影響評価[J]. CAMP-ISIJ, 2000,(13):1378.

[108] 横田智之，石川信行，白神哲夫,ら. 腐蝕電池作用による水素侵入を考慮した耐遅れ破壊特性評価[J]. CAMP-ISIJ, 1998, (11):1240.

[109] 高橋稔彦，山崎眞吾. 遅れ破壊発生の水素量の定量化[J]. 金属，1997，67(12):1011～1017.

[110] 高木周作，井上忠信，津崎兼彰，はか. Weibull 応力による高強度鋼の水素割れ感受性評価[J]. 日本金属学会誌, 2001, 65(12):1073～1081.

[111] 高木周作，井上忠信，津崎兼彰，はか. 高強度鋼の水素割れ感受性評価における Weibull 形状パラメ-タの決定方法[J]. 日本金属学会誌，2001，65(12):1081～1090.

4 耐延迟断裂高强度螺栓钢

4.1 概述

随着现代汽车、机械、建筑、轻工等各个生产部门的发展，对制造各类紧固件（如螺栓、螺钉、螺母等）使用的材料提出了更高的要求，如在汽车的高性能化和轻型化、建筑结构的高层化以及大桥的超长化等方面，对作为连接部件的螺栓提出了高设计应力和轻量化的要求，在这方面尤以汽车制造业的要求最强烈，原有的汽车用螺栓，尤其是发动机螺栓往往难以满足汽车发动机高应力化的要求。对此，最有效的措施便是螺栓用钢的高强度化，如在美国，汽车使用的高强度螺栓强度级别均在 9.8 级以上[1]。目前，一些汽车、建设机械用螺栓甚至要求抗拉强度 R_m 大于 1400 MPa，参见图 4-1[2]。

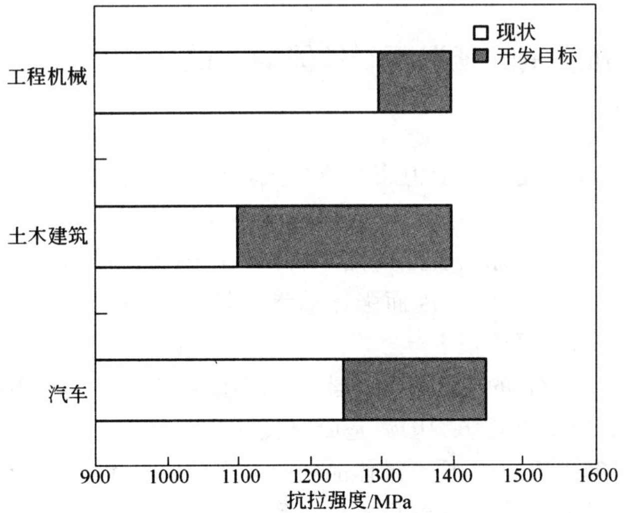

图 4-1　不同应用部门使用的高强度螺栓的强度水平[2]

如第 3 章所述，延迟断裂是螺栓用钢高强度化时必须高度注意的问题。近年来，随着需求的增长，国外特别是日本、韩国、美国等国对耐延迟断裂的高强度螺栓钢进行了广泛的研究开发，先后开发出了一系列具有较好耐延迟断裂性能的高强度螺栓钢，如住友金属的 ADS 系列、神户制铁的 KNDS 系列等[3]。

近年来，在日本、韩国和我国分别投入巨资重点实施的“超级钢计划”[4]、“高性能结构钢计划”[5]和“新一代钢铁材料的重大基础研究”[6]中，1500 MPa 级高强度结构（螺栓）钢的研究开发均是其中的一个重要课题。这表明，目前国际上十分重视耐延迟断裂高强度螺栓钢的研发。

如前所述，延迟断裂现象是材料—环境—应力相互作用而发生的一种环境脆化。高强度钢的延迟断裂是由侵入钢中的可扩散氢引起的，其断裂特征主要为脆性沿晶断裂。因此，如何提高氢陷阱有效性以降低可扩散氢浓度，并提高晶界强度，变沿晶脆性断裂为穿晶韧性断裂是改善高强度钢耐延迟断裂性能的基本出发点。

在国家重点基础研究发展计划“新一代钢铁材料的重大基础研究”（G1998061503）和国家“十五”科技攻关计划“新一代高强度螺栓钢研究与开发”（2002BA314B08）的支持下，我们及其合作者对高强度钢的延迟断裂行为进行了大量的基础性研究工作。本章以上述工作为主线，结合国内外的研究成果，首先论述了改善高强度钢耐延迟断裂性能的几种主要途径（组织细化、氢陷阱控制（微合金化处理）、晶界强化等），随后介绍了国内外耐延迟断裂高强度螺栓钢的开发情况，重点介绍了我们开发的耐延迟断裂高强度螺栓钢 ADF 系列的性能特征。

4.2 改善高强度钢耐延迟断裂性能的关键技术

4.2.1 组织细化

沿晶断裂是高强度钢在应力腐蚀或含氢环境中最为常见的断裂方式。在较高的强度水平下，高强度钢延迟断裂的初期裂纹往往沿原奥氏体晶界萌生和扩展。延迟断裂抗力与沿晶断裂倾向性密切相关，随着沿晶断裂倾向性的降低，延迟断裂抗力显著上升[7,8]，因而强化晶界、抑制沿晶脆性断裂是提高高强度钢延迟断裂抗力的重要途径之一。

高强度钢延迟断裂的主要影响因素除晶界碳化物和杂质元素的晶界偏聚等组织因素外，另一个重要影响因素是原奥氏体晶粒尺寸。对此，早在 20 世纪 60 年代就有研究者开展了原奥氏体晶粒尺寸对高强度钢延迟断裂行为影响的研究[9~16]。然而不同研究者的结果不尽一致，大体上可分为三类：

（1）原奥氏体晶粒尺寸的变化对延迟断裂抗力没有明显的影响[9,10]；

（2）延迟断裂抗力随原奥氏体晶粒的粗化而提高[11~14]；

（3）延迟断裂抗力随原奥氏体晶粒的细化而提高[15,16]。到目前为止，对此仍没能得出一致的结论和合理的解释。值得注意的是，上述这些研究工作主要是针对细晶粒和粗晶粒钢，缺乏对超细晶粒钢延迟断裂行为的研究报道。对此，还有必要探索超细晶粒钢的延迟断裂行为。

控制马氏体钢晶粒尺寸的传统方法是添加抑制晶粒长大的合金元素，如 Al、Ti、V 和 Nb 等。这些元素会形成在常规奥氏体化温度下稳定的氮化物、碳氮化物或碳化物，从而成为抑制晶粒长大的有效第二相。用这种方法可得到奥氏体晶粒 ASTM No.8 以上的细晶粒钢。我们对于 42CrMo 钢采用微合金化钒和铌处理，获得了 ASTM No.10 以上的细晶粒钢 42CrMoVNb[17]。

马氏体钢由于涉及后续机械加工和淬火回火等热处理工序，除微合金化处理外，工业上通常采用的组织细化热处理技术，包括快速加热处理、形变热处理、磁场或电场处理等，具体方法受机械零件形状、尺寸等因素的影响。对于形状简单、少量或无需机械加工的高强度弹簧钢丝和硬线，可采用形变热处理和快速热处理细化工艺。如为了满足高强度优质冷成形弹簧钢丝的需求，日本高周波热炼公司（Neturen Co., Ltd.）[15]成功地开发出了高频感应快速加热淬火和回火技术，可获得 ASTM No.8 级以上的细晶组织，并用于工业批量生产。对于细晶粒的 42CrMoVNb 钢，在研制的电致快速加热设备上通过三次循环的快速热处理进一步获得了 2 μm 的超细晶粒[17]。

4.2.1.1 晶粒超细化高强度钢的延迟断裂抗力[17~19]

A 断裂力学延迟断裂（应力腐蚀）试验

对商业 42CrMo 钢用改变奥氏体化温度和快速循环热处理的方法获得了 d = 4.7~120 μm 范围的奥氏体晶粒。具有不同奥氏体晶粒尺寸的标准拉伸试样和改进的 WOL 型试样（B = 10 mm）油冷后在 400℃回火 120 min，表 4−1 和图 4−2 为试验结果的汇总。拉伸试验表明，随着晶粒的粗化，屈服强度逐渐降低，但当晶粒大于约 22 μm 时，屈服强度的降低幅度趋缓。小于 22 μm 的奥氏体晶粒是通过快速循环热处理获得的，而大于 22 μm 的奥氏体晶粒是通过提高奥氏体化温度获得的，因而屈服强度随奥氏体晶粒的上述变化规律表明这两种处理工艺的强化机制不尽一致。快速循环热处理利用奥氏体−马氏体反复相变来细化晶粒，如同奥氏体形变热处理一样，也许会产生一种热机械强化[20]。在 3.5%NaCl 水溶液中的应力腐蚀试验结果表明，随着原奥氏体晶粒粗化，临界应力场强度因子 K_{ISCC} 逐渐降低，但当奥氏体晶粒大于约 65 μm 时，K_{ISCC} 反而有所提高。

裂纹受载后在其前端必然存在一个塑性区，其大小为[21]：

$$R = \frac{1}{\alpha\pi}\left(\frac{K_I}{\sigma_s}\right)^2 \tag{4-1}$$

在裂纹失稳扩展的临界状态，$K_I = K_{th}$：

$$R = \frac{1}{\alpha\pi}\left(\frac{K_{th}}{\sigma_s}\right)^2 \tag{4-2}$$

式中，$\alpha = 1$（平面应力）或$2\sqrt{2}$（平面应变）。K_{th}通常是在平面应变条件下测定的，按平面应变条件计算的R值也见表4-1。可见，当d（=65,120 μm）≥R时，K_{th}随d的增大而提高；当d（= 4.7,13,22 μm）<R时，K_{th}随d的增大而降低。相对比较而言，前者变化幅度更大。这表明，K_{th}随d的变化规律应与d与R的相对大小有关。

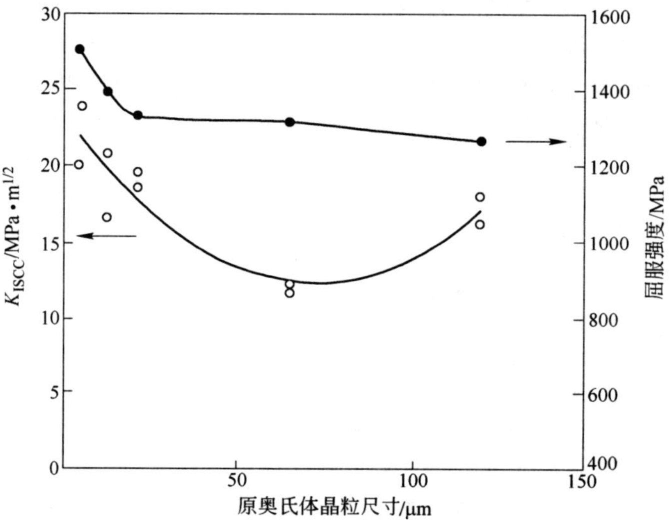

图4-2　商业42CrMo钢的屈服强度和K_{ISCC}随原奥氏体晶粒尺寸d的变化（400℃回火）

表4-1　商业42CrMo钢的有关试验结果

不同晶粒尺寸制备方法	回火温度/℃	d/μm	R/μm	σ_s/MPa	K_{ISCC}（K_{th}）/MPa·m$^{1/2}$
快速细化热处理	400	4.7	24	1500	22.1
快速细化热处理	400	13	20	1395	18.7
900℃×15 min油淬	400	22	23	1330	19.1
1050℃×15 min油淬	400	65	9	1315	11.9
1150℃×15 min油淬	400	120	21	1265	17.1

值得注意的是，鉴于屈服强度对高强度钢的延迟断裂抗力有很大的影响，即K_{th}一般随着屈服强度的升高而降低[21~23]，而表4-1中各试验料的屈服强度均随原奥氏体晶粒尺寸的细化而提高，因此直接比较晶粒尺寸d对K_{th}的影响有可能得出错误的结论，即须对屈服强度的影响进行归一化处理。

对氢致延迟断裂，如作为弹性处理，可得临界应力场强度因子[24,25]：

$$K_{th} = \frac{3RT\sqrt{2\pi r}}{2(1+\nu)\overline{V}_H}\ln\frac{c_{th}}{c_0} \tag{4-3}$$

式中，c_0 为试样中的初始氢浓度；c_{th} 为临界氢浓度；$\overline{V}_H$ 为氢在金属中的偏摩尔体积，对钢 $\overline{V}_H=2.0\ cm^3/mol$；$R$ 为气体常数；T 为绝对温度；ν 为泊松比。

当原奥氏体晶粒尺寸 $d \geqslant R$ 时，可作弹性处理，取 $r = d$[24]，代入式 4-3 可得：

$$K_{th} = \frac{3RT\sqrt{2\pi d}}{2(1+\nu)\overline{V}_H} \ln \frac{c_{th}}{c_0} \tag{4-4}$$

对 AISI 4340 类型钢，试验结果表明[25]：

$$\frac{c_{th}}{c_0} = \frac{3180}{\sigma_s} \tag{4-5}$$

对 42CrMo 钢，如近似地认为同样满足上述关系式，则将其代入式 4-4 可得：

$$K_{th} = \frac{3RT\sqrt{2\pi d}}{2(1+\nu)\overline{V}_H} \ln \frac{3180}{\sigma_s} \tag{4-6}$$

上述除 K_{th}、σ_s、d 外，在常温下均为常数，由此可作$[K_{th}/\ln(3180/\sigma_s)]^2$与 d 的关系曲线，见图 4-3。图中同时给出了 $d<R$ 时的数据。可见，归一化处理后的临界应力场强度因子随晶粒尺寸的变化规律未变。

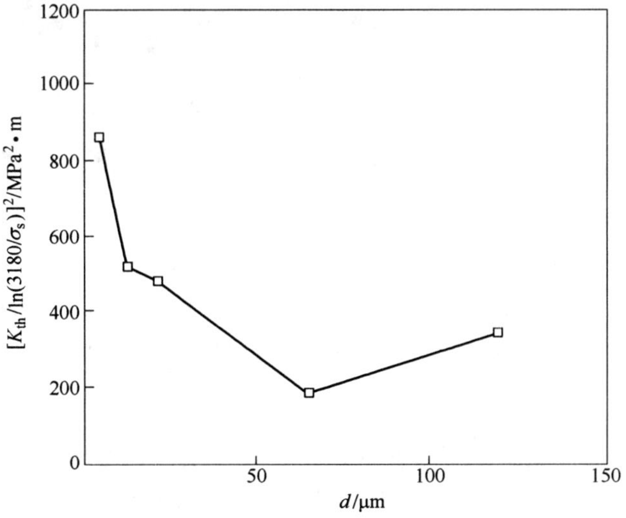

图 4-3 归一化处理的临界应力场强度因子随原奥氏体晶粒尺寸 d 的变化（商业 42CrMo 钢）

应力场强度因子 K_I 对应力腐蚀断裂的断口形貌有很大的影响，不同奥氏体晶粒尺寸改进的 WOL 型应力腐蚀试样断口上 K_I 接近 K_{ISCC} 区域的 SEM 断裂形貌见图 4-4。可见，对于不同晶粒尺寸的试样，断裂机制均为典型的沿晶断裂。这表明晶粒细化并不能改变应力腐蚀的断裂机制，应当对晶界强度，特别在应力腐蚀条件下晶界强度的提高做进一步的努力。

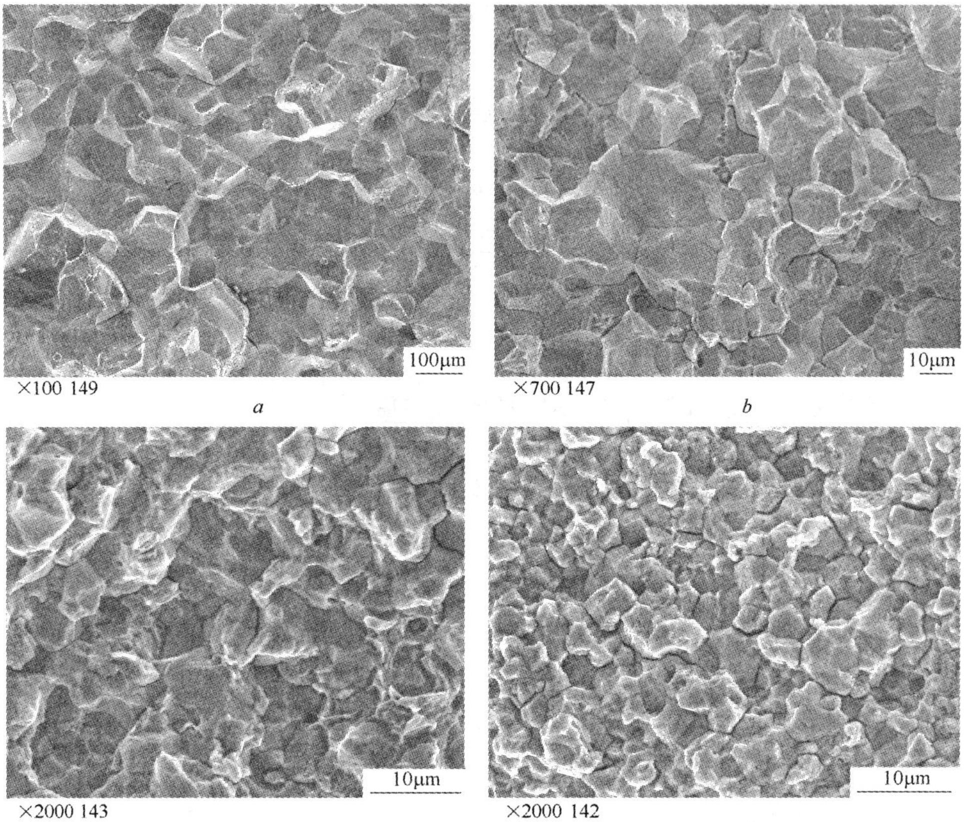

a　*b*　*c*　*d*

图 4-4　不同奥氏体晶粒尺寸改进的 WOL 型应力腐蚀试样断口上 K_I 接近 K_{ISCC} 区域的 SEM 断裂形貌（商业 42CrMo 钢，回火温度 400℃）

a—*d* = 120 μm；*b*—*d* = 22 μm；*c*—*d* = 13 μm；*d*—*d* = 4.7 μm

B　缺口型延迟断裂试验

K_{th} 是在平面应变条件下获得的，是裂纹止裂的门槛应力场强度因子。K_{th} 值高表明在预先存在裂纹的情况下，材料抵抗环境脆性断裂的抗力大，而实际螺栓的延迟断裂过程却包含裂纹的萌生和扩展，且裂纹的萌生有可能是影响实物螺栓服役寿命的主要因素。如 Nishikata 等[26]对 SCM822 钢制实物螺栓的延迟断裂促进试验结果表明，螺栓发生延迟断裂时，轴力在断裂的数小时前急剧降低，这说明初期裂纹的萌生是延迟断裂的支配过程。随后山崎等[27]用声发射（acoustic emission）原波形法对 SCM440 钢延迟断裂裂纹萌生、扩展与扩散性氢含量关系的分析表明，初期裂纹萌生所需的扩散性氢含量是随后裂纹扩展所需氢含量的至少 4 倍以上。这些研究结果表明裂纹的萌生在螺栓的延迟断裂过程中起着十分重要的作用。因此，考虑到螺栓应用的实际情况，对高强度螺栓钢多倾向于采用缺口拉伸试样获得一定时间内不发生延迟断裂的临界应力 σ_c 或在一定载荷下的断裂时间 t_c 或临界扩散性氢量 $w_c(H)$ 来评价其耐延迟断裂性能[28]。

尽管如此，但如果在零部件如高强度螺栓加工过程中因滚丝等工艺不当而在螺栓表面形成微裂纹时，此时高的环境裂纹扩展阻力即高的 K_{th} 值就显得十分重要。此点对于更高强度级别的高强度螺栓钢是十分必要的。

我们在改造的持久实验机上进行恒载荷缺口拉伸延迟断裂试验。缺口试样的缺口应力集中系数 $K_t=2.7$，试样规格为直径 $d_0=5$ mm，缺口处 $d_N=3$ mm，缺口 60°±2°/0.15R±0.025。延迟断裂敏感性受环境中氢供给程度的影响，供氢能力越强，延迟断裂敏感性越大。由于闭塞电池的作用，在水溶液中低合金钢的裂纹尖端 pH 值约为 3.5[24]，故设定此值为实际环境的最苛刻条件，因而试验溶液采用 pH = 3.5±0.5 的 Walpole 缓蚀液（盐酸＋醋酸钠＋蒸馏水或去离子水）。由于延迟断裂受加载时的温度影响很大和考虑到螺栓一般在常温下使用，故试验在室温下进行。设定σ_f 为发生断裂的最小应力，σ_n 为在规定的截止时间 t_c（本实验取 $t_c=200$ h）内不发生断裂的最大应力，则定义缺口拉伸临界应力σ_c 为：

$$\sigma_c=1/2(\sigma_f+\sigma_n) \tag{4-7}$$

为使测定值与实际值相差小于 10%，要求：

$$\sigma_f-\sigma_n\leqslant 0.2\sigma_c \tag{4-8}$$

为了消除强度的影响，用σ_c 与上述缺口试样在空气中拉断的最大应力σ_N 的比值σ_c/σ_N（延迟断裂强度比，delayed fractyre strength ratio, DFSR）来评价试验料的耐延迟断裂性能。

对高洁净钢 42CrMoVNb，同样通过改变奥氏体化温度和电致加热快速循环热处理的方法制备具有不同原奥氏体晶粒尺寸的试样。在高温奥氏体化处理和常规处理后（d 分别为 20 μm 和 8 μm），淬火组织为典型的板条马氏体；但在电致快速热处理后（d 为 4 μm 和 2 μm），淬火组织中马氏体板条变得不规则，并且出现了许多非马氏体板条的区域。随着 d 的减小，马氏体团的尺寸亦相应减小，见图 4-5。TEM 观察表明，在 d 为 4 μm 和 2 μm 时微观组织中均出现了块状结构，其中以 $d=2$ μm 时的块状结构数量较多，见图 4-6。

对 42CrMoVNb 钢通过调整回火温度可获得不同的强度水平，将各种强度水平下的负荷应力—断裂时间曲线整理、计算后可得 DFSR 与强度的关系，见图 4-7。可见，在所研究的强度水平范围内，随着强度的提高，实验钢的 DFSR 降低，这与有关文献的实验结果一致[29,30]。在相同的抗拉强度水平下，

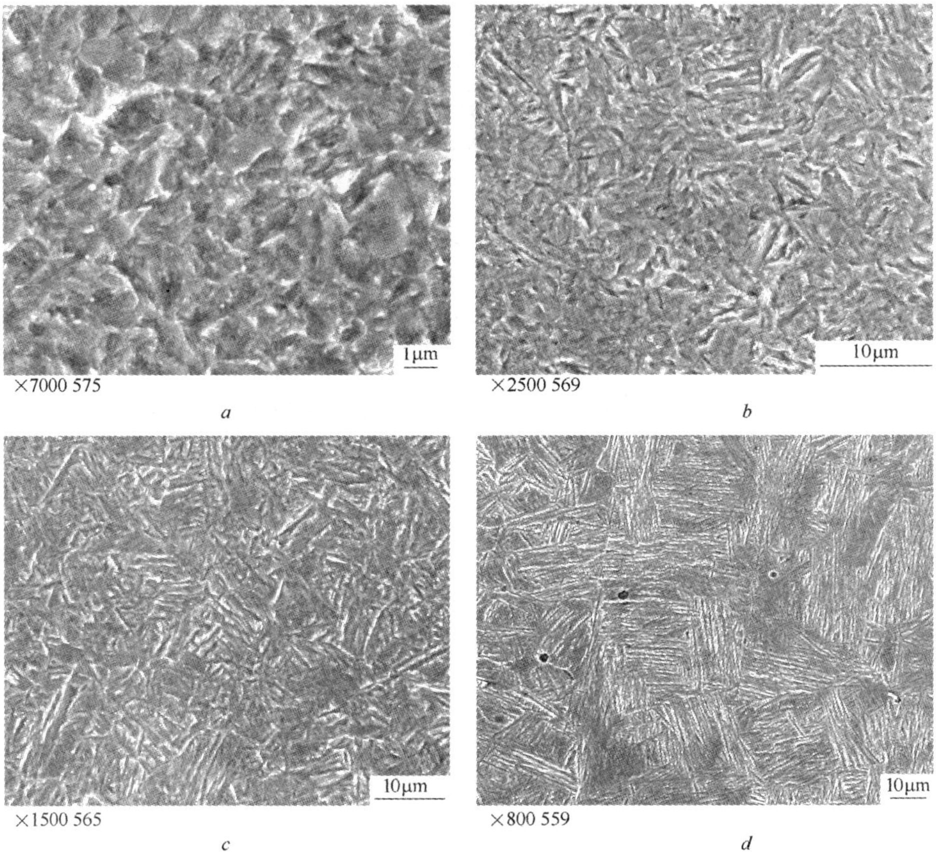

图 4-5　42CrMoVNb 钢的 SEM 微观组织形貌（淬火态）

a—*d* = 2 μm；*b*—*d* = 4 μm；*c*—*d* = 8 μm；*d*—*d* = 20 μm

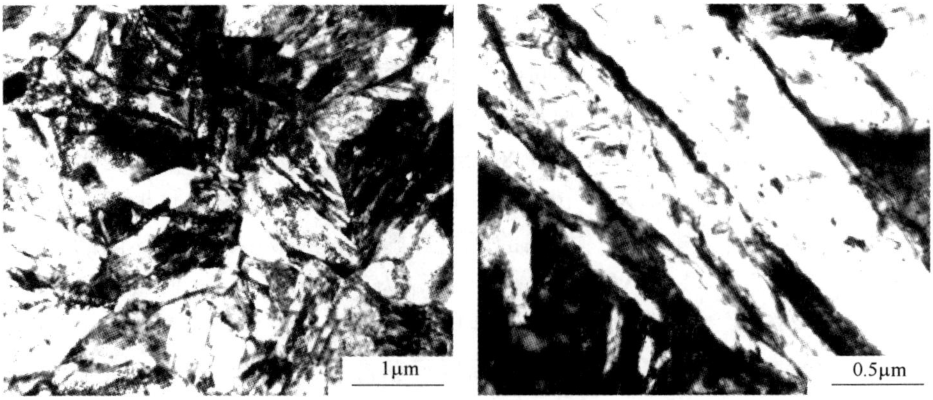

a　　　　*b*

图 4-6　42CrMoVNb 钢的 TEM 微观组织形貌（淬火态）

a—*d* = 2 μm，块状马氏体；*b*—*d* = 2 μm，板条马氏体

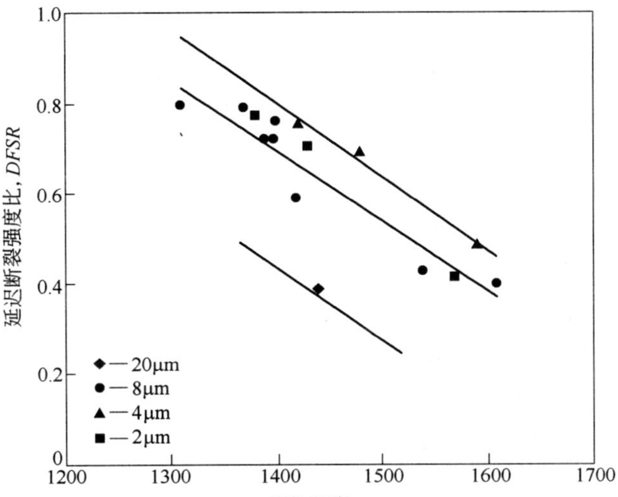

a

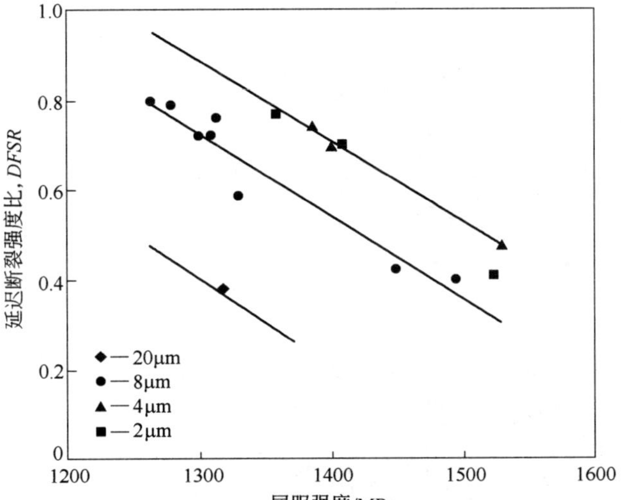

b

图 4-7 42CrMoVNb 钢的恒载荷缺口拉伸延迟断裂强度比 *DFSR* 随抗拉强度（*a*）和屈服强度（*b*）的变化

d 从 20 μm 细化到 8 μm，*DFSR* 显著提高，*d* 从 8 μm 细化到 4 μm，DFSR 提高的幅度减缓；但当 *d* 从 4 μm 进一步细化到 2 μm 时，DFSR 反而有所降低，见图 4-7*a*。由于随着晶粒的细化，屈服强度提高的幅度大于抗拉强度，如当晶粒从 20 μm 细化到 2 μm 时，屈强比从 0.92 提高到 0.98，因而此时在相同的屈服强度下进行比较更为合适，如图 4-7*b* 所示。同样，随着晶粒的细化，DFSR 提高；当晶粒细化到 2 μm 时，DFSR 却不再提高。这表明，当晶粒细化到小于 4 μm 时，进一步细化晶粒难以继续提高高强度钢的延迟断裂抗力。

缺口拉伸延迟断裂试样的断口形貌可分为裂纹源区、裂纹快速扩展区和剪切唇 3 个区域，其中裂纹源区裂纹的萌生和缓慢扩展是缺口拉伸延迟断裂的控制过程。具有不同原奥氏体晶粒尺寸实验料的缺口拉伸延迟断裂试样裂纹源区的断口形貌如图 4-8 和图 4-9 所示。可见，在高温回火（600℃）的情况下，当 d=20 μm 时，断裂机制主要为沿晶断裂，当晶粒细化到 8 μm 和 4 μm 时，断裂机制主要为穿晶断裂，但当晶粒进一步细化到 2 μm 时，断裂机制则主要为沿晶断裂，见图 4-8。在低温回火（440℃）的情况下，具有不同晶粒尺寸的实验料均主要为沿晶断裂，见图 4-9。这表明当 d = 4 μm, 8 μm 时，缺口拉伸延迟断裂机制随着回火温度的升高而发生转变，但 d = 2 μm 时，断裂机制随着回火温度的升高却并不发生转变。

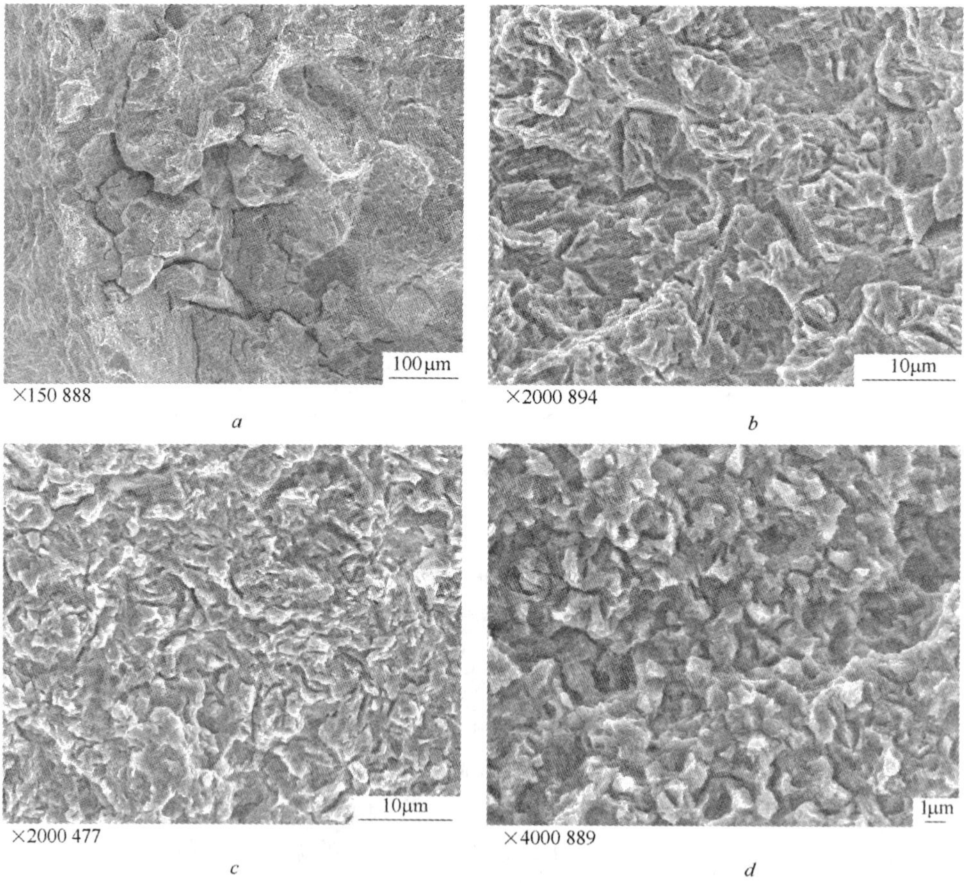

图 4-8　42CrMoVNb 钢缺口拉伸延迟断裂断口形貌（裂纹源区）随晶粒尺寸 d 的变化（600℃回火）

a—d = 20 μm；b—d = 8 μm；c—d = 4 μm；d—d = 2 μm

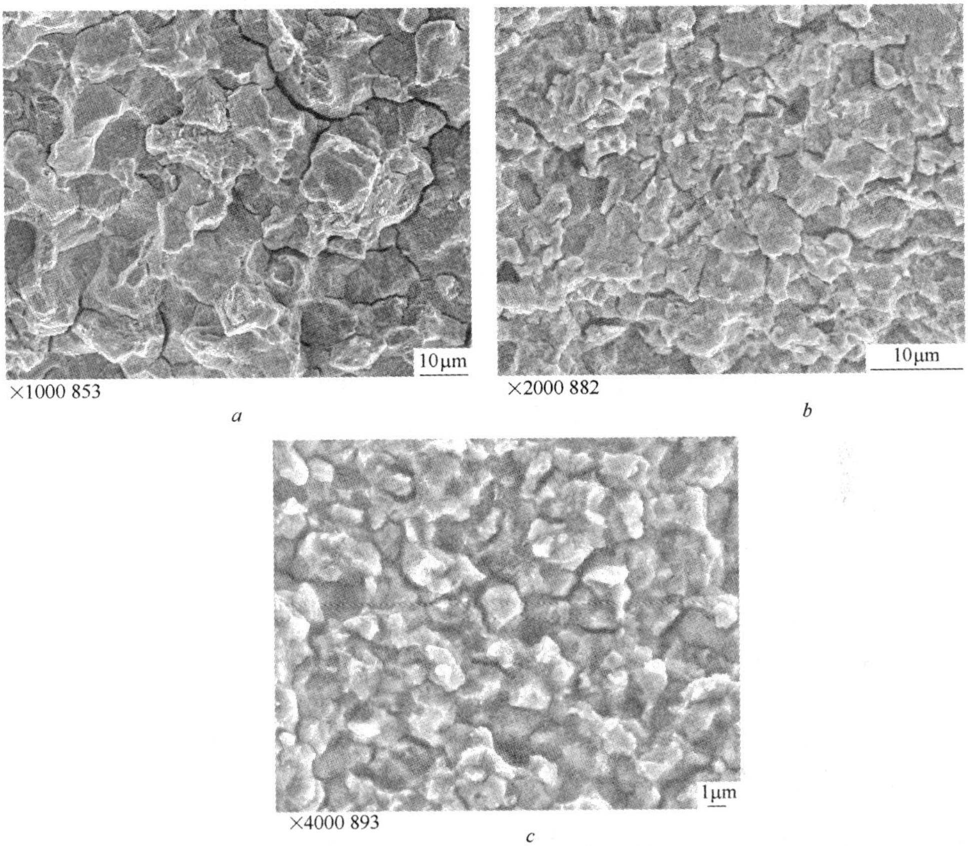

图 4-9　42CrMoVNb 钢缺口拉伸延迟断裂断口形貌（裂纹源区）
随晶粒尺寸 d 的变化（440℃回火）

a—d = 8 μm；b—d = 4 μm；c—d = 2 μm

此外，木村等[31,32]将 SCM440 钢高温奥氏体化后淬火获得马氏体，随后加热到 600℃并保温 90 min 后进行多道次温加工（减面率 90%），最后用高频感应加热设备加热到 820℃，保温 1 s 后水冷，再在 450℃保温 90 min 后水冷。用此工艺可获得 3 μm 的超细奥氏体晶粒（抗拉强度 1424 MPa）。恒载荷缺口拉伸延迟断裂试验结果表明，临界可扩散氢量 w_c(H)较常规处理的粗晶粒料（晶粒尺寸 17 μm，抗拉强度 1403 MPa）提高了一倍多，见图 4-10。在 25℃，0.1 mol/dm^3 HCl 水溶液中的浸泡试验也表明，超细晶粒料的平衡吸氢量为 0.14×10^{-4}%(0.14ppm)，而粗晶粒料为 0.17×10^{-4}%(0.17ppm)。断口分析表明，虽然两者裂纹源附近均主要为沿晶断裂，但超细晶粒料沿晶断裂所占的比例降低。

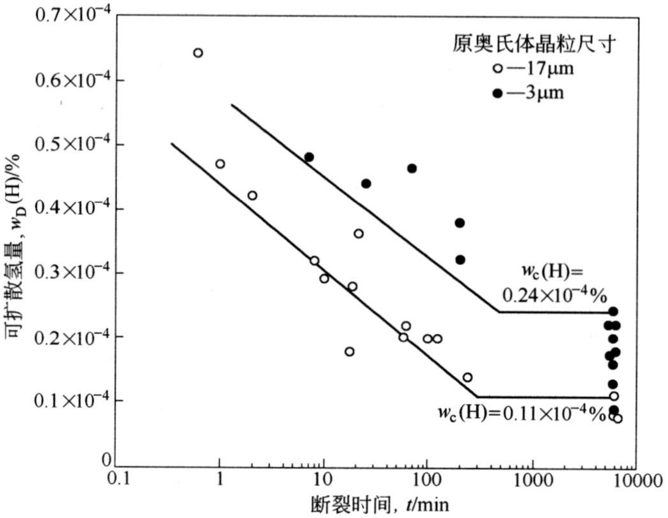

图 4-10　不同晶粒尺寸 SCM440 钢的缺口拉伸延迟断裂试验结果（抗拉强度 1400 MPa）[31,32]

4.2.1.2　高强度钢延迟断裂行为随晶粒尺寸变化规律的探讨

原奥氏体晶粒的超细化对高强度钢延迟断裂行为会产生以下两个方面的影响：

（1）延迟断裂过程与塑性变形有关，即氢促进位错发射和运动[24]，因此在较无氢时更低的外加应力作用下，氢促进的局部塑性变形就会发展到临界条件，使得局部区域（如位错塞积群前端）的应力集中 σ_{th} 等于被氢降低了的原子键合力 $\sigma_{th}(H)$，从而导致氢致裂纹在该处形核。晶界作为位错运动的障碍，会导致晶界前的位错塞积。

根据 Stroh 位错塞积理论，位错塞积群前端的最大正应力为[21]：

$$\sigma_{max}=\sqrt{\frac{4L}{3r}}(\tau_a-\tau_f)\tag{4-9}$$

式中，L 是位错塞积群的长度，对于多晶体，位错源在晶粒中心，此时 $L=d/2$，d 为晶粒直径；r 是离塞积群顶端的距离；τ_a 是作用在位错上的外力；τ_f 是位错运动阻力（摩擦力）。如存在氢，则存在附加应力 τ_H 作用在带 H 的位错上，则式 4-9 中的 τ_a 应当用作用在带氢位错上的合应力 $\tau=k\tau_a$ 代替，即：

$$\sigma_{max}(H)=\sqrt{\frac{2d}{3r}}(k\tau_a-\tau_f)\tag{4-10}$$

式中，k 为常数。当外力 τ_a 增大至临界值 $\tau_c(H)$ 时，$\sigma_{max}(H)$ 等于被氢降低了的原子键合力 $\sigma_{th}(H)$，就会产生一个长为 c 的微裂纹，如图 4-11 所示，即氢致微裂纹形核条件为：

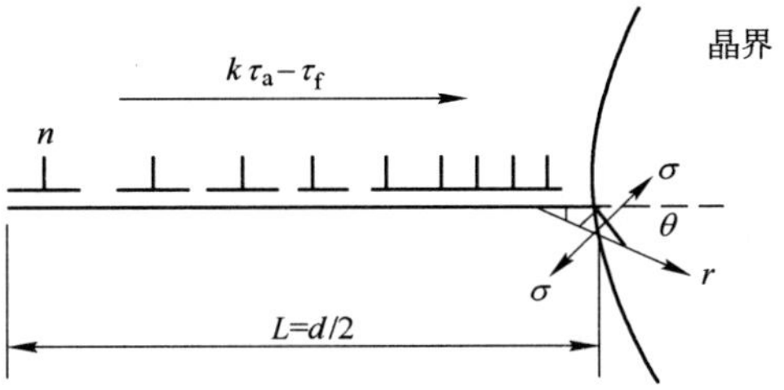

图 4-11 晶界前端位错塞积示意图

$$\sqrt{\frac{2d}{3c}}[k\tau_c(\mathrm{H})-\tau_f]=\sigma_{th}(\mathrm{H}) \tag{4-11}$$

由此可获得氢致裂纹形核的门槛应力 $\tau_c(\mathrm{H})$ 为：

$$\tau_c(\mathrm{H})=\left[\tau_f+\sigma_{th}(\mathrm{H})\left(\frac{2d}{3c}\right)^{-1/2}\right]\cdot\frac{1}{k} \tag{4-12}$$

此外，在外加应力 τ_a 的作用下，晶界前塞积的位错数目 n 为[21]：

$$n=\frac{\pi(1-\nu)(\tau_a-\tau_f)}{\mu b}\cdot d \tag{4-13}$$

由式 4-12，式 4-13 可以看出，氢致裂纹形核的门槛应力 $\tau_c(\mathrm{H})$ 与晶粒直径 $d^{-1/2}$ 成正比，晶界前塞积的位错数目 n 与 d 成正比。因此，随着晶粒的细化，晶界塞积的位错数量减少，则在同样的变形量下，变形分散在更多的晶粒内进行，导致应力集中程度降低，这使得晶界氢致裂纹形核的门槛应力显著提高。

（2）随着晶粒的超细化，则单位体积中的晶界面积急剧增加。如 L 为试样检测面上晶粒的平均截距，如果不考虑晶粒形状，则可推导出单位体积中的晶粒面积 S_V 与 L 的关系为[33]：

$$S_V=2/L \tag{4-14}$$

图 4-12 是 S_V 与 L 的关系曲线。可见，对于超细晶粒，单位体积中的晶界面积 S_V 急剧增加，如当原奥氏体晶粒尺寸从 ASTM No.8 级（20 μm）细化到 ASTM No.14.5 级（2 μm），则 S_V 将增加 9 倍。因此，在钢中杂质元素浓度不变的情况下，超细晶粒材单位体积中的晶界面积成倍增加，这将显著降低磷、硫等杂质元素的晶界偏聚浓度，使得晶界得到净化。例如有理论计算结果表明[34]，当晶粒尺寸从 100 μm 细化到 10 μm 时，晶界脆化元素磷的晶界偏聚量变化不大，但当晶粒尺寸细化到 1 μm 左右时，磷元素的晶界偏聚量急剧降低，见图 4-13*a*；俄歇电子能谱（AES）的实际测定结果见图 4-13*b*[35]。因此，对于商业 42CrMo 钢（P 0.023%, S 0.018%），随着晶粒从 22 μm 细化到 4.7 μm，冲击试样的断裂机制从沿晶断裂为主转变为穿晶断裂为主，图 4-14*a*,*b*；而对于高洁净度的 42CrMoVNb 钢，即使在−192℃的试验温度下，超细晶粒（2～8 μm）冲击试样的断裂机制仍为穿晶断裂，见图 4-14*c*,*d*。这表明，超细晶粒材的晶界

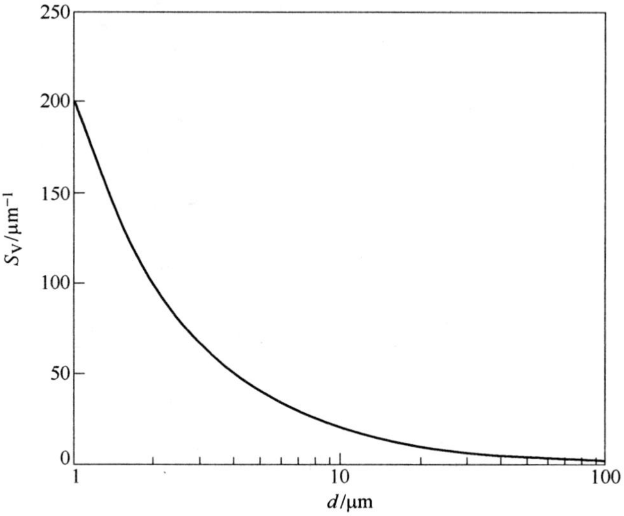

图 4-12　单位体积内的晶界面积 S_V 随晶粒平均截距 L 的变化

强度得到提高，从而使得氢致延迟断裂裂纹不易在晶界萌生和沿晶扩展，见图 4-8*a*,*b*,*c*，延迟断裂抗力得到提高。Banerji 等[7]对原奥氏体晶粒尺寸为 20～100 μm 的 AISI 4340 型钢的研究结果也表明了这一点。

此外，超细晶粒材单位体积中晶界面积的急剧增加，还会使晶界捕集的氢量减少。如 Tien[36]的计算表明，如果钢中的氢含量为 10×10^{-6}，则当奥氏体晶粒从 100 μm 细化到 10 μm 时，氢在钢中晶界的存在状态将从饱和状态转变为 10 个位置仅 1 个氢。显然，这同样有利于提高钢的延迟断裂抗力。

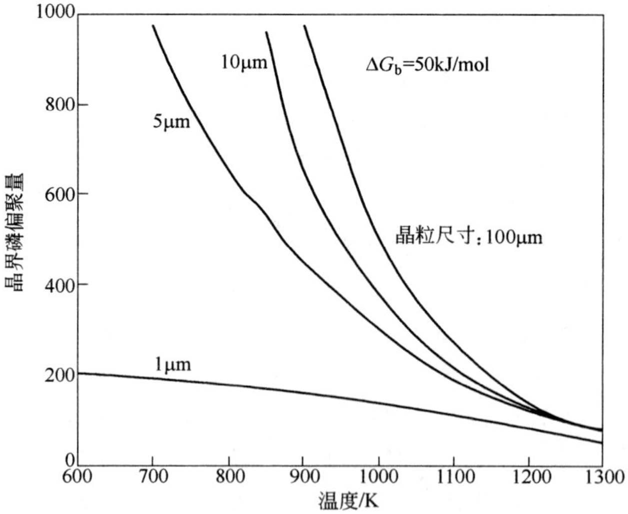

a

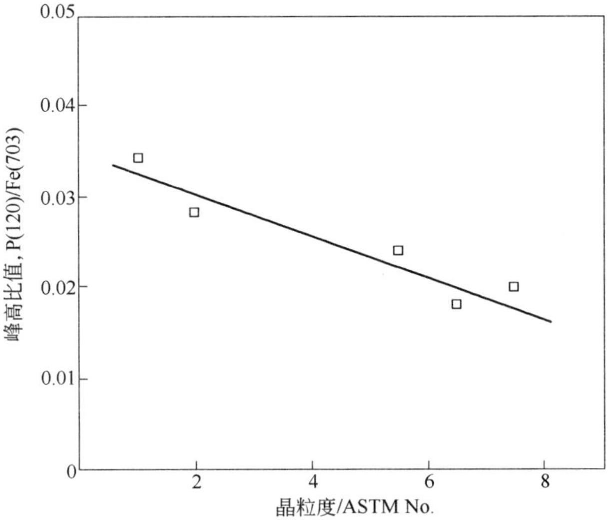

b

图 4-13 晶粒大小对晶界磷偏聚量的影响[34,35]

a—计算结果；*b*—AES 分析结果

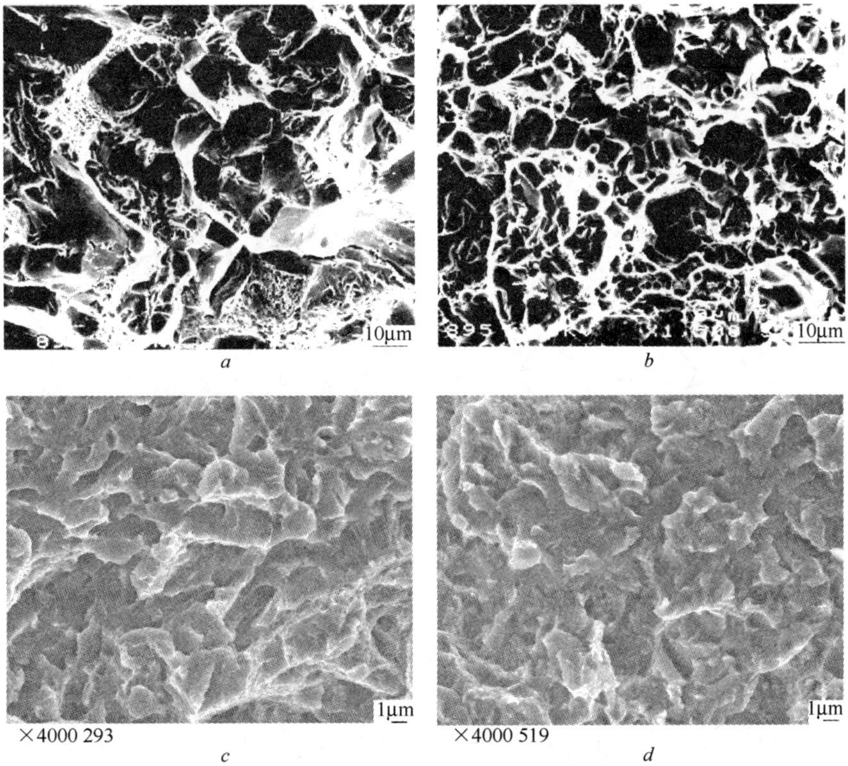

a *b* *c* *d*

图 4-14 不同晶粒尺寸实验料在室温（20℃）和低温（−192℃）下的冲击断口形貌

a—42CrMo, 22 μm, 20℃；*b*—42CrMo, 4.7 μm, 20℃；*c*—42CrMoVNb, 8 μm, −192℃；*d*—42CrMoVNb, 2 μm, −192℃

因此，对于本研究所采用的高洁净钢 42CrMoVNb 和商业钢 42CrMo，在上述两个方面因素（韧化因素）的共同作用下，随着晶粒的超细化，延迟断裂抗力明显提高。

然而，当晶粒尺寸细化到 2 μm 时，42CrMoVNb 钢的延迟断裂抗力却不再提高，甚至有所降低，但仍明显高于 8 μm 时的延迟断裂抗力，见图 4-7。这主要是由于当晶粒尺寸过于细小时，裂纹或缺口前端塑性区内包含的晶界很多，沿晶开裂的概率明显提高（几何因素）。对于 42CrMoVNb 钢，缺少不同晶粒尺寸下的断裂力学数据，但对于常规处理，$d = 8$ μm，600℃回火时，$\sigma_s = 1320$ MPa, $K_{ISCC} = 37.1$ MPa·m$^{1/2}$，按式 4-15 计算：

$$R = \frac{1}{2\sqrt{2}\pi}\left(\frac{K_{ISCC}}{\sigma_s}\right)^2 \tag{4-15}$$

可求得 $R = 89$ μm，远大于 d，因而在所研究的晶粒尺寸范围（2～20 μm）内，$d<R$。因此，当晶粒尺寸为 2 μm 时，$R/d>45$，氢致裂纹就容易沿晶界萌生和扩展，参见图 4-15。在前述韧化因素与这种几何因素的相互竞争作用下，在高温回火时，延迟断裂机制从晶粒尺寸为 8 μm 和 4 μm 时的穿晶断裂转变为 2 μm 时的沿晶断裂，见图 4-8。此外，当晶粒尺寸为 2 μm 时微观组织中出现的许多块状组织也可能是其中的一个主要原因。

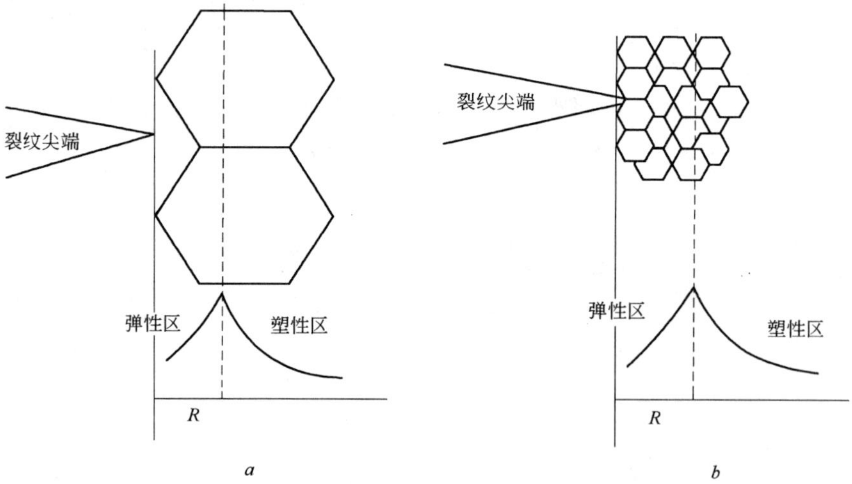

图 4-15　不同奥氏体晶粒尺寸试料的裂纹前端示意图

a—粗晶粒；*b*—细晶粒

实验用高洁净 42CrMoVNb 钢中磷、硫等杂质元素含量很低，因而对于超细化试料，原奥氏体晶界的杂质元素偏聚量应该很小。然而，比较图 4-8 和图 4-9 可以看出，与高温回火态相比，不同晶粒尺寸试样在低温回火态的延迟断裂机制均为沿晶断裂。已由研究结果表明[37,38]，碳化物的分布状态是影响高强度钢延迟断裂行为的主要因素。由于碳化物为氢的强陷阱[39]，因此，在低温回火态，碳化物主要以薄膜状分布于原奥氏体晶界而晶内碳化物数量较少，进入钢中的氢将优先富集于晶界，导致晶界脆化；在高温回火态，晶界碳化物断开、球化，并在晶内析出大量碳化物，晶界上富集的氢量明显减少。这表明，单纯晶粒超细化还难以改变低温回火态钢中碳化物的分布状态。因此，在细化晶粒的同时，还应考虑控制晶界碳化物，以进一步提高晶界强度。

4.2.2　微合金化处理

如果能够使侵入钢中的氢在钢中均匀分布，抑制其在钢中薄弱部位如晶界和应力集中部位的富集，使其不易参与甚至不参与延迟断裂过程，则可改善高强度钢的耐延迟断裂性能。

微合金元素 V、Ti、Nb 等由于其独特的作用而在钢中特别是在低合金高强度钢中得到了广泛的应用，其作用主要体现在细化晶粒、析出强化、提高回火抗力等方面。这些微合金化元素与碳、氮元素具有很强的亲和力，能够形成稳定的碳化物或碳氮化物。同 Fe_3C 等碳化物一样，这些微合金化元素碳化物可以作为氢陷阱而捕集氢，从而影响氢在钢中的分布和扩散行为，因此，可利用微合金化元素来改善马氏体钢的耐延迟断裂性能。

添加微合金化元素钒的 42CrMo 钢的缺口拉伸延迟断裂实验结果见图 4-16[40]。可见：

（1）无论对含钒钢还是不含钒钢，随着试验料强度的提高，缺口拉伸临界应力 σ_c 降低，从而延迟断裂强度比 *DFSR* 下降；

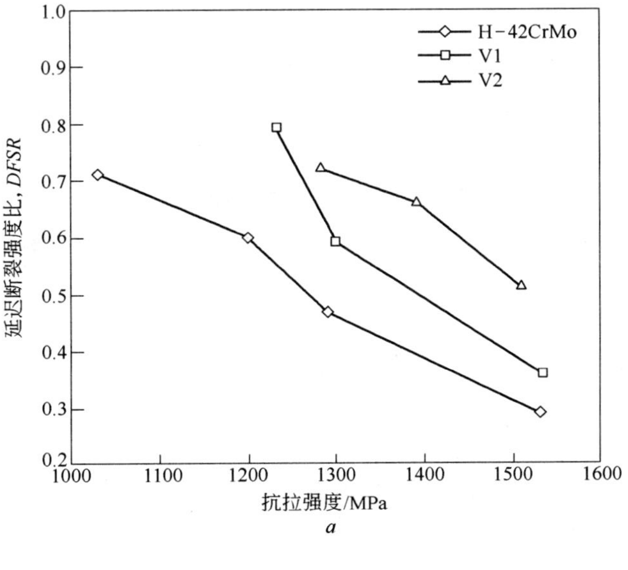

a

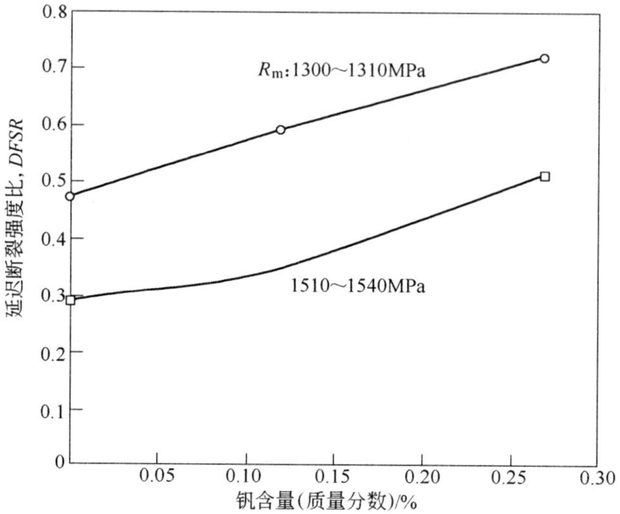

b

图 4-16 添加微合金化元素钒的 42CrMo 钢的缺口拉伸延迟断裂实验结果

（H-42CrMo：高纯净度 42CrMo 钢，对比料；V1:0.12V;V2:0.27V）

a—抗拉强度的影响；*b*—V 含量的影响

（2）随着钢中钒含量的提高，高温回火时弥散析出的碳化钒量和奥氏体化时未溶解的碳化钒量均增加，可以使更多的氢被碳化钒捕集，抑制可扩散性氢对延迟断裂抗力的不利影响，因而试验料的 *DFSR* 随强度的变化曲线整体上移；

（3）在相同的强度水平下，试验料的 *DFSR* 随钒量的增加而提高。

图 4-17 是在 42CrMo 钢中添加不同钛量的缺口拉伸延迟断裂试验结果[41]。同前述添加钒元素的 42CrMo 钢的试验结果一样，随着强度的提高，添加不同钛含量试验料的延迟断裂强度比 *DFSR* 降低；提高钢中钛含量，*DFSR* 随强度的变化曲线整体上移，见图 4-17*a*；在相同的强度水平下，随着钛含量的增加，*DFSR* 逐渐提高，但当钛含量超过约 0.04%后，*DFSR* 提高的幅度减缓甚至不再提高，见图 4-17*b*。

图 4-18 是含钒、钛钢与高纯 42CrMo 钢缺口拉伸延迟断裂试样断口的裂纹源区形貌。在强度相当的情况下，含钒钢的延迟断裂为穿晶断裂，而含钛钢和 42CrMo 钢均为沿晶＋少量穿晶的混合型断裂（图 4-18*b*、*c*、*e*）。在回火温度基本相同的情况下，三者的断裂机制相同，即在低温回火时均为沿晶＋少量穿晶的混合型断裂，在高温回火时均为穿晶断裂。与

42CrMo 钢相比，在强度和断裂时间基本相同的情况下，含钒和含钛钢的断裂应力明显提高。

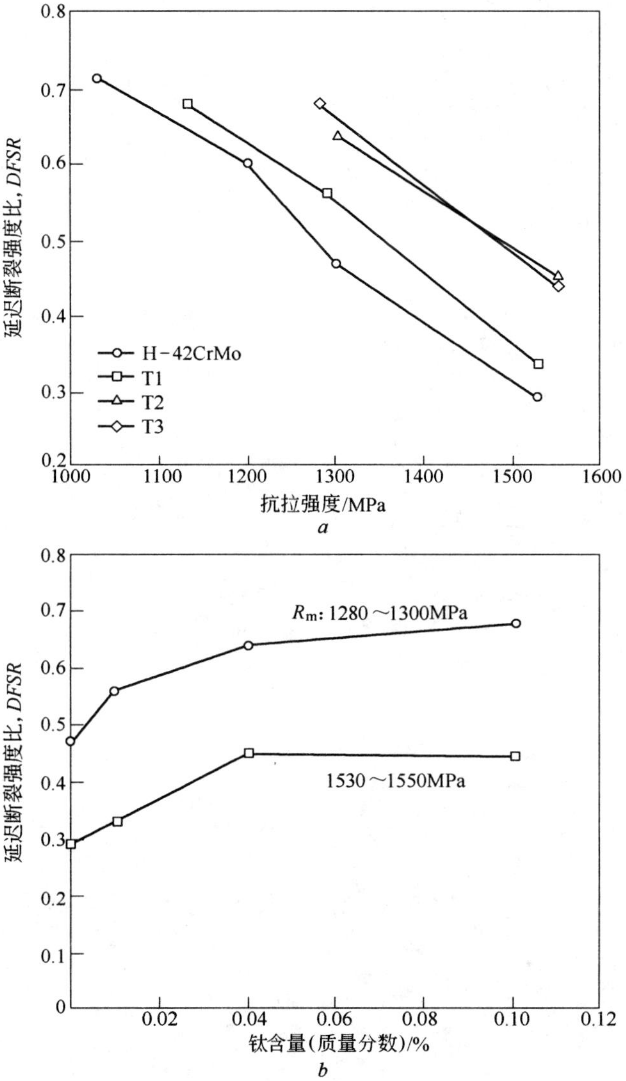

图 4-17 添加微合金化元素钛的 42CrMo 钢的缺口拉伸延迟断裂实验结果

（H-42CrMo：高纯净度 42CrMo 钢，对比料；T1:0.01Ti;T2:0.04Ti;T3:0.10Ti）

a—抗拉强度的影响；*b*—钛含量的影响

上述研究结果表明，钢中加钒和钛元素能够改善高强度钢的耐延迟断裂性能。下面对其在高强度钢中的作用机制进行探讨。

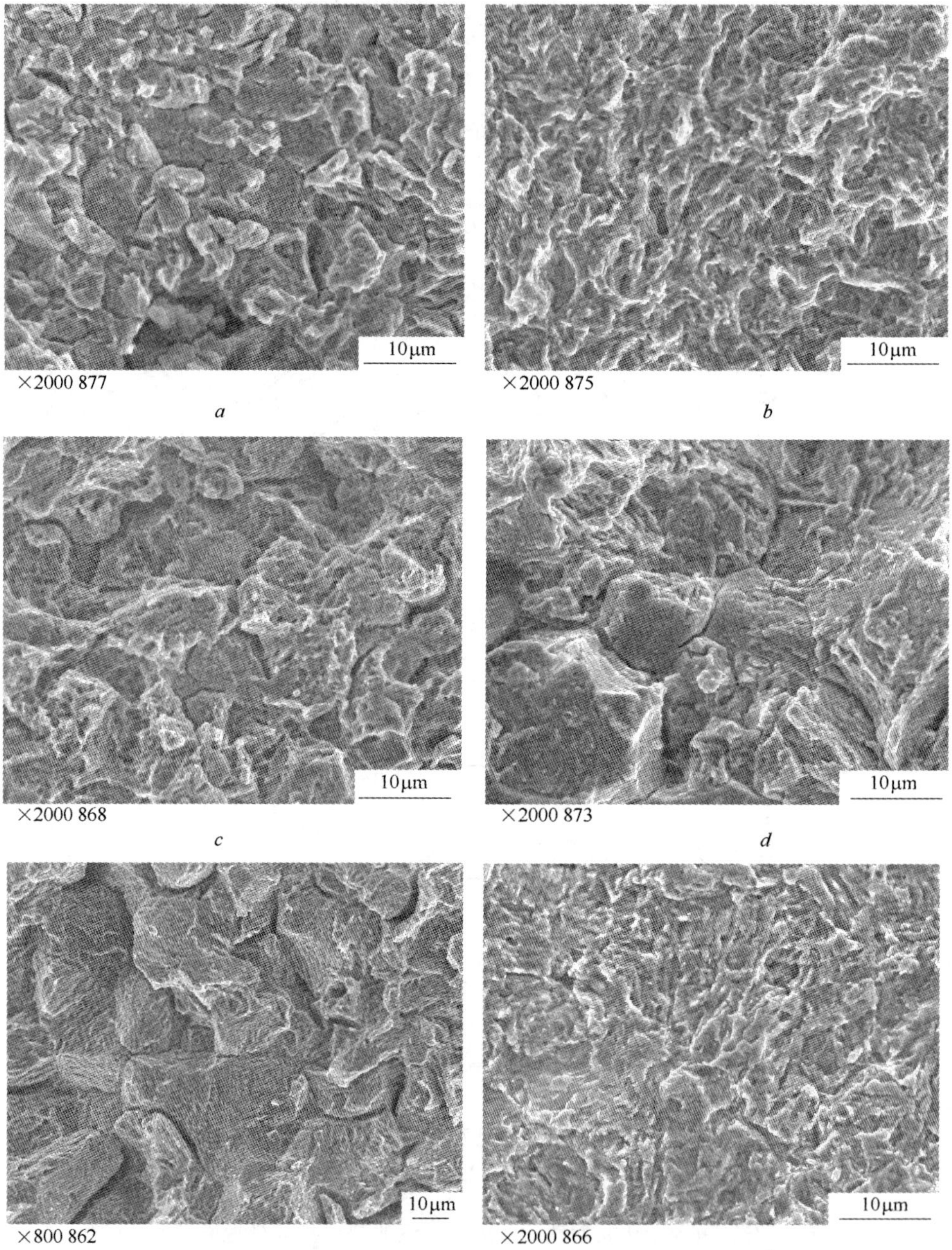

图 4-18　含钒钢（*a*,*b*）和含钛（*c*,*d*）与高纯 42CrMo 钢（*e*,*f*）的缺口拉伸延迟断裂断口的裂纹源区形貌

a—500℃, R_m = 1390 MPa, t = 92 h；*b*—600℃, R_m = 1280 MPa, t = 140 h；
c—480℃, R_m = 1300 MPa, t = 115 h；*d*—550℃, R_m = 1150 MPa, t = 166 h；
e—470℃, R_m = 1300 MPa, t = 88 h；*f*—580℃, R_m = 1030 MPa, t = 141 h

4.2.2.1 微合金化元素钒的作用

微合金化元素钒在耐延迟断裂高强度钢中的作用主要体现在：碳化钒的氢陷阱作用；提高钢的回火抗力和晶界强化；晶粒细化作用。下面从这三个方面对钒在高强度钢中的作用进行探讨。

A 碳化钒的氢陷阱作用

加钒钢在通常的淬火温度（900～940℃）下，钢中有相当数量的未固溶碳化钒。图 4-19 是用 Thermo-Calc 软件计算的 42CrMoVNb 钢（$w(V) = 0.3\%$）在不同奥氏体化温度下的 MC 型（M = V, Nb）碳化物数量。在奥氏体化温度（940℃）下，0.35%的 MC 碳化物未溶解，此数量相当于 200℃时平衡析出量（0.95%）的 37%。溶解的 MC 型碳化物在 550～650℃的温度范围内回火时会析出小片状的碳化钒，产生二次硬化，其峰值温度约为 600～625℃[42]。在二次硬化峰附近温度析出的 VC 十分细小，用通常的透射电镜无法观察到，而用超高分辨率透射电镜的观察表明[43]，含钒钢在 600℃回火时在马氏体板条内均匀地析出长约 10 nm、宽约 1 nm 的非常细小的片状 VC，见图 4-20。而在 920℃淬火态和 400℃、500℃、700℃回火态，则未观察到上述细小的片状 VC，而是存在平均尺寸约 20 nm 的球状 VC，后者主要是奥氏体化时未固溶的 VC（对 700℃回火态，应包括由片状 VC 长大成的球状 VC。片状 VC 与铁素体基体符合 Baker-Nutting 关系。在析出初期，VC 与基体呈良好的共格关系，随着回火温度的升高，片状的 VC 开始粗化和长大，逐渐失去共格关系。图 4-21 是添加 0.27%V 的 42CrMo 钢中在 900℃奥氏体化、600℃回火后的 VC。显然，这些球状的颗粒大部分为淬火加热时未溶解的 VC。

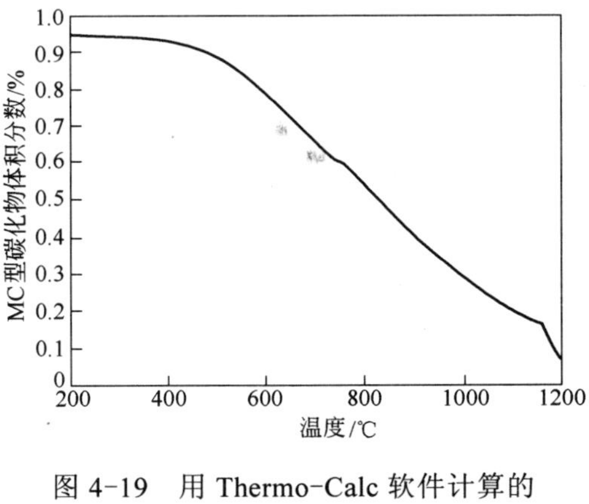

图 4-19 用 Thermo-Calc 软件计算的 42CrMoVNb 钢在不同奥氏体化温度下的 MC 型碳化物数量

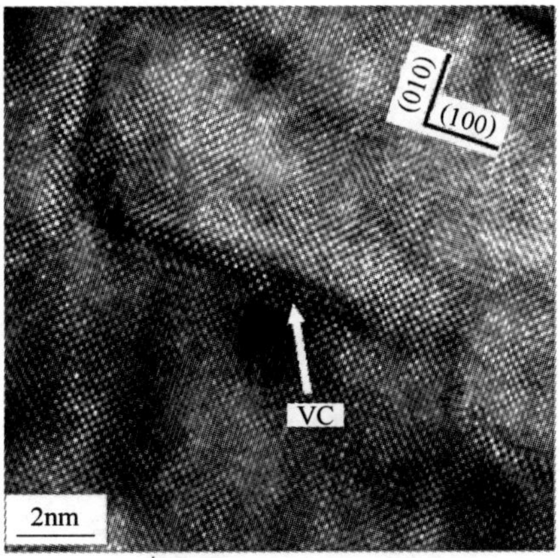

图 4-20 含钒钢中析出的片状 VC[43]

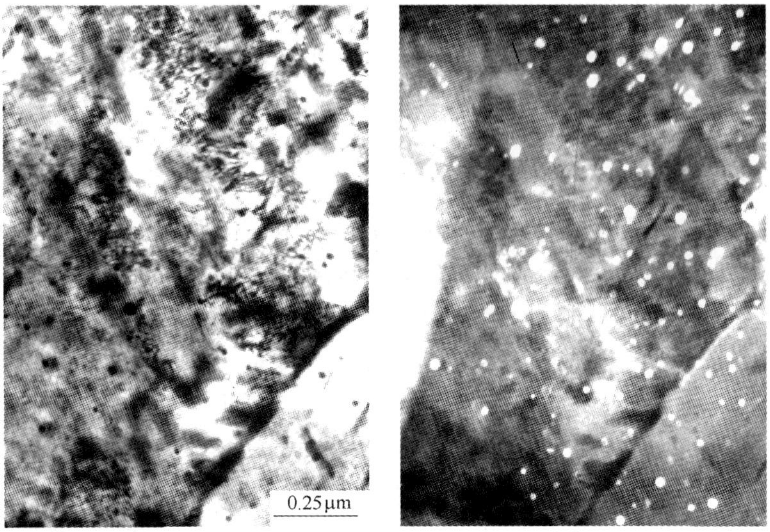

a　　*b*

图 4-21　含 0.27%V 的 42CrMo 钢中的球状 VC 碳化物

（900℃保温 20 min，600℃回火 2 h）

a—明场；*b*—暗场

电解充氢试验结果表明[43]，在每一回火温度下，含钒钢充氢试样的氢含量均明显高于未加钒钢，而且在二次硬化峰温度 600℃附近，由于析出非常细小的 VC，试样中的氢含量急剧增加，见图 4-22。这表明，VC 可作为捕集氢的陷阱。热放氢实验表明，加钒钢在 200℃附近具有独有的氢逸出峰，见图 4-23，

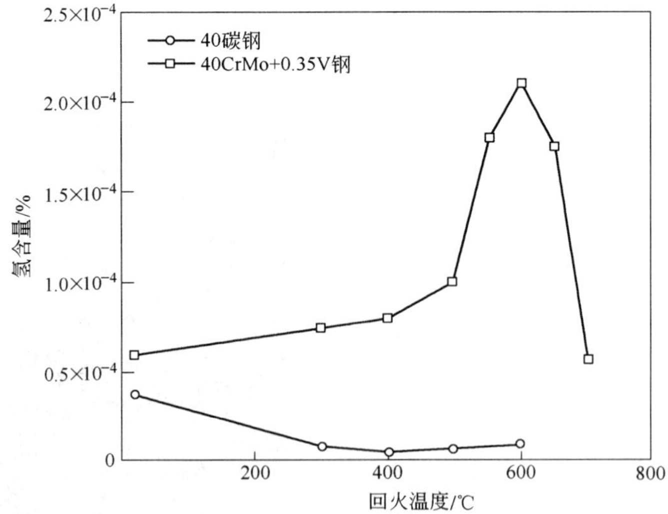

图 4-22　回火温度对电解充氢的含钒钢中氢含量的影响[43]

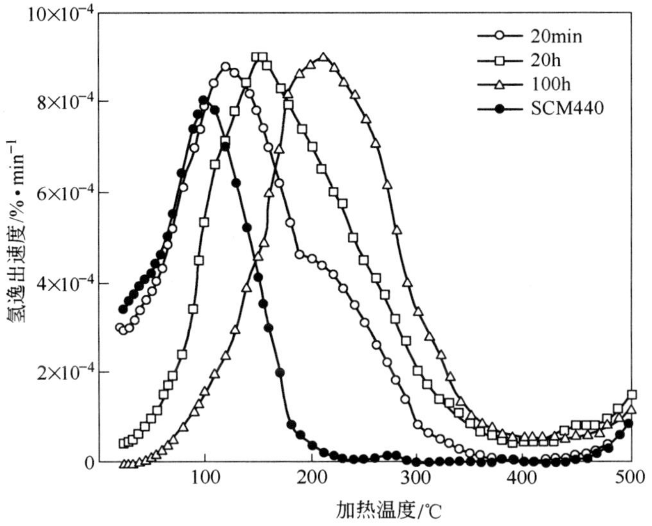

图 4-23　含钒钢（0.30C-0.98Si-0.51Mn-1.99Cr-0.39Mo-0.35V, 920～510℃, R_m = 1540 MPa）的氢逸出曲线[44]

（对比料: SCM440, 500℃, R_m = 1320 MPa）（试样充氢后镀镉，加热速率为 100℃/h）

从而可求得 VC 的陷阱激活能为 36 kJ/mol[44]或 29.2 kJ/mol[43]，这与 Choo 等[45]测得的位错的氢陷阱激活能（26.8 kJ/mol）相当。

值得注意的是，对于上述研究的淬火回火马氏体钢，钢中存在的位错和各种晶界必然对钢中氢的吸收和逸出行为产生影响。为此用 Fe-1.0V-0.2C（质量分数）钢经 1200℃×15 min 处理后，在 600℃、650℃、700℃、750℃的盐浴中保温 5 min 进行等温转变：$\gamma \longrightarrow \alpha + VC$。等温处理试样阴极充氢后热放氢试验测定的吸收扩散性氢量与等温温度的关系见图 4-24[46]。可见，在每一等温温度下，由于析出细小弥散的 VC，吸收的氢量远高于对比的 Fe-0.4C 合金。在 650℃，析出的 VC 为宽不到 1 nm、长约 3 nm 的片状，随等温温度的升高，片状的 VC 长大、粗化，密度降低，因而吸收的氢量减少。

那么，VC 所捕集的氢是否对钢的耐延迟断裂性能有利？对此可从以下三个方面进行分析：

（1）对加钒钢电解充氢后立即进行延迟断裂试验，此时试样中的氢以第一峰（100℃）对应的氢为主，试样断口形貌为典型的沿晶断裂，临界氢含量 $w_c(H)$亦较低；而如果电解充氢后在室温放置 96 h，此时的氢峰移向 200℃附近的第二峰，见图 4-23，试样断口形貌为准解理断裂，$w_c(H)$明显提高[44]。

（2）通过应力诱导扩散，原子氢向裂纹或缺口前端的高应力区扩散和富集，当富集的氢量达到临界值 C_{th} 时，局部地区的原子键合力大幅度降低，从而导致氢致裂纹的萌生、扩展。含钒钢中的 VC 陷阱必然对氢的扩散起阻碍作用，从而使氢的扩散系数降低。电解氢渗透实验结果表明，含钒钢的氢扩散系数较对比的 SCM440 钢和碳钢要低约一个数量级[30]，见表 4-2。在前面已经指出，裂纹的萌生在高强度钢的延迟断裂过程中起着十分重要的作用，因而加钒钢所具有的低的氢扩散系数必然延缓裂纹或缺口前端氢的富集过程，使氢致裂纹萌生所需的应力得到提高或裂纹萌生所需的时间延长，呈现出良好的耐延迟断裂性能。

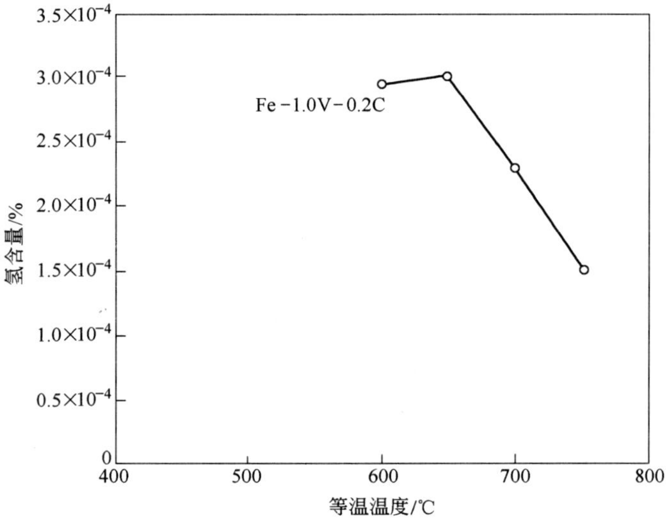

图 4-24　等温转变温度对电解充氢 Fe-1.0V-0.2C 合金吸收氢量的影响[46]

显然，提高钢中的钒含量可增加钢中 VC 陷阱的数量，因而能够使高强度钢的耐延迟断裂性能得到进一步的改善，见图 4-16*b*。

表 4-2　含钒、钛钢的氢扩散系数 *D*（强度水平 1400～1500 MPa）

钢　种	SCM440、碳钢	0.49C-0.3Mn-1Cr-0.7Mo-0.3V-0.03Nb	0.39C-1.1Cr-0.28Mo-0.01Ti
$D/m^2\cdot s^{-1}$	1.0×10^{-10}	1.0×10^{-11}	3.8×10^{-11}
数据来源	参考文献[30]	参考文献[30]	参考文献[22]

B　提高回火抗力和晶界强化

提高回火温度是改善高强度钢耐延迟断裂性能的一个重要途径[37]。从图 4-18 中可以看出，随回火温度的提高，延迟断裂断口裂纹源区的断裂机制从沿晶断裂向穿晶断裂转化，此时各试验钢的延迟断裂强度比 *DFSR* 均得到显著提高，见图 4-25。从图中还可以看出，在回火温度较低时，含钒钢的 *DFSR* 高于对比的 H-42CrMo 钢；但在回火温度较高时，这种差别变小。

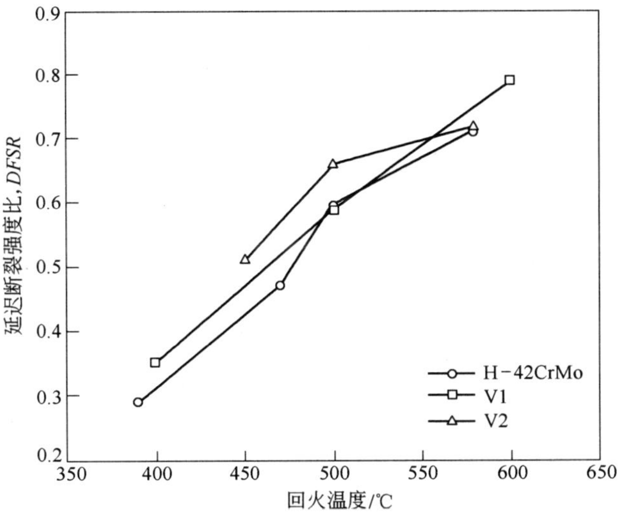

图 4-25 不同钒含量钢 42CrMo 钢的延迟断裂强度比随回火温度的变化
（H-42CrMo：高纯净度 42CrMo 钢，对比料；V1:0.12 V;V2:0.27 V）

在回火温度小于 500℃时，含钒钢和 H-42CrMo 钢的强度水平差别不大，其微观组织的主要差别在于前者含有较多奥氏体化时未固溶的 VC，这表明钢中未固溶的 VC 同样能够捕集氢，抑制氢的扩散和富集，从而改善高强度钢的耐延迟断裂性能。

在回火温度高于 500℃后，含钒钢中析出弥散的 VC，其作用是双重的：一方面作为氢陷阱抑制氢的扩散和富集；另一方面产生二次硬化，使得钢的强度得到显著提高，因而在获得相同强度水平的情况下，含钒钢的回火温度高于 H-42CrMo 钢（如在 1300 MPa 水平下，不加钒钢、添加 0.12 V 和 0.27 V 钢的回火温度分别为 470℃，525℃、540℃），见图 4-26。在这两方面因素的作用下，在相同的回火温度下，各试验钢的延迟断裂强度比差别较小；而在相同的强度水平下比较，则含钒钢的 *DFSR* 明显高于 H-42CrMo 钢，见图 4-16。

C 晶粒细化

在前面已经指出，在一定条件下，细化原奥氏体晶粒能够改善高强度钢的耐延迟断裂性能。加钒钢在奥氏体化加热时未溶解的碳化钒对奥氏体晶界起钉扎作用，阻止晶粒长大，因而加钒钢具有细小的原奥氏体晶粒。但为了使较多的 VC 溶入奥氏体中，含钒钢的奥氏体化温度较高（如 920～950℃），此时晶粒细化的效果不显著，且局部地方出现混晶。因此，晶粒细化是加钒钢具有良好耐延迟断裂性能的一个原因，但不是主要原因。

由此看来，加钒钢具有良好耐延迟断裂性能的主要原因是高的回火抗力和VC的氢陷阱作用，而加钒钢所具有的细小原奥氏体晶粒亦对改善钢的耐延迟断裂性能有益。

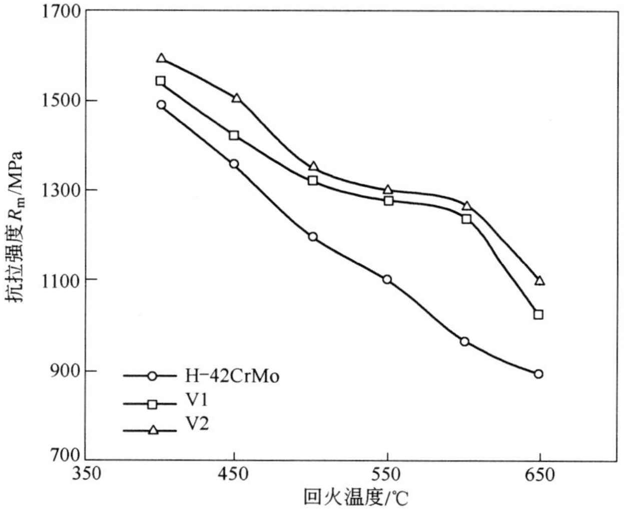

图 4-26 不同钒含量 42CrMo 钢的抗拉强度随回火温度的变化
（H-42CrMo：高纯净度 42CrMo 钢，对比料；V1:0.12 V;V2:0.27 V;
含钒钢奥氏体化温度 920℃）

4.2.2.2 微合金化元素钛的作用

从陷阱能的角度讲，虽然对钢中 TiC 陷阱能的测得结果有所差异，但 TiC 仍是目前钢中陷阱能最高的析出物，是强的不可逆氢陷阱。与其他合金元素相比，钛元素提高钢延迟断裂抗力的作用最为显著[47]。对低强度水平下简单合金体系如 Fe-0.2Ti[48]、Fe-0.05C-1.30Mn-0.22Ti[49]的研究结果均表明，钛能够改善其耐延迟断裂性能。对高强度钢 42CrMo 的研究结果同样表明了钛元素的这种有益作用[41]。

TiC 很稳定，不易分解，在钢中通常加热到 1000℃以上才能缓慢地溶入奥氏体中[42,50]。实验用含钛钢的正火温度为 920℃，淬火温度为 880℃，因此即使有 TiC 溶入奥氏体中，其溶解量也是极少的。在 400～650℃回火温度范围内，不同钛含量 42CrMo 钢与对比的 H-42CrMo 钢的强度差别很小，见图 4-27。这表明在回火过程中即使有 TiC 析出，其析出量也是很少的。因此，钢中的 TiC 主要是奥氏体化时未溶解的非共格 TiC，这使得含钛钢无论在较高温度回火还是在较低温度回火时均具有良好的耐延迟断裂性能，见图 4-28。

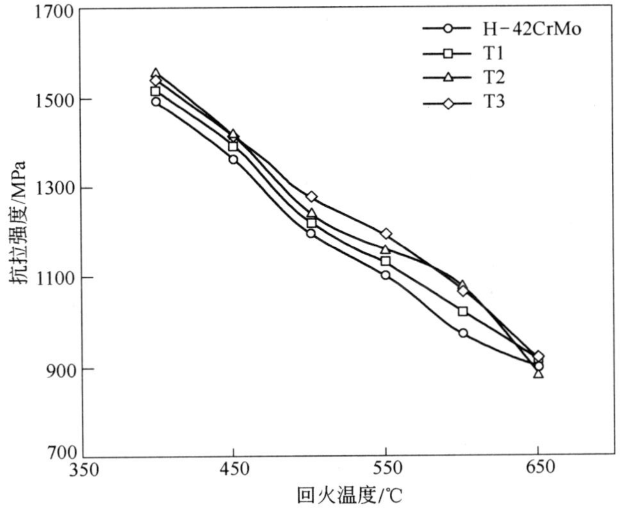

图 4-27 不同钛含量 42CrMo 钢的抗拉强度随回火温度的变化
（H-42CrMo：高纯净度 42CrMo 钢，对比料；T1:0.01Ti;T2:0.04Ti;T3:0.10Ti）

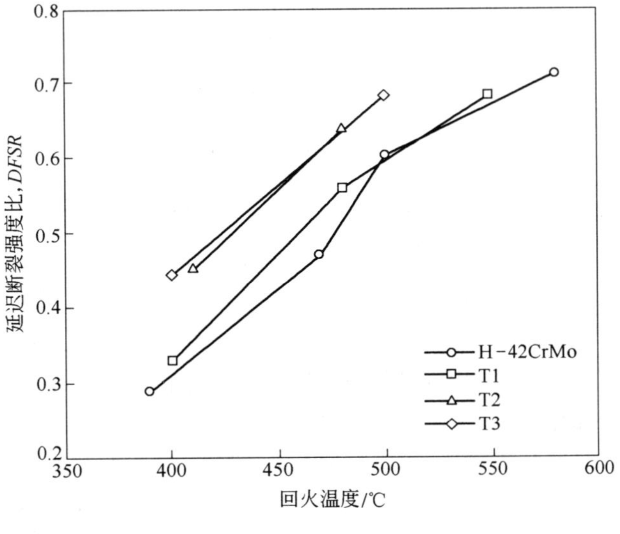

图 4-28 不同钛含量 42CrMo 钢的延迟断裂强度比随回火温度的变化
（H-42CrMo：高纯净度 42CrMo 钢，对比料；T1:0.01Ti;T2:0.04Ti;T3:0.10Ti）

为了更清楚地说明 TiC 粒子的这种作用，将 T3 料（42CrMo + 0.10%Ti）在 1200℃保温 45 min，使大部分 TiC 溶入奥氏体中，然后在 700℃保温 120 min 使

TiC 弥散析出，随后按常规的热处理工艺进行淬火回火处理（900℃保温 20 min，油冷＋400℃保温 120 min 后空冷）（工艺 B）。缺口拉伸延迟断裂实验的结果见图 4-29。可见，与正常处理的工艺 A 相比，工艺 B 处理试样的 *DFSR* 提高，在外加 1110 MPa 应力水平下的断裂时间显著提高[41]。这表明 TiC 粒子确实能够改善高强度钢的耐延迟断裂性能。

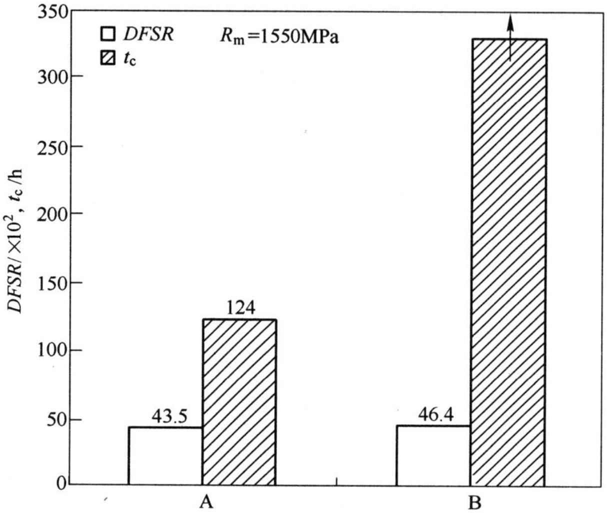

图 4-29　T3 钢不同处理状态 TiC 对缺口拉伸耐延迟断裂性能的影响

（工艺 A：900℃保温 20 min，油冷，400℃回火 120 min，空冷；工艺 B：1200℃保温 45 min，油冷，700℃保温 120 min，空冷，900℃保温 20 min，油冷，400℃回火 120 min，空冷）（t_c 为外加应力 1110 MPa 下试样的断裂时间，↑表示未断裂）

早期 Pressouyre 等[51,52]采用 Fe-0.15%～1.50%Ti 合金（C：50×10^{-4}%～600×10^{-4}%）获得铁素体基体上分布的尺寸为 0.12～2 μm 的粗大 TiC 粒子的组织，用电化学氢渗透法对氢陷阱行为的研究表明，铁素体与 TiC 粒子的非共格界面是氢的不可逆强陷阱。随后的一些研究结果[53,54]也表明了非共格 TiC 粒子的不可逆氢陷阱作用，即共格氢陷阱的捕集氢能力低于非共格氢陷阱。如 Lee 等[53]将 Fe-0.04C-0.35Mn-0.5Ti 合金在 1038～1260℃空冷后在 400℃一个大气压的氢气中充氢，随后的热放氢实验表明，TiC 粒子与基体非共格时的氢热激活能高于半共格时的氢热激活能。土田等[55]对 Fe-0.42C-0.30Ti 合金的分析结果见图 4-30（淬火：HQ—1350℃×15 min，LQ—1050℃×15 min；回火：600℃×180 min）。可见，同样存在两类放氢峰。高温淬火—600℃回火料在 180℃附近的放氢峰明显高于其他试料，而低温淬火料在 680℃附近存在明显的放氢峰。这似乎表明，回火时析出的共格 TiC 颗粒对氢的捕集能力低于奥氏体化时未溶解的粗大非共格 TiC 颗粒对氢的捕集能力。我们的研究结果同样表明了这一点。

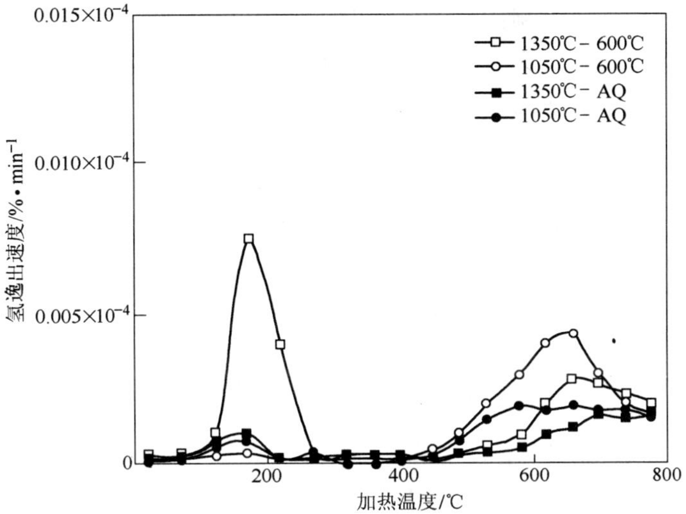

图 4-30 Fe-0.42C-0.30Ti 合金不同热处理状态的氢逸出曲线（加热速率 100℃/h）[55]

然而也有研究工作[49,56]表明共格的微细 TiC 粒子同样是氢的不可逆强陷阱，如 Stevens 等[49]采用 Fe-0.05C-0.22Ti 合金通过淬火回火处理获得 3～12 nm 的微细 TiC 粒子，电化学氢渗透实验表明，与基体共格的微细 TiC 粒子同样是氢的不可逆强陷阱，TiC 粒子粗化则捕集氢的能力减弱。对于添加 0.055%Ti 的 0.25C-Si-Mn 钢（试样处理工艺：试样以 10℃/s 加热到 900℃、1050℃和 1300℃保温 5 min 后于 900℃进行热变形（压下速率 10 mm/s，压下量 12 mm→6 mm,4 mm,3 mm），然后控制冷却；随后所有试样加热到 950℃保温 10 min 后油冷，最后在 400℃回火保温 2 h)，在氢逸出曲线上有两类峰，见图 4-31[57]。低温峰表示室温可扩散的扩散性氢，热加工条件对其影响不大；而高温峰则表示非扩散性氢，随着奥氏体化温度的升高，奥氏体中溶入的钛量增加，析出的微细 TiC 量增加，因而捕集的氢量相应增加。这表明 TiC 可能并不是一种单一性质的氢陷阱。

尽管如此，非共格和共格的 TiC 粒子均是氢的不可逆强陷阱却是一致的结论。

与上述含钒钢相比，所研究的含钛的 42CrMo 钢由于奥氏体化温度低，在回火过程中基本上没有 TiC 析出，在相同的回火温度下，含钛钢与 H-42CrMo 钢的强度水平基本一致，见图 4-27，因而可以更好地研究钛对高强度钢延迟断裂行为的影响。在图 4-18 中可以看出，在相同的回火温度和强度水平下，T2 钢与 H-42CrMo 钢的断裂机制基本一致，但前者的断裂应力或断裂时间显著提高。这表明在不产生二次硬化的情况下（如像含钒钢那样产生二次硬化，而在相同的回火温度下强度水平不同或在相同的强度水平下回火温度不同，此时无法将强度和回火温度对延迟断裂行为的影响区分开），钢中钛的加入并不能够改变延迟断裂的机制；而随着回火温度的升高，钢的延迟断裂机制却发生变化，即从沿晶断裂向穿晶断裂转化，耐延迟断裂性能得到明显改善，这说明与钛微合金化相比，回火温度对高强度钢耐延迟断裂性能的影响程度更大。

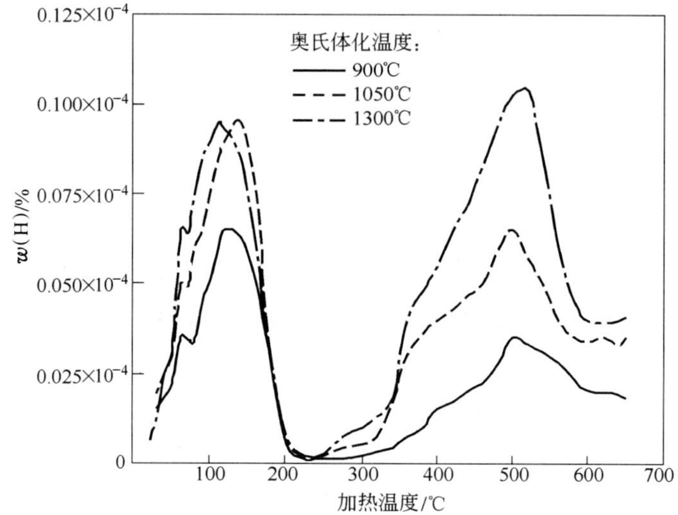

图 4-31　含 0.055%Ti 的 0.25C-Si-Mn 钢的氢逸出曲线[57]

从表 4-2 中可以看出，42CrMo 钢中加入微量的钛即可使钢的氢扩散系数得到明显降低，因此钢中 TiC 粒子对氢的极强捕集作用，抑制了氢向缺口前端应力集中处的扩散和富集，这是加钛钢具有良好的耐延迟断裂性能的主要原因。

随着钢中钛含量增加，TiC 粒子的数量增加，钢的延迟断裂强度比相应提高，但当钢中的钛含量超过 0.04%时，延迟断裂强度比提高的幅度减缓（图 4-17）。由于 T2 钢和 T3 钢的原奥氏体晶粒大小接近，因而其原因有可能是钛含量较高时不可避免的大块状 Ti（C,N）夹杂数量较多的缘故，见图 4-32。因

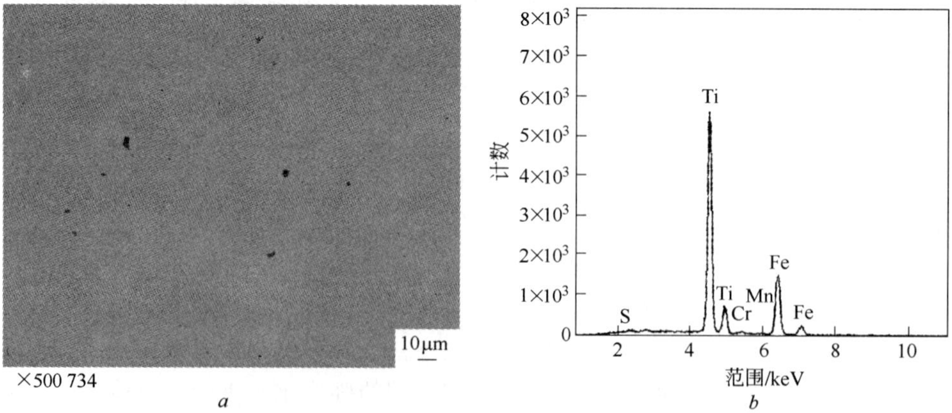

图 4-32　T3 实验钢中的 TiN 夹杂

a—SEM 背反射照片；*b*—TiN 的典型能谱

为裂纹或缺口前端高应力区的大块状 TiN 夹杂往往容易成为裂纹源。但正如前所述，如果将 T3 钢加热到 1200℃的高温，使粗大的 TiN 夹杂部分溶解而后高温回火析出弥散细小的 TiC，则钢的延迟断裂抗力可得到明显提高，见图 4-29。因此，在通常的处理工艺下，钢中钛元素的加入量不宜过高。

同样，由于细化晶粒也能够改善钢的耐延迟断裂性能，因而晶粒细化也是钛元素改善高强度钢耐延迟断裂性能的一个原因。此外，钢中加入的钛元素还能够与氮结合形成 TiN，与硫结合形成 $Ti_4C_2S_2$，从而固定对耐延迟断裂性能有害的氮和硫元素，这也有利于改善高强度钢的耐延迟断裂性能。

与其他合金元素相比，钛元素提高高强度钢延迟断裂抗力的作用最为显著。Hasegawa 等[47]以 AISI 4140 钢为基体，对 16 炉钢恒载荷缺口拉伸延迟断裂试验结果的回归分析结果见图 4-33。可见，合金元素钛和钼能够显著地提高钢的延迟断裂强度，而 P、C、Mn、Si 等元素则显著降低钢的延迟断裂强度。合金元素对临界氢含量的影响见图 4-34[58]。同样，钛、钒、钼、镍元素能够提高钢的临界氢含量，其中以钛、钒元素的作用最为显著，而硅元素则降低钢的临界氢含量。

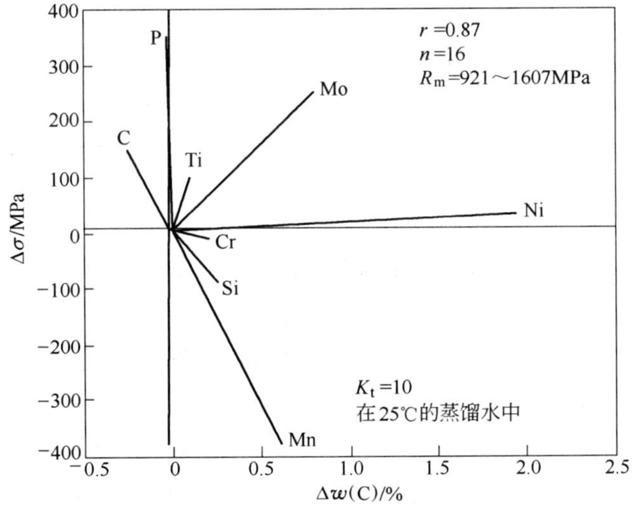

图 4-33　合金元素对高强度钢延迟断裂强度的影响[47]

$\Delta\sigma=\sigma-\sigma_0$，$\Delta w(C)=w(C)-w(C_0)$；$\sigma$ (MPa) —试验料 100 h 的延迟断裂强度；σ_0 (MPa)—AISI 4140 钢 100 h 的延迟断裂强度；$w(C)$（%）—试验料的最大或最小合金元素含量；

$w(C_0)$（%）—AISI 4140 钢的合金元素含量

（AISI 4140：0.40C-0.24Si-0.82Mn-0.025P-1.17Cr-0.20Mo）

4.2.2.3　微合金化元素钒与钛的比较

在热放氢曲线上，TiC 的氢逸出峰温度 T_c 远高于 VC，因而 TiC 的氢陷阱能远高于 VC，见表 4-3。从这个角度讲，在相同的回火温度下，T2 钢的延迟断裂强度比必然要高于 V2 钢，见图 4-35*a*。漆原等[54]用慢应变速率拉伸试验（SSRT）也证实了此点。

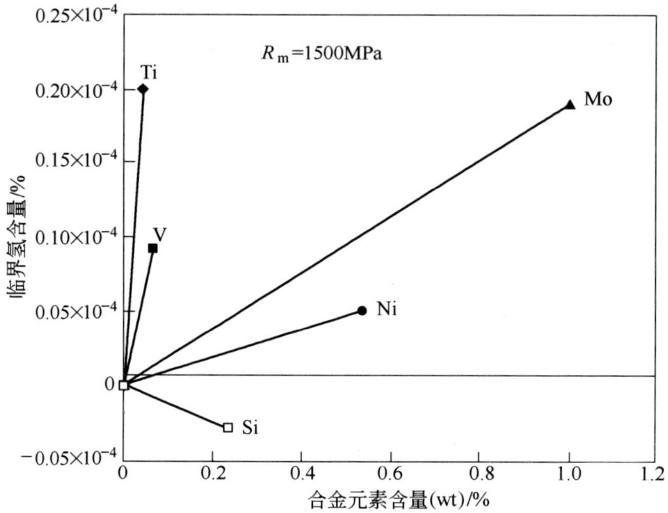

图 4-34　合金元素对高强度钢临界氢量的影响[58]
（基体料：0.35C-0.05Si-0.50Mn-0.004P-0.005S-0.54Ni-0.97Cr-1.00Mo-0.07V-0.04Ti）

表 4-3　有关氢陷阱参数（热放氢法测定）

陷　阱	晶　界	位　错	VC	Fe_3C	MnS	TiC
T_c/K	378（3.1）①	495（2.6）	473（1.7）	393（3.0）	768（3.4）	996（3.0）
E_{aT}	17.2	26.8	29.2～36	18.5	72.2	86.9
E_b	9.6	25.6		9.7		28.1
数据来源	参考文献[45,59]	参考文献[45,59]	参考文献[30,43,44]	参考文献[60,61]	参考文献[62]	参考文献[63]

① 括号中的数据为加热速度，K/min。

然而，由于在高温回火时，V2 钢析出弥散的 VC 起二次硬化作用，因而在相同的强度水平下，V2 钢的回火温度高于 T2 钢，其延迟断裂强度比高于 T2 钢。显然，这种差别在回火温度较高即强度水平较低时才比较明显，见图 4-35*b*。

然而，由于延迟断裂问题的复杂性，虽然对高强度钢耐延迟断裂性能的评价方法进行了许多探讨，但目前仍没有统一的评价方法[28]，各个研究者仍采用各不相同的试验方法来表征材料的耐延迟断裂性能。这使得对同一问题，不同的研究者有可能得出相反的结果。如漆原等[54]用 SSRT 法对添加微合金化元素钒和钛的 SCM440 钢的耐延迟断裂性能进行了研究。试样经阴极电解充氢后镀锌，然后进行 SSRT 实验，用试样伸长率的变化 100×（$1-E_1/E_0$）来评价延迟断裂的敏感性（E_0 为室温大气中试样的伸长率；E_1 为充氢试样的伸长率），实验结果见图 4-36。由此可见：

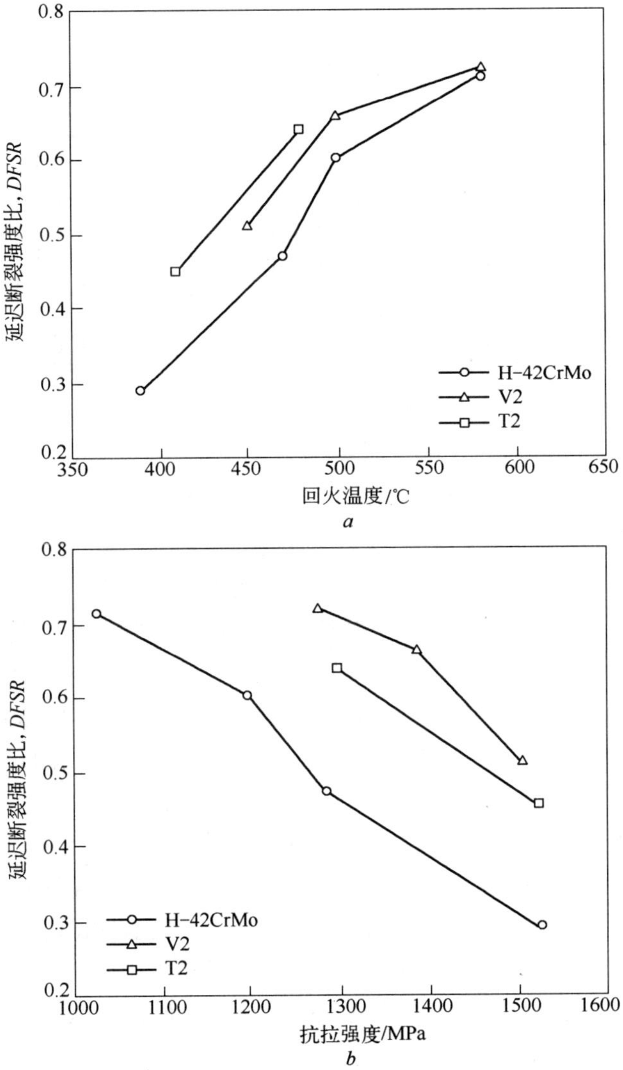

图 4-35　含钒和含钛钢的延迟断裂强度比随回火温度（*a*）和抗拉强度（*b*）的变化
（H-42CrMo：高纯净度 42CrMo 钢，对比料；V2:0.27 V；T2:0.04Ti）

（1）试样电解充氢后在室温放置 100 h 后钢的延迟断裂敏感性降低；

（2）无论是否在室温放置，钢中加钒后的延迟断裂敏感性均提高；

（3）室温放置 100 h 后在 200℃烘烤 0.5 h，则加钒钢的延迟断裂敏感性提高；

（4）加钛钢的延迟断裂敏感性低于加钒钢；

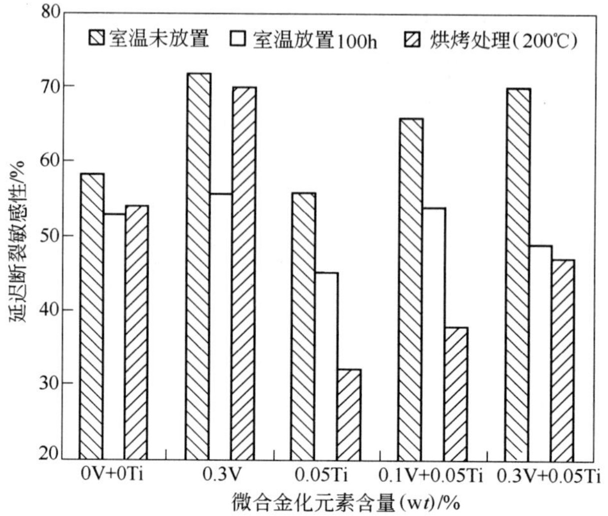

图 4-36　添加微合金元素钒和钛钢的 SCM440 钢（R_m = 1300 MPa）的延迟断裂敏感性[54]（SSRT 法评价）

（5）与加钒钢不同，无论是否在室温放置，加钛钢的延迟断裂敏感性均降低，且 200℃烘烤处理后钢的延迟断裂敏感性进一步降低；

（6）钒钢中加入钛，则钢的延迟断裂敏感性低于加钒钢，特别是烘烤后的效果更为显著。这是由于室温放置时，钢中可扩散性氢被陷阱结合能较高的 VC 所捕集，100℃附近的热氢逸出峰移向 200℃附近（图 4-23），因而钢的延迟断裂敏感性降低；但由于 VC 与氢的陷阱结合能较低，200℃（含钒钢氢逸出峰值温度附近，见图 4-23）烘烤时，被 VC 捕集的氢又重新释放出来，此时氢逸出峰向低温侧移动 50~70℃。又由于试样镀锌，上述释放的氢不能逸出试样，使得钢中的可扩散性氢量增加，因而钢的延迟断裂敏感性增加。由于 TiC 为氢的强陷阱，200℃（低于非共格 TiC 所对应的氢逸出峰温度，见图 4-30 和图 4-31）烘烤处理时，被 TiC 捕集的氢难以释放出来，相反基体中残存的可扩散性氢和 VC 释放出来的氢又被 TiC 捕集，因此，加钛钢和 V + Ti 复合添加钢具有低的延迟断裂敏感性。

综上所述，加钒钢通过三种作用机制改善高强度钢的耐延迟断裂性能：

（1）强化晶界；

（2）氢陷阱作用；

（3）晶粒细化。

而加钛钢在通常的淬火温度下仅是后两种机制起作用。

加钒钢的优点是适当提高奥氏体化温度，即可在高温回火时析出 VC 而产生二次硬化，可以在回火温度较高时仍能够保持较高的强度水平，从而可以充分利用高温回火来提高晶界强度。其缺点是所形成的 VC 的氢捕集能力不够高，且奥氏体化温度较高时 VC 大量溶解的区域易出现混晶，且晶粒不够细。当然，后者可通过同时添加适量的微合金化元素铌来克服。

加钛钢的优点是 TiC 是目前所知的最强的氢陷阱，但显著缺点是易在钢中形成粗大的高硬度 Ti（C,N），它不仅对钢的耐延迟断裂性能不利，而且对钢的抗疲劳性能也特别有害，特别是当钢的纯净度和强度水平较高时，这种不利作用更为显著。

4.2.2.4 微合金化元素铌的作用

目前针对含铌钢氢陷阱行为的研究工作极少。大村等[64]对添加不同铌含量的 0.20C-0.50Cr-0.70Mo 钢的研究结果表明，铌对钢在酸液中浸泡所吸收的氢量没有明显的影响，但随着铌含量的增加，100℃附近的氢逸出峰向高温有所移动。目前还缺少 NbC 的氢陷阱数据，但从热放氢曲线来看，含铌钢的放氢峰温度低于含钛钢和含钒钢，因而其氢陷阱结合能必然低于 VC 和 TiC。

同样，针对铌元素对高强度钢延迟断裂行为的研究工作极其有限。如有研究表明，在 20CrMo[64]、20Cr2NiMo[65]、SCr435[66]钢中添加铌元素均能够改善钢的耐延迟断裂性能。由于 NbC 的氢陷阱作用较 TiC 弱，因此钢中添加铌改善耐延迟断裂性能的效果不如钛。同钛一样，铌的碳化物 NbC 的溶解温度较高，又由于其氢陷阱结合能低于 VC 和 TiC，因而细化晶粒是铌改善高强度钢耐延迟断裂性能的主要原因。然而，也有人认为铌抑制杂质元素磷的晶界偏聚是其提高直接淬火高强度钢延迟断裂抗力的主要原因[66]。

4.2.3 晶界强化

通常，抗拉强度大约 1200 MPa 以上的高强度钢的组织多为回火马氏体，其延迟断裂的起点和扩展路径往往为原奥氏体晶界[3,29,67]；原奥氏体晶界呈薄膜状析出的渗碳体（300～400℃回火处理）提供了裂纹优先形核的场所并加速延迟断裂裂纹的扩展[68~70]；以沿晶断裂为特征的回火脆性状态的高强度钢对延迟断裂十分敏感[71]。上述结果表明，对于回火马氏体组织，原奥氏体晶界强度与延迟断裂敏感性具有十分密切的关系，因而控制原奥氏体晶界的性质即强化晶界、抑制晶界裂纹的萌生和扩展为改善高强度钢耐延迟断裂性能的一种有效途径，其主要对策为：

（1）减少晶界脆化元素偏聚量；

（2）改变晶界碳化物的形态，抑制薄膜状碳化物形成；

（3）细化晶粒等。

其中细化晶粒已在前面论述过，在此着重论述前两种途径。

4.2.3.1 减少晶界脆化元素

原奥氏体晶界强度随杂质元素浓度增加而降低的问题在对马氏体回火脆性的

研究中已作过许多论述[72,73]，在此不再赘述。下面仅探讨杂质元素对高强度钢（主要是常规淬火回火处理（即未经人为脆化处理））延迟断裂行为的影响。

降低磷、硫等杂质元素的含量，可降低其在原奥氏体晶界的偏聚，提高晶界结合力[74~79]，延缓延迟断裂裂纹的萌生，从而改善高强度钢的耐延迟断裂性能。如图 4-37 所示，应力腐蚀和恒载荷缺口拉伸延迟断裂试验结果均表明，在相同的强度水平下，高纯净 42CrMo 钢的 K_{ISCC} 和 $DFSR$ 均明显高于商

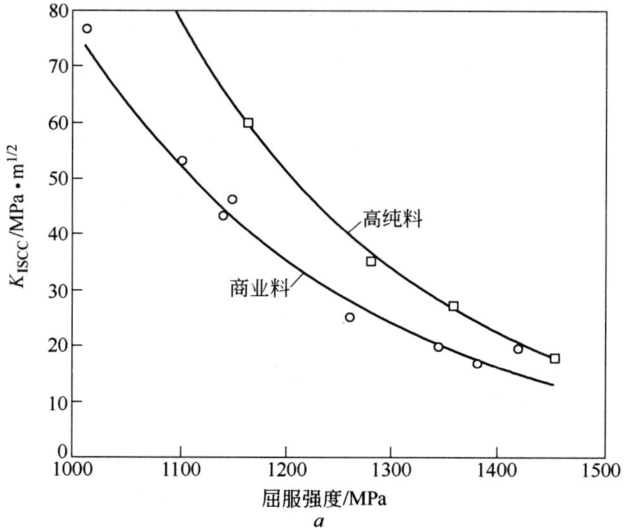

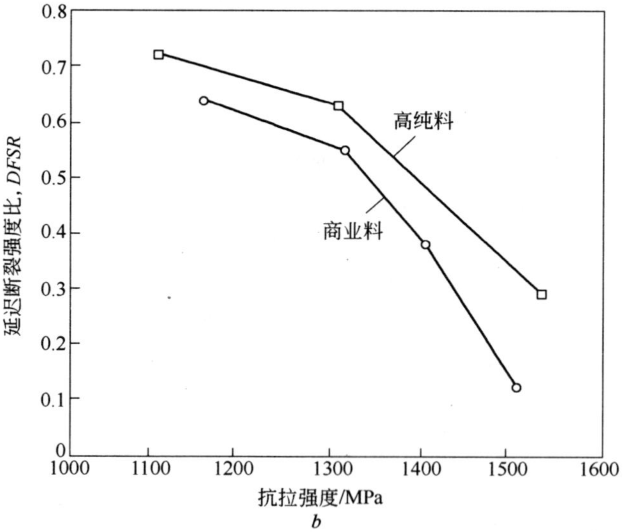

图 4-37　42CrMo 钢的 K_{ISCC}（*a*）和延迟断裂强度比 *DFSR*（*b*）随强度的变化

（42CrMo 商业料：0.023P-0.018S-0.006O-0.007N-0.65Mn-0.33Si；
42CrMo 高纯料：0.001P-0.002S-0.002O-0.003N-0.06Mn-0.06Si）

业 42CrMo 钢[17]。有关研究者采用缺口弯曲延迟断裂试验对中碳 Mn-Cr-B 钢（0.28C-0.85Mn-1.0Cr-0.003B，强度水平 1300 MPa 级）[80]、中碳 Mn 钢 SAE1541（0.40C-1.5Mn，强度水平 1200～1400 MPa）[81]、中碳 Cr-Mo-V 钢（强度水平 1200～1600 MPa）[82]和采用缺口拉伸试验对 20Cr2NiMoNbB 钢（强度水平 1100～1500 MPa）[65]的研究结果同样表明，磷、硫含量的降低能够改善高强度钢的耐延迟断裂性能。如对 SAE1541 钢的研究结果表明[81]，磷、硫含量的降低不仅可以改善钢的韧性，还明显提高其延迟断裂强度比，见图 4-38。俄歇能谱的进一步分析表明，在原奥氏体晶界上有明显的磷、硫偏聚。

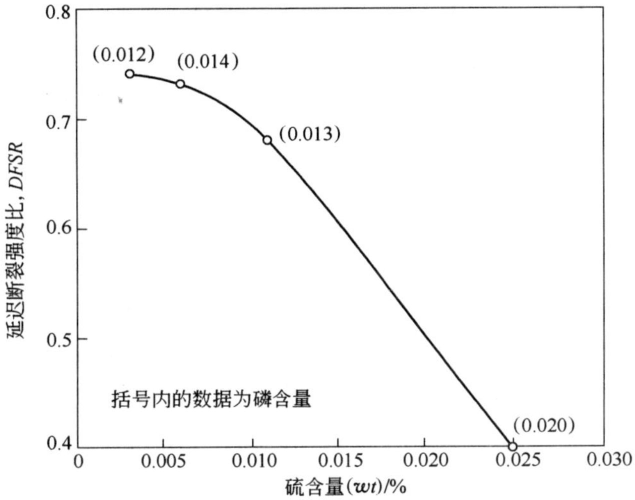

a

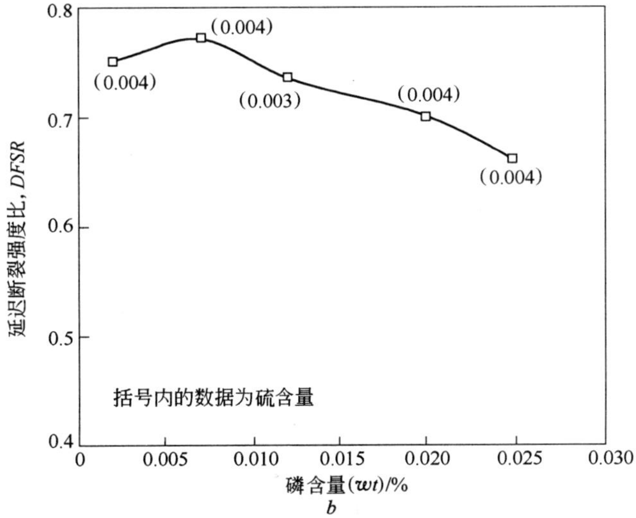

b

图 4-38 硫含量（*a*）和磷含量（*b*）对 SAE1541 钢延迟断裂强度比 *DFSR* 的影响[81]

（缺口试样弯曲试验，试验溶液 0.1 mol/L HCl，试验终止时间 30 h）

通过降低钢中磷、硫等杂质元素含量而降低其在原奥氏体晶界偏聚的途径受技术和经济性的制约。另一种思路是调整钢的化学成分，以减轻或消除磷、硫等杂质元素的晶界偏聚。具体途径有二：

（1）添加杂质元素的捕获剂，将其捕获在晶内，抑制其晶界偏聚，如合金元素钼和钛捕获磷、铝和钛捕获氮；

（2）去除钢中促进磷偏聚的元素。

对于第一种途径将在后面论述，下面仅论述第二种途径。

对于 Cr-Mo 型低合金钢，已经证实锰和硅元素促进钢中磷元素的晶界偏聚[83,84]，因而去除钢中的上述元素有可能降低磷的晶界偏聚。如 Banerji 等[7]对各种工艺冶炼的 AISI 4340 型钢在氢气中断裂行为的研究结果表明，单纯磷、硫含量的变化（P 0.003%～0.015%，S 0.003%～0.024%）并没有对断裂方式（均为沿晶断裂）和断裂抗力 K_{th} 产生明显影响，而锰、硅含量的变化则有显著的影响。如图 4-39 所示，在相同的强度水平下，锰、硅含量极低的高纯 NiCrMoC 钢（B7）的 K_{th} 明显高于添加锰和硅的高纯 NiCrMoC 钢（B6）。上述 42CrMo 高纯料除了磷、硫含量低外，其锰和硅元素含量也很低。因此，42CrMo 高纯钢所具有的良好耐延迟断裂性能必然还与钢中极低的锰、硅元素含量有关。对于超高强度钢只要有极少量的杂质在晶界偏聚即可削弱晶界，使其优先成为氢致延迟断裂的路径，去除钢中锰、硅对延迟断裂抗力的显著提高作用在于进一步消除高纯钢中磷、硫的晶界偏聚。Bandyopadhyay 等[85]提出

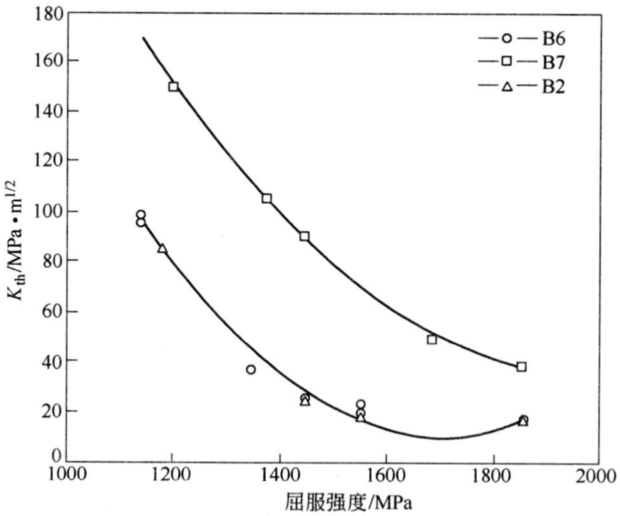

图 4-39 不同锰、硅含量的高纯 NiCrMoC 钢的 K_{th} 随强度的变化（0.11 Pa H_2, 296 K）[7]

（B7—0.37C-0.003P-0.003S-1.80Ni-0.80Cr-0.25Mo；B6—B7＋0.72Mn-0.32Si

B2—0.39C-0.009P-0.016S-1.72Ni-0.73Cr-0.22Mo-0.05 V-0.04Nb-0.68Mn-0.08Si）

以（Mn + 0.5Si + P + S）作为表征磷、硫偏聚倾向的成分参数，图 4-40 为沿晶断裂分数与成分参数的关系。

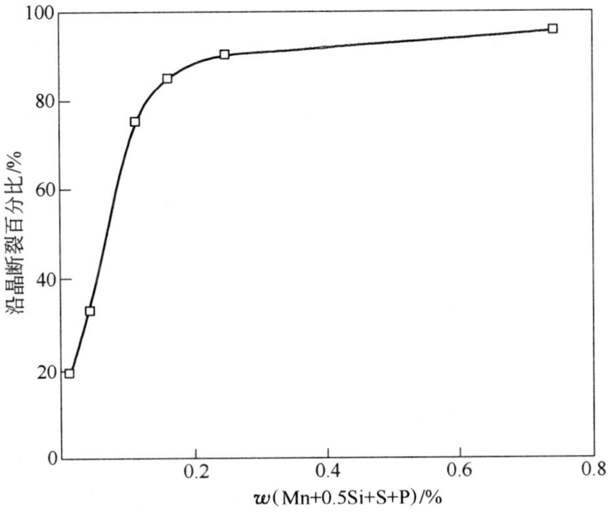

图 4-40　延迟断裂沿晶断裂分数与成分参数的关系[85]

然而，问题并非如此简单。如 Craig[86]在 AISI 4130 钢中试图通过去除促进磷在原奥氏体晶界偏聚的锰和硅元素来改善钢的延迟断裂抗力，结果表明，锰、硅的去除确实减少了磷的晶界偏聚，但却使硫和氮发生晶界偏聚，同样促进氢致沿晶断裂，因而并没有表现出提高延迟断裂抗力的预期作用。

值得注意的是，也有研究结果表明磷、硫等杂质元素对高强度钢的耐延迟断裂性能并没有明显的影响。如 Sandoz[87~89]的研究结果表明，磷、硫含量的变化（w(P) 0.002%~0.027%，S 0.004%~0.024%）对不同强度级别（屈服强度 1280 MPa、1450 MPa，悬臂梁弯曲）的 AISI 4340 型钢的 K_{ISCC} 均无明显影响。从图 4-39 中还可以看出，商业 4340 钢（B2）与高纯 B6 钢的 K_{th} 基本一致。

造成这种情况的具体原因目前还不太清楚。一种可能性是不同研究者采用的试验方法有差异。仔细分析上述不同研究者采用的实验方法，基本可以分为两类[28]：

（1）断裂力学方法，采用预裂纹试样在致氢介质中使裂纹开始扩展所需的最低应力场强度因子或正在扩展的氢致裂纹停止扩展时所对应的下临界应力场强度因子（K_{th} 或 K_{ISCC}、K_{IH}）；

（2）恒载荷延迟断裂试验方法，采用光滑或缺口试样在致氢介质中拉伸或弯曲，用规定的截止时间（如 200 h）产生延迟断裂的最低应力 σ_c 或在规定载荷下的断裂时间 t_c 来评价高强度钢的耐延迟断裂性能。由此可知，K_{th} 为一种门槛值，不像σ_c那样为一种与时间有关的参数[87]。

因此，钢中磷、硫含量的降低减少了其晶界偏聚量，抑制延迟断裂裂纹的萌生和降低裂纹的扩展速率，提高了临界应力σ_c或断裂时间 t_c，而 K_{th} 变化不大。另一种可能性则与钢中促进磷、硫等杂质元素晶界偏聚的元素有关。前已指出，锰和硅促进磷、硫的晶界偏聚，而 Sandoz[87]所研究的 4340 钢和 Bandyopadhyay 等[85]所研究的商业 4340 钢和高纯 B6 钢中的锰、硅含量均较高，因而磷、硫的实际晶界偏聚量提高，K_{th} 值较低。

磷、硫等杂质元素对高强度钢延迟断裂抗力的影响与钢的强度水平有关[7]。Craig[90,91]在电解充氢的 4130 钢上进行了一系列研究（三点弯曲），当屈服强度小于约 1380 MPa 时，磷含量的增多使延迟断裂抗力降低，但对断口特征没有明显影响；当屈服强度大于 1380 MPa 时，磷含量在 0.005%～0.014%范围变化时，断口均为沿晶断裂，断裂抗力也无明显差异。这表明，在高强度时（如大于 1380 MPa），0.005%的磷便足以在晶界上提供足够的偏聚磷与氢交互作用导致沿晶断裂。这表明强度对杂质元素的影响具有放大作用。对此，Banerji 等[7]提出当连续应力集中与位错应力集中之和等于局部结合强度时脆性裂纹萌生：

$$\sigma_{\mathrm{COH}}(\mathrm{H},i)=n\sigma_{\mathrm{Y}}+\frac{2L}{Gb}\left(\frac{\sigma_{\mathrm{Y}}}{\sqrt{3}}-\tau_{\mathrm{f}}\right)^2 \tag{4-16}$$

式中，$\sigma_{\mathrm{COH}}(\mathrm{H},i)$为晶界结合强度，是局部氢量和杂质元素量的函数；$n$ 为 1～3 的常数，可由连续断裂力学的方法求得；τ_f 为位错的摩擦力；L 为堆积位错的长度；G 为弹性模量；b 为位错柏氏矢量的值。可见，应力集中的增加与屈服强度σ_Y 的平方成比例。因此，随着强度的增加，脆性裂纹萌生所需的氢量或杂质元素量降低。对于超高强度钢只要有很少量的杂质在晶界偏聚即可削弱晶界，使其优先成为氢致延迟断裂的路径。

关于偏聚于晶界的磷、硫等杂质元素是通过何种机制影响高强度钢的延迟断裂行为，目前还没有得到一致的结论。一种观点认为，偏聚于晶界的磷、硫等杂质降低晶界结合力、或与氢发生交互作用而使氢富集于晶界、或阻碍氢原子化合成无害的氢分子[91]，因而是导致高强度钢在应力腐蚀、H_2、H_2S 等含氢环境中发生沿晶断裂，并使断裂抗力显著下降的主要原因。

以上主要分析了晶界脆化元素磷、硫的影响，而另一种晶界脆化元素碳对高强度钢延迟断裂行为的影响似乎比磷、硫更显著。值得注意的是，在有关文献[7,13,80,81,90]中报道的晶界俄歇谱线上，均可看到除磷、硫等杂质元素的偏聚外，还有碳的偏聚（主要是回火过程中析出的晶界碳化物引起的），而碳化物是钢中氢的不可逆强陷阱，但作者们都只强调了磷、硫等杂质的作用而未充分考虑晶界上碳的作用。而李光福等[37,38]对 CrMo 系列钢（20CrMo、42CrMo、

60CrMo）应力腐蚀断裂行为的研究结果表明，随回火温度升高，晶界上磷浓度无明显变化，硫和氮的浓度升高，但应力腐蚀断裂方式却从沿晶型向穿晶韧窝和沿晶的混合型转化并且 K_{ISCC} 显著升高。如前所述，我们对 42CrMo 和 Cr-Mo-V 系钢的研究结果也表明，无论对商业 42CrMo 钢还是高纯的 42CrMo 钢以及添加微合金化元素的高纯 42CrMo 钢和 Cr-Mo-V 钢，延迟断裂抗力均随回火温度的升高而提高，且其断裂方式随回火温度的升高而发生转变。上述这些均说明晶界上磷和硫等杂质元素的偏聚尽管对高强度钢延迟断裂过程中的沿晶断裂有一定的促进作用，但可能并不是影响其断裂行为的主要因素。

4.2.3.2 控制晶界碳化物

碳化物与基体的界面为钢中氢的强陷阱。如果钢中碳化物分布不均匀，如原奥氏体晶界分布较多的碳化物，则进入钢中的氢将优先富集于晶界，导致晶界脆化，延迟断裂裂纹优先在此萌生并扩展，导致低应力脆断。

同一成分的钢，如果处理成回火下贝氏体组织，则其延迟断裂敏感性要小于回火马氏体组织。图 4-41 为商业 42CrMo 钢在 330℃等温处理不同时间后的缺口拉伸延迟断裂试验结果和下贝氏体组织的微观形貌[17,92]。在相同的强度水平下，等温处理组织的延迟断裂强度比要明显高于淬火回火组织。随着等温时间的延长，强度有所降低，延迟断裂强度比提高。有关研究者对 30CrMnSiNi2A[93]、中碳 Cr-Mo 钢[94]、中碳 Mn-Ni-Cr-Mo-Cu 钢[95]也得到相同的结果。回火马氏体组织中有薄膜状碳化物沿奥氏体晶界析出，而回火下贝氏体组织中原奥氏体晶界上却没有碳化物的析出。这表明，晶界碳化物的存在提高了高强度钢的延迟断裂敏感性。

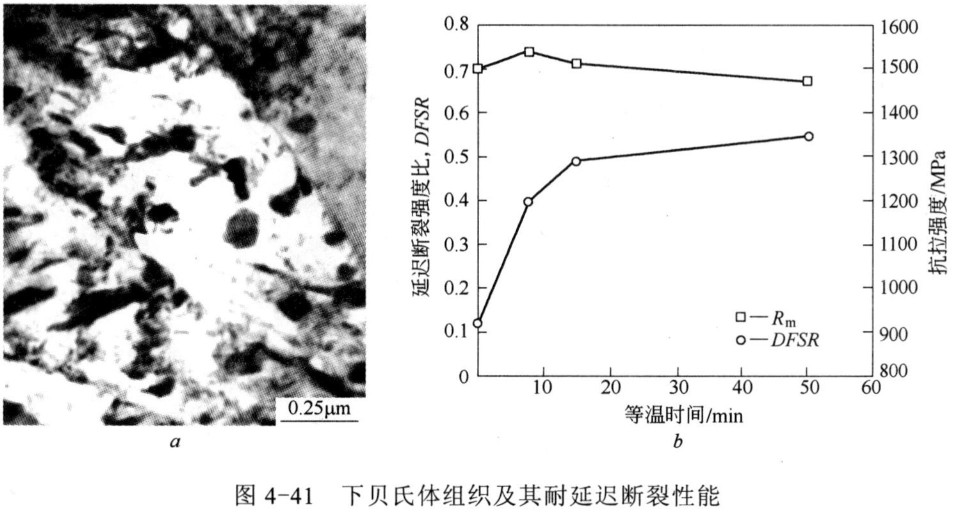

图 4-41 下贝氏体组织及其耐延迟断裂性能

a—下贝氏体；*b*—耐延迟断裂性能

通过等温处理获得的贝氏体组织的主要缺点是其屈强比低于马氏体组织，且等温处理不适合某些批量自动化生产的零部件如螺栓，这就限制了其在工业化大生产中的普及应用。但下贝氏体组织在耐延迟断裂性能方面的优越性，为耐延迟断裂高强度钢的开发提供了可贵的启示，即如能细化、减少原奥氏体晶界的碳化物甚至获得无晶界碳化物的微细马氏体组织，则可望获得良好的耐延迟断裂性能。

A　高温回火处理

低温回火时由于扩散受到限制，碳化物往往呈薄膜状分布于晶界，晶内碳化物少，因而晶界上捕集的氢量较多。较高温度回火时，一方面晶界上的碳化物聚集、粗化，在晶界上的连续程度减少，晶界上捕集的氢量相应减少；另一方面，晶内碳化物的大量析出可将一部分氢捕集在晶粒内部。这两方面的作用使得钢的晶界结合力得到相对提高，延迟断裂裂纹往往不易萌生于晶界和沿晶界扩展，使得延迟断裂机制从低温回火时的沿晶断裂向高温回火时的穿晶断裂转化，延迟断裂抗力得到明显提高，见图 4-42 和图 4-43[23,37,69,93,96~98]。在图 4-43 中，回火温度较低时组织状态差异小，K_{ISCC} 均较低，提高幅度缓慢；而在回火温度较高时，K_{ISCC} 提高幅度显著。

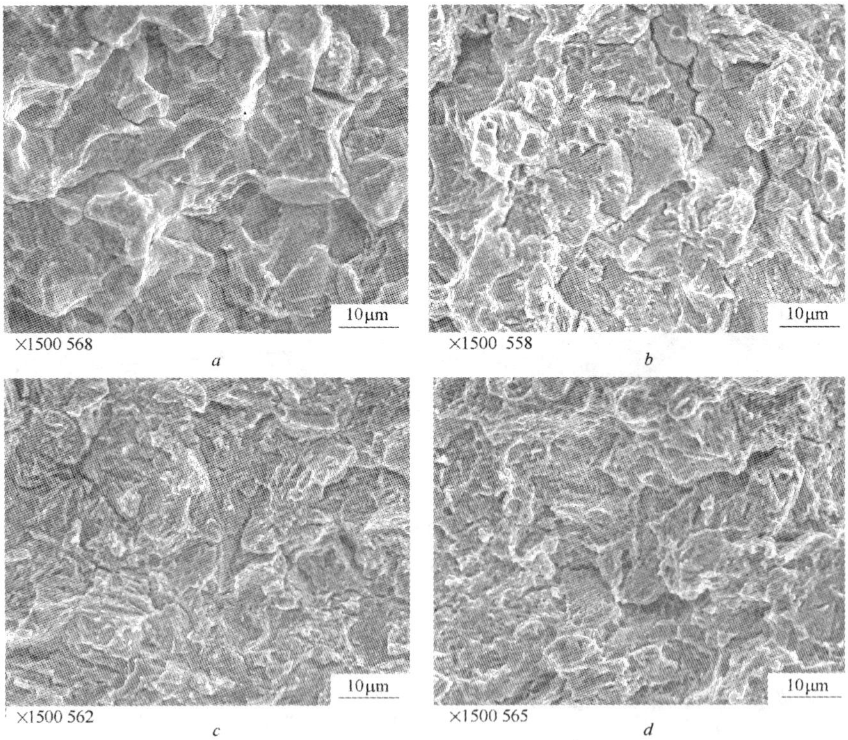

图 4-42　42CrMoVNb 钢在不同回火温度下的应力腐蚀断口形貌

a—410℃, K_{ISCC} = 10.5 MPa • $m^{1/2}$；*b*—550℃, K_{ISCC} = 21.3 MPa • $m^{1/2}$；
c—600℃, K_{ISCC} = 37.1 MPa • $m^{1/2}$；*d*—650℃, K_{ISCC} = 72.2 MPa • $m^{1/2}$

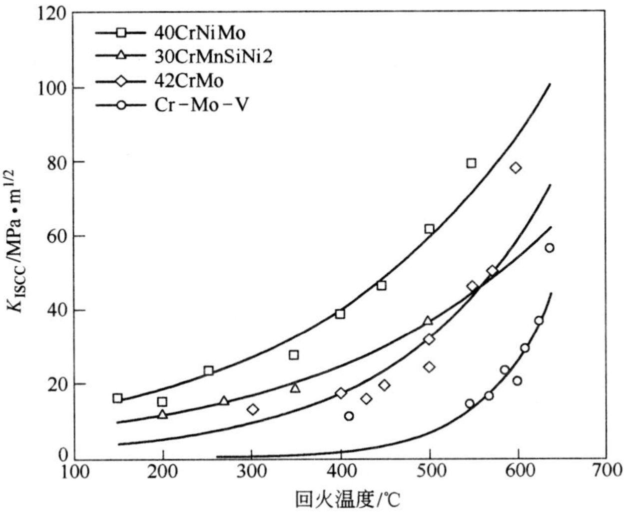

图 4-43 K_{ISCC} 随回火温度的变化

但对上述低合金高强度钢而言，一般随着回火温度的升高，其强度单调降低，因而单纯利用提高回火温度的办法往往难以兼顾高强度和低延迟断裂敏感性的要求。解决此问题的途径之一便是在钢中添加适量的钼和钒元素，利用其在高温回火时析出的合金碳化物，一方面提高钢的强度；另一方面作为氢的陷阱来捕集氢。图 4-44 为 42CrMoVNb 钢的强度和 K_{ISCC} 随回火温度的变化[17]。从图中可以看出，在强度保持不变的情况下，42CrMoVNb 钢的延迟断裂抗力仍随回火温度的升高而提高。这表明提高回火温度是改善高强度钢耐延迟断裂性能的一种十分有效的途径。

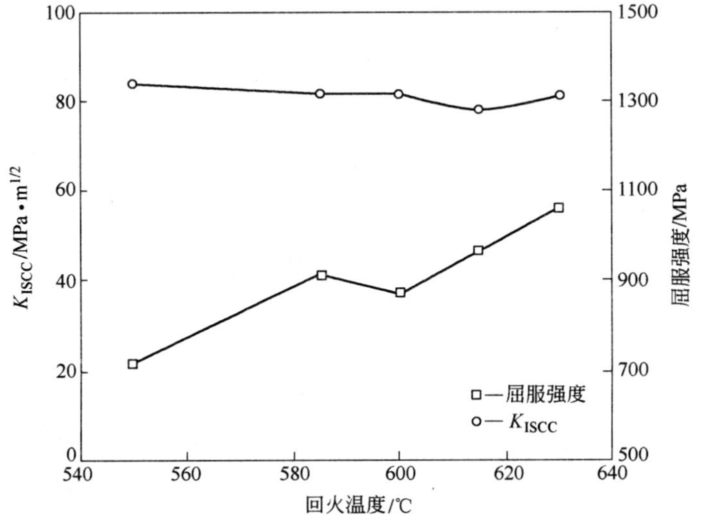

图 4-44 42CrMoVNb 钢的 K_{ISCC} 和屈服强度随回火温度的变化

B　亚温淬火

如果在晶界碳化物形成之前就在原奥氏体晶界形成其他相如铁素体，则能够减少晶界碳化物；又如果这种相不是氢的强陷阱，则有可能改善高强度钢的耐延迟断裂性能。

亚共析钢的亚温淬火便是其中一种有效的工艺手段。其基本原理是加热到 $\alpha+\gamma$ 两相区，淬火后可获得马氏体和位于原奥氏体晶界的铁素体所组成的混合组织。由于铁素体占据了部分原奥氏体晶界，因而减少了回火时碳化物在原奥氏体晶界的析出。通过调整亚温淬火温度可控制铁素体的数量，从而仍可以保持较高的强度水平。亚温淬火对处理前的原始组织有一基本要求，即不应有大块状的自由铁素体存在[72]。因此，在亚温淬火前往往需进行正常淬火或调质处理，使之得到如马氏体或回火马氏体之类的组织。通过控制轧制和控制冷却抑制大块状的自由铁素体，则可以省略亚温淬火前的预处理。

在 30CrMnSiA 钢的正常淬火和回火之间增加一次 Ac_3 温度以下两相区的亚温淬火，结果发现可以在强度基本不变的情况下，延迟断裂的沿晶断裂倾向性减少，使临界断裂应力 σ_c 得到明显提高，见图 4-45[99,100]。Choi 等[101,102]在中碳钢（0.45C-0.3Mn-0.5Cr-0.05V）中添加 3%Si，提高钢的 Ac_3 温度，则在常规的奥氏体化温度（870℃）下处于 $\gamma+\alpha$ 两相区，淬火回火后获得回火马氏体和沿原奥氏体晶界分布的少量铁素体的微观组织。缺口拉伸延迟断裂试验结果表明，试验钢的延迟断裂强度比高于传统的 AISI 4135 钢。

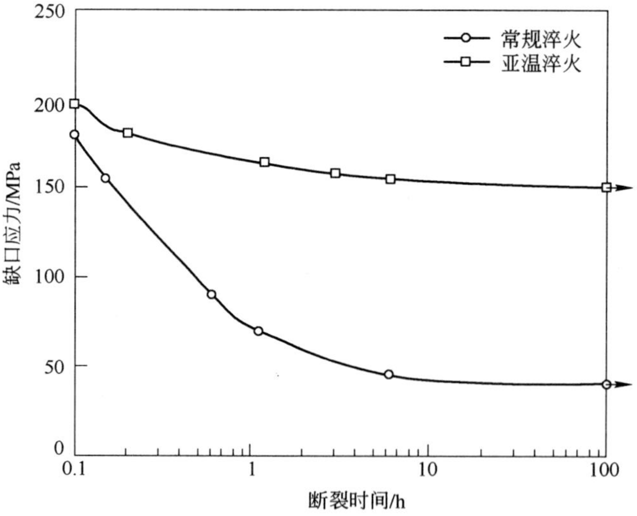

图 4-45　常规淬火和亚温淬火 30CrMnSiA 钢的缺口拉伸延迟断裂试验结果[99]

氢热放出实验表明，亚温淬火处理钢吸收的可扩散氢量减少[101]。俄歇分析表明，与常规处理相比，亚温淬火后晶界上碳浓度显著下降，碳的俄歇峰形说明它主要以碳化物形态存在[100]。这就证实沿原奥氏体晶界分布的铁素体确实减少了晶界碳化物的富集，使晶界的捕氢能力减弱，因而晶界在含氢条件下的断裂抗力得到提高。这是其沿晶断裂倾向性减少和断裂抗力提高的主要原因。此外，晶粒细化和微观组织中存在的少量软相铁素体，塑性较高，有利于塑性变形和减少裂纹尖端的局部应力集中，延缓晶界裂纹的萌生和扩展，因而也有利于提高钢的延迟断裂抗力。

利用等温淬火时晶界析出的外形不规则的先共析铁素体也是改善高强度钢耐延迟断裂性能的另一种途径。由于在奥氏体向铁素体转变时要发生合金元素的分配，一般是杂质元素由先共析铁素体区域向未转变的奥氏体区域富集，这使得先共析铁素体中的杂质元素浓度降低，原奥氏体晶界的性质发生改变，从而有可能改善高强度钢的耐延迟断裂性能。对 35Mn 钢的研究结果证实了这一点[103]。将 35Mn 钢在 1050℃奥氏体化处理，然后在 550～600℃的铅浴中等温 30～60 s 后水冷淬火，通过调整回火温度获得 1300 MPa 级强度。光滑试样恒载荷延迟断裂试验（FIP 法）结果表明，与传统的淬火回火组织相比，回火马氏体＋先共析铁素体组织的延迟断裂抗力得到了显著提高，见图 4-46，且先共析铁素体的析出抑制了沿晶断裂，断裂机制转变为准解理穿晶断裂。这种改善效果主要是原奥氏体晶界析出的先共析铁素体抑制了晶界上作为氢陷阱的原子空位的聚集，从而防止了晶界裂纹的萌生。这种复相组织的一个显著缺点是塑性（断面收缩率）较低。

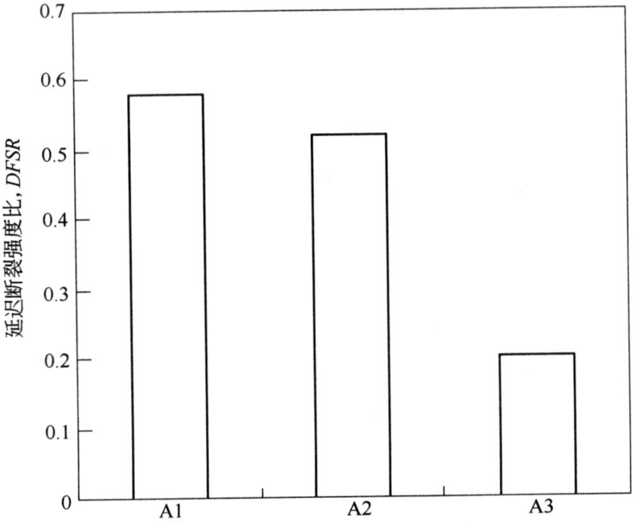

图 4-46 回火马氏体＋先共析铁素体组织的耐延迟断裂性能[103]

A1—铁素体 3.5%；A2—铁素体 8.4%；A3—常规淬火回火处理

C　形变热处理

形变热处理是一种把压力加工与热处理相结合的方法。早在 20 世纪 60 年代，就有研究结果表明形变热处理能够明显地改善高强度钢的耐延迟断裂性能[104]。近来对此又得到了愈来愈多的重视[105~113]，其着眼点主要在于：

（1）高温变形时，由于扩散，应变诱导晶界移动而使得晶界变得凹凸不平。这种微观尺度的凹凸不平使得粗大的薄膜状碳化物在晶界上难以生成。

（2）形变后的水冷使得塑性变形产生的位错遗传给淬火马氏体，其中的 a<100>位错由于柏氏矢量 b 较大而成为碳化物优先析出地点，使得碳化物能够在晶内均匀弥散、细小地析出，抑制晶界碳化物的优先生成。

（3）马氏体的有效晶粒尺寸（马氏体板条和板条束）得到细化。

山崎等[105~107]对 0.29C-0.71Mn-0.24Si-0.015Ti-0.0016B 钢（A 钢）和 SCM435 钢（B 钢）的研究结果见图 4-47。可见，随着精轧温度的降低，试验

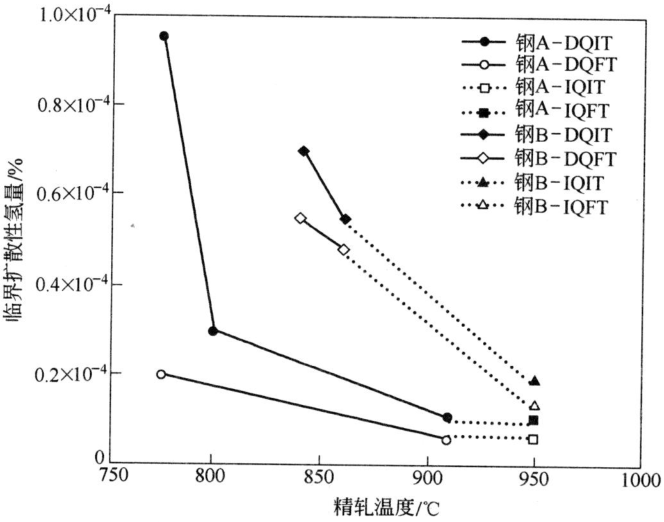

图 4-47　精轧温度和回火条件对临界扩散性氢量 w_c(H)的影响[106]

钢的临界扩散性氢量 w_c(H)均提高。缺口拉伸断口分析表明，未再结晶区轧制试样的断裂机制以穿晶准解理断裂为主，部分再结晶区为穿晶准解理＋沿晶的混合断裂，再结晶区为典型的沿晶断裂（A 钢：775℃—未再结晶，800℃—部分再结晶，910℃—再结晶；B 钢：840℃、860℃—部分再结晶）。因此，未再结晶区轧制＋直接淬火的工艺能够有效地抑制原奥氏体晶界裂纹的萌生和扩展，破坏起点从晶界移向晶内。回火条件对晶内裂纹萌生抗力有很大的影响，因而在同为部分再结晶的情况下，由于 B 钢的回火温度高于 A 钢，因此其 w_c(H)较高；同样，在相同的精轧温度下，高频感应回火料与通常电炉回火料

吸收的扩散性氢量相同，这表明这种回火条件的差异对扩散性氢的陷阱没有明显的影响，但高频感应回火料的 w_c(H)高于通常电炉回火料。

对 SCM440 钢[108~110]经形变热处理（奥氏体化温度 1050℃，精轧温度 810℃，减面率 50%，精轧后水冷，高频感应回火（加热速度 150℃/s，保温时间 10 s））后也得到同样的结果，见图 4-48。在相同的强度水平下，形变热处理试料（AF 料）的 w_c(H)高于常规淬火回火处理试料（QT 料），但这种差异随着强度提高而减少。SEM 和 TEM 微观组织观察表明，未形变料在低温回火时，晶界上碳化物呈连续的薄膜状分布，高温回火后碳化物断开；变形料无论在低温还是在高温回火，晶界碳化物均不连续，且存在许多没有碳化物的晶界区域。AFM 组织观察表明，晶内碳化物细小、均匀弥散分布。

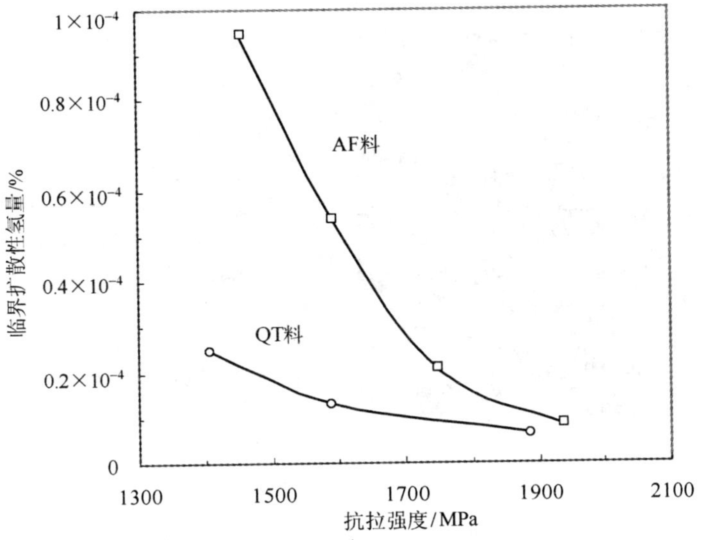

图 4-48 形变热处理料（AF 料）与常规淬火回火料（QT 料）的临界扩散性氢量 w_c(H)随强度的变化（SCM435）[110]

4.2.4 合金元素钼的应用

钼为钢中常用合金元素，在合金结构钢中除能够提高淬透性和回火抗力等外，另一主要作用便是抑制钢高温回火脆性的发生[72,73,114]。在石油管材用钢（抗硫化氢结构钢）的开发中，十分注意对钼元素的研究和利用[90,115~120]。在 Cr-Mo 共同合金化下，既有好的淬透性，又有抗高温回火脆性的作用，所以传统的中碳 Cr-Mo 调质钢（碳量偏下）就是良好的抗 H_2S 破坏的材料；当进一步用微量铌和钒等元素附加合金化后，则能得到高强度的抗 H_2S 破坏的高级材料[114,115,120]。石油管材用钢由于要抗硫化氢应力腐蚀，含钼钢的回火温度较高（过时效状态），其强度水平普遍较低。

在国外早期开发的耐延迟断裂高强度螺栓钢如 ADS3[30]和 KNDS[47]中，均含有较多的钼，但针对钼元素尚缺乏比较系统的研究工作，对其作用效果和作用机制不甚清楚。对此，我们在实验室冶炼了不同钼含量（质量分数，0~1.5%）的 40CrVNb 钢，系统地探讨了钼元素对高强度钢延迟断裂行为的影响[17,121]。

实验钢由于均添加有微合金化元素钒和铌，因而均具有细小的原奥氏体晶粒和微观组织。图 4-49 是实验 3 号钢（1.15%Mo）在 600℃回火 2 h 后的典型微观组织形貌。钢中的碳化物主要为二次硬化碳化物（V,X）C 和 Mo_2C，合金渗碳体 M_3C 及奥氏体化时未溶解的碳化物（V,X）C。分子式中，M = Fe, Cr, Mn；X = Mo, Cr, Nb[73]。

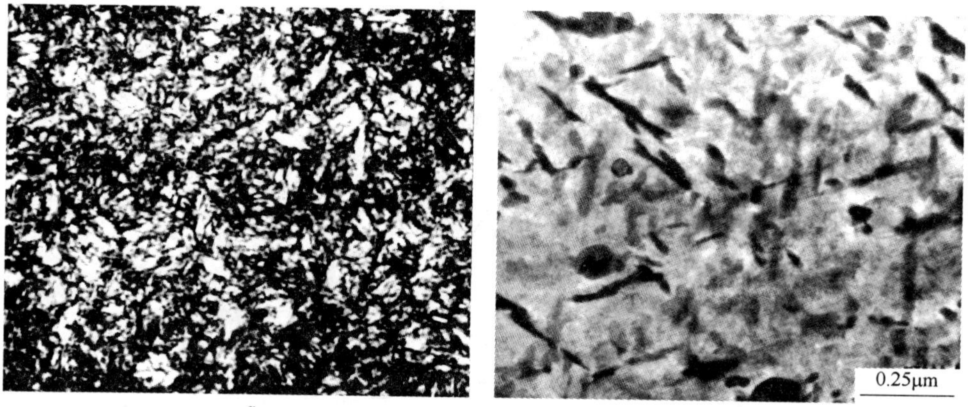

a　　　　*b*

图 4-49　添加 1.15%Mo 的 40CrVNb 钢的微观组织形貌（600℃回火 2 h）

a—光学金相；*b*—透射电镜

图 4-50*a* 是不同钼含量实验钢（1～4 号）的抗拉强度随回火温度的变化。与 42CrMo（No.5）钢相比，当 1～4 号钢的回火温度约高于 500℃时，由于钼和钒合金碳化物的弥散析出而引起二次硬化，在约 600℃时达到二次硬化峰值；然后，随着回火温度的提高强度急剧降低。2 号、3 号钢的化学成分除钼含量外基本相同，因而在 500℃以下温度回火时二者强度的差异应是钼的固溶强化引起的。随着钢中钼含量的增加，回火温度-强度曲线明显升高；但当钼含量从 1.15%增至 1.54%时，回火温度-强度曲线升高的幅度很小。1 号钢由于不含钼，所以其二次硬化作用是由于钒的碳化物 VC 的弥散析出引起的，此时二次硬化反应较弱。钼含量增至 0.52%（No.2 钢），二次硬化反应明显增强，由于含有强碳化物析出元素钒，此时难以形成钼的碳化物 Mo_2C，而是钼溶入碳化钒中形成（V,X）C 型合金碳化物[122]。钼含量增至 1.54%（No.4 钢），在

550～600℃处回火曲线有所抬高，这与 Mo_2C 的二次硬化峰相对应[73]，表明此时有 Mo_2C 析出，但二次硬化反应程度较弱。从图 4-50*b* 可见，在二次硬化峰600℃附近回火，实验钢的冲击功有一个谷值，但随着钼含量的增加，这种冲击功谷变得比较轻微。随着钼含量的增加，实验钢的强度提高，冲击断口中准解理断裂所占的比例增加。

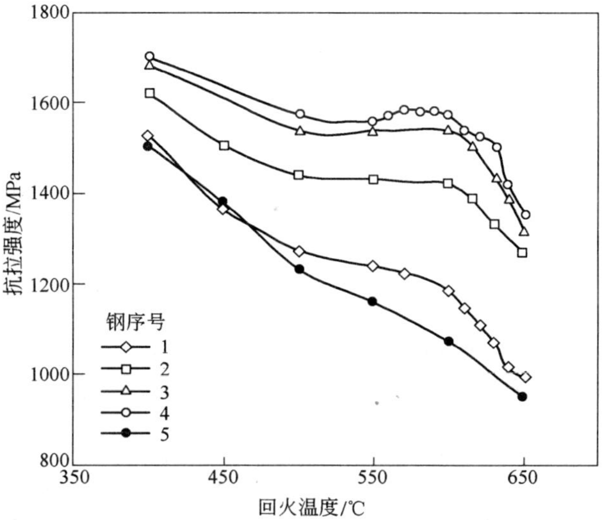

a

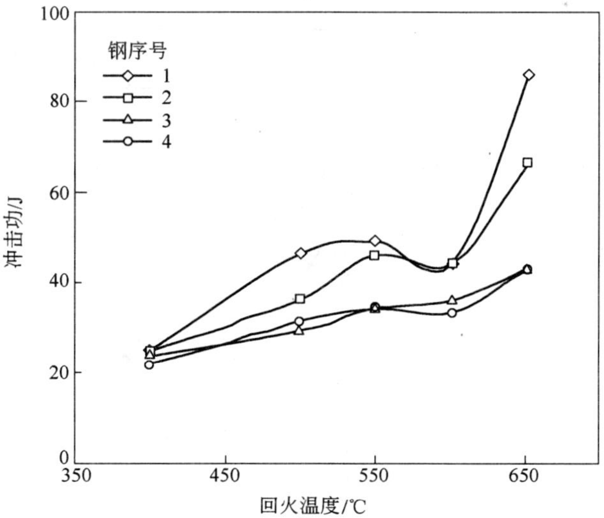

b

图 4-50 不同钼含量实验钢的抗拉强度（*a*）和韧性（*b*）随回火温度的变化曲线

1—基体钢,40CrVNb；2—0.52%Mo；3—1.15%Mo；4—1.54%Mo；5—42CrMo

图 4-51 是实验钢的缺口拉伸延迟断裂实验和应力腐蚀实验的结果。从图中可见，实验钢的延迟断裂强度比 *DFSR* 和应力腐蚀临界应力场强度因子 K_{ISCC} 均随着强度的提高而显著降低。从总体上讲，在同一强度水平下，随着钼含量的增加，*DFSR* 和 K_{ISCC} 均逐渐增加，但当钼含量超过 1.15%时，*DFSR* 和 K_{ISCC} 均不再提高，而是有所降低，但仍明显高于不含钼的 No.1 钢和低钼的 No.2 钢，见图 4-52。这表明，在所研究的强度水平下，延迟断裂抗力并非随钼含量的增加而单调提高。

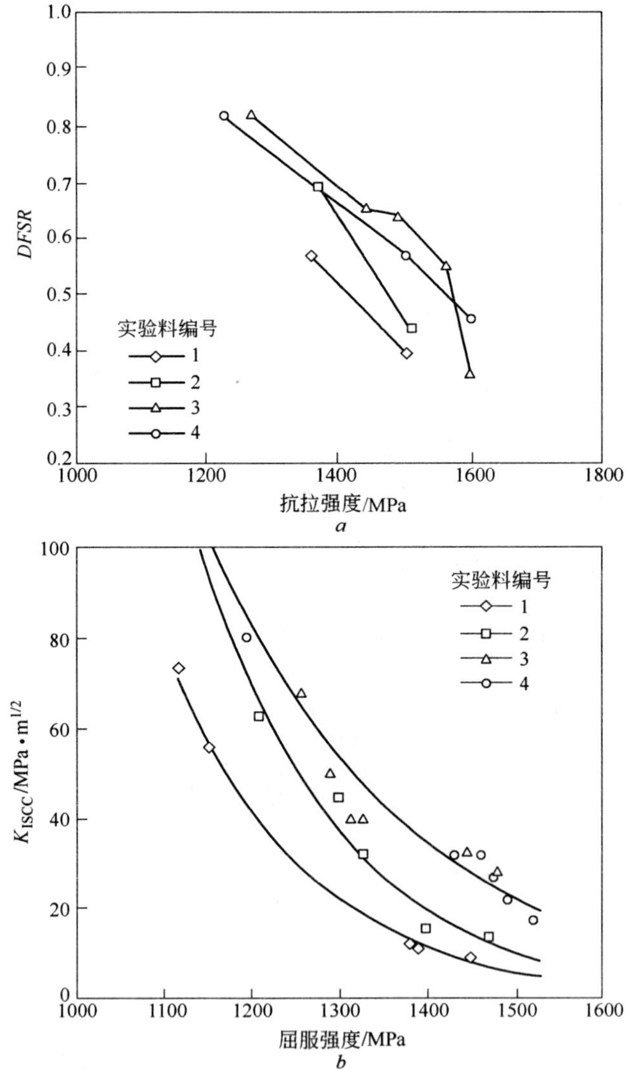

图 4-51　缺口拉伸延迟断裂强度比 *DFSR*（*a*）和应力腐蚀临界应力场强度因子 K_{ISCC}（*b*）与强度的关系曲线

1—0.40C-1.1Cr，基体；2—0.52Mo；3—1.12Mo；4—1.54Mo

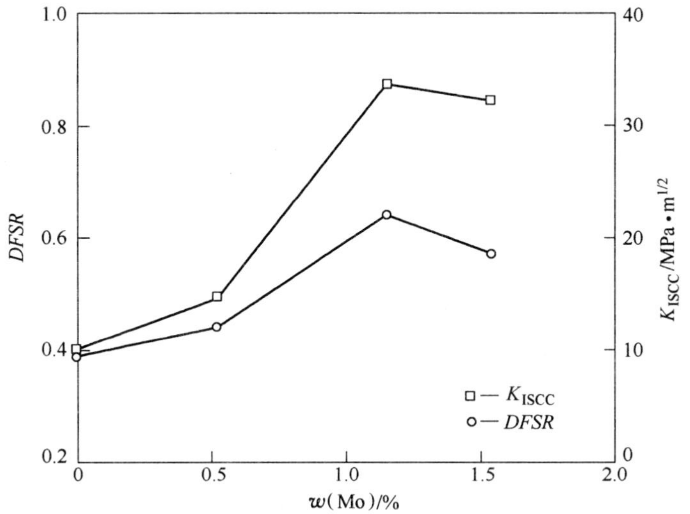

图 4-52 缺口拉伸延迟断裂强度比 *DFSR* 和应力腐蚀临界应力场强度因子 K_{ISCC} 随钼元素含量的变化

如前所述，钢中添加合金元素钼能够改善高强度钢的耐延迟断裂性能，这种良好作用可能主要是由以下的一个或多个因素引起的：

（1）在相同的强度水平下，钼元素提高钢的回火抗力，而提高回火温度是改善高强度钢耐延迟断裂性能最为有效的途径之一；

（2）高温回火时所形成钼的二次硬化碳化物的氢陷阱作用；

（3）钼元素在晶界的偏聚而提高晶界结合力。

4.2.4.1 提高回火抗力

对于一般低合金钢，通常随着回火温度的升高，钢的强度降低，延迟断裂抗力提高。其实质是在回火过程中钢的微观组织特别是碳化物的变化导致延迟断裂行为的变化[38]。如图 4-53 所示，实验料的延迟断裂抗力同样均随着回火温度的升高而提高。图中空心点所对应的抗拉强度均为 1500 MPa，对应于 1～4 号钢的回火温度分别为 410℃、450℃、615℃和 630℃，这使得缺口拉伸延迟断裂试样裂纹源区的断裂机制发生转变：对于 1 号，2 号钢，主要为沿晶断裂；而对于 3 号、4 号钢，则主要为穿晶断裂（见图 4-54）。对于 3 号、4 号钢，在如此高温度下回火，有钼和钒的二次硬化碳化物析出，尚难以表明延迟断裂抗力的提高是由于回火温度的提高引起的。但对于 1 号钢，在 500℃以下温度回火，延迟断裂抗力仍随回火温度的升高而提高。对含钒钢的研究结果也证实回火温度能够显著地提高高强度钢的延迟断裂抗力。这表明，高的回火抗力是随着钼含量增加钢的延迟断裂抗力提高的主要原因之一。

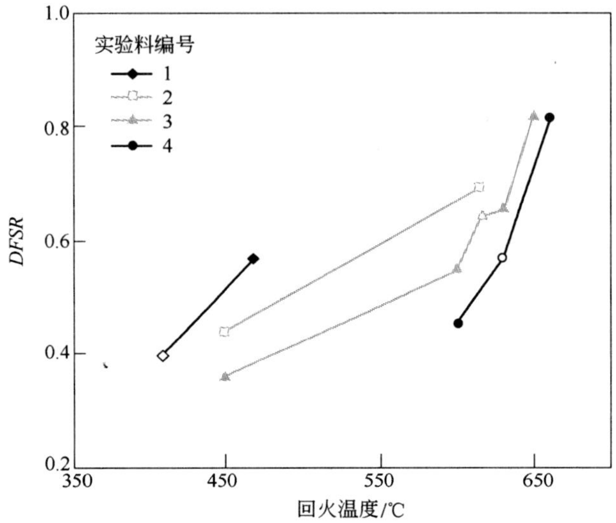

图 4-53 不同钼含量实验钢的延迟断裂强度比 *DFSR* 随回火温度的变化

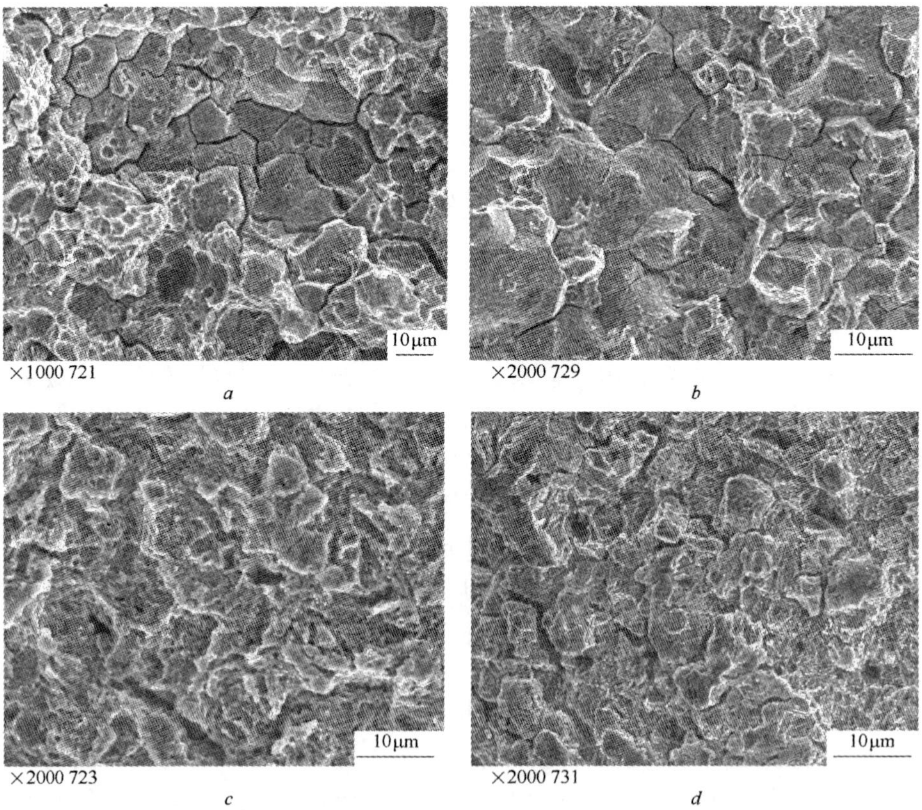

图 4-54 实验钢的缺口拉伸延迟断裂试样裂纹源区的断口形貌

a—0%Mo；*b*—0.52%Mo；*c*—1.12%Mo；*d*—1.54%Mo

4.2.4.2 析出二次硬化型碳化物

为了更清楚地说明二次硬化型碳化物 Mo_2C 等对高强度钢延迟断裂抗力的影响，对 3 号钢按照表 4-4 所示工艺进行热处理，以获得不同的碳化物形态。由于强度对延迟断裂抗力具有显著的影响，因而为了在大体相同的强度水平下进行比较，对回火温度作了适当调整。综合应用 TEM、相分析和 X 射线衍射法等来确定不同热处理状态下钢中碳化物的主要类型，其结果见表 4-4。图 4-55 是不同热处理状态下 3 号钢的缺口拉伸延迟断裂实验结果。

表 4-4 改变碳化物形态的热处理工艺（3 号钢）

状态	热处理工艺	R_m/MPa	碳化物类型
A	950℃×0.5 h，油冷—450℃×2 h，空冷	1580	薄膜状 M_3C＋未溶解(V,X)C
B	950℃×0.5 h，油冷—670℃×24 h，空冷—850℃×0.25 h，油冷—420℃×2 h，空冷	1590	(V,X)C＋M_2C＋薄膜状 M_3C＋未溶解(V,X)C
C	950℃×0.5 h，油冷—500℃×2 h，空冷	1570	球状 M_3C＋未溶解(V,X)C
D	950℃×0.5 h，油冷—585℃×2 h，空冷	1550	Mo_2C ＋(V,X)C＋ 球状 M_3C＋未溶解(V,X)C
E	950℃×0.5 h，油冷—600℃×2 h，空冷	1550	(V,X)C ＋Mo_2C＋ 球状 M_3C＋未溶解(V,X)C
F	950℃×0.5 h，油冷—630℃×2 h，空冷	1530	(V,X)C ＋Mo_2C＋ 球状 M_3C＋未溶解(V,X)C

从图 4-55 和表 4-4 可以看出，对于状态 A，C，D，E，F， 3 号钢的延迟断裂抗力逐渐提高，同时其回火温度也逐渐提高，因此延迟断裂抗力的提高必然与回火温度的升高有关。但如果比较状态 A 与 B，二者的回火温度和强度均基本一致，显然二者延迟断裂抗力的差别主要是由于二次硬化碳化物引起的，这证明二次硬化碳化物确实能够改善高强度钢的耐延迟断裂性能。因此，状态 D，E，F 与状态 C 相比，其较高的 *DFSR* 除了与其较高的回火温度有关外，回火过程中析出的二次硬化碳化物也是其中的一个主要原因。

前已指出，钒的碳化物（V,X）C 能够改善高强度钢的耐延迟断裂性能。但由于 3 号钢中同时存在 Mo_2C 和（V,X）C 两种类型的二次硬化碳化物，因此难以单独确定 Mo_2C 碳化物的作用。二次硬化元素钼和钒的二次硬化峰值温度分别为 570～580℃以及 600～625℃[73,123]，因而状态 D 对应 Mo_2C 析出峰，状态 E 对应（V,X）C 析出峰，这表明 Mo_2C 同样能够改善高强度钢的耐延迟断裂性能。此外，从图 4-53 中还可以看出，在高温回火时，3 号，4 号钢的 *DFSR* 随回火温度变化曲线的斜率大于 1 号，2 号钢，而 3 号，4 号钢因钼含量较高，故在高温下回火时析出 Mo_2C，这表明此碳化物能够改善高强度钢的耐延迟断裂性能。Gojic 等人[124]对 0.41C-1.0Cr-0.7Mo 钢的研究结果也证明了

Mo_2C 碳化物的这种作用。

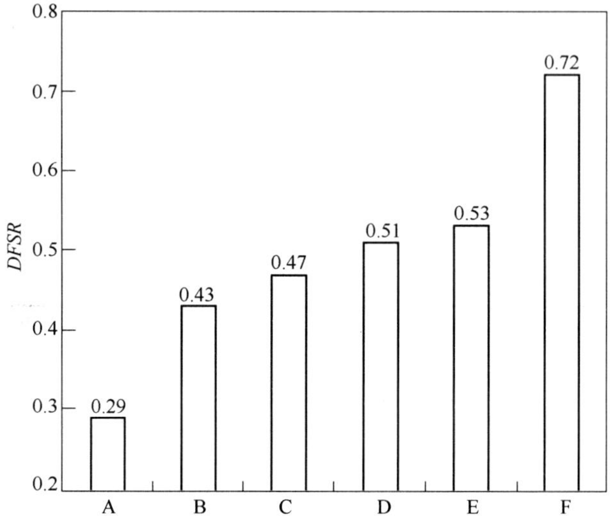

图 4-55　不同热处理状态下的缺口拉伸延迟断裂实验结果（3 号钢）

与状态 D，E 相比，状态 F 的强度虽然有所降低，但其 *DFSR* 却得到显著提高。这是由于状态 D，E 在二次硬化峰附近温度回火，此时二次硬化碳化物大部分处于共格状态，晶格畸变较大；而状态 F 所对应的二次硬化碳化物则呈半共格或非共格状态，所造成的晶格畸变较小。这表明钒和钼的共格二次硬化碳化物对耐延迟断裂性能不利。钟平等[125]对 AF1410 钢的实验结果亦证明了这一点。这是二次硬化钢特别是二次硬化反映强烈的二次硬化钢须在轻微过时效状态下使用的一个重要原因。

二次硬化碳化物改善高强度钢耐延迟断裂性能的主要原因除提高钢的回火温度外，对氢的较强捕集作用也是其中的一个主要原因。二次硬化碳化物在晶内弥散析出，因而将相当部分的氢捕集在晶内，减少了原奥氏体晶界氢的捕集量，有利于抑制脆性的沿晶断裂。目前尚缺乏 Mo_2C 对氢的捕集能数据。

4.2.4.3　控制杂质元素，提高晶界结合强度

钼元素在原奥氏体晶界的偏聚能够减少磷及硫等杂质元素的晶界偏聚量，提高晶界结合力[115,119,124]，因而有可能改善高强度钢的耐延迟断裂性能。从图 4-53 可以看出，在低温（如 450℃）下回火，此时没有二次硬化碳化物析出，而随着钼含量的增加，钼的固溶强化使得钢的强度提高，*DFSR* 下降。显然，从上述试验结果尚不能证明钼元素提高晶界结合强度的这种作用。为此，采用 TEM、EDS 点分析和面扫描分析技术对试验钢中钼元素的分布进行了研究。

对 2～4 号钢的 EDS 点分析表明，钢中除了形成富钼的合金碳化物外，固溶于基体中的钼元素容易偏聚于原奥氏体晶界，且这种偏聚趋势不随回火温度的变化而改变。图 4-56 为 2 号钢 585℃回火样品中一条钼含量较高的晶界附近的 EDS 点分析结果。从图中可以看出，晶界处钼含量高达 1.7%±0.4%；在距晶界 1 nm 处钼含量稍有下降；2 nm 处钼含量下降明显，约为 0.7%±0.1%。说明钼只在晶界几个原子层内富集。钼含量在晶界处达到峰值，在距晶界 2 nm 处已有明显下降，此后钼含量下降趋缓，在 10 nm 处接近晶内平均含量。对 500℃和 650℃回火的 2 号钢晶界附近的 EDS 分析也显示了相似的结果。

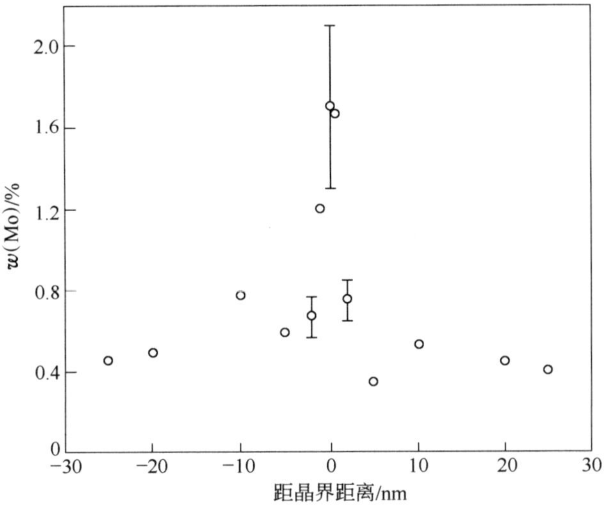

图 4-56 2 号钢 585℃回火样品中钼质量分数较高的晶界附近的 EDS 点分析结果

Muller 等[126]最早将由 EELS（电子能量损失谱）得到的电子结构信息与材料的界面能联系起来，并得出一个简单判定界面强弱的规律：当界面处 EELS 谱的白线（为过渡族金属 3d 或 4d 电子跃迁产生的峰）较基体高且尖锐的情况下，界面强度比基体低；反之，如果界面处的白线强度低于基体且有展宽效应，则界面处的强度高于基体，断裂方式将主要为穿晶断裂。对 3 号,5 号钢分别在晶界处和基体上得到 EELS 谱中铁的白线部分，绘于图 4-57 中。从图可见，3 号钢基体的白线较晶界的白线高，故晶界的强度高于基体；而 5 号钢则与此相反。由于 3 号钢的钼含量远高于 5 号钢，这表明是钼元素在晶界处的偏聚提高了 3 号钢的晶界强度。

4.2.4.4 钼元素含量的影响

前已指出，当钢中的钼含量超过 1.15%时，延迟断裂抗力不再提高，甚至有所降低。即当钼含量为 1.15%时，耐延迟断裂性能最好。对此，Grobner 等[115]在对 AISI 4130 型钢耐硫化物应力腐蚀的研究中也发现，当钢中的钼含量为

0.75%或 0.90%（与实验方法有关）时耐延迟断裂性能最好。他们认为当钢中钼含量超过 0.75%时，渗碳体 M_3C 开始被 Mo_2C 取代，基体中固溶钼含量降低，对杂质元素的控制作用减弱，因而延迟断裂抗力降低。在钼元素对合金钢高温回火脆性的研究中，同样发现钼元素存在一个最佳加入范围。如在碳含量为 0.3%的 Cr-Ni 钢中，钼的最佳加入量为 0.5%～0.7%[120]；超过最佳范围，钢中析出 Mo_2C，从而失去钼对磷的牵制作用，脆性明显增加。

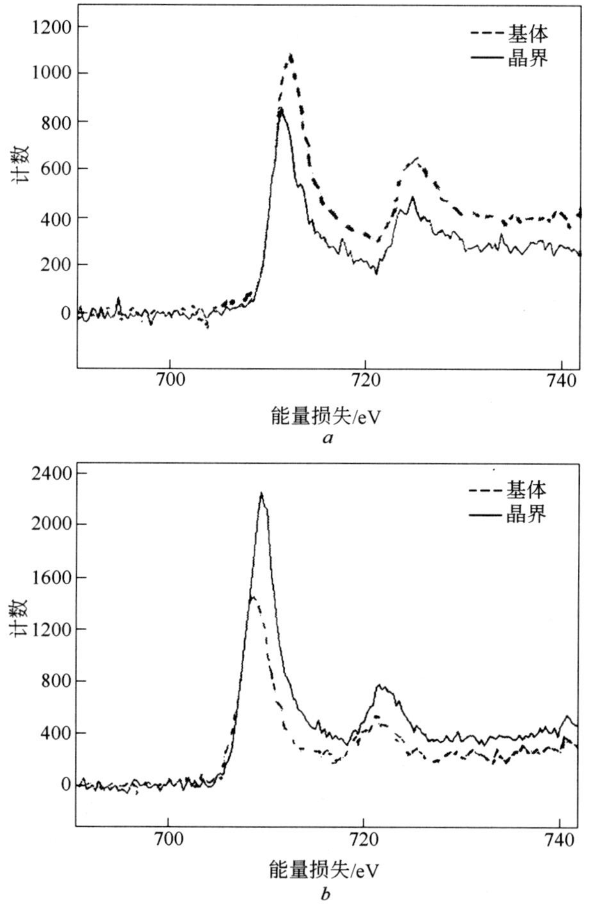

图 4-57　3 号钢 (1.12%Mo)和 5 号钢(42CrMo)的 EELS 谱

a—3 号钢, 600℃；*b*—42CrMo, 550℃

由于实验钢中含有较多的微合金化元素钒，其与碳元素的结合力较钼元素更强，因而当钼含量为 1.15%时，钢中才有 Mo_2C 析出，但析出量较少，当钼含量增至 1.54%时，Mo_2C 析出量增加，因而在 550～600℃温度范围回火时强度明显提高。由于 Mo_2C 析出量仍然较少，因而当钼含量为 1.54%时，延迟断裂抗力降低幅度较小，仍明显高于不含钼的 1 号钢和钼含量为 0.52%的 2 号钢。这同时证实了钼元素可以通过控制杂质元素的晶界偏聚量而达到提高晶界结合强度的作用。

4.3 耐延迟断裂高强度螺栓钢的开发

4.3.1 耐延迟断裂高强度螺栓钢开发时通常采取的措施

在材料研究方面，国内外在新钢种开发时通常采取的具体措施如下[3]：

（1）减少晶界偏析。尽可能降低杂质元素磷含量（磷降低晶界结合强度）、硫含量（硫在腐蚀环境下促进氢的吸收），同时降低促进磷、硫共偏析的锰含量，防止晶界脆化。

（2）细化晶粒。加入 Al、Ti、Nb、V 等元素，生成弥散析出的碳氮化物以细化奥氏体晶粒，在提高强度的同时，还可以改善韧性。

（3）提高回火温度。加入抗回火软化能力强的元素如钼、钒等，从而可以在保持强度不变的情况下，提高回火温度使碳化物球化，以避开容易引起晶界脆化的回火温度区域，并可使碳化物细小均匀。

（4）调整合金元素（如添加镍、降低锰含量）以获得较高的缺口韧性。

（5）尽可能减少钢表面侵入的氢量，即添加抑制腐蚀坑生成的合金元素如钼元素。

（6）使侵入的氢无害化。加入适量的微合金元素 V、Ti、Nb 等，形成细小的碳氮化物除细化淬火前奥氏体晶粒外，还可以作为氢的陷阱，抑制氢的扩散和使氢均匀分布。

此外，由于下贝氏体组织在原奥氏体晶界上没有碳化物析出和有效晶粒尺寸小而具有良好的耐延迟断裂性能。因此，一种途径是通过等温处理获得下贝氏体及适量马氏体、残余奥氏体的复相组织，利用马氏体组织的高强度和贝氏体、奥氏体组织的良好延迟断裂抗力来实现高强度下的良好耐延迟断裂性能。另一种途径是通过形变热处理、磁场、感应热处理等方法细化组织并在奥氏体晶粒内形成大量的碳化物优先形核位置，然后通过合适的回火处理（感应、磁场热处理等）激活晶内的优先形核位置，以促进晶内碳化物的析出和细化，减少甚至消除晶界碳化物、细化马氏体组织，从而获得无晶界或晶界碳化物较少的微细马氏体组织，如此，则不需等温处理就可以实现高强度同时具有良好的耐延迟断裂性能。

4.3.2 耐延迟断裂高强度螺栓钢的国内外开发概况

采用上述措施，已经成功地研究开发出一系列耐延迟断裂性能良好的高强度螺栓钢，如日本住友金属的 ADS 系列[30,127]、神户制铁的 KNDS 系列[47]、钢铁研究总院的 ADF 系列[17,128]等，见表 4-5。

表 4-5　国内外开发的耐延迟断裂高强度螺栓钢

厂　家	钢　种	C	Si	Mn	P	S	Cr	Mo	其他	强度水平 /MPa
神　户	KNDS2	0.35	0.25	0.75	≤0.015	≤0.015	1.05	0.20	Al,Ti	1200～1300
	KNDS3	0.40	0.05	0.50	≤0.015	≤0.015	1.00	0.60	Al,Ti,Ni	1300～1400
	KNDS4	0.40	0.05	0.50	≤0.015	≤0.015	1.00	0.95	Al,Ti,Ni	1400～1500
住　友	ADS2	0.34	0.22	0.36	0.011	0.009	1.26	0.40	Nb	1200～1300
	ADS3	0.49	0.28	0.31	0.009	0.004	1.02	0.68	V, Nb	1300～1400
大　同	DSB	0.31, 0.35	≤0.10	0.20, 0.40	≤0.015	≤0.005	1.00, 1.40	0.90, 1.10	V	1300～1500
	硼　钢	0.25	0.03	1.00	0.01	0.002	0.30	B, Nb, Ti ,N		1000～1100
新日铁	FIRST	0.23	0.05	0.50	0.010	0.005	增加	B 添加	Ti,N	1000～1200
钢研院	ADF1	0.41	0.09	0.44	0.009	0.005	1.26	0.56	V,Nb	1300～1400

ADS2 和 ADS3 分别是住友金属工业在 20 世纪 80 年代后期和 90 年代中期开发出的耐延迟断裂的新型螺栓钢。与对比钢 JIS SCM440 相比，ADS2 和 AD3 钢的回火抗力明显提高，通过调整回火温度可得到 1200～1500 MPa 的强度。阴极充氢恒载荷缺口拉伸试验结果表明，在相同的强度水平下，开发钢的延迟断裂临界应力明显高于 JIS SCM440，见图 4-58。特别是对于钼、钒含量较高的 ADS3 钢，由于回火温度较高，其耐延迟断裂性能还明显高于 ADS2。这是由于对 ADS3 钢而言，高温回火后碳化物均匀弥散地在晶界、晶内析出，

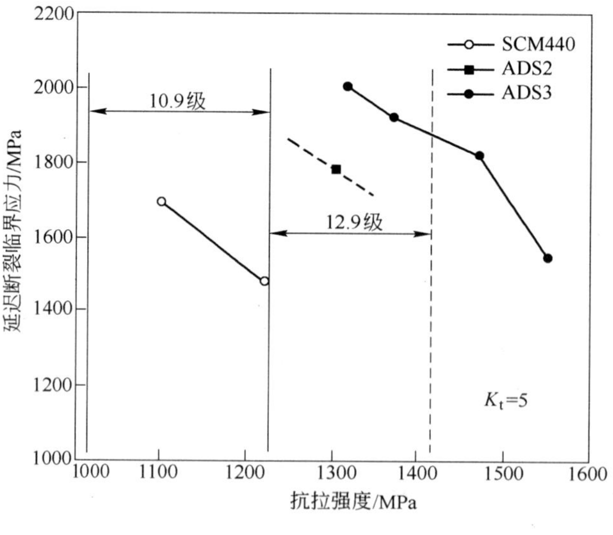

图 4-58　ADS 系列高强度螺栓钢的延迟断裂特征[30]

使被析出物捕集的氢也均匀分布，因而作为延迟断裂起点传播路途的晶界间接地得到强化，从而抑制了沿晶断裂。新日铁[129]开发的新钢种与 ADS3 钢类似，只是碳、硅含量较低且不含铌。

神户制钢的 Hasegawa 等[47]以 AISI 4340 钢为基础，系统地研究了常用合金元素对耐延迟断裂性能的影响。对 16 炉钢延迟断裂试验结果的回归分析表明，与其他常用合金元素（C、Si、Mn、Cr、Mo、Ni）相比，钛能十分有效地提高钢的延迟断裂抗力，并在此基础上开发出 KNDS 系列耐延迟断裂高强度螺栓钢。与常用的 JIS SCM440 钢相比，KNDS 钢的延迟断裂抗力有明显改善。KNDS2 适用于 1200 MPa 级的凹头螺栓，已批量生产；KNDS3 和 KNDS4 可用于制造 1300～1500 MPa 级的高强度汽车螺栓。

大同特殊钢开发的一种 DSB 系列[130]高强度螺栓钢中的磷、硫含量分别降低到 0.015%和 0.005%以下，同时降低硅和锰的含量，并加入钒和提高钼含量，以使其高温回火时析出二次硬化的碳化物。经 580℃高温回火后，抗拉强度可达 1400 MPa 以上。弯曲加速型延迟断裂试验和螺栓实物试验均证明其耐延迟断裂性能良好，JIS 中的强韧钢（SCM435、440 等）只有在 1200 MPa 的强度级别下才能达到这样的水平。其原因是回火温度升高使原奥氏体晶界上析出的渗碳体球化，晶界对延迟断裂的敏感性降低；析出的二次碳化物与母相非共格，增加了氢的吸附位置（氢陷阱）。这种高强度钢已实际用于 1400 MPa 级的连杆螺栓。

随着冷锻技术的发展，对冷锻用高强度螺栓钢的需求明显增加，为此开发了低成本的低碳高强度硼钢。其成分设计的基本原则是降低碳含量，改善钢的冷变形能力，加入微量硼以弥补因降碳而造成的强度和淬透性的损失。另外根据需要还可加入适量铬、锰等合金元素，进一步提高淬透性。如大同特殊钢[131]最近开发出的一种耐延迟断裂的低碳硼钢。由于降低了杂质元素磷、硫含量和添加铌细化了晶粒，因而新开发的硼钢在 1000～1300 MPa 的强度范围内的耐延迟断裂性能相当于或优于 SCM435 钢。该钢已应用于 10.9 级的汽车螺栓。新日铁[132]新近开发出的 FIRST 钢与此类似。对此，将在第 5 章中详细介绍。

4.3.3 ADF 系耐延迟断裂高强度螺栓钢的开发及其性能特征

对于中碳的低合金钢如 42CrMo，通过降低回火温度即可获得 1500 MPa 的强度水平，但正如前面所述，此时钢的延迟断裂敏感性显著增加，以致无法实际应用。根据大量的实验室研究结果，设计出新型的耐延迟断裂高强度钢 ADF 系列，其强度水平范围为 1300～1600 MPa，主要设计原则如下[17,133]：

（1）以目前用量大、应用面广的机器制造用 45、40Cr、42CrMo 钢为基础，在保证强韧性满足要求前提下设计耐延迟断裂的新钢种；

（2）采用具有良好强度和韧性配合的调质用钢，以适应目前机械制造零部件的现代生产工艺流程；

（3）在满足上述要求的前提下，根据研究结果，采用“强化晶界＋控制氢陷阱＋细化晶粒”的思路来改善高强度钢的耐延迟断裂性能；

（4）在满足性能要求的前提下同时具有良好的经济性，以满足量大面广的机械制造用钢的要求。

在大量实验室研究的基础上，我们提出了能够较大幅度地改善高强度钢耐延迟断裂性能的新思路：“强化晶界＋控制氢陷阱＋细化晶粒”，获得了耐延迟断裂高强度结构钢 ADF 系列，其主要特征在于：

（1）发展了 Mo/V 二次硬化钢和采用细晶强化，保证强度水平由 800 MPa 级提高到 1500 MPa 级；

（2）采用钼元素强化晶界和晶内微合金化元素析出物作为氢陷阱的技术思路，来强化晶界、抑制晶界氢的富集；

（3）通过晶粒细化来改善高强钢的强韧性和耐延迟断裂性能。

ADF 系列钢所采用的主要技术方案如下：

（1）碳和铬元素含量保持不变。增加碳含量是提高高强度钢强度最为有效、经济的手段，但碳含量的增加会显著恶化钢的冷加工性能，增加钢的脆性和延迟断裂敏感性，因而碳含量保持不变。而为了保证钢有足够的淬透性和提高回火抗力，铬含量亦保持不变。

（2）提高钼元素含量和添加微合金元素钒。高温回火是提高高强度钢延迟断裂抗力最为简便、有效的途径，但在碳含量不变的情况下提高回火温度，钢的强度急剧降低，提高钢中强碳化物形成元素钼元素含量和添加微合金元素钒则能够很好地解决这一难题。这是由于钼和钒元素能够提高钢的回火抗力，在高温回火时形成的弥散二次硬化碳化物不仅能够提高钢的强度，而且作为氢的陷阱还能够进一步改善钢的耐延迟断裂性能。钼元素还能够强化晶界，钒元素还能够细化晶粒，这些均有利改善韧性和耐延迟断裂性能。

（3）降低硅和锰元素含量。硅对钢的冷变形性能有很坏的影响，锰促进磷、硫的晶界共偏聚，因而降低硅和锰元素含量可使因添加钼和钒等合金元素而恶化的冷变形性能得到改善，避免热处理时过度脱碳和晶界氧化层的生成，减轻磷和硫等杂质元素在原奥氏体晶界的偏聚。

（4）添加微合金化元素铌。为了充分发挥二次硬化元素钼和钒的作用，淬火温度较高，此时钢的晶粒粗化且易出现混晶。而铌的碳氮化物的溶解温度较高，因而添加适量铌元素和控制铝含量进一步细化晶粒。

（5）降低杂质元素的含量。磷和硫的晶界偏聚恶化钢的耐延迟断裂性能，硫也对钢的冷成形性有很大的影响，氧化物则恶化钢的疲劳性能和冷加工成形性。

总之，所设计的耐延迟断裂的高强度结构钢新品种 ADF 系列的主体成分为（质量分数，%）：0.4C-1.0Cr-Mo-V-Nb。根据不同产品要求的强度水平和耐延迟断裂性能，不同级别钢种有特定的各元素加入范围。在必要时，对 Al、Zr、B、RE、Ti 等元素的加入有独到之处，这才从性能和经济两方面综合平衡满足要求。

根据上述设计原则所设计的钢种在实验室经多轮研究和验证实验后，按照目前先进的合金结构钢的冶金生产工艺流程进行了工业试制：电炉—炉外精炼（LF + VD）—铸锭—开坯—合金钢棒线材控轧控冷。下面以所设计的 1300～1500 MPa 级 ADF1 钢为例进行介绍。

4.3.3.1　微观组织和力学性能特征

A　微观组织

ADF1 钢的淬火组织为板条马氏体和少量孪晶马氏体及少量的残余奥氏体。由于试验钢的合金元素含量较低，因而钢中的残余奥氏体量很小，不超过 3%。在回火加热时，亚稳的马氏体和残余奥氏体都将发生转变。与 42CrMo 钢相比，ADF1 钢能够在较高的回火温度下保持比较细小的碳化物质点。回火温度升高到约 600℃时，析出弥散的钒和钼的合金碳化物而产生二次硬化。进一步升高回火温度，合金碳化物逐渐失去原析出时与基体的共格关系，产生过时效现象。图 4-59 和图 4-60 为 ADF1 钢的典型微观组织形貌。有关淬火低合金钢在回火过程中的组织结构转变已有许多论述[72,73]，在此不再赘述。

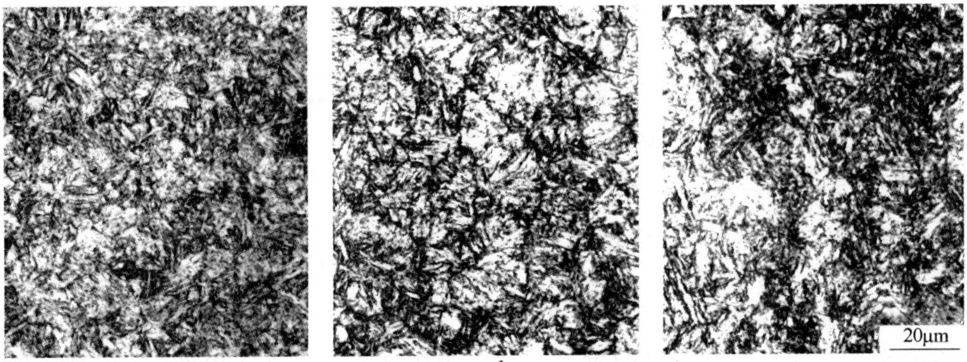

a　*b*　*c*

图 4-59　ADF1 钢在不同回火温度下的光学金相微观组织形貌

a—500℃；*b*—600℃；*c*—650℃

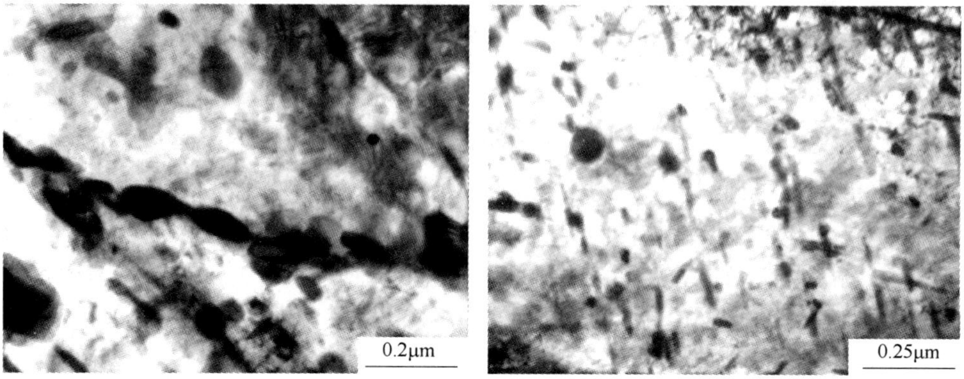

图 4-60　ADF1 钢在 600℃回火后的透射电镜（TEM）微观组织形貌

a—晶界碳化物球化；*b*—板条内析出细小的二次硬化碳化物

采用电解提取和 X 射线衍射方法对 ADF1 钢中的碳化物进行了定量分析，结果见表 4-6。可见，ADF1 钢中由于钼含量低，钢中主要有 M_3C 和 M（C,N）两类碳化物。在 M_3C 中溶有 Cr、Mn、Mo、V 等元素，铬含量随回火温度的变化最为显著。M（C,N）中的 M 为 V、Nb、Mo、Cr，铌含量随回火温度升高不变，铬和钒含量有所提高，而钼含量变化最为显著。

表 4-6　ADF1 钢中碳化物中各元素占合金的质量分数（%）

相类型	回火温度	Fe	Cr	Mn	Mo	V	Nb	C	N	合计
M_3C	淬火态	0.944	0.004	0.001	0.058			0.070		1.077
	580℃	3.811	0.322	0.074	0.122	0.063		0.313		4.705
	620℃	3.642	0.480	0.098	0.132	0.062		0.316		4.730
M（C,N）	淬火态		0.017		0.070	0.191	0.044	0.055	0.010	0.387
	580℃		0.034		0.172	0.200	0.044	0.074	0.010	0.534
	620℃		0.037		0.196	0.239	0.044	0.086	0.010	0.612

B　晶粒尺寸长大趋势

奥氏体晶粒的长大主要表现为晶界的迁移，实质上就是原子在晶界附近的扩散。ADF1 和 42CrMo 钢奥氏体晶粒大小的比较见图 4-61，在不同加热温度下奥氏体晶粒大小的变化见图 4-62。随着加热温度升高和保温时间延长，晶粒长大。当加热温度超过 950℃后，由于微合金元素钒的碳氮化物部分溶解，晶粒长大趋势较大。由于添加微合金元素钒和铌，ADF1 钢的晶粒长大趋势明显小于对比的 42CrMo 钢，在较高的淬火温度下仍可获得细小的奥氏体晶粒。

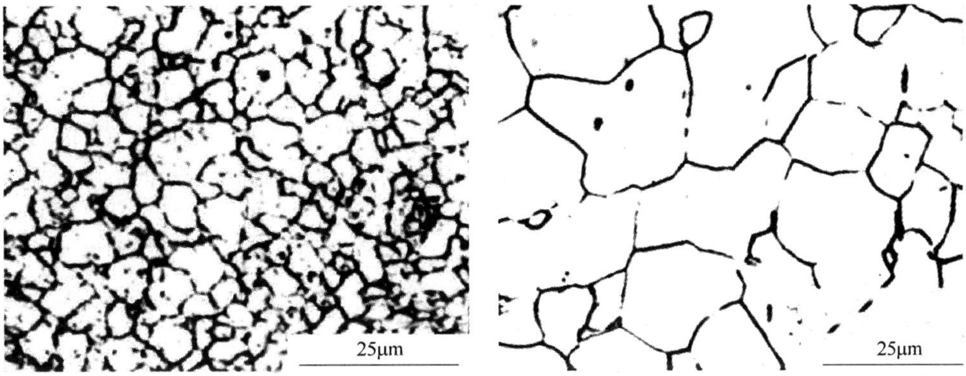

图 4-61 ADF1 钢（*a*）与 42CrMo 钢（*b*）的奥氏体晶粒大小比较

a—ADF1；*b*—42CrMo

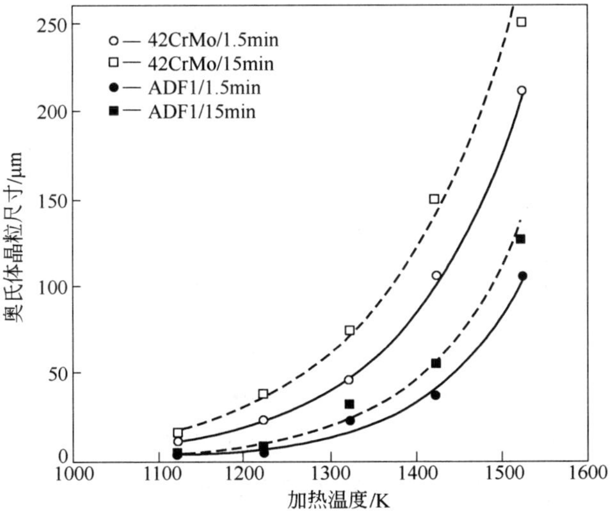

图 4-62 加热温度对 ADF1 钢和 42CrMo 钢奥氏体晶粒平均大小的影响

Beck 指出奥氏体晶粒直径和生长时间存在以下关系：

$$\frac{\mathrm{d}D}{\mathrm{d}t}=k\left(\frac{1}{D}\right)^{m-1} \tag{4-17}$$

积分上式可得到：

$$D_t^{\ m}-D_0^{\ m}=k(t-t_0) \tag{4-18}$$

式中，D_0 为对应时刻 t_0 时初始晶粒直径，μm；D_t 为对应时刻 t 时晶粒直径，μm；m 为取决于 D/D_0 值的指数；$k=k_0\exp(-Q/RT)$（Q 为激活能，kJ/mol；R 为气体常数；T 为绝对温度，K）。将 k 值代入式 4-18 并两边同时取对数：

$$\ln(D_t^{\ m} - D_0^{\ m}) = \ln[k_0(t - t_0)] - \frac{Q}{RT} \tag{4-19}$$

由于 D_t/D_0 都小于 1.8，根据 Novikov[134]所述 D_t/D_0–m 的关系可取 $m = 5$。作 ln（$D_t^{\ m} - D_0^{\ m}$）–$1/T$ 图，图形呈直线，用其斜率即可求得 Q 值，见图 4-63。按式 4-19 对数据进行回归处理，可得到试验钢的奥氏体晶粒直径与加热温度之间的关系分别为：

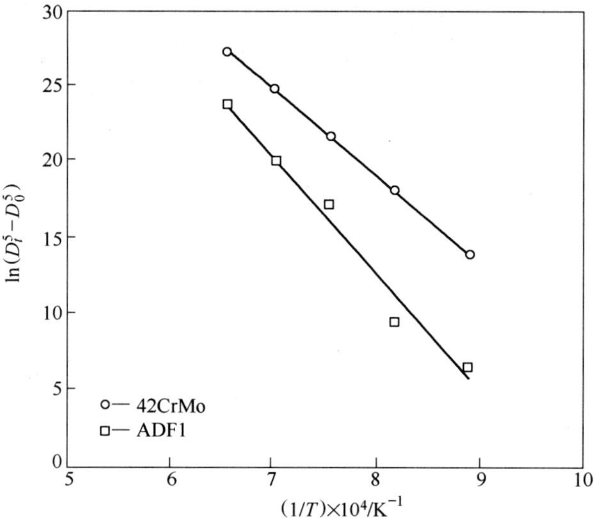

图 4-63　实验钢的 ln（$D_t^{\ 5}$–$D_0^{\ 5}$）与 $1/T$ 的关系

ADF1：　　ln（$D_t^{\ 5}$–$D_0^{\ 5}$）= 73.952–76700/T　　（4-20）

42CrMo：　　ln（$D_t^{\ 5}$–$D_0^{\ 5}$）= 65.087–57600/T　　（4-21）

对照式 4-19 可求出奥氏体晶界迁移的激活能分别为：

ADF1：　　$Q = 76700R = 637.7$ kJ/mol

42CrMo：　　$Q = 57600R = 478.9$ kJ/mol

可见，ADF1 钢较 42CrMo 钢的奥氏体晶界迁移的激活能高出 158.8 kJ/mol。

C　拉伸性能与硬度[135,136]

淬火时的奥氏体化加热温度影响着奥氏体晶粒尺寸和合金元素在钢中的溶解分布状态，由此改变钢的淬透性和相变后的马氏体板条束尺寸，进而影响钢的力学性能。

由于升高淬火温度使奥氏体晶粒粗化，因此通常随着淬火温度的升高，钢的强度和塑性降低。当淬火温度低于 1000℃，ADF1 钢的强度并非随淬火加热温度的升高而逐渐降低，如图 4-64*a* 所示。这是由于一方面随着淬火温度的升高，Cr、Mo、V、Nb 元素的合金碳化物逐渐溶解，奥氏体基体中的合金度也逐渐增高，合金元素在奥氏体中的均匀度亦逐渐提高。淬火之后，马氏体中的碳和合金元素的过饱和度增大，回火时析出碳化物的数量相应增加；另一方面，随着淬火温度的升高，奥氏体晶粒尺寸增大，相变后的马氏体板条束尺寸增大。因而综合作用的结果是，在 1000℃以下，随着淬火温度的提高，ADF1 钢的硬度和强度逐渐提高，塑性和韧性降低，而其中冲击韧度降低的幅度更大，见图 4-64*b*。当淬火温度超过约 1000℃后，主要强化元素钼和钒的合金碳化物已大部分溶解，此时由于晶粒长大，ADF1 钢的硬度和强度不再增加，甚至有所降低。

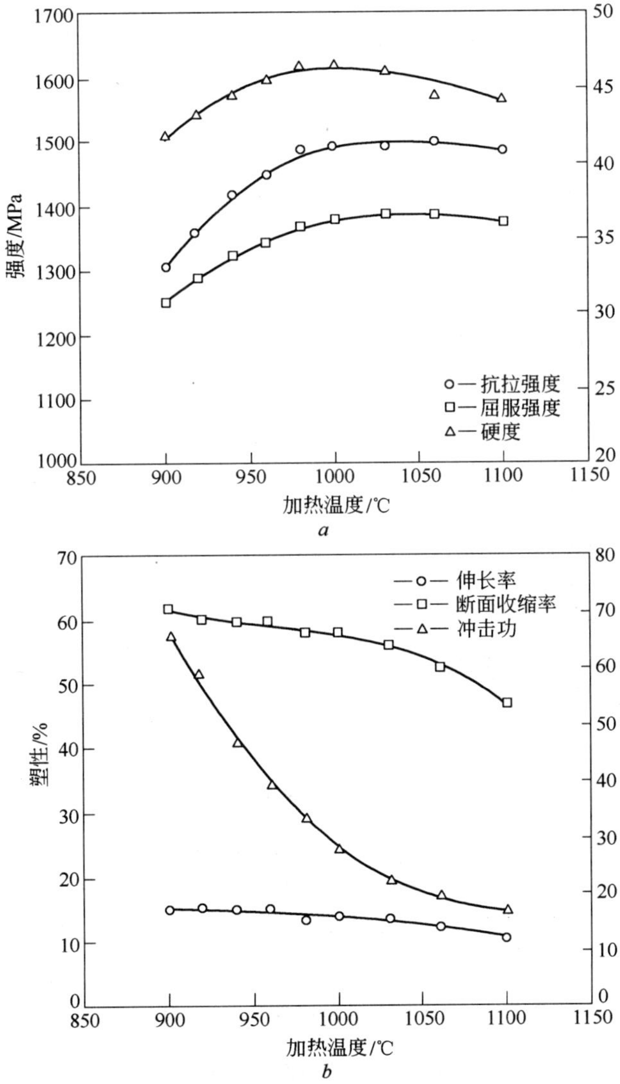

图 4-64 加热温度对 ADF1 钢强度、硬度（*a*）和塑性、冲击功（*b*）的影响（610℃回火）

随着回火温度的升高，ADF1 钢的硬度和强度逐渐降低，塑性逐渐提高，如图 4-65 所示。但与 42CrMo 钢不同的是，当回火温度高于约 500℃时，由于钼和钒合金碳化物的析出，产生二次硬化作用，硬度和强度不再降低，但回火温度超过约 620℃时，硬度和强度急剧降低。

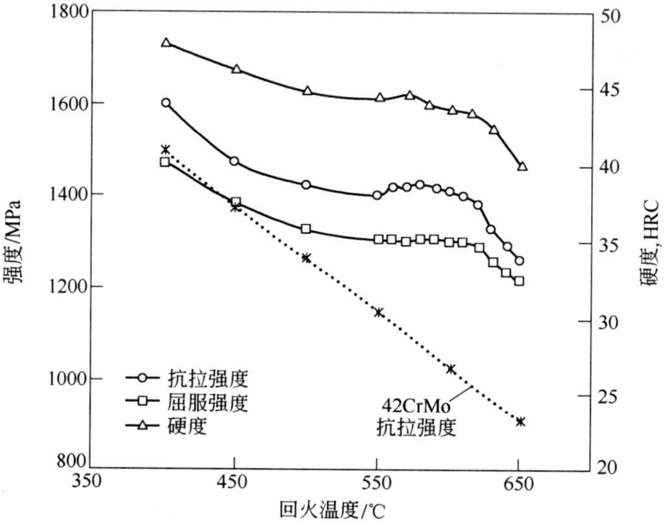

a

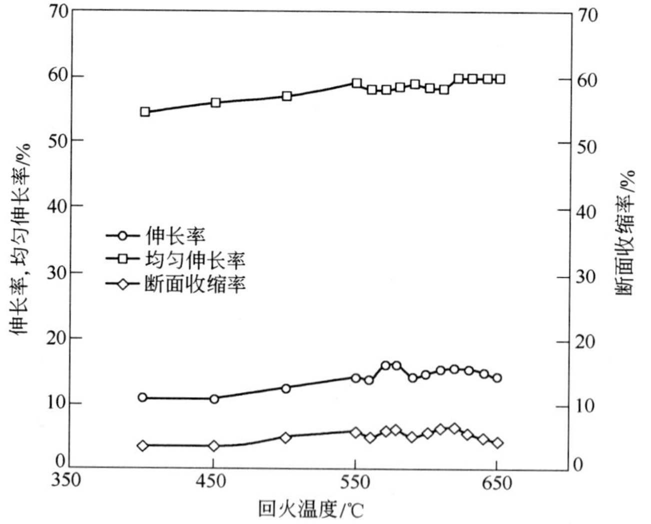

b

图 4-65　回火温度对 ADF1 钢硬度、强度（*a*）和塑性（*b*）的影响

ADF1 钢在回火时力学性能的变化规律与其微观组织的变化密切相关。其回火过程实质上就是过饱和的α′ 固溶体的脱溶过程，这个过程受α′ 相中

Cr、Mo、V 等合金元素扩散控制。当回火温度高于 500℃时，过饱和碳已从 α′ 固溶体中全部析出，碳原子的固溶强化作用也就消失。但此时由于强碳化物形成元素钼、钒合金碳化物的弥散析出，钉扎位错运动，起弥散强化的作用。随着回火温度升高，合金碳化物数量越来越多，成为固溶体的主要强化相，产生二次硬化效应，抑制硬度和强度的降低。二次硬化元素钼和钒的二次硬化峰值温度分别约为 570～580℃和 600～625℃，由于二者的综合作用，使得在约 550～610℃的温度范围内，硬度和强度变化不明显。当回火温度高于约 620℃时，合金碳化物逐渐聚集并长大，对位错运动阻碍作用大大减弱，使硬度和强度急剧降低。

在单轴拉伸应力-应变曲线上，均匀塑性变形阶段的应力σ与应变 ε 之间符合 Hollomon 关系式：

$$\sigma = K\varepsilon^n \tag{4-22}$$

式中，n 为形变强化指数；K 为强度系数，是应变等于 1.0 时的应力。n 反映了材料抵抗继续塑性变形的能力，是表征材料形变强化的性能，它在数值上等于形成缩颈时的均匀应变量。随着回火温度的升高，ADF1 钢的 n 和 K 均显著降低，但当回火温度超过约 450℃后，n 和 K 的变化趋于平缓，见图 4-66。

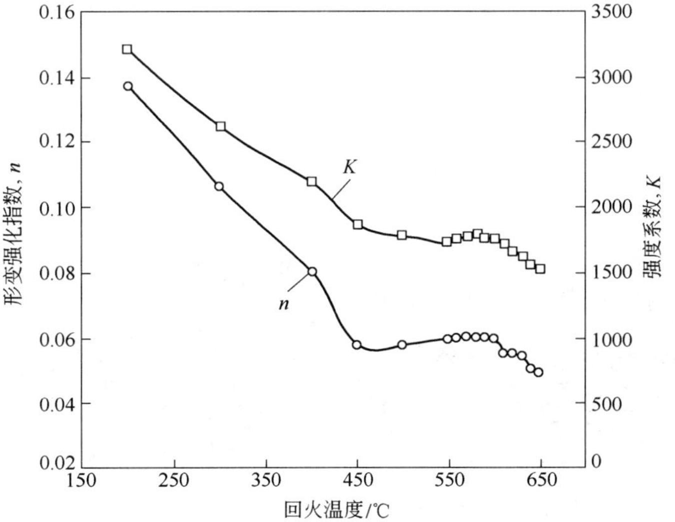

图 4-66　ADF1 钢的形变强化指数 n 和强度系数 K 随回火温度的变化

D　韧性和缺口敏感性

ADF1 钢的韧性随回火温度的变化见图 4-67。在二次硬化峰附近，韧性有所降低，这主要与共格析出的合金碳化物在晶格中造成的较大的畸变有关。当进一步升高回火温度时，合金碳化物逐渐失去与基体的共格关系，开始聚集长大，韧性得到恢复。在高于二次硬化回火温度区间回火时，冲击功降低是二次硬化钢的普遍现象。这与基体共格的合金碳化物失去共格关系及合金碳化物的类型转变等有关。

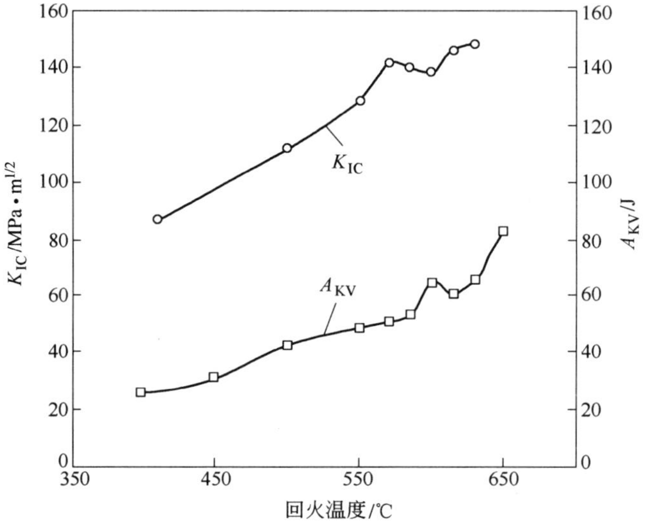

图 4-67　回火温度对 ADF1 钢韧性的影响

对冲击断口的 SEM 分析表明，400℃回火时，冲击断口呈准解理＋韧窝的混合形貌；随回火温度的升高，冲击断口中韧窝所占的比例不断增加，即材料韧性增加；当回火温度升至 650℃时，则冲击断口完全呈韧窝状，见图 4-68。断裂韧性断口的变化规律与冲击断口基本一致，见图 4-69。

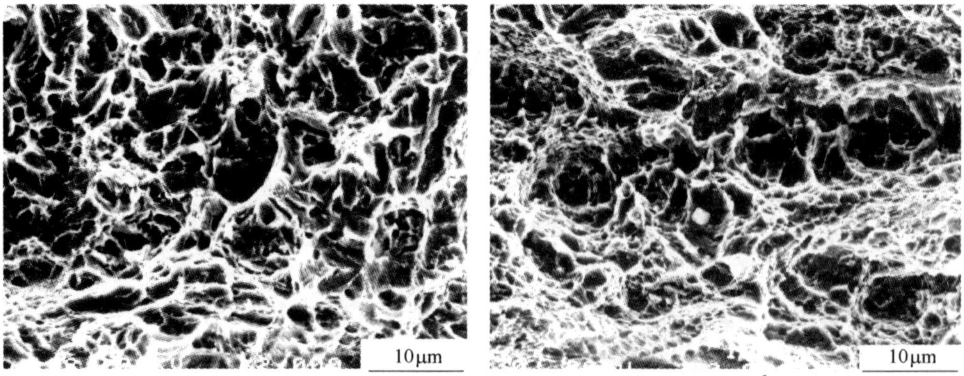

a　　*b*

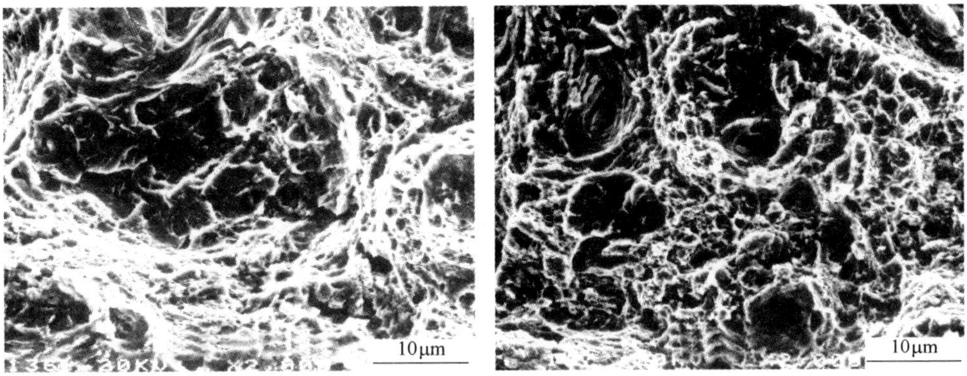

c *d*

图 4-68 回火温度对 ADF1 钢冲击断口断裂机制的影响

a—400℃；*b*—500℃；*c*—600℃；*d*—650℃

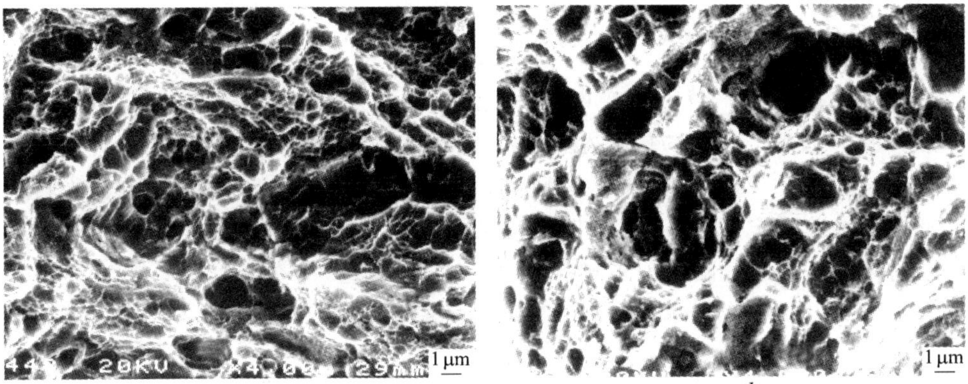

a *b*

图 4-69 回火温度对 ADF1 钢平面应变断裂机制的影响

a—400℃；*b*—600℃

K_{IC} 和 A_{KV} 都是材料的韧性指标，都具有衡量韧性的共性。从图 4-67 已看出，二者随回火温度的变化规律基本一致。对 ADF1 钢 K_{IC} 与 A_{KV} 试验数据的进一步分析表明，二者符合 Rolfe-Novak[137]提出的经验关系式，见图 4-70。

$$\left(\frac{K_{IC}}{R_{p0.2}}\right)^2 \times 10^3 = 371.3\left(\frac{A_{KV}}{R_{p0.2}}\right) - 2.36 \qquad (4\text{-}23)$$

可见，ADF1 钢的断裂韧性 K_{IC} 可由屈服强度 $R_{p0.2}$ 和冲击功 A_{KV} 求出。如知道 ADF1 钢的常规力学性能 $R_{p0.2}$ 和 A_{KV}，就可以由上式大体上估算出 K_{IC} 值。

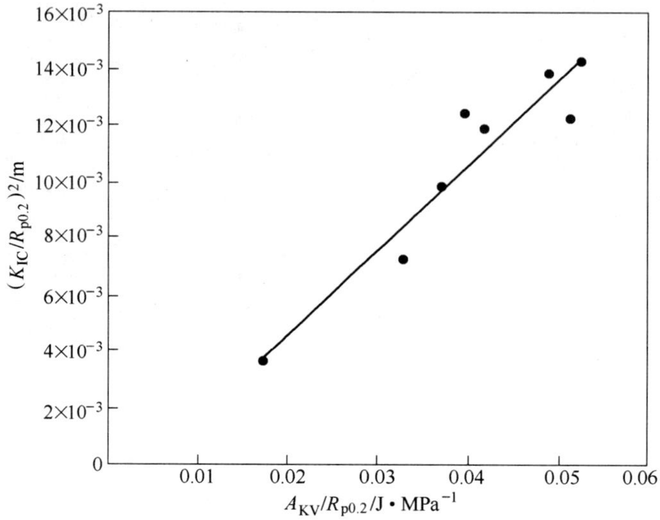

图 4-70　ADF1 钢的断裂韧性 K_{IC} 与冲击功 A_{KV} 的关系

对于 ADF1 钢，通过改变奥氏体化温度和快速循环热处理可获得不同的原奥氏体晶粒尺寸。图 4-71 是 ADF1 钢不同原奥氏体晶粒尺寸的夏比 V 形冲击试样在−192～20℃温度范围内冲断吸收的冲击能量变化。ADF1 钢的韧脆转变温度 T_K （此处定义 A_{KV}＝20 J 时对应的温度作为 T_K）与马氏体板条束宽度 D_p 的关系符合 Petch 提出的关系式：

$$T_K = 319.5-135.7\ln D_p^{-1/2} \tag{4-24}$$

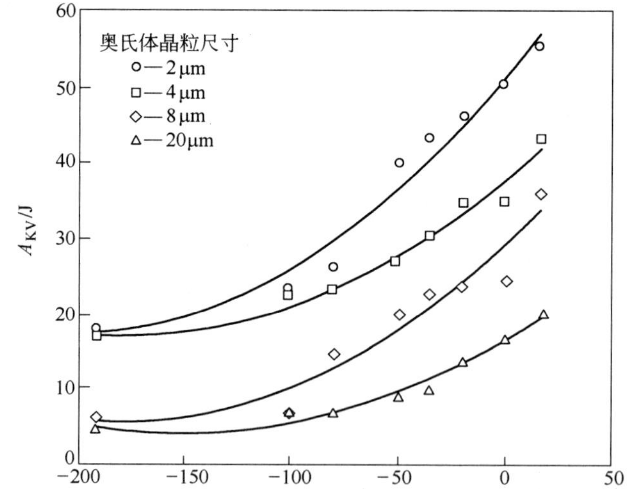

图 4-71　不同晶粒尺寸 ADF1 钢 V 形 Charpy 试样的冲击功随实验温度的变化

可见，常规处理后 ADF1 钢（奥氏体晶粒尺寸约 8 μm）的韧脆转变温度约为 −40℃，通过细化奥氏体晶粒能够明显改善 ADF1 钢的韧性，特别是降低韧脆转变温度。

由于 ADF1 钢中的钼元素含量较高，因而抑制了钢回火脆性，即 ADF1 钢冲击试样调质处理时炉冷、空冷和水冷后的冲击功值基本一致，见表 4-7。从表中还可以看出，缺口深度为 5 mm 的 U 形冲击试样与缺口深度为 2 mm 的 Charpy V 形冲击试样的冲击功值均为 36.0 J，远高于标准要求。

表 4-7 冷却方式对 ADF1 钢冲击功的影响

回火温度	450℃			600℃			
冷却方式	炉 冷	空 冷	水 冷	炉 冷	空 冷	水 冷	A_{KU}①，空冷
A_{KV}/J	25.3	24.5	23.7	35.0	36.0	35.0	36.0

① 缺口深度为 5mm 的 U 形冲击试样试验结果。

表 4-8 是 ADF1 钢与 4140、4340 等高强度钢经淬火 + 中高温回火后强韧性的比较。可见，ADF1 钢的强韧性配合优于相同强度级别的其他马氏体钢。

表 4-8 几种低合金马氏体钢的强韧性

钢 种	回火温度/℃	R_m/MPa	$R_{p0.2}$/MPa	A/%	Z/%	A_{KV}/J	K_{IC} /MPa·m$^{1/2}$
42CrMo	430	1540	1390	9.0	40.0	8.0	71
	500	1325	1205	12.0	45.0	20	89
	550	1235	1140	14.0	48.0	34	100
4130	260	1500	1275	11.5	40.0	14	
4340	425	1500	1365	14.0	48.0	16	
D6-A	540	1450	1410	13.0	45.5	26	
ADF1	400	1550	1440	11.0	53.5	22	87
	585	1400	1430	15.0	58.0	47	139①
	630	1320	1260	15.0	58.0	53	146①

① 试样厚度不满足平面应变要求。

高强度钢对缺口比较敏感，要求具有较低的缺口敏感性。表 4-9 为 ADF1 钢和 42CrMo 钢的缺口敏感性试验结果，表中缺口敏感度 $NSR = R_{mN}/R_m$（R_{mN} 为缺口试样的抗拉强度，R_m 为光滑试样的抗拉强度，NSR 值越大表示缺口敏感性越小）。常用的机械制造用钢 42CrMo 的回火温度多为 500～550℃，其 NSR 值为 1.34～1.41。ADF1 钢由于具有良好的塑性和韧性，在较宽的回火温度范围 500～630℃可获得 1300 MPa 以上的强度，而其 NSR 值为 1.49～1.62，明显高于 42CrMo 钢，即具有低的缺口敏感性。

表 4-9　ADF1 钢和 42CrMo 钢的缺口敏感性（正拉伸）

钢　种	回火温度/℃	R_m/MPa	R_{mN}/MPa	*NSR*
42CrMo	430	1540	1680	1.12
	470	1410	1780	1.26
	500	1325	1773	1.34
	550	1240	1793	1.41
	600	1125	1703	1.51
ADF1	410	1610	2103	1.31
	500	1430	2130	1.49
	550	1390	2150	1.55
	600	1410	2153	1.54
	630	1310	2117	1.62
	650	1175	1967	1.67

缺口试样偏斜拉伸试验，因在试样上同时有拉伸和弯曲复合作用，故其应力状态更硬，缺口截面上应力更不均匀，因而能显示材料的高缺口敏感状态。这种方法对于高强度螺栓的选材和热处理工艺优化很合适。因为螺栓是带缺口机件，工作时难免有偏斜。表 4-10 是缺口试样偏斜拉伸试验结果。显然，ADF1 钢对偏斜的敏感性同样小于 42CrMo 钢。

表 4-10　ADF1 钢和 42CrMo 钢的缺口敏感度（偏斜拉伸）

钢　种	热处理制度	R_m/MPa	$R_{mN}(0°)/R_m$	$R_{mN}(4°)/R_m$	$R_{mN}(8°)/R_m$
ADF1	600℃	1410	1.54	1.09	0.65
42CrMo	550℃	1240	1.41	0.74	0.36

E　疲劳性能

光滑试样和缺口试样的旋转弯曲疲劳试验结果见表 4-11。通常用疲劳缺口因子或疲劳缺口敏感度来衡量材料疲劳性能对缺口的敏感性。表中疲劳缺口因子 K_f 定义如下[138]：

$$K_f=\sigma_{-1}/\sigma_{-1N} \tag{4-25}$$

表 4-11　ADF1 钢与 42CrMo 钢旋转弯曲疲劳试验结果的比较

钢　种	回火温度	R_m/MPa	σ_{-1}/MPa	σ_{-1}/R_m	σ_{-1N}/MPa	K_f	Q_f
ADF1	200℃	1900	795	0.42			
	400℃	1600	740	0.46			
	600℃	1400	738	0.53	446	1.65	0.50
42CrMo	250℃	2000	768	0.38			
	410℃	1560	710	0.46			
	550℃	1310	635	0.48	343	1.85	0.65

疲劳缺口敏感度 Q_f：

$$Q_f = \frac{K_f - 1}{K_t - 1} \tag{4-26}$$

式中，σ_{-1} 为光滑试样的旋转弯曲疲劳极限（应力比 $R = -1$）；σ_{-1N} 为缺口试样的旋转弯曲疲劳极限；K_t 为理论应力集中系数，根据本试验缺口疲劳试样的缺口几何形状可查得 $K_t = 2.3$[139]。可见，与 42CrMo 钢相比，ADF1 钢有高的疲劳抗力和低的疲劳缺口敏感性。图 4-72 为 ADF1 钢的旋弯疲劳 *S-N* 曲线和疲劳裂纹扩展速率与 42CrMo 钢的对比，在ΔK 值较大时，ADF1 钢的疲劳裂纹扩展速率明显低于 42CrMo 钢。

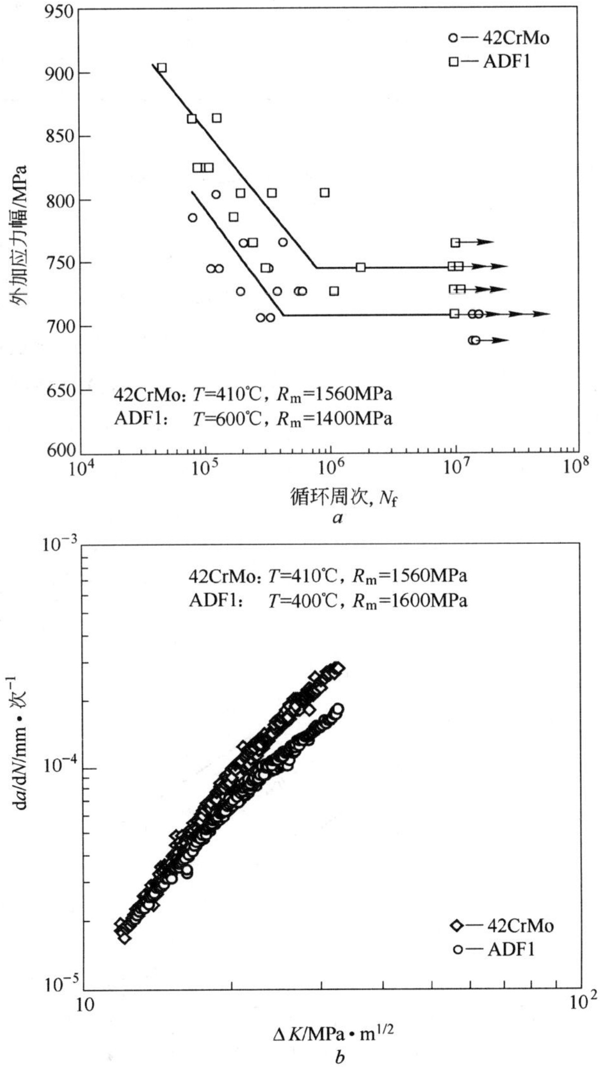

图 4-72　ADF1 钢旋转弯曲疲劳的 *S-N* 曲线（*a*）和疲劳裂纹扩展速率 d*a*/d*N*-ΔK 曲线（*b*）与 42CrMo 钢的比较

F　冷加工性

由于螺栓生产中大都需要镦头，因此螺栓钢大多为冷镦钢，要求有良好的冷加工性能。ADF1 和 42CrMo 钢分别经 750℃×6 h、750℃×3 h 的球化退火处理后，进行冷压缩试验。表 4-12 中虽然前者的硬度高于后者，但其不发生破裂的临界压缩变形量却仍然高于前者。较低的磷、硫等杂质元素含量是 ADF1 钢具有优良冷加工性能的主要原因。

表 4-12　ADF1 钢和 42CrMo 钢的冷加工性能

钢　种	退 火 工 艺	硬度, HB	临界压缩变形量/%
ADF1	750℃×6h, FC	218	77.4
42CrMo	750℃×3h, FC	198	74.3

4.3.3.2　延迟断裂行为

采用恒载荷缺口拉伸延迟断裂试验和改进的 WOL 型应力腐蚀试验来评定 ADF1 钢的耐延迟断裂性能。实验溶液分别为 pH = 3.5±0.5 的 Walpole 缓蚀液（盐酸＋醋酸钠＋去离子水或蒸馏水）和 3.5％的 NaCl 水溶液。

将各种强度水平下的负荷应力-断裂时间曲线整理、计算后可得延迟断裂强度比 *DFSR* 与抗拉强度的关系，见图 4-73*a*。可见，随着抗拉强度的升高，试验钢的 *DFSR* 均明显降低；在相同的强度水平下，ADF1 钢的 *DFSR* 明显高于 42CrMo 钢和 AISI 8740 钢。试验钢的应力腐蚀临界应力场强度因子 K_{ISCC} 随屈服强度的变化见图 4-73*b*。同样，在相同的强度水平下，ADF1 钢的 K_{ISCC} 明显高于 42CrMo 钢，但这种差别随着强度的提高而减少。

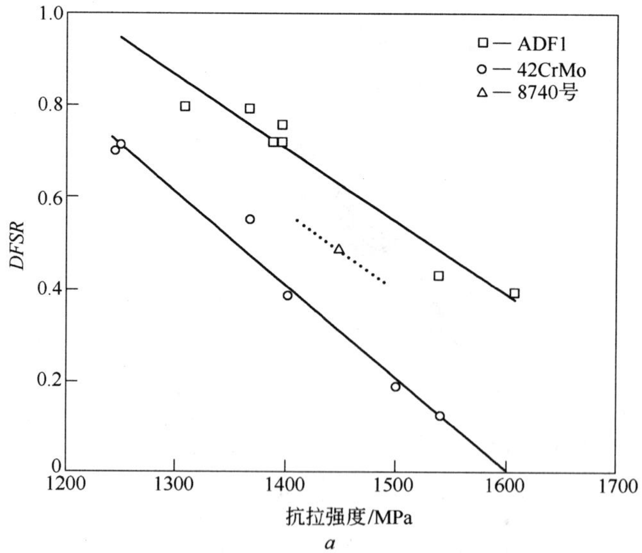

a

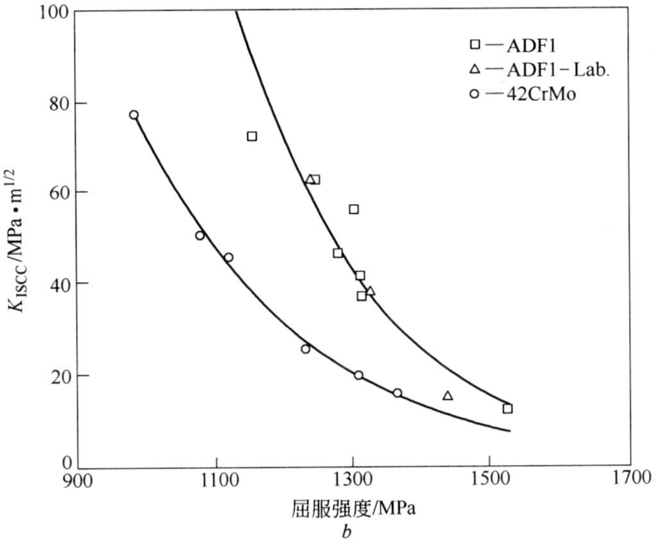

图 4-73 ADF1 钢的缺口拉伸延迟断裂强度比 *DFSR*（*a*）和 K_{ISCC}（*b*）随强度的变化

对缺口拉伸试样断口上裂纹源区的 SEM 观察表明，ADF1 钢在 410℃回火时为典型的沿晶断裂，随着回火温度的升高，断口中穿晶断口所占的比例逐渐增加，600℃回火时为穿晶＋少量沿晶的混合型断裂，630℃回火时则为穿晶＋极少量沿晶断裂的混合型断裂；而对 42CrMo 钢，在 430℃时为典型的沿晶断裂，550℃回火时则均为沿晶＋少量穿晶的混合型断裂。图 4-74 是 ADF1 和 42CrMo 钢在不同回火温度下的典型缺口拉伸延迟断裂试样裂纹源区的断口形貌。

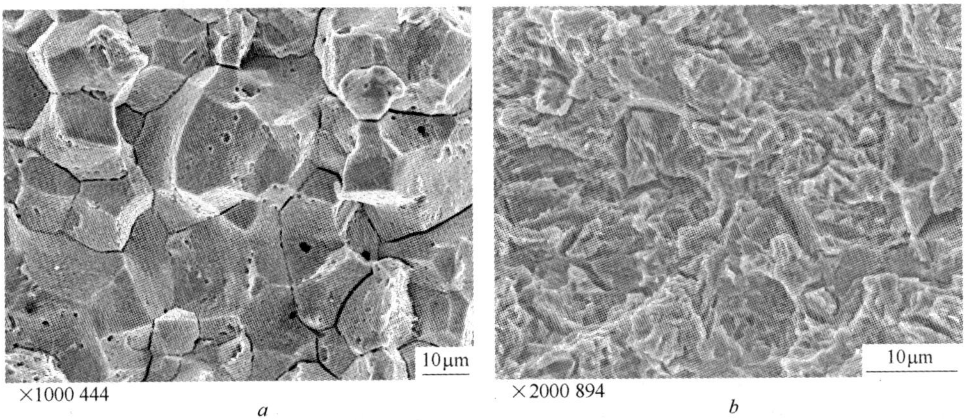

图 4-74 42CrMo 钢（*a*）和 ADF1 钢（*b*）的典型缺口拉伸延迟断裂试样的断口形貌（裂纹源区，R_m = 1400 MPa）

a—450℃，σ_a = 415MPa，*t* = 94 h；*b*—600℃，σ_a = 1870 MPa，*t* = 143 h

对 WOL 型应力腐蚀试样断口上应力强度因子 K 接近 K_{ISCC} 区域的观察结果表明，ADF1 钢和 42CrMo 钢的断裂机制随回火温度的变化规律与上述缺口拉伸延迟断裂试样基本一致。

图 4-75 是 ADF 系钢与 42CrMo 钢延迟断裂行为比较的示意图。与 42CrMo 钢相比，ADF 系钢由于晶界碳化物断开球化、晶内析出弥散均匀分布的 MC 型碳化物，并具有细小的原奥氏体晶粒，因而试样中晶界捕集的氢量明显减少，氢的分布更加均匀，这使得 ADF 系钢具有良好的耐延迟断裂性能。

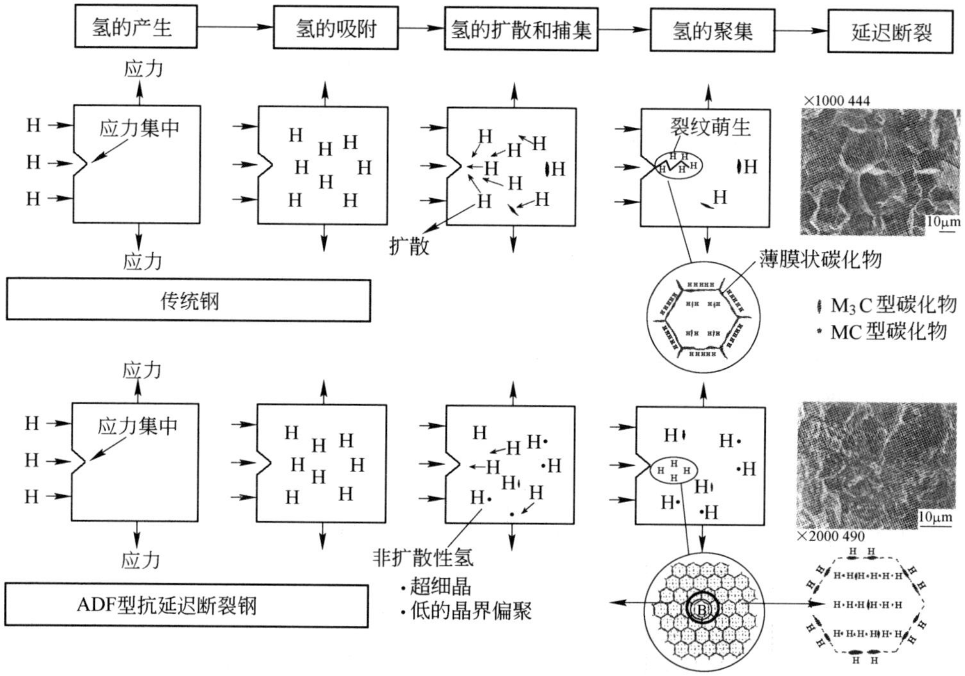

图 4-75　ADF 系钢与传统 42CrMo 钢延迟断裂（氢陷阱）行为示意图

4.3.3.3　工业应用概况

对开发的 ADF1 钢在南京依维柯汽车公司和东风汽车公司的配套紧固件企业试制了 13.9 级和 14.9 级高强度螺栓，并对其进行了系统、全面的工业应用研究和工业应用，包括螺栓生产工艺、力学性能、楔负载性能、蠕变性能、疲劳性能、摩擦性能、拧紧特征、耐延迟断裂性能、台架实验、装车考核实验等。

工业应用研究表明，通过适当调整淬火和回火工艺制度，ADF1 钢的抗拉强度为 1350～1600 MPa，伸长率大于 12%，断面收缩率大于 50%，室温夏比 V 形冲击功大于 35 J，完全满足 13.9 级和 14.9 级高强度螺栓用钢的力学性能要求。实验室试样和实物曝露延迟断裂实验结果均表明，ADF1 钢的延迟断裂抗力明显高于常用的 42CrMo 钢，同时具有低的拉伸缺口敏感性和疲劳缺口敏感性及高的疲劳破坏抗力。采用 ADF1 钢制的 13.9 级高强度螺栓已于 2003 年投入工业批量应用。

A 螺栓生产工艺

由于在钢种设计时已充分考虑到要满足现有高强度螺栓的主要生产工艺的要求，因此用 ADF1 钢制造高强度螺栓，其主要生产工艺与目前大量生产的 10.9、12.9 级高强度螺栓的工业生产工艺相当。

B 螺栓力学性能

ADF1 钢制 13.9 级和 14.9 级超高强度螺栓实物的力学性能见表 4-13。表中同时给出了 GB3098.1《紧固件机械性能—螺栓、螺钉和螺柱》中对 12.9 级螺栓的性能要求。可见，新型高强度螺栓的强度达到了 13.9 级和 14.9 级螺栓的要求，并且具有良好的强韧性配合。图 4-76 是拉伸断裂的 14.9 级螺栓，断裂部位正常。图 4-77 为随机抽检的 ADF1 钢制螺栓的硬度测定结果。可见，由于 ADF1 钢独特的回火特征，螺栓硬度波动很小（≤2.5HRC），远低于 42CrMo 钢制螺栓的硬度波动（≤5HRC）。

表 4-13 13.9 级和 14.9 级螺栓实物力学性能

螺栓等级	R_m①/MPa	硬度,①HRC	R_m/MPa	$R_{p0.2}$/MPa	A/%	Z/%	A_{KV}/J
12.9 级		39	1200	1080	8.0		15
13.9 级	1420	43.5	1350	1290	14.0	59.0	56
14.9 级	1510	45.8	1500	1400	12.5	51.0	

① 为实物螺栓测定结果，其余为同实物螺栓同批处理的标准拉伸（$l_0 = 5d_0$, $d_0 = 5$ mm）和夏比 V 形冲击试样（13.9 级螺栓）或实物螺栓车削加工的 $l_0 = 5d_0$, $d_0 = 10$ mm 试样的测定结果（14.9 级螺栓）。

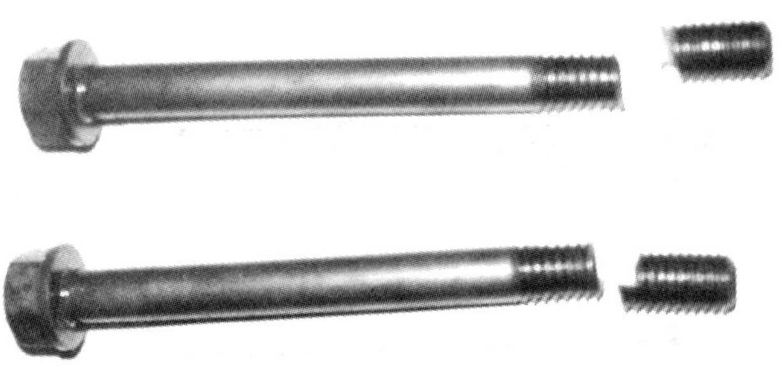

图 4-76 拉伸断裂的 ADF1 钢制 14.9 级缸盖螺栓

C 螺栓保载和楔负载性能

保证载荷试验是考验螺栓在加载一定负荷后抵抗变形的能力。按照 GB/T3098.1 进行保载试验，保载应力 $S_p = 0.88R_{p0.2}$，保证载荷为 $A_s \times S_p$（A_s 为螺纹的应力截面积）。试验结果表明加载前后螺栓长度无变化（测量误差±12 μm），满足高强度螺栓的要求。

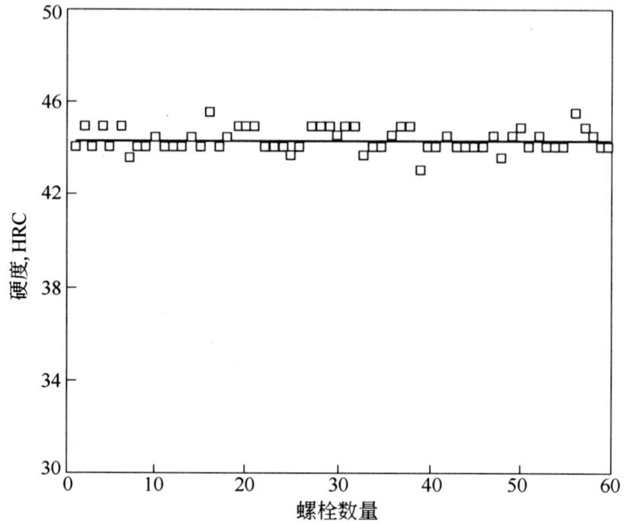

图 4-77　ADF1 钢制螺栓的硬度随机抽检情况（样品数 60 个）

图 4-78 是 13.9 级螺栓和 10.9 级螺栓（M10×1.25）的楔拉伸实验结果。实验参照 GB/T 3098.1—1982 规定进行。可见，与 10.9 级螺栓相比，13.9 级螺栓的拉伸断裂强度有较大幅度的提高，而且随着偏斜角增大拉伸断裂强度下降很小。采用 6°楔形垫圈对 ADF1 钢制 14.9 螺栓的楔负载试验同样表明，螺栓的楔负载性能良好，未出现承载能力明显下降或螺栓头下圆角断裂现象。

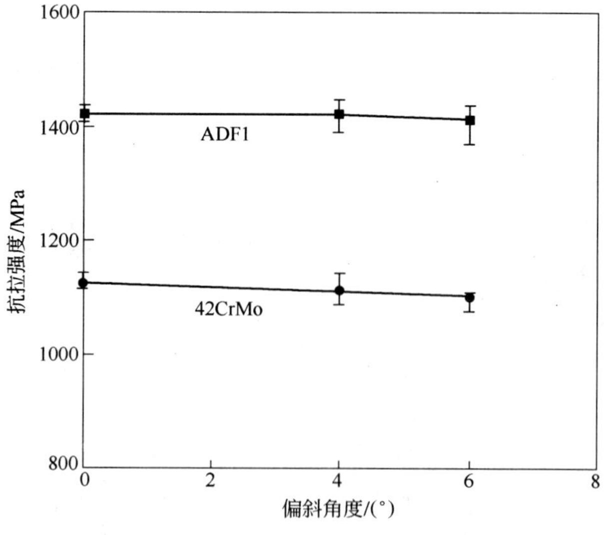

图 4-78　实物螺栓（M10×1.25）楔拉伸实验结果

D 螺栓疲劳性能

按照 GB/T 13682 进行了 ADF1 钢制 14.9 级康明斯发动机 B 系列缸盖螺栓（M12×1.75）的轴向载荷疲劳实验，试验采用 Amsler 250HFP5100 型高频疲劳试验机，实验时的平均载荷为 95 kN（890 MPa），实验频率为 130 Hz，应力循环基数为 10^7 次。图 4-79 为疲劳实验的 S-N 曲线，图中同时给出了康明斯发动机原件缸盖螺栓（12.9 级）的试验结果。结果表明 ADF1 钢制造的上述螺栓具有良好的疲劳性能，明显优于美国制造的康明斯原件螺栓。

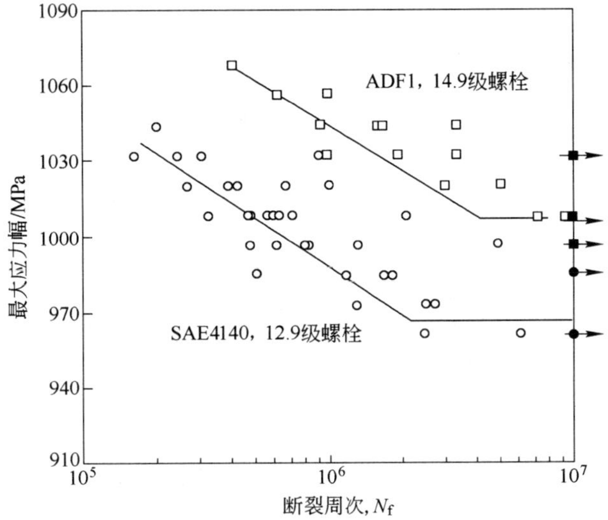

图 4-79 试制的 14.9 级康明斯发动机 B 系列缸盖螺栓与康明斯原件的疲劳试验结果
（平均应力 σ_m = 890 MPa，试验频率 130 Hz）

E 螺栓摩擦性能

螺栓的摩擦性能将影响螺栓装配后的轴向预紧力，当用 K 值来表征螺栓的摩擦性能时，施加到螺栓上的扭矩与螺栓上的轴向预紧力为：

$$T = KdF \tag{4-27}$$

式中，T 为拧紧扭矩，N·m；d 为螺纹公称直径，mm；F 为螺栓轴向预紧力，kN。

当 ADF1 钢制 14.9 级螺栓采用与原 42CrMo 钢制 12.9 级螺栓相同的磷化工艺时，两种螺栓的 K 值平均值相差 5%，在正常工艺变动范围内，无显著差异，见表 4-14。

F 螺栓拧紧特性

螺栓的拧紧特性指螺栓拧紧过程中的扭矩、转角、轴向力、伸长量之间的相互关系。充分了解螺栓的拧紧特性对于正确制定螺栓的装配拧紧工艺是必不可少的。图 4-80 为 ADF1 钢制 14.9 级螺栓（M12×1.75）的轴向力-伸长量曲线。

表 4-14　实验测定的螺栓 *K* 值（扭矩 90 N • m）

螺栓等级	*K* 平均值	标准差
42CrMo, 12.9 级	0.144	0.010
ADF1，14.9 级	0.137	0.007

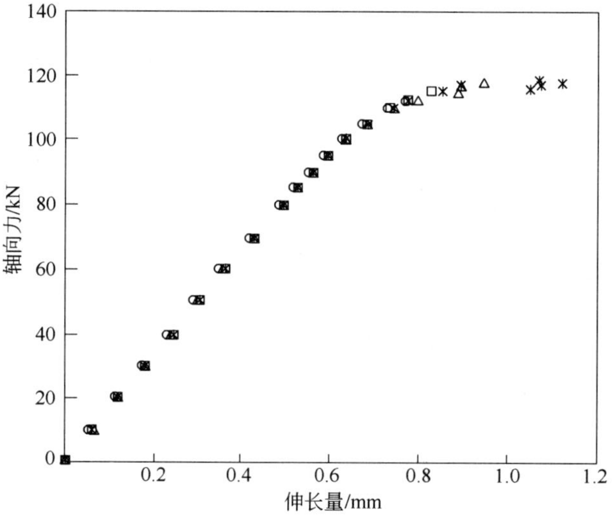

图 4-80　ADF1 钢制 14.9 级螺栓的轴向力-伸长量曲线
（M12×1.75 螺栓杆长 120 mm）

G　螺栓耐延迟断裂性能

ADF1 钢制 14.9 级康明斯发动机缸盖螺栓在自制的夹具上加载（采用两种加载载荷，分别为 1100 MPa（92.7 kN）、1235 MPa（104.1 kN），对比的 42CrMo 钢制缸盖螺栓的加载载荷为 1100 MPa（92.7 kN））后，于 2002 年 5 月始在国防科技工业自然环境试验研究中心江津实验站（该站位于东经 106°15′，北纬 29°19′，海拔 208.6 m，属于亚热带季风气候，其气候特征是：夏季闷热，冬天潮湿，年平均气温较高，其环境大气中的 Cl^-离子、SO_2、H_2S 等含量高，固体颗粒物含量大，酸雨频率高，酸雨的 pH 值低，大雾天气时有发生）进行了自然环境延迟断裂试验，见图 4-81。一年的试验情况良好，均未发现断裂。实物螺栓环境暴露 12 个月后再加载拧断，观察断口证明 ADF1 钢具有良好的耐延迟断裂性能，见图 4-82。

图 4-81 ADF1 钢制 14.9 级缸盖螺栓在进行自然环境延迟断裂实验（重庆·江津）(2002 年 5 月开始)

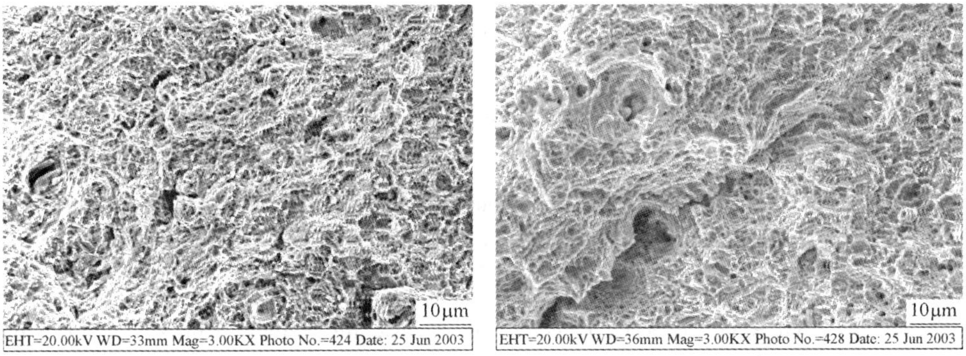

a *b*

图 4-82 实物螺栓环境暴露 12 个月后再加载拧断的 SEM 断口形貌

a—ADF1，14.9 级；*b*—42CrMo，12.9 级

参考文献

[1] Padfield C. Automotive fasteners[J]. Advanced Marterials & Process, 1998, (10):49~53.

[2] 松本 斉. 遅れ破壊はどの強度レベルまで危険か[J]. 特殊鋼, 1995, 44(12):24~26.

[3] 惠卫军，董瀚，翁宇庆. 耐延迟断裂高强度螺栓钢的研究开发[J]. 钢铁，2001，36(3):69~73.

[4] 佐藤 彰. 超鉄鋼材料. 鉄鋼界，1997, (12):14~15.

[5] Lee W P. Development of high performance structural steels for 21st century in Korea[C]. Ultra Steel 2000, Proceedings of the International Workshop on the Innovative Structural Materials for Infrastructure in 21st Century. Held in

Tsukuba,Japan,12-13 January,2000,33~63.

[6] Weng Y Q. New generation of Iron and steel material in China[C]. Ultra Steel 2000, Proceedings of the International Workshop on the Innovative Structural Materials for Infrastructure in 21st Century. Held in Tsukuba,Japan,12-13 January,2000,11~32.

[7] Banerji S K, McMahon Jr. C J, Feng H C. Intergranular fracture in 4340-type steels: Effects of impurities and hydrogen[J]. Metall. Trans. A, 1978, 9A(2):237~247.

[8] Bandyopadhyay N, Kameda J, McMahon Jr. C J. Hydrogen-induced cracking in 4340-type steel: Effects of composition, yield strength, and H_2 pressure[J]. Metall. Trans. A, 1983, 14A(5):881~888.

[9] Proctor R P M., Paxton H W. The effect of prior-austenite grain-size on the stress-corrosion cracking susceptibility of AISI 4340 steel[J]. Trans. Am. Soc. Metals, 1969, 62(4):989~999.

[10] McDarmaid D S. Effects of different austenitization treatments on K_{IC}, K_{ISCC}, and other mechanical properties of 300MPa steel bar[J]. Metals Technology, 1978, 5(1):7~16.

[11] Lessar J F, Gerberich W W. Grain size effects in hydrogen-assisted cracking[J]. Metall. Trans.A, 1976, 7A:953~960.

[12] Padmanabhan R, Wood W E. Hydrogen induced cracking in a low alloy steel.[J] Metall. Trans. A, 1983, 14A(11):2347~2356.

[13] Lin D L, Lan Y, Wu J S. Influence of austenitizing temperature on stress corrosion in 4330M steel—The role of impurity segregation in stress corrosion cracking of high strength steel[J]. Metall. Trans. A, 1988, 19A(9):2225~2231.

[14] Li G F, Wu R G, Lei T C. Effect of prior austenite grain size on stress corrosion cracking of a high-strength steel[J]. Metall. Trans. A, 1990,21A(2):503~505.

[15] 川寄一博，千葉貴世，古賀久喜，山崎隆雄．誘導加熱焼入れ焼もどししたばね鋼の機械的性質におよぼすオ-ステナイト結晶粒径の影響[J]．鉄と鋼，1987, 73(16):2298~2305.

[16] Webster D. The Improvement of Mechanical Properties of AFC77 by Austenite Grain Refinement.[J] Trans. ASM, 1969,62:759~767.

[17] 惠卫军．高强度螺栓钢延迟断裂行为的研究[D]．钢铁研究总院博士学位论文．北京, 2003.

[18] Hui W J, Dong H, Weng Y Q, et al. Effect of Prior Austenite Grain Size on the Delayed Fracture Resistance of High Strength Steel[C]. In: Takaki S, Maki Teds., International Symposium on Ultrafine Grained Steels(ISUGS2001)， Uminonakamichi, Fukuoka, Japan, Sept. 20~22, 2001, 232~235.

[19] 惠卫军，董瀚，翁宇庆，时　捷，聂义宏，褚作明，陈蕴博．超细晶粒高强度钢

的延迟断裂行为[J]. 金属学报，2004，40(6)：561~568.

[20] Koppenaal T J, Gold E. The effect of prior deformation on the strength and annealing of reverted austenite[J]. Metall. Trans. A, 1972, 3A(11):2965~2972.

[21] 褚武扬，乔利杰，陈奇志等. 断裂与环境断裂[M]. 北京：科学出版社，2000.

[22] 李会录，惠卫军，董瀚，翁宇庆等. 高强度钢应力腐蚀门槛值随强度的变化规律[J]. 金属学报，2001, 37(5):512~516.

[23] 郑文龙. 强度对钢 SCC 敏感性的影响[J]. 中国腐蚀与防护学报，1984, 4(4):287~292.

[24] 褚武扬. 氢损伤与滞后断裂[M]. 北京：冶金工业出版社，1988.

[25] Gerberich W W. Effect of Hydrogen on High-Strength and Martensitic Steels[C]. In: Bernstein I M, Thompson A W eds., Hydrogen in Metals. American Society for Metals, 1973,115~147.

[26] Nishikata H, Hashimoto A. Summaries of technical papers of annual meeting Architectural Inst[J]. Jpn., C, Structures Ⅱ, 1994, 1369.

[27] 山崎真吾, 高橋稔彦.高強度鋼における遅れ破壊機構の原波形解析[J]. 鉄と鋼，1997, 83(7):460~465.

[28] 惠卫军，董 瀚，翁宇庆. 高强度钢耐延迟断裂性能的评价方法[J]. 理化检验－物理分册，2001, 37(6):231~235.

[29] 松山晋作. 遅れ破壊[M]. 東京：日刊工業新聞社，1989.

[30] 櫛田隆弘，松本 斉，倉富直行，ら. 13T 級高力ボルト用鋼の遅れ破壊感受性の定量化と水素吸蔵挙動[J]. 鉄と鋼，1996,82(4):297~302.

[31] 木村勇次，高木周作，原徹，寺崎聴，津崎兼彰. 14000 級高強度鋼の遅れ破壊特性に及ぼす旧粒微細化の効果[J]. CAMP-ISIJ, 2001, 14:1310.

[32] 木村勇次，津崎兼彰. マルテサイト組織の微細化技術の動向[J]. 特殊鋼, 2003, 52(3):12~15.

[33] 梅本実, 田村今男. 結晶粒径の測定法とそれに関する諸式[J]. 熱処理,1984, 24(6):334~338.

[34] 通商産業省基礎産業局製鉄課. ス-パ-メタル開発プロジエクト[J]. 鉄鋼界,1996,(12):18~25.

[35] 越智達郎，西田世紀，杉山昌章，高橋淳，樽井敏三. 棒線商品の開発動向[J]. 新日铁技报，2007, (386):5~10.

[36] Tien J K. Diffusion and the Dislocation Sweeping Mechanism for Hydrogen Transport[C]. In: Thompson A W, Bernstein I M eds., Effect of Hydrogen on Behavior of Materials, Met. Soc. AIME, 1976, 309~315.

[37] 李光福，吴忍畊，雷廷权. 回火温度对 42CrMo 高强钢应力腐蚀断裂行为的影响

[J]. 中国腐蚀与防护学报，1991，11(1):27~33.

[38] Li G F, Wu R G, Lei T C. Carbide-Matrix Interface Mechanism of Stress Corrosion Cracking Behavior of High-Strength CrMo Steels[J]. Metall. Trans. A, 1992, 23A(10):2879~2885.

[39] Pressouyre G M. A classification of hydrogen traps in steel[J]. Metall. Trans. A, 1979, 10A(10):1571~1573.

[40] HUI Wei-jun, Dong Han, WENG Yu-qing. Delayed Fracture Behavior of CrMo Type High Strength Steel Containing Vanadium[J]. J. of Iron and Steel Research Inter., 2003, 10(4):63~67.

[41] HUI W J, DONG H, WENG Y Q, SHI J. Delayed Fracture Behavior of Titanium-Containing Cr-Mo Type High Strength Steel[J]. J. of Iron & Steel Research Inter., 2005, 12(1):43~49.

[42] El-Fawakhry K A, Mishreky M L, Eissa M M. Secondary hardening of vanadium and titanium microalloyed steels[J]. Scandinavian J of Metallurgy, 1990, 19:33~38.

[43] 土田武広, 原徹, 津崎兼彰. V 添加高強度鋼の水素吸収挙動と微細組織の関系[J]. 鉄と鋼, 2002, 88(11):771~778.

[44] 山崎眞吾, 高橋稔彦. 高強度鋼の耐遅れ破壊特性の定量的評价方法[J]. 鉄と鋼, 1997, 83(7):454~459.

[45] Choo W Y, Lee J Y. Thermal analysis of trapped hydrogen in pure iron[J]. Metall. Trans. A, 1982, 13A(1):135~140.

[46] 原徹,土田武広,大村孝仁,ら. 恒温変態させた V 添加鋼における水素吸蔵特性と微細 V 炭化物析出の関連[J]. CAMP-ISIJ, 2002, 15:587.

[47] Hasegawa T, Nakahara T, Yamada Y, et al. Delayed failure of steels for high-strength bolts[J]. Wire J International, 1992, (8):49~58.

[48] Diegle R B, Vermil Tea D A. Effect of titanium on the susceptibility of mild steel to caustic cracking[J]. Corrosion, 1976, 32(7):303~304.

[49] Stevens M F, Bernstein I M. Microstructural trapping effects on hydrogen induced cracking of a microalloyed steel[J]. Metall. Trans. A, 1989, 20A(5):909~919.

[50] 雍岐龙，马鸣图，吴宝榕 编著. 微合金钢－物理和力学冶金[J]. 北京：机械工业出版社，1989.

[51] Pressouyre G M. Trap theory of hydrogen embrittlement[J]. Acta Metall., 1980, 28:895~911.

[52] Pressouyre G M, Bernstein I M. An example of the effect of hydrogen trapping on hydrogen embrittlement[J]. Metall. Trans. A, 1981, 12A(5):835~844.

[53] Lee S M, Lee J Y. The effect of the interface character of TiC particles on hydrogen

trapping in steel[J]. Acta Metall., 1987, 35(11):2695~2700.

[54] 漆原，中山武典，並村裕一，ら．SSRT による SCM440 鋼の遅れ破壊に及ぼす V と Ti の影響評价[J]. CAMP-ISIJ, 2001, 14:1308.

[55] 土田武広，原徹，津崎兼彰．Fe-0.4C-X(X：V,Ti)マルテンサイト鋼の水素トラプ挙動[J]. CAMP-ISIJ, 2002, 15:586.

[56] 冼爱平，李培基，李薰，等. 低碳钢中沉淀 TiC 对氢捕集[J]. 金属学报，1986，22(3):A181~187.

[57] 長尾譲，家口浩，並村裕一，ら．熱間加工条件を変えた Ti 添加鋼の水素防出挙動[J]. CAMP-ISIJ, 1998, 11:1237.

[58] Namimura Y, Ibaraki N, Oki Y. Steels for high strength bolts with high delayed fracture resistance[J]. Kobelco Technology Review, 2002, 25(4):39~43.

[59] Choo W Y, Lee J Y. Effect of cold working on the hydrogen trapping phenomena in pure iron[J]. Metall. Trans. A, 1983, 14A(6):1299~1305.

[60] Hong G W, Lee J Y. The measurement of the trap binding energy by thermal analysis technique[J]. Scripta Metall., 1983, 17(7):823~826.

[61] Choo W Y, Lee J Y. Hydrogen trapping phenomena in carbon steel[J]. J. of Mater. Sci., 1982, 17:1930~1938.

[62] Lee J L, Lee J Y. Hydrogen trapping in AISI 4340 steel[J]. Metals Sci., 1983, 17(9):426~432.

[63] Lee H G, Lee J Y. Hydrogen trapping by TiC particles in iron[J]. Acta Metall., 1984, 32(1):131~136.

[64] 大村朋彦，櫛田隆弘，宮田佳織，ら．高 Nb 含有鋼の水素吸蔵挙動[J]. CAMP-ISIJ, 2002, 15:1024.

[65] Гладщтейн Л И, Горицкий В М, ЕвтушЕнко Н А. Влияние Микролегирующих Добавок и Примесей На Сопротивление Коррозионному Замедленному Разрушению Сталей Для Высокопрочных Болтов[J]. Изв АН СССР, Металлы, 1988，(5):176~181.

[66] Kamada Y, Nakasata F, Ohtani H. Effect of direct-quench processing on delayed fracture of high-strength steel[J]. J. Mater. Sci. Letters, 1991, 10:364~366.

[67] Nakasat a F, Takahashi M. Delayed-failure analysis of high-strength structural bolts[J]. Metals Technology, 1980, (11):449~455.

[68] Davis R A, Dreyer G A, Gallaugher W C. Stress corrosion cracking study of several high strength steels[J]. Corrosion, 1964, 20(3):93~103.

[69] 福井彰一.低合金鋼の遅れ破壊特性におよぼす焼もどしの影響[J]. 鉄と鋼，1969, 55(2):151~161.

[70] 中里福和，寺崎富久長. 超強力鋼の遅れ破壊特性[J]. 鉄と鋼, 1975, 61(6):841~855.

[71] Briant C L, Feng H C, McMahon Jr. C J. Embrittlement of a 5 pct nickel high strength steel by impurities and their effects on hydrogen-induced cracking[J]. Metall. Trans. A, 1978, 9A(5):625~633.

[72] 胡光立，谢希文. 钢的热处理(原理和工艺)[M]. 西安：西北工业大学出版社, 1993.

[73] Honeycombe S R, Bhadeshia H K D H. Steels－Microstructure and Properties.2nd ed[M]. London:Edward Arnold, 1995.

[74] Weng Y Q, McMahon Jr. C J. Interaction of phosphorus, carbon, manganese, and chroumium in intergranular embrittlement of iron[J]. Mater. Sci. and Engin., 1987, 3(3):207~216.

[75] 杨亦石, 邹惠良. 含磷 Cr-Mn-Si 和 Ni-Cr 钢回火脆性的研究[J]. 金属学报，1983, 19(2):A118~124.

[76] Bandyopandhyay N, Briant C L, Hall E L. Carbide precipitation, grain boundary segregation, and temper embrittlement in NiCrMoV rotor steels[J]. Metall. Trans. A, 1985, 16A(5):721~737.

[77] Cheruvu N S, Seth B B. The influences of impurity content, tensile strength, and grain size on in-service temper embrittlement of CrMoV steels[J]. Metall. Trans. A, 1989, 20A(11):2345~2354.

[78] Wittig J E, Joshi A. High-resolution auger electron spectroscopy of grain boundary phosphorus segregation in NiCrMoV and NiCr steels[J]. Metall. Trans. A, 1990, 21A(10):2817~2821.

[79] 芹川修道, 落合征雄. 焼入れ焼もどしされた高張力鋼の耐遅れ破壊特性におよぼすSの影響[J]. 鉄と鋼, 1987, 73:S1429.

[80] 礒川寳二, 並木邦夫.高強度ボルト用鋼の遅れ破壊特性に及ぼす S 量の影響[J]. 電気製鋼, 1983, 54(2):75~83.

[81] 並木邦夫，礒川寳二. SAE1541 鋼の遅れ破壊特性および機械的性質に及ぼす S,P の影響[J]. 電気製鋼, 1984, 55(2):101~109.

[82] 木村利光，紅林豊，中村貞行.高強度ボルト用鋼の耐遅れ破壊性に及ぼす合金元素の影響[J]，CAMP-ISIJ, 1994,7:1642~1645.

[83] Yu J, McMahon Jr C J. The effects of composition and carbide precipitation on temper embrittlement of 2.25Cr-1Mo steel: Part Ⅱ the effects of Mn and Si[J]. Metall. Trans. A, 1980, 11A(2):291~300.

[84] Takeda Y, McMahon Jr C J. Effects of compositional variations and aging treatments on the fracture behavior of HY 130 steel in air and hydrogen[J]. Metall. Trans. A, 1982, 13A:111~116.

[85] Bandyopadhyay N, Kameda J, McMahon Jr. C J. Hydrogen-induced cracking in 4340-type steel: Effects of composition, yield strength, and H_2 pressure[J]. Metall. Trans. A, 1983, 14A(5):881~888.

[86] Craig B D. Grain boundary composition and associated hydrogen cracking of modified 4310 steels[J]. Metall. Trans. A, 1984, 15A(3):565~572.

[87] Sandoz G. The effects of alloying elements on the susceptibility to stress-corrosion cracking of martensitic steels in salt water[J]. Metall. Trans. A, 1971, 2(4):1055~1063.

[88] Sandoz G. Stress Corrosion Cracking in High Strength Steels and in Titanium and Aluminum Alloys[J]. Brown B F ed., National Research Lab., Washington DC, 1972, 80~145.

[89] Sandoz G. A unified theory for some effects of hydrogen source, alloying elements, and potential on crack growth in Martensitic AISI 4340 steel[J]. Metall. Trans. A, 1972, 3(5):1169~1176.

[90] Craig B D, Krauss G. The structure of tempered martensite and its susceptibility to hydrogen stress cracking[J]. Metall. Trans. A, 1980, 11A(11):1799~1808.

[91] Craig B D. The effect of phosphorus content on the hydrogen stress cracking of high strength 4130 steel[J]. Metall. Trans. A, 1982, 13A(5):907~912.

[92] 王毛球，董瀚，惠卫军，陈思联，翁宇庆. 热处理对 42CrMo 钢的耐延迟断裂性能的影响[J]. 金属学报，2002，38(7):915~919.

[93] 褚武扬. 高强度钢水介质应力腐蚀研究[J]. 金属学报，1980, 16(2):179~189.

[94] 並村裕一,芦田真三, 勝亦正昭. ベイナイト組織を有する超高強度鋼の遅れ破壊特性[J]. CAMP-ISIJ, 1994, 7:725.

[95] 中里福和, 寺崎富久長. 焼もどベイナイト鋼(B_{III}型)と焼もどマルテンサイト鋼の遅れ破壊諸特性について[J]. 鉄と鋼, 1975, 61(6):856~868.

[96] Nakatani Y, Higashi T, Yamada K. Effect of tempering treatment on hydrogen-induced cracking in high-strength steel[J]. Fatigue Fact. Engng. Mater. Struct., 1999, 22:393~398.

[97] 松山晋作. 低合金鋼の遅れ破壊におよぼす焼もどし，前オ-ステナイト粒度，試験片形状の影響[J]. 鉄と鋼，1972, 58(3):395~410.

[98] 惠卫军，董瀚，翁宇庆，王毛球，时捷. Cr-Mo-V 系高强度钢的应力腐蚀开裂行为[J]. 材料热处理学报，2006, 27(6):37~42.

[99] 李仁顺，吴忍畊，臧佩绅，等. 热处理对 30CrMnSiA 钢抗氢脆性能的影响[J]. 中国腐蚀与防护学报, 1990, 10(3):187~195.

[100] 吴忍畊，李仁顺. 亚温淬火对 30CrMnSiA 钢氢致延迟断裂的影响[J]. 中国腐蚀与防护学报, 1984, 4(1):22~28.

[101] Choi H C, Park K T, Choo W Y. New microstructure for improvement of delayed fracture resistance[J]. CAMP-ISIJ, 1998, 11:1197.

[102] Choi H C, Lee D L, Choo W Y. Development of 1300MPa-grade bolt steels with high delayed fracture resistance[C]. In: Workshop on the new generation steel-NG steel'2001. Beijing: The Chinese Society for Metals, 2001, 75~78.

[103] 渡辺純, 高井健一, 南雲道彦. 粒界フェライト析出による高強度鋼の遅れ破壊強度の改善[J]. 鉄と鋼，1996，82(11):947~952.

[104] 雷廷权，姚忠凯，杨德庄，等. 钢的形变热处理[M]. 北京：机械工业出版社，1979.

[105] 樽井敏三, 山崎真吾, 館山道明, ら. 加工熱処理による高強度鋼の遅れ破壊特性の改善[J]. CAMP-ISIJ, 1997, 10:1291.

[106] 山崎真吾,樽井敏三, 野口幸雄. 加工熱処理による高強度鋼の遅れ破壊特性の改善(第二報)[J]. CAMP-ISIJ, 1998, 11:1242.

[107] 山崎真吾，樽井敏三. 加工熱処理による高強度鋼の遅れ破壊特性の改善(第三報)[J]. CAMP-ISIJ, 2000,13:604.

[108] 遊佐覚, 原徹, 津崎兼彰, ら. オ-スフォ-ム処理を行った高強度炭素鋼の遅れ破壊特性に及ぼす焼もどし条件の硬響[J]. CAMP-ISIJ, 1999, 12:1296.

[109] 遊佐覚, 原徹, 津崎兼彰, ら. 改良オ-スフォ-ム処理を施した高強度炭素鋼の遅れ破壊特性に及ぼす焼もどし条件の硬響-2[J]. CAMP-ISIJ, 2000, 13:606.

[110] 寺崎聰，販下真司，高木周作，ら. 改良オ-スフォ-ムした種種の強度レベルを持つ SCM440 鋼の遅れ破壊特性[J]. CAMP-ISIJ, 2001, 14:1309.

[111] 遊佐覚, 津崎兼彰, 高橋稔彦. 加工硬化 γ から得られる焼きもどしマルテンサイトの旧 Y 粒界組織[J]. CAMP-ISIJ, 1998, 11:567.

[112] 遊佐覚, 原徹, 津崎兼彰, ら. 炭素鋼オ-スフォ-ムド·マルテンサイトの旧 γ 粒界組織に及ぼす焼もどし温度の硬響[J]. CAMP-ISIJ, 1998, 11:1198.

[113] 津崎兼彰. 遅れ破壊特性に優れた高強度鋼マルテンサイト組織の理想像[J]. CAMP-ISIJ, 2000, 13:605.

[114] Dumoulin P, Guttmann M, Foucault M, et al. Role of molybdenum in phosphorus-induced temper embrittlement[J]. Metal Sci., 1980, (1):1~15.

[115] Grobner P J, Sponseller D L, Diesburg. Effect of Molybdenum content on the sulfide stress cracking resistance of AISI 4130-type steel with 0.035Cb[J]. Corrosion, 1979,35(6):240~250.

[116] Craig B D. The role of Mo in the enhanced resistance to hydrogen stress cracking of AISI 4100 steels[J]. Metall. Trans. A, 1982, 13A(6):1099~1101.

[117] Charbonnier J C, Margot-Marette H, Brass A M, et al. Sulfide stress cracking of high

strength modified Cr-Mo steels[J]. Metall. Trans. A, 1985, 16A(5):935~944.

[118] Tumulurn M D. A study of the sulfide stress cracking behavior of two low alloy steels[J]. Mater. Performance, 1987, (2):9~15.

[119] Asahi H, Sogo Y, Ueno M, et al. Effects of Mn, P, and Mo on sulfide stress cracking resistance of high strength low alloy steels[J]. Metall. Trans. A, 1988, 19A(9):2171~2177.

[120] 项程云. 合金结构钢[M]. 北京：冶金工业出版社，1999.

[121] 惠卫军，董瀚，翁宇庆，时 捷，章晓中. 钼对高强度钢延迟断裂行为的影响[J]. 金属学报，2004，40(12)：1274~1280.

[122] Archer R S, Briggs J Z, Loeb C M Jr. *Molybdenum —Steels,Iron and Alloys*[M]. New York: Climax Molybdenum Co., 1970.

[123] Llewellyn D T. Vanadium in steels[J]. Ironmaking and Steelmaking, 1996, 23(5):397~405.

[124] Gojic M, Kosec L. The susceptibility to the hydrogen embrittlement of low alloy Cr and CrMo steels[J]. ISIJ Inter., 1997, 37(4):412~418.

[125] 钟平，古宝珠，金建军，王洪涛. 16Co14Ni10Cr2Mo 钢力学性能与应力腐蚀行为[J]. 航空材料学报, 1995, 15(4):41~46.

[126] Muller D A, Batson P E, Subramanian S, Sass S L,Silcox J. J. Phys. Rev. Lett., 1995, 75:4744.

[127] 松本 斉，中里福和，櫛田隆弘. 高強度ボルト用鋼[J]. 住友金属，1996,48(4):207~209.

[128] HUI Wei-jun(惠卫军), DONG Han, WENG Yu-qing, CHEN Si-lian，WANG Mao-qiu. 1300 MPa Grade High Strength Steel for Bolt with Superior Delayed Fracture Resistance[J]. J. of Iron and Steel Research Inter., 2002, 9(1):40~45.

[129] 山崎真吾，久保田学. 遅れ破壊特性評价方法と耐遅れ破壊高強度鋼の開発[J]. 新日鉄技報，1999，(370):51~61.

[130] 木村利光，中村貞行. 高温焼もどし型ボルト用鋼の耐遅破壊性に関する研究[J]. 電気製鋼，1994, 65(1):31~40.

[131] 伊藤幸生. 10.9 級ボルト用新ボロソ鋼.[J] 電気制鋼，1998，69(1):65~71.

[132] 越智達朗，高田啓督，久保田学，ら. 部品制造工程む簡略化する特殊鋼棒綫材[J]. 新日鉄技報，1999, (370)：11~16.

[133] 惠卫军，董瀚，翁宇庆，王毛球，陈思联. 高强度螺栓钢的合金设计与性能.[J] 钢铁研究学报，2003, 15(2):30~33.

[134] Novikov V Y. Computer simulation of normal grain growth[J]. Acta Metall., 1978, 26:1739~1744.

[135] 惠卫军，董瀚，王毛球，陈思联，翁宇庆. 淬火温度对 Cr-Mo-V 系高强度钢力学性能的影响[J]. 金属热处理，2002，27(3):14~16.

[136] 惠卫军, 董瀚, 翁宇庆, 等. 回火温度对 Cr-Mo-V 系高强度钢力学性能的影响[J]. 金属学报, 2002, 38(10):1009~1014.

[137] Rolfe S T, Novak S R. Slow bend KIC testing of medium strength, high toughness steels, Philadelphia[J], ASTM STP-463, 1970:124.

[138] 束得林. 金属力学性能[M]. 北京：机械工业出版社, 1994, 15,158.

[139] Suresh S. 材料的疲劳[M]. 王中光 等译. 北京：国防工业出版社，1995.

5 高强度螺栓用硼钢

5.1 概述

硼元素在元素周期表中是位于第二周期、在碳前面并紧挨着碳的一个元素。由于硼是增加淬透性作用显著而且是最便宜的合金元素，所以硼钢得到了广泛的应用。大部分硼钢作为渗碳钢和调质钢用于制造经过热处理的机器零件，也有少部分作为低合金高强度钢在热轧状态使用[1]。在第二次世界大战期间，由于合金元素短缺，美国就开始生产硼钢用以制造坦克装甲钢板和扭力弹簧等零件，以节约稀缺的合金元素，但是硼钢尚未大量应用之前战争就结束了。20 世纪 50 年代以来，随着世界经济的快速增长，合金元素等资源日益短缺，硼钢的生产量显著增加，应用范围不断扩大。

高强度螺栓生产初期，螺栓用材料基本上采用中碳钢和中碳合金钢，在冷镦后进行调质处理，以获得所需的强度和韧性。然而，这类钢材碳含量高，工艺性能差，在冷加工前需要进行耗能、费时的球化软化退火处理。因此，随着冷锻技术和产品向高强度、高精度、异形化的方向发展以及节能的需要，对材料冷镦工艺性提出了更高的要求，为此开发了可在二次加工中省去球化退火处理工序的低合金含量的低中碳硼钢。

低中碳硼钢是近年来应用于冷成形工艺的新钢种。其特点是添加微量的硼元素（通常 0.0005%～0.005%），即可显著提高钢的淬透性。硼提高淬透性的效果与钢的碳含量有关，碳含量越低，效果越好。因此采用硼钢，可降低钢中的碳含量。由于硼对热轧态钢材的淬透性几乎没有影响，此时轧制状态的硼钢强度与经过球化退火处理的中碳钢或中碳合金钢相当，除非形状复杂的螺栓，即可省去球化退火处理[2]。同时，还可以节省为提高淬透性而添加的铬、钼等合金元素，代之以微量硼而得到同样的强度。从表 5-1 中可以看出，硼钢可用来制作 6.8～10.9 级螺栓，并可省略冷拔、冷镦前的球化退火处理[3,4]。今后的发展方向是 12.9 级以下的高强度螺栓尽可能多地采用硼钢来制造，添加微量的特殊元素和降低碳含量是其中的重要途径[5,6]。

5.2 硼钢的性能特征

5.2.1 硼钢的淬透性

结构钢中加入微量硼的主要作用是增加其淬透性，因此钢中加入微量硼可以代替一定数量的镍、铬、钼等贵重合金元素[7]。为了这一目的，其含量一般规定在 0.0005%～0.005%范围内。表 5-1 给出了微量的硼可以代替的每一种合金元素的量[1]。

表 5-1　微量硼增加淬透性作用相当于每种合金元素的量

基本成分/%		微量硼增加淬透性的作用相当于每种合金元素的量/%			
C	Mn	Mn	Ni	Cr	Mo
0.20	0.75	0.85	2.40	0.45	0.35
0.40	0.75	0.65	1.90	0.35	0.25
0.60	0.75	0.45	1.20	0.20	0.15
0.80	0.75	0.15	0.40	0.07	0.05

值得注意的是，用微量的硼代替其他合金元素时也只能代替其增加淬透性的作用，而不能代替其他的作用，如提高回火抗力等。微量硼增加钢材淬透性的作用不像其他元素那样，只要增加其含量，钢材的淬透性就能相应地增加，即硼增加淬透性的作用受到很多其他元素的影响，如钢冶炼时的脱氧去氮情况、钢材奥氏体化加热温度、钢中碳含量等。

硼是极活泼的元素之一，在钢中与残留的氮、氧都有很强的亲和力，能形成稳定的夹杂物而丧失其有益的作用。只有以固溶形式存在钢中的硼才能起到有益的作用。这部分能起到有益作用的有效硼，大都析出或吸附在晶界上。因此硼钢中往往要同时加入强氧化物和强氮化物形成元素，如铝、钛等，以获得增加淬透性的有效硼含量。加钛对硼钢淬透性的影响与钢中氮含量有关。如对中碳锰钢(0.30%C-1.60%Mn)的研究表明[1]，当钢中氮含量在 0.005%～0.027%范围变化时，氮对其淬透性没有显著影响，但氮含量对不加钛而加硼的钢的淬透性却有明显的影响，氮含量很低(约 0.005%)时，加硼可以增加淬透性，氮含量增加至 0.010%时，硼钢的淬透性显著降低，但是钢中加钛后，氮含量增加对硼钢淬透性的影响却不很明显了。图 5-1 是钛含量与氮含量对 10B33 钢（铝含量 0.038%～0.047%）淬透性的影响。可见，不含钛时要保证得到淬透性优良的硼钢的氮含量应小于 0.004%[1]。

许多研究结果都表明[1,2,7,8]，当钢中酸溶硼量约为 0.0010%，钢材的淬透性达到最大值，继续增加硼含量，淬透性有所降低，但当酸溶硼量超过约 0.0015%时，淬透性达到一稳定值。因此，商业生产硼钢的酸溶硼量通常约为 0.0025%，此时虽然淬透性有少许牺牲，但却具有良好的稳定性。

钢中碳含量增加，硼增加淬透性的作用降低，且当碳含量达到一定数值时，硼的作用完全消失。图 5-2 是碳含量对含 0.8%Mn 钢淬透性的影响[8]。图中硼淬透系数 B_F 为：

$$B_F=[(\text{基体钢}+B)\text{的淬透性}]/\text{基体钢的淬透性} \tag{5-1}$$

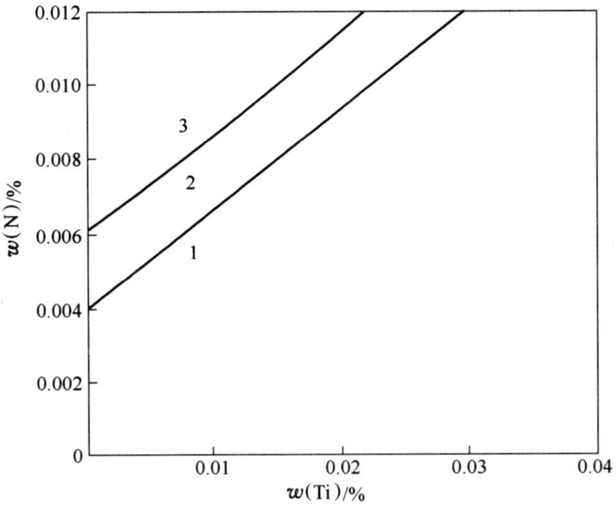

图 5-1　钛含量和氮含量对 10B33 钢淬透性的影响[1]

1—淬透性优区域；2—淬透性良区域；3—淬透性差区域

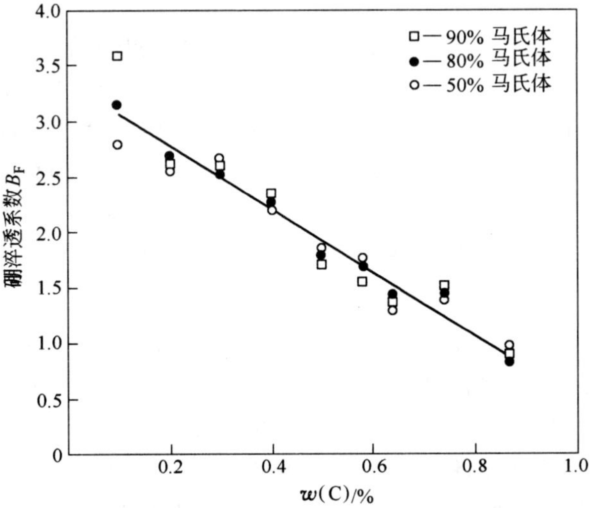

图 5-2　碳含量对硼淬透系数的影响(含 0.8%Mn 基体钢)[8]

可见，当钢中碳含量增加到约 0.85%时，硼的淬透系数为 1，即硼失去增加淬透性的作用。而对含 0.5%Cr-0.5%Ni-0.2%Mo (SAE8600 型)的基体钢，硼失去增加淬透性作用的临界碳含量约为 0.5%。因此，硼对淬透性的有益作用取决于基体钢的碳含量和合金元素含量。

硼对淬透性的影响机理主要是它吸附在奥氏体晶界上，降低了晶界的能量，因而抑制铁素体晶核的形成，降低了先共析铁素体和上贝氏体晶核的形成率，延长了奥氏体分解转变的孕育期。一旦先共析铁素体和上贝氏体中铁素体的晶核形成，硼对它们的成长即不再发生什么影响。所以它对珠光体、下贝氏体和马氏体相变基本上没有什么影响；对低碳和中碳含量的钢有效，对高碳含量及过共析钢则作用不大或基本上没有什么作用。

5.2.2　硼钢的晶粒尺寸控制

与一般合结钢相比，硼钢在淬火加入时容易发生奥氏体晶粒异常长大，因而其奥氏体晶粒通常比较粗大。晶粒粗大往往会恶化钢的韧性和延迟断裂性能等，对此，开展了控制中低碳硼钢晶粒尺寸的研究[4,9,10]。为了保证硼提高淬透性的作用，硼钢中通常添加钛元素以固定自由氮。因此，硼钢晶粒尺寸的控制措施除添加微合金化元素铌外，多为优化钛的添加量和进行控轧控冷[4,9]。

Gladman 提出晶粒异常长大的临界条件为[11]：

$$r_c = \frac{6R_0 f}{\pi}\left(\frac{3}{2} - \frac{2}{Z}\right)^{-1} \tag{5-2}$$

式中，r_c 为第二相临界半径；R_0 为基体初始晶粒半径；f 为第二相体积分数；Z 为晶粒尺寸不均匀因子，即长大着的晶粒与其周围的基体晶粒半径之比（R/R_0）。从上式可以看出，如果钉扎晶粒长大的第二相尺寸 r 超过 r_c，就会引起晶粒的异常长大。对于高强度螺栓用硼钢，更容易发生晶粒的异常长大。这是由于冷锻变形使得淬火加热（通常为 870～900℃）时的初始奥氏体晶粒细小（R_0 小），从而使 r_c 减小。在其他因素相同时，抑制晶粒粗化的关键是增加基体中第二相的数量并使之细小弥散分布，从而提高 r_c，或者说提高奥氏体晶粒的粗化温度。

为了获得细小的第二相，生产中常用的手段包括：热轧加热时使第二相溶解；在热轧或退火后控制冷却使第二相沉淀析出。AlN 是生产中最常用的抑制晶粒长大的第二相，然而 AlN 却不能应用于硼钢。这是由于在硼钢中，为了稳定固溶硼改善淬透性的作用，抑制有害的 BN 的生成，钢中常加钛以固定自由氮，但与此同时抑制了 AlN 的生成。另外，TiN 的溶解度很低，且在热轧加热时很难使其全部溶解，因此难以实现 TiN 的细化。上述原因使得硼钢较一般合结钢更易晶粒粗化。

为了细化硼钢的晶粒，新日铁开展了合理利用 TiC 的研究[9]。从图 5-3 所示的应用 Thermo-Calc 软件计算的平衡相含量的结果可以看出：

（1）为了使更多的钛生成 TiC，需减少钢中氮含量；

（2）需提高热轧加热温度使 TiC 充分溶解。

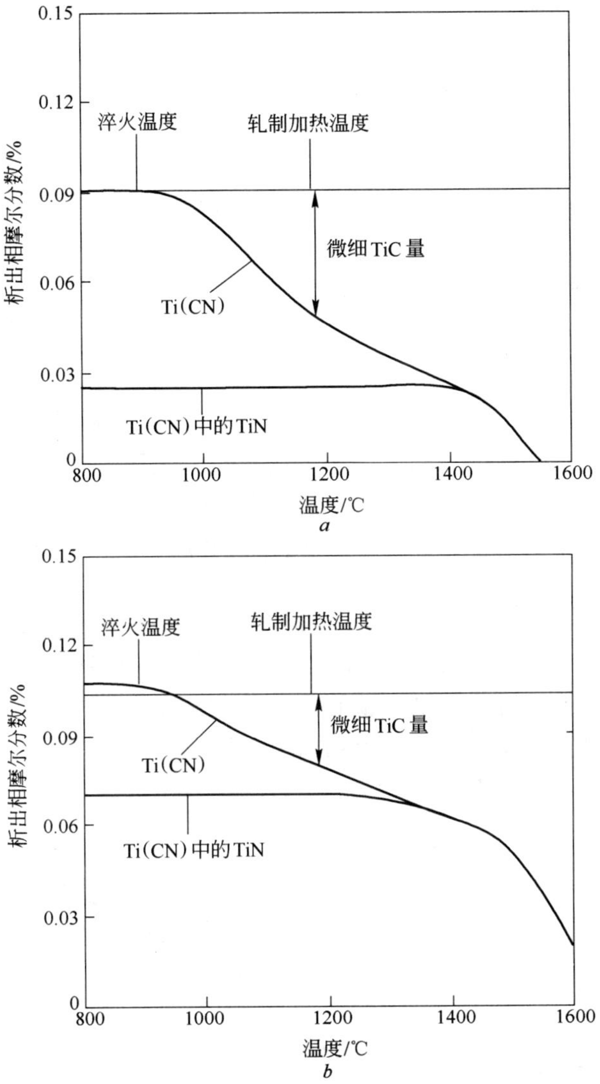

图 5-3 氮含量和加热温度对钛元素析出相溶解行为的影响[9]
（Thermo-Calc 软件计算）
a—低氮含量钢；*b*—高氮含量钢

鉴于氮提高 Ti(C,N)的溶解温度，还应尽可能降低钢中的氮含量。图 5-4 为实际生产的试验结果。显然，随着热轧加热温度的升高，晶粒粗化温度提高。TEM 进一步分析证实，高温加热后热轧冷却过程中析出了更多的细小 TiC 或 Ti(C,N)。此外，热轧后的缓冷可促进细小 TiC 的充分析出，因而也提高了晶粒粗化温度。

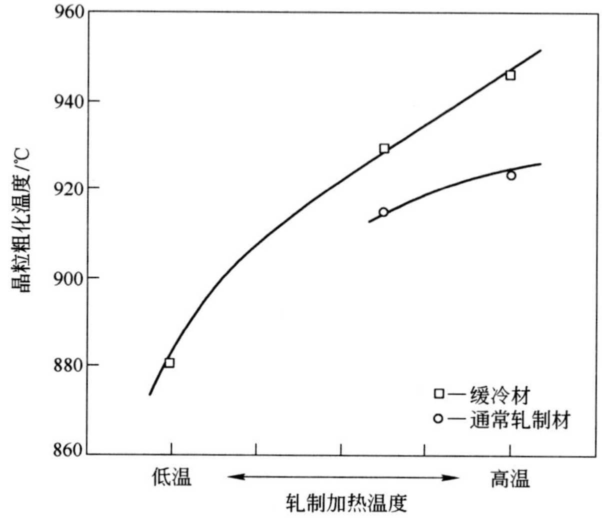

图 5-4　轧制参数对晶粒粗化温度影响[9]

应当指出的是，细小 TiC 的析出同时会产生析出强化而提高热轧钢材的强度，这会恶化硼钢的冷加工性。因此，需综合考虑钢中钛、氮含量及其平衡，以兼顾抑制晶粒粗化的效果和冷加工性。图 5-5 为新日铁按此思路开发的抑制晶粒粗化的高强度螺栓用硼钢 FIRST 的变形抗力曲线。可见，FIRST 钢的冷加工性与球化退火处理的 SCM435 钢相当。

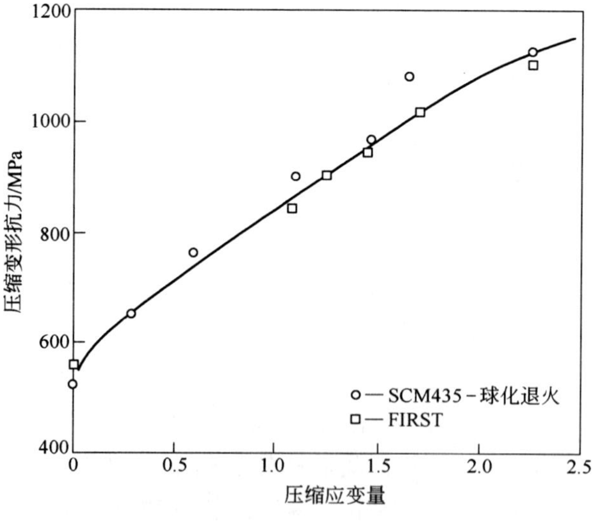

图 5-5　新日铁开发的硼钢 FIRST 的变形抗力[9]

大同特殊钢开发的铌微合金化细晶粒低碳硼钢的晶粒尺寸随奥氏体化温度

的变化见图 5-6[10]。开发硼钢的碳含量低(0.25%C)，Ac_3 温度高，因而其完全奥氏体化温度较传统的合结钢如碳钢、铬钢、Cr-Mo 钢等要高些，易引起晶粒粗化。从图中可以看出，如要获得 ASTM No.10 级晶粒度，加热温度需控制在 860℃以下。

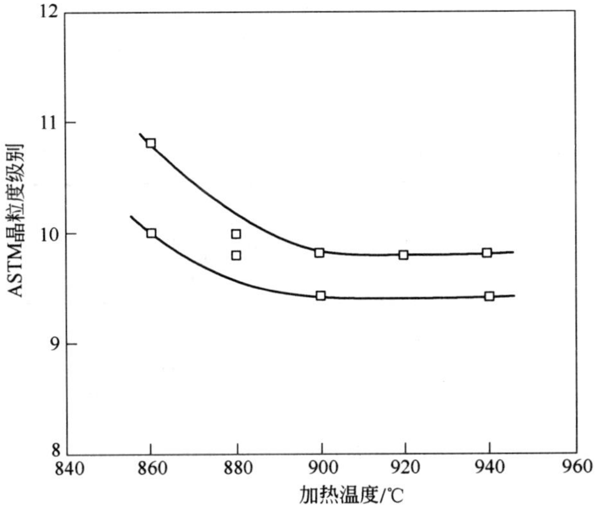

图 5-6 铌微合金化低碳硼钢的奥氏体晶粒尺寸随奥氏体化温度的变化[10]

5.2.3 硼钢的冷加工性

钢中添加硼提高了淬透性，因而能够降低钢中 Mn、Cr、Si 等提高淬透性合金元素和碳的含量；结合低温控制轧制和轧后缓慢冷却，可促进轧制冷却时铁素体、珠光体的相变，抑制贝氏体相变，这使得线材轧态的硬度相当低，从而可间接地改善钢的冷加工性能，省略线材冷拔、冷镦前的软化球化退火处理[6,10,12,13]。

佐藤等[12]对不同成分的冷锻用碳钢和合金钢线材经 0.1℃/s 缓冷处理后抗拉强度(R_m，MPa)的回归结果为：

$$R_m=100+770(w(C)+w(Si)/6+w(Mn)/4+w(Cr)/4+w(Mo)/12)-2\ 6w(B) \quad (5-3)$$

可见，钢中加硼有利于降低低温控轧控冷线材的强度。进一步研究表明，经相同的缓冷工艺处理(SCS, slow cool system)后，添加硼元素的中碳钢(0.42C-0.35Mn-0.30Cr)线材中的铁素体体积分数明显高于对比的不加硼元素钢线材。对此，新日铁在 SWRCH 45K 钢的基础上开发出含硼的直接退火冷锻用钢(以下简称 45K-B)，其化学成分及经 SCS 处理后的微观组织特征和力学性能分别见表 5-2 和表 5-3。可见，SCS 线材的微观组织均为铁素体＋珠光体，

45K-B 钢 SCS 线材的铁素体体积分数和珠光体片层间距均明显高于 45K 钢；尽管 45K 钢 SCS 线材的强度与传统的低温退火线材相当，而 45K-B 钢 SCS 线材的硬度却与传统的球化退火处理线材相当，即实现了在线退火软化。为了评估上述线材的冷锻加工性，采用高速压缩实验测定的变形抗力和采用缺口试样测定的临界变形量的实验结果分别见图 5-7、图 5-8。可见，变形抗力与线材的抗拉强度大体呈线性比例，45K-B 钢 SCS 线材的临界变形量与 45K 钢球化退火线材相当。

表 5-2　新日铁开发的直接退火冷锻用钢的化学成分(质量分数，%)[12]

钢 种	C	Si	Mn	P	S	Cr	B	Ti	Al
45K	0.48	0.24	0.71	0.021	0.018	0.02			0.028
45K-B	0.46	0.05	0.34	0.017	0.014	0.28	0.002	0.024	0.048

表 5-3　新日铁 SCS 线材的组织特征和力学性能[12]

线材类型	直径 /mm	抗拉强度 R_m/MPa	伸长率 A_{10}/%	断面收缩率 Z/%	铁素体体积分数/%	珠光体片层间距 /μm
45K 钢-SCS 线材	10	637	22.6	52.4	42	0.25
45K-B 钢-SCS 线材	10	539	24.9	54.4	48	0.30
45K 钢-Stelmor 线材	10	708	15.8	52.0		
45K 钢-低温退火线材	10	629	22.7	56.7		
45K 钢-球化退火线材	10	520	25.4	58.9		

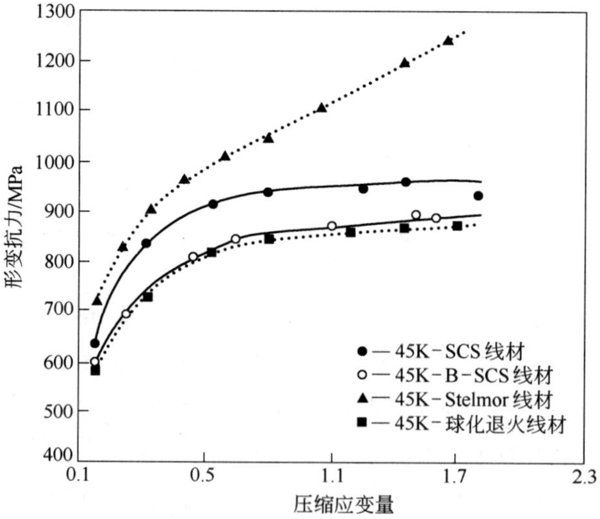

图 5-7　高速压缩实验测定的 SCS 线材的变形抗力[12]
(5%冷拔加工；试样尺寸：ϕ9.2 mm×13.8 mm；压缩变形速率：10/s)

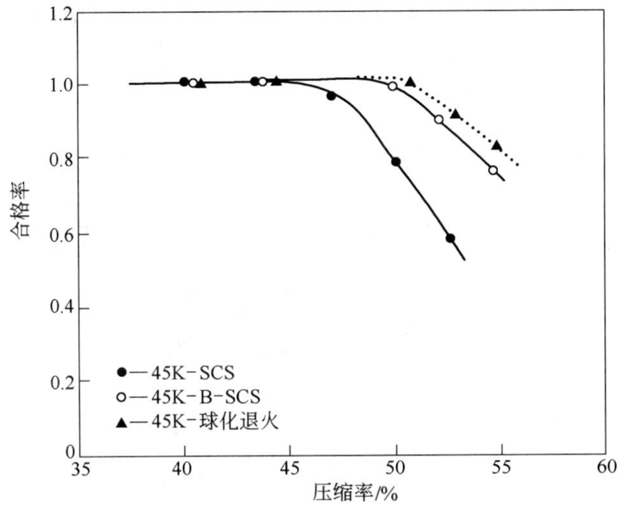

图 5-8 缺口试样压缩实验测定的 SCS 线材的临界变形量[12]
(试样尺寸：ϕ 8.9 mm×13.4 mm，长度方向径向 V 型缺口：深度 0.50 mm，R=0.25 mm, 45°)

考虑到冷镦变形过程中工件温度有一定程度的升高，百崎等[13]研究了添加不同含量 B、Nb、Zr、V、Ti、N 元素的 SWRCH 20A 钢线材的变形抗力随变形温度的变化。如图 5-9 所示，在 100～400℃温度范围内，基体钢的变形抗力升高，而低氮和加硼钢线材的变形抗力较低，在室温甚至还小于基体钢；由于铌元素碳氮化物的析出强化作用，加铌钢的变形抗力特别是室温变形抗力较高。与加铌钢一样，加钒、钛钢也得到同样的结果。对室温和 230℃压缩变形试样的微观组织观察发现，基体钢和加铌钢由于固溶碳、氮对位错的钉扎作用，形成细小的位错胞，而加硼钢中则未发现固溶碳、氮对位错钉扎所形成的细小位错胞。这表明，钢中加硼可减少低碳钢中固溶的碳、氮量，从而能够有效地降低其室温和低温变形抗力。采用在 SWRCH 20A 钢基础上开发的新钢种制造 M12 法兰面螺栓时的工具寿命与传统 20A 钢的球化退火线材相当，而较传统 20A 钢热轧线材显著提高，见图 5-10。

5.2.4 硼钢的常规力学性能

对硼钢和它所代替的合金结构钢的研究结果表明，二者调质到相同硬度时有大体相同的强度、塑性和疲劳性能；而对于韧性，研究结果则不尽一致，如有的冲击功值基本相同，有的则存在明显差别[1,3,7]。近期的研究结果表明，硼能够明显地改善淬火钢和低温回火钢的韧性，这主要与硼能够抑制杂质元素磷的晶界偏聚而强化晶界的作用有关[14,15]。如图 5-11 所示，当回火温度低于 400℃时，未加硼钢的冲击功值随钢中磷元素含量增加而降低，而钢中加硼使得不同磷含量钢的冲击功值差别变小，高磷(0.026%P)钢的冲击功值与极低磷钢(0.002%P)相当，这表明钢中加硼能够缓和磷元素对韧性的恶化作用[14]。

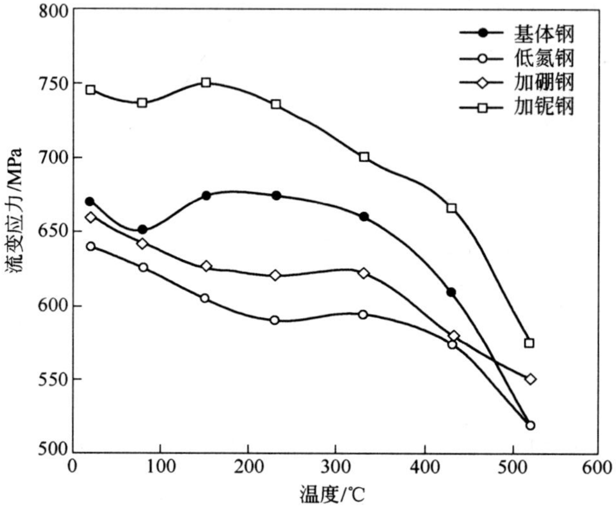

图 5-9　实验温度与流变应力的关系[13]

(基体钢：SWRCH 20A；低氮钢：0.0005N；加硼钢：0.0013B；加铌钢：0.032Nb)

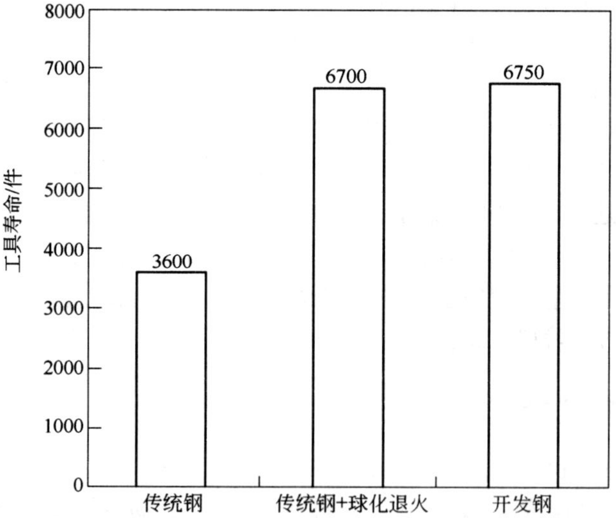

图 5-10 制造 M12 法兰面螺栓时的工具寿命比较[13]

(传统钢：SWRCH20A(0.20C-0.04Si-0.47Mn-0.014P-0.009S-0.09Cr-0.054Al-0.0048N)；
开发钢：0.18C-0.06Si-0.34Mn-0.007P-0.007S-0.039Al-0.13Cr-0.0030N-0.0024B)

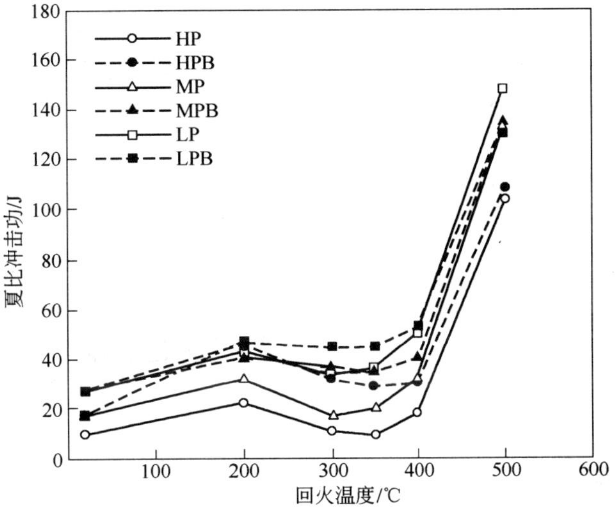

图 5-11 不同磷、硼含量实验钢的 V 型夏比冲击功随回火温度的变化[14]
(基体钢：0.32C-0.25Si-0.73Mn-0.008S-1.0Cr-0.03Al-0.02Ti-0.004N; HP: 0.027P；HPB: 0.027P+0.0017B；MP: 0.013P; MPB: 0.013P+0.0014B; LP: 0.002P; LPB: 0.002P+0.0015B)

然而，需要注意的是，在硼钢中由于加入硼而增加了淬透性，相应的降低了碳和其他合金元素的含量，因此硼钢和它所代用的合结钢中碳和其他合金元素的含量是不相同的，这样得到的结果不仅是硼对力学性能的影响，也包括了碳和其他合金元素含量的变化对力学性能的影响。如图 5-12 所示，在所有的实验温度范围内，硼钢 10B35 的冲击功值明显高于对比的中碳锰钢 SMn443，而且碳和合金元素含量的降低，使得为了获得相同的强度水平，硼钢的回火温度较锰钢约低 50℃（图 5-13）[3]。回火温度的降低，会提高 10.9 级以上级别高强度螺栓的延迟断裂敏感性，在硼钢开发时应特别注意此点。此外，如前两章所述，高强度螺栓钢的延迟断裂多萌生于原奥氏体晶界，因此硼对杂质元素磷、硫晶界偏聚的抑制作用也将有助于改善其耐延迟断裂性能。

5.2.5 硼钢的耐延迟断裂性能

如前所述，与低合金钢相比，硼钢的抗回火软化能力小，其回火温度要比低合金钢大约低 50～100℃；此外，传统硼钢在淬火加热时也易引起奥氏体晶粒粗化而恶化韧性，因此用硼钢制作的 10.9 级高强度螺栓的延迟断裂敏感性往往较大，而使其应用受到限制。为此，开展了改善制造 10.9 级高强度螺栓用硼钢耐延迟断裂性能的研究[9,10,16~18]。一种途径是优化硼钢的化学成分，如通过提高硼钢中的钛含量或添加铌等微合金元素，并控制轧制使微合金元素碳氮化物弥散析出，抑制淬火时奥氏体晶粒长大，同时降低杂质元素磷、硫含量。此外，俄歇(AES)分析表明，硼在原奥氏体晶界的偏聚可减少杂质元素磷的晶界偏聚量（图 5-14），从而强化晶界和改善高强度钢的耐延迟断裂性能[19]。

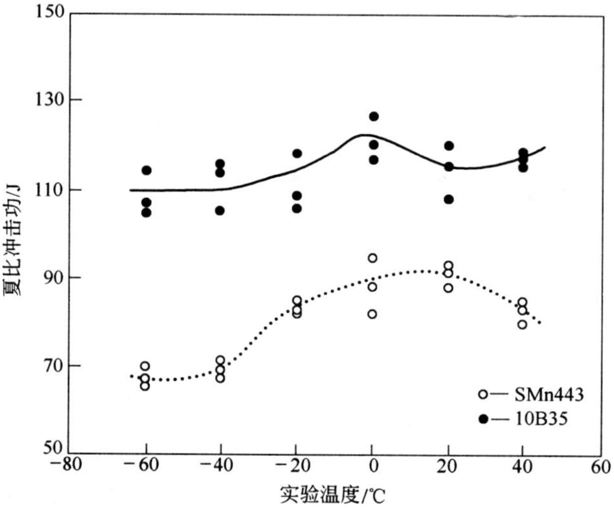

图 5-12　硼钢与中碳锰钢的冲击韧脆转变曲线[3]

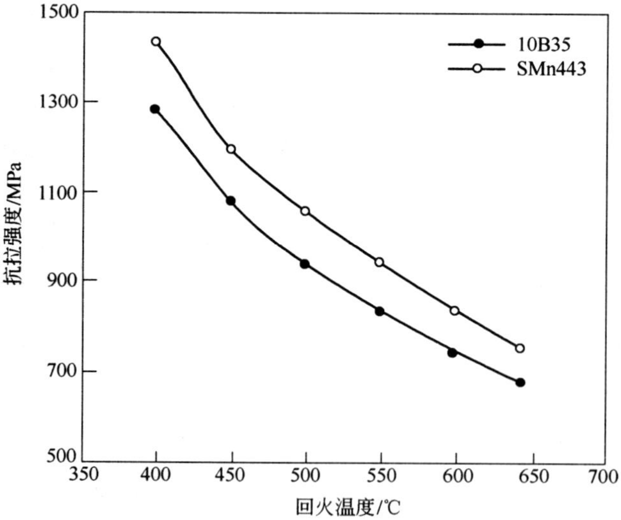

图 5-13　硼钢与中碳锰钢的回火曲线[3]

日本神户制钢对传统硼钢 25MnB 通过成分优化（表 5-4），从而使其延迟断裂抗力得到明显提高，且优于 SCM435 钢，见图 5-15[16]。大同特殊钢开发出一种 10.9 级耐延迟断裂的螺栓用硼钢[10]。为了在 425℃以上温度回火时得到 1000 MPa 以上的强度，碳含量控制为 0.25%，同时控制 Mn、Cr、Si 的含量，确保轧态获得低硬度的铁素体＋珠光体的组织。此外，由于降低了杂质元素磷、硫的含量和添加铌细化了晶粒，因而在 1000～1300 MPa 的强度水平下，新开发硼钢的延迟断裂强度比在 0.70 以上，具有优于或与 SCM435 钢相当的延迟断裂抗力（见图 5-16），因此完全能够满足 10.9 级高强度螺栓用钢的性能要求，该钢已应用于 10.9 级的汽车螺栓。新日铁通过钛、氮含量优化控制而开发出抑制奥氏体晶粒异常粗化的 8T 和 10T 级高强度螺栓用硼钢 FIRST[9]，其耐延迟断裂性能见图 5-17。

表 5-4 神户制钢开发硼钢的化学成分(质量分数，%)[16]

钢 种	C	Si	Mn	P	S	Cr	Mo	Ti	B
改进硼钢	0.25	0.08	1.07	0.009	0.006	0.27		优化量	添加
传统硼钢	0.26	0.20	1.04	0.017	0.010	0.16		常规量	添加
SCM435	0.35	0.24	0.79	0.015	0.022	1.03	0.16		

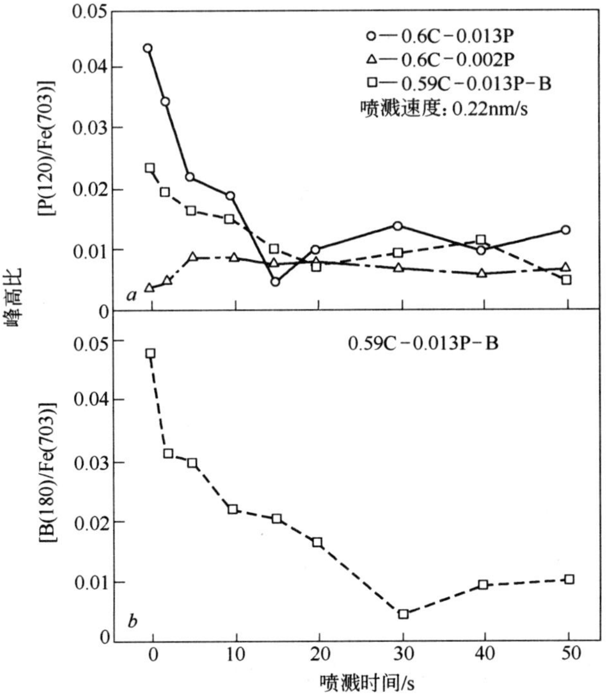

图 5-14 中高碳马氏体的原奥氏体晶界上磷、硼的晶界偏聚行为(AES)[19]

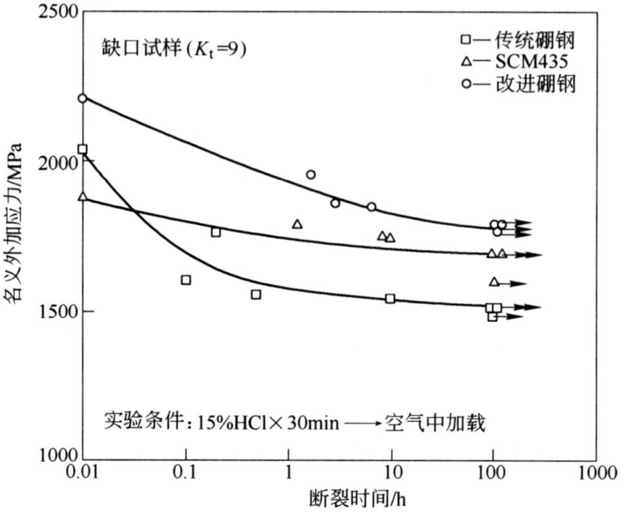

图 5-15　神户制钢开发硼钢的缺口拉伸延迟断裂曲线[16]
(抗拉强度 R_m=1180 MPa)[化学成分见表 5-4]

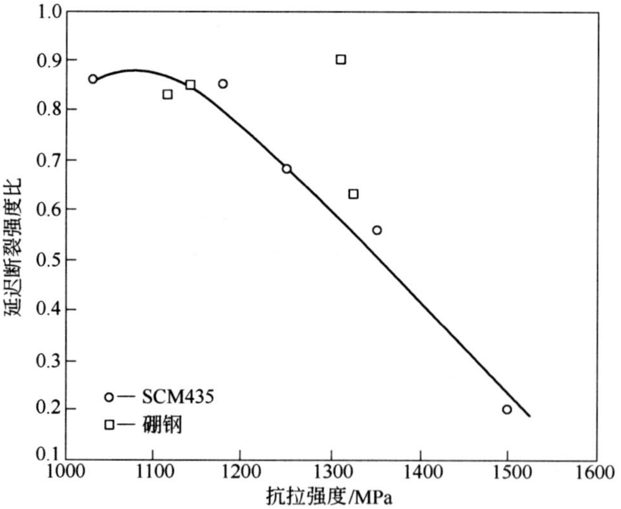

图 5-16　大同特殊钢开发硼钢的缺口弯曲延迟断裂性能[10]
(0.1*R* 缺口弯曲试样，溶液 0.1 mol/L HCl 溶液，断裂时间 30 h)

此外，碳含量也是影响低碳硼钢延迟断裂敏感性的一个重要因素，在保证钢的强度和硬度要求的情况下，适当降低碳含量，可改善低碳硼钢的延迟断裂抗力。图 5-18 是不同碳含量的 15MnVB 钢的缺口拉伸延迟断裂曲线[18]。

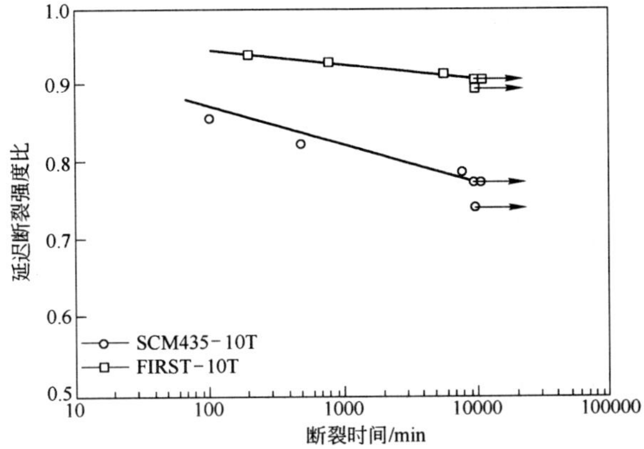

图 5-17 新日铁 10T 级螺栓用硼钢 FIRST 的缺口拉伸延迟断裂曲线[9]

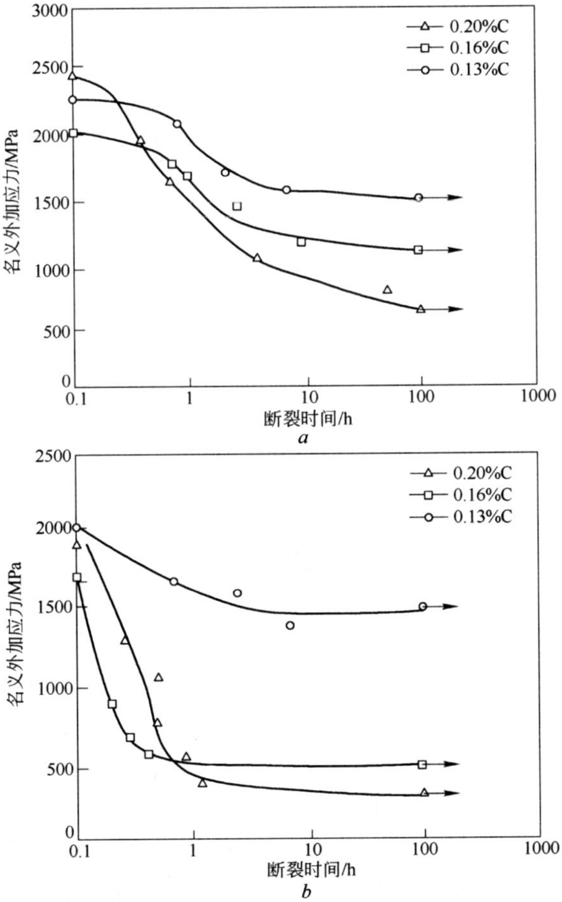

图 5-18 不同碳含量 15MnVB 钢在不同回火温度下的缺口拉伸延迟断裂曲线[18]

(缺口试样：直径 d_0=8 mm，缺口处 d_N=3 mm，缺口 60°/0.1*r* ±0.01；基体钢：C-1.3Mn-0.1V-0.004B-0.013S-0.013P)

a—200℃回火；*b*—400℃回火

如前所述，回火温度对马氏体钢的延迟断裂敏感性具有显著的影响，对于硼钢，同样如此。如当 15MnVB 钢的碳含量较高(0.16%～0.20%)并在 400℃回火时，有最高的延迟断裂敏感性，延迟断裂临界应力很低（图 5-19）；同时，400℃回火螺栓延迟断裂断口均为冰糖块状沿晶断裂。这说明，晶界上特殊碳化物的析出和杂质元素的富集所产生的第一类回火脆性是促进 15MnVB 钢延迟断裂的主要原因[18]。从图 5-19 中还可以看出，当 15MnVB 钢碳含量低到一定数值（如 0.13%C）时，在不同回火温度下的延迟断裂临界应力几乎相等。这就是说，低碳硼钢的碳含量低于一定值时，即有足够高的韧性时，回火温度对钢的延迟断裂抗力的影响是不敏感的。

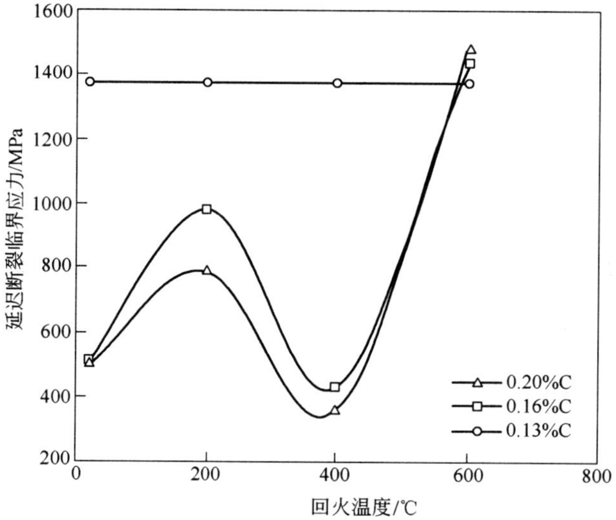

图 5-19　回火温度对不同碳含量 15MnVB 钢延迟断裂抗力的影响[18]
(试样和化学成分同图 5-18)

5.2.6　硼钢的疲劳性能

疲劳性能是高强度螺栓钢的一项重要性能。对于中、低强度马氏体钢(R_m ≤1200 MPa)，疲劳极限与钢的抗拉强度之间大体呈线性关系，即疲劳极限约为抗拉强度的 1/2，此时疲劳破坏多由表面基体引起。除 12.9 级高强度螺栓用钢外，高强度螺栓钢的强度水平多低于 1200 MPa，因此微观组织对疲劳性能的影响程度往往要大于钢中非金属夹杂物的影响。表 5-5 为 40MnB 钢与 40Cr 钢光滑试样和缺口试样疲劳性能的比较[1]。可见，两者的疲劳性能相当。

新日铁对硼钢 45K-B 和碳钢 45K（化学成分见表 5-2）制 7T 螺栓的疲劳试验结果见图 5-20[12]。可见，二者的拉压疲劳性能同样相当。对中碳硼钢和中碳 Cr-Mo 钢制 12.9 级高强度螺栓(M14)的轴向疲劳性能(10^7 周次循环)

的对比研究结果表明[20]，在与发动机实际应力情况相当的应力比(R=0.2)下，前者的疲劳强度为 83 MPa，后者的为 54 MPa，仅相当前者的 65%（图 5-21）。对疲劳断口上微裂纹起裂和扩展过程的进一步研究表明，硼钢螺栓靠近螺纹底部的疲劳裂纹沿原奥氏体晶界形成和扩展，而 Cr-Mo 钢螺栓则在原奥氏体晶粒内形成和扩展。基于 Ritchie 等的断裂力学理论，当螺纹底部塑性区的尺寸超过晶粒尺寸时疲劳裂纹萌生。由于硼钢的晶粒较大，其原奥氏体晶粒尺寸约为 Cr-Mo 钢的两倍，这使得疲劳裂纹不易萌生，从而具有较高的疲劳强度。

表 5-5 40MnB 钢与 40Cr 钢疲劳性能的比较[1]

钢 号	回火温度/℃	R_m/MPa	光滑试样 σ_{-1}/MPa	缺口试样 σ_{-1H} /MPa
40MnB	200	2000	680	480
	360	1490	630	420
	480	1090	520	320
	620	790	380	230
40Cr	200	2005	640	500
	390	1500	620	430
	500	1125	530	360
	670	810	400	260

注：淬火温度均为 840℃，淬火组织均为全马氏体。

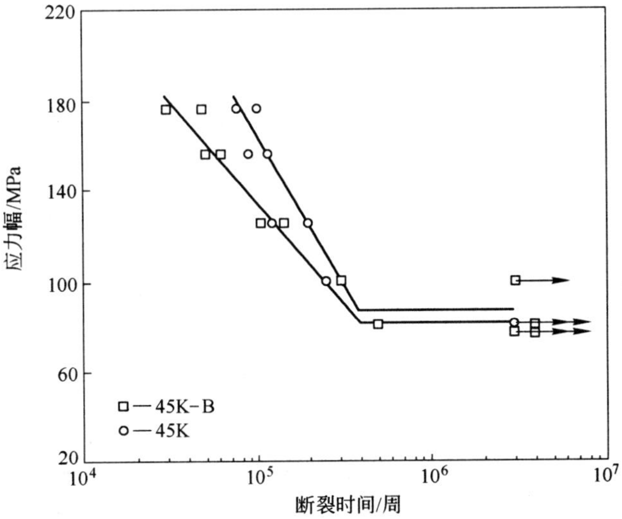

图 5-20 硼钢 45K-B 和碳钢 45K 制 7T 螺栓的拉压疲劳 S-N 曲线

(化学成分见表 5-2)[12]

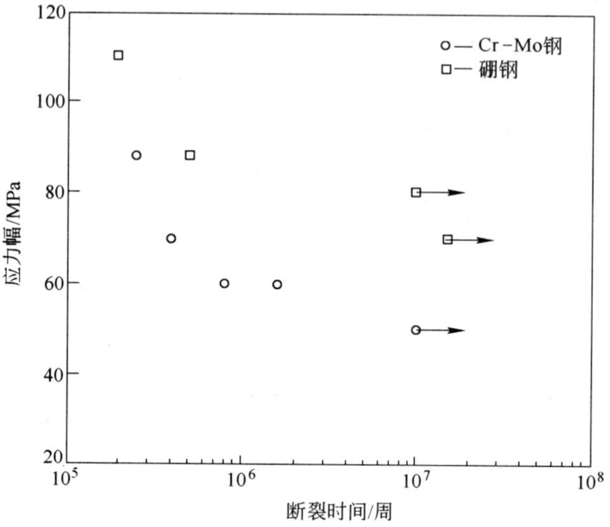

图 5-21　中碳硼钢与中碳 Cr-Mo 钢制高强度螺栓的轴向疲劳 S-N 曲线[20]
(中碳硼钢 S30BCH，0.30%C-0.22%Si-0.70%Mn->0.005%B；中碳 Cr-Mo 钢 SCM3H，0.33%C-0.25%Si-0.60%Mn-0.95%Cr-0.25%Mo)

上述结果表明，低中碳硼钢的疲劳性能优于或与一般合结钢相当。大量的实际使用结果进一步证明了此点。如采用 ML 15MnVB 钢制造国产解放牌汽车用高强度螺栓 20 多年，经历了各种环境的考验，从未发生因疲劳断裂造成的问题[21]。

5.3　高强度螺栓用硼钢的设计及其应用

低中碳高强度硼钢成分设计的基本原则是：降低碳含量，改善钢的冷变形能力；加入微量硼以弥补因降碳而造成的强度和淬透性的损失；另外，根据需要还可加入适量铬、锰等合金元素，进一步提高淬透性。由于少量硼代替大量合金元素，钢材成本降低；碳和合金元素含量低，冷加工性能良好，轧材可以直接拉拔和冷镦加工，不需要预先球化退火处理，节约了螺栓的制造成本[3,6,22]。表 5-6 为硼钢与中碳合结钢主要特点的比较，表 5-7 为两类钢生产高强度螺栓典型制造过程的比较。

表 5-6　硼钢与中碳合结钢主要特点的比较

项　目	中碳合结钢	中 碳 硼 钢	低 碳 硼 钢
球化退火	采用	采用	不采用
冷锻变形抗力	大	中	小
合金元素	高 Mn, Mo, Cr, Si 等	B①	B①

续表 5-6

项　目	中碳合结钢	中 碳 硼 钢	低 碳 硼 钢
淬火裂纹敏感性	大	大	小
淬火介质	油	油	水或油
回火温度	高	中②	低②

① 根据淬透性和性能需要，可提高锰量，加少量铬等元素；
② 回火温度通常较中碳合结钢低 50～100℃。

表 5-7　硼钢和中碳钢制造高强度螺栓典型生产过程的比较

螺栓级别	钢　种		制 造 过 程
8.8 级 (8T)	传统钢	S45C	热轧材→冷拔→球化退火→冷拔→冷镦
	硼　钢	10B22	热轧材→冷拔→冷镦
10.9 级 (10T)	传统钢	SMn443	热轧材→冷拔→球化退火→冷拔→冷镦
	硼　钢	15B25	热轧材→(球化退火) →冷拔→冷镦

目前，低中碳硼钢已经成为主要的高强度螺栓用钢之一，使用效果良好。许多国家都推出了各自的钢种系列(见表 5-8～表 5-11)。可见，低中碳硼钢以碳、锰含量变化的 Mn-B 系钢为主，此外还有 Cr-B、Mn-Cr-B、Mn-V-B 系等。通常 8.8 级螺栓用与 SAE 10B23 相当的低碳 Mn-B 系硼钢制造，9.8 级和 10.9 级螺栓用与 SAE 10B35 相当的中碳系硼钢制造，代替 Cr、Cr-Mo 等中碳低合金钢。

表 5-8　日本高强度螺栓用硼钢的化学成分(质量分数，%)

牌　号	C	Si	Mn	P	S	B
SWRCHB 220	0.17～0.23	0.10～0.35	0.60～0.90	≤0.030	≤0.030	≥0.0008
SWRCHB 223	0.20～0.26	0.10～0.35	0.60～0.90	≤0.030	≤0.030	≥0.0008
SWRCHB 226	0.23～0.29	0.10～0.35	0.60～0.90	≤0.030	≤0.030	≥0.0008
SWRCHB 231	0.28～0.34	0.10～0.35	0.60～0.90	≤0.030	≤0.030	≥0.0008
SWRCHB 234	0.31～0.37	0.10～0.35	0.60～0.90	≤0.030	≤0.030	≥0.0008
SWRCHB 237	0.34～0.40	0.10～0.35	0.60～0.90	≤0.030	≤0.030	≥0.0008
SWRCHB 320	0.17～0.23	0.10～0.35	0.70～1.00	≤0.030	≤0.030	≥0.0008
SWRCHB 323	0.20～0.26	0.10～0.35	0.70～1.00	≤0.030	≤0.030	≥0.0008
SWRCHB 331	0.28～0.34	0.10～0.35	0.70～1.00	≤0.030	≤0.030	≥0.0008
SWRCHB 334	0.31～0.37	0.10～0.35	0.70～1.00	≤0.030	≤0.030	≥0.0008
SWRCHB 420	0.17～0.23	0.10～0.35	0.80～1.10	≤0.030	≤0.030	≥0.0008
SWRCHB 423	0.20～0.26	0.10～0.35	0.80～1.10	≤0.030	≤0.030	≥0.0008
SWRCHB 437	0.34～0.40	0.10～0.35	0.80～1.10	≤0.030	≤0.030	≥0.0008
SWRCHB 526	0.23～0.29	0.10～0.35	0.90～1.20	≤0.030	≤0.030	≥0.0008

续表 5-8

牌　号	C	Si	Mn	P	S	B
SWRCHB 531	0.28～0.34	0.10～0.35	0.90～1.20	≤0.030	≤0.030	≥0.0008
SWRCHB 620	0.17～0.23	0.10～0.35	1.10～1.40	≤0.030	≤0.030	≥0.0008
SWRCHB 623	0.20～0.26	0.10～0.35	1.10～1.40	≤0.030	≤0.030	≥0.0008
SWRCHB 634	0.31～0.37	0.10～0.35	1.10～1.40	≤0.030	≤0.030	≥0.0008
SWRCHB 637	0.34～0.40	0.10～0.35	1.10～1.40	≤0.030	≤0.030	≥0.0008
SWRCHB 726	0.23～0.29	0.10～0.35	1.20～1.50	≤0.030	≤0.030	≥0.0008
SWRCHB 731	0.28～0.34	0.10～0.35	1.20～1.50	≤0.030	≤0.030	≥0.0008
SWRCHB 734	0.31～0.37	0.10～0.35	1.20～1.50	≤0.030	≤0.030	≥0.0008
SWRCHB 737	0.34～0.40	0.10～0.35	1.20～1.50	≤0.030	≤0.030	≥0.0008
SWRCHB 823	0.20～0.26	0.10～0.35	1.35～1.65	≤0.030	≤0.030	≥0.0008

注：1．硅含量小于 0.10%时，由供需双方协商；
　　2．供需双方可协议规定硼含量不低于 0.0005%。

表 5-9　美国 Q-Temp 系硼钢的化学成分(质量分数，%)

牌 号	C	Mn	Cr	Mo	V	B
10B18Q	0.15～0.20	0.80～1.10				>0.0005
10B21Q	0.18～0.23	0.80～1.10				>0.0005
10B22Q	0.17～0.23	1.00～1.30				>0.0005
10B23Q	0.17～0.23	1.10～1.40				>0.0005
41B20Q	0.18～0.23	0.75～1.00	0.25～0.40	0.15～0.25		>0.0005
41BV20Q	0.18～0.23	0.75～1.00	0.25～0.40	0.15～0.25	0.03～0.08	>0.0005
50B23Q	0.20～0.25	0.75～1.00	0.25～0.40			>0.0005
60B20Q	0.18～0.23	0.75～1.00	0.25～0.40		0.03～0.08	>0.0005

表 5-10　德国高强度螺栓用硼钢的化学成分(质量分数，%)

牌　号	C	Si	Mn	P	S	B
22B2	0.19～0.25	≤0.40	0.50～0.80	≤0.035	≤0.035	0.0008～0.0050
28B2	0.25～0.32	≤0.40	0.50～0.80	≤0.035	≤0.035	0.0008～0.0050
35B2	0.32～0.40	≤0.40	0.50～0.80	≤0.035	≤0.035	0.0008～0.0050
19MnB4	0.17～0.24	≤0.40	0.80～1.15	≤0.035	≤0.035	0.0008～0.0050

表 5-11　中国 GB/T 6478-2001 中的硼钢化学成分(质量分数，%)

牌　号	C	Si	Mn	P	S	B	其　他
ML20B	0.17～0.24	≤0.40	0.50～0.80	≤0.035	≤0.035	0.0005～0.0035	
ML28B	0.25～0.32	≤0.40	0.60～0.90	≤0.035	≤0.035	0.0005～0.0035	
ML35B	0.32～0.39	≤0.40	0.50～0.80	≤0.035	≤0.035	0.0005～0.0035	

续表 5-11

牌 号	C	Si	Mn	P	S	B	其 他
ML15MnB	0.14～0.20	≤0.30	1.20～1.60	≤0.035	≤0.035	0.0005～0.0035	
ML20MnB	0.17～0.24	≤0.40	0.80～1.20	≤0.035	≤0.035	0.0005～0.0035	
ML35MnB	0.32～0.39	≤0.40	1.10～1.40	≤0.035	≤0.035	0.0005～0.0035	
ML37CrB	0.34～0.41	≤0.40	0.50～0.80	≤0.035	≤0.035	0.0005～0.0035	Cr 0.20～0.40
ML20MnTiB	0.19～0.24	≤0.30	1.30～1.60	≤0.035	≤0.035	0.0005～0.0035	Ti 0.04～0.10
ML15MnVB	0.13～0.18	≤0.30	1.20～1.60	≤0.035	≤0.035	0.0005～0.0035	V 0.07～0.12
ML20MnVB	0.19～0.24	≤0.30	1.20～1.60	≤0.035	≤0.035	0.0005～0.0035	V 0.07～0.12

注：Al_t≥0.02%或 Al_s≥0.015%。

在日本的 JIS 标准(JIS G3508—91)中有专门的冷镦用硼钢盘条，共有 24 个牌号，碳含量为 0.17%～0.40%，硅含量为 0.10%～0.35%，锰含量为 0.60%～0.90%、0.80%～1.10%、1.10%～1.40%、1.35%～1.65%等 7 个级别，硼含量不小于 0.0008%(见表 5-8)。目前，在日本采用低中碳硼钢生产高强度螺栓已经比较普遍，像建筑、汽车、拖拉机、挖土机等行业的高强度螺栓已经大量使用硼钢制造，特别是建筑业主要应用的摩擦接合用大尺寸螺栓，几乎均使用硼钢来制造；而在汽车业，为了降低成本，越来越多的 8.8～9.8 级高强度螺栓已经采用硼钢来制造。

美国自 20 世纪 60 年代开始，陆续设计了一系列利用硼提高淬透性的新钢种，美国钢公司开发出了 Q-Temp 系列(见表 5-9)。这种钢易于冷成型，特别适合冷镦，大多数不需要退火处理，淬火回火后综合力学性能良好，可代替许多中碳钢和中碳合金钢。如采用 10B18Q 代替 35、45 钢制造螺栓，可以取消冷镦前的球化退火工序，从而可以节约 15%左右的费用。在美国 SAE J1199-SEP83 标准中，对于 8.8 级、9.8 级和 10.9 级螺栓，经用户同意，可选用低碳硼钢(0.15%～0.27%C-0.74%～1.46%Mn-0.0005%～0.003%B)或中碳硼钢(0.25%～0.40%C-≤0.74%Mn-0.0005%～0.003%B)来制造。

在德国 DIN 1654—89 标准中有 22B2、28B2、35B2 和 19MnB4 四个牌号(见表 5-10)。前 3 个牌号含锰量较低(0.50%～0.80%Mn)，最后一个 19MnB4 的锰含量较高(0.80%～1.15%Mn)。

在中国标准 GB/T 3098—2000 中，性能等级代号下加横线者，即 8.8、9.8、10.9 级螺栓可以用低碳马氏体硼钢来制造；在新修订的国家标准 GB/T 6478—2001 冷镦和冷挤压用钢技术条件中的 34 个牌号中，有 10 个牌号的硼钢(表 5-11)[原 1986 年版标准中仅有 ML15MnB、ML 15MnVB 和 ML 20MnTiB 三个钢号]。可见，目前我国对这种节约资源和能源型钢种的重视。

如前所述，由于硼钢的抗回火软化能力小，其回火温度要比低合金结构钢低 50～100℃，因此用硼钢制作的 10.9 级高强度螺栓的延迟断裂敏感性大，为此通过精心的成分设计，开发出了耐延迟断裂的 10.9 级螺栓用硼钢(详见 5.2.5 节)。表 5-12 给出了日本开发的一些耐延迟断裂和特殊用途的高强度螺栓用硼钢(同时参见表 5-2，表 5-4)[9,10,23,24]。

表 5-12　日本开发的耐延迟断裂和特途用途的高强度螺栓用硼钢(质量分数，%)

厂家和牌号	C	Si	Mn	P	S	Cr	其 他	强度水平和特征
新日铁 BOLTEN110N	0.18～0.23	0.10～0.20	0.70～0.90	≤0.030	≤0.030	0.60～0.80	B 0.001～0.003	耐延迟断裂
新日铁 FIRST 钢	0.23	0.20	1.10	0.015	0.015	0.30	添加硼，优化钛、氮量	8T(8.8 级)
新日铁 FIRST 钢	0.23	0.05	0.50	0.010	0.005	增加	添加硼，优化钛、氮量	10T(10.9 级)，耐延迟断裂
神户制钢	0.25	0.08	1.07	0.009	0.006	0.27	适量添加钛、硼	10.9 级，耐延迟断裂
大同特殊钢	0.25	0.03	1.00	0.010	0.002	0.30	Ti0.05, Nb0.025, 0.002	10.9 级，耐延迟断裂
住友金属 10B22	0.20～0.25	0.10～0.35	0.80～1.10				B 0.0010～0.0030	8T(8.8 级)
住友金属 15B25	0.22～0.28	≤0.35	0.90～1.20				B 0.0005～0.0030	10T(10.9 级)
日本钢管 HS20BH	0.18～0.22	0.10～0.30	0.70～0.90	≤0.030	≤0.030	0.60～0.80	B ≥0.0005	耐延迟断裂
日本钢管 HS20BF	0.18～0.22	0.10～0.30	0.70～0.90	≤0.030	≤0.030	0.90～1.10	B ≥0.0005	大尺寸螺栓
日本钢管 HS20BW	0.17～0.21	≤0.10	0.70～0.90	≤0.030	≤0.035	0.80～1.00	B ≥0.0005, Cu 0.25～0.35, Ni ≤0.20	耐候性螺栓

在此，有必要对我国自行研究开发出的低碳硼钢 ML 15MnVB 作一介绍。该钢自 20 世纪 70 年代起，在我国已得到广泛使用，其主要特点如下[25]：

（1）该钢以锰、硼为主，添加少量钒，碳含量较低，可采用低碳马氏体强化工艺，低温回火状态使用；其抗拉强度约 1170～1420 MPa，所制螺栓强度可达 10.9～12.9 级水平，而且不会导致钢的塑性、韧性和缺口敏感性恶化。

（2）该钢经低温回火处理后，在盐水和水中有良好的延迟断裂抗力(见 5.2.5 节)，延迟断裂敏感性小；

（3）由于钢中碳和硅含量低，且对冷作强化不起作用，因而该钢的冷镦性能良好，可明显提高螺栓制作的合格率，同时使工模具的寿命提高 20%～30%。

ML 15MnVB 钢主要性能指标与同类产品的比较见表 5-13，制作螺栓时的工模具寿命比较见表 5-14。

表 5-13 ML15MnVB 钢与同类钢种主要性能的比较

指 标	R_m/MPa	$R_{P0.2}$/MPa	A/%	Z/%	A_k/J	拉压疲劳强度 (K_t=3.5)/MPa	螺栓级别	回火温度 /℃
ML15MnVB	1320	1100	≥12	≥50	70	127	12.9	200
ML40Cr	980	870	≥20	≥50	55	93	10.9	600
BOLTEN110	1150	1040	≥17	≥60	78		11.9	425

表 5-14 ML15MnVB 钢与 ML40Cr 钢制作螺栓时的工模具寿命比较

序 号	工具名称	ML40Cr 加工件数	ML15MnVB 加工件数	提高工具寿命/%
1	冷镦切刀	15000	20000	33
2	冷镦模	4000	5000	25
3	切边模	10000	20000	100
4	滚丝板	35000	45000	28

参考文献

[1] 姚贵升. 汽车金属材料应用手册(上)[M]. 北京：北京理工大学出版社，2000.

[2] Llewellyn D T. Boron in steels[J]. Ironmaking and Steelmaking, 1993, 20(5):338～343.

[3] 小山隆治，塚本孝. ボロン鋼[J]. 住友金属, 1996, 48(4):195～197.

[4] Kawazoe K, Matsumoto H, Kamada Y, et al. Development of boron-treated steel with microalloying technology for high-strength bolts[J]. Wire J. Inter., 2000, (5):120～129.

[5] 隠岐保博. 線材・棒鋼製品の高強度化の現状と将来[J]. ふぇらむ，2003，8（9）：627～632.

[6] 惠卫军，董瀚，翁宇庆. 高强度螺栓钢的发展动向[J]. 机械工程材料，2002, 26(11):1～4,38.

[7] 冶金工业部钢铁研究院. 合金钢手册(上册)[M]. 北京：冶金工业出版社, 1972.

[8] Llewellyn D T, Cook W T. Metallurgy of boron-treated low-alloy steels[J]. Metals. Technology, 1974, 517～529.

[9] 越智達朗，高田啓督，久保田学，ほか. 部品制造工程む簡略化する特殊鋼棒綫材[J]. 新日鉄技報，1999, (370): 11～16.

[10] 伊藤幸生. 10.9 級ボルト用新ボロン鋼[J]. 電気製鋼，1998, 69(1):65～71.

[11] 俞德刚. 钢的强韧化理论与设计[M]. 上海：上海交通大学出版社，1990.

[12] 佐藤洋，田代均，野口義哉，ほか. 緩速冷却線材の特性について[J]. 製鉄研究，1988, 329:1～6.

[13] 百崎寛，長谷川豊文，阿南吾郎，ほか. 軟化熱処理省略可能な新冷間鍛造用鋼[J]. R&D 神戸製鋼技報，2000, 50(1):45～48.

[14] 井上毅，難波吉雄. 超高強度鋼のじん性におよぼす粒界りん偏析およびボロン添加の効果[J]. R&D 神戸製鋼技報，1993, 43(1):77～80.

[15] 本田正寿，紅林豊. 炭素量を変化させた焼入鋼の靭性に及ぼすボロンの影響[J]. 電気製鋼，2002, 73(1):29～35.

[16] 松島義武，長谷川豊文，阿南吾郎. 冷間鍛造用鋼の動向[J]. CAMP-ISIJ，1999, 12: 953～956.

[17] 並村裕一. 10T ボルト用ボロン鋼[J]. 特殊鋼，1997，46(1):46.

[18] 李仁顺，马振举. 含碳量和回火温度对 15MnVB 钢抗氢脆性能的影响[J]. 金属热处理，1991, (1): 53～56.

[19] 越智達郎，蟹澤秀雄，佐藤洋，渡辺忠雄. 高周波焼入れシヤフト材の振り強度に及ぼす P, B の影響[J]. 鉄と鋼，1997, 83(10):665～670.

[20] 鈴木秀人，大籔優，国尾武. ボロン製高強度ボルトの軸荷重疲労特性および疲労破壊過程[J]. 材料，1987, 36(408): 980～985.

[21] 薛文广，杜义，李伟. 低碳马氏体高强度螺栓用钢的研制[J]. 特殊钢，1998, 19(5):39～41.

[22] 祖荣祥. 高强度螺栓钢的开发与应用[J]. 特殊钢，1995, 16(5):1～7.

[23] 関根明彦. 建築，橋梁用高力ボルト，ナツト[J]. 特殊鋼，1986, 35(11):55～58.

[24] 伊藤眞人. 日本鋼管ボロ鋼[J]. 特殊鋼，1982, 31(12): 32～34.

[25] 项程云. 合金结构钢[M]. 北京：冶金工业出版社，1999.

6　高强度螺栓用冷作强化非调质钢

6.1　概述

非调质钢诞生于20世纪70年代的西德，其性能水平能达到或接近调质钢的性能。由于不含多量合金元素，而且不用调质处理，因此可节约热处理能耗，避免了在热处理过程中产生变形或淬火裂纹所造成的废品，并减少了热处理所造成的污染，具有显著的经济效益和社会效益。目前，在汽车和农机制造、工程机械、机床等机械制造行业得到了越来越广泛的应用。

非调质钢按加工工艺可分为热锻用非调质钢、直接切削用非调质钢和冷作强化非调质钢三类。冷作强化非调质钢是通过采用微合金化、控制轧制和控制冷却，使微合金化元素的碳氮化物弥散析出而产生沉淀强化和细晶强化，在此基础上再通过冷变形产生加工硬化，使钢的强度进一步提高，在不经过调质处理的情况下，即能达到所要求性能指标的一种新型结构钢[1~3]。

冷作强化非调质钢主要用来制造高强度螺栓等紧固件。目前，制造的螺栓强度级别主要为 7T 级和 8.8 级高强度螺栓，也有制造 9.8 级、10.9 级甚至12.9级高强度螺栓。一般7T级、8.8级和9.8级螺栓用冷作强化非调质钢为碳含量 0.20%左右的 C-Mn 系钢中添加微量 V、Ti、Nb 等元素，其组织为铁素体+珠光体。10.9 级及其以上螺栓用冷作强化非调质钢则多为含碳 0.10%左右的 C-Mn 系钢中添加 Cr、Ti、B、Si 等元素，以提高淬透性，保证得到合适的强度和塑韧性，其组织主要为贝氏体[1,4~7]。

图 6-1 给出了采用调质钢和非调质钢制造高强度螺栓的典型生产工序的比较[1,8,9]。可见，采用低、中碳合金结构钢或中碳钢制造 700 MPa 级以上的高强度螺栓，通常要进行至少一次球化退火处理和调质处理。球化退火和调质处理均属周期长、能耗大的热处理工序，因而在热锻和直接切削用非调质钢问世后不久，在20世纪80年代初人们就研究开发出不同强度级别的冷作强化非调质钢并实用化[10]。冷作强化非调质钢主要适宜用来制作冷加工量较小的高强度螺栓，其主要技术经济特点如下[1,11]：

（1）节省能耗。由于省去了调质处理和拉拔前球化退火处理这两道周期长、能耗大的热处理工序，因而节能效果十分显著，据统计每吨钢最高可节省电能近 2500 kW·h。

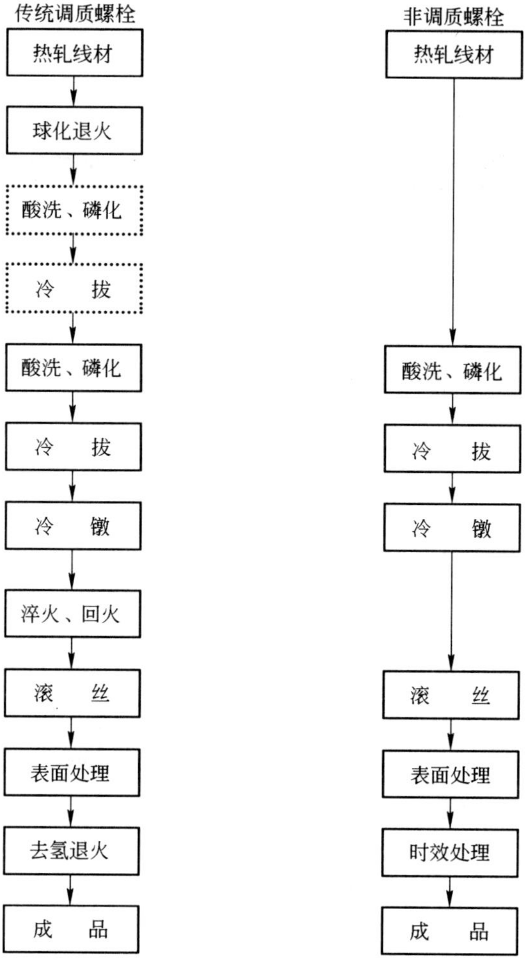

图 6-1　高强度螺栓典型生产工序示意图（虚线表示该工序可省略）

（2）节省了热处理及相关工序的材料消耗，并减少环境污染。取消拉拔前的球化退火工序，热轧材的氧化较轻，可明显减少拉拔前的酸洗时间和酸液消耗，并减少了酸洗工序带来的污染；取消调质工序，还可省去淬火介质(特别是淬火油)的消耗，并免去淬火和回火过程中带来的污染。

（3）提高材料的利用率。取消拉拔前的球化退火工序，可节省退火氧化的损失，提高材料利用率约 3%～4%。

鉴于冷作强化非调质钢轧材的力学性能波动直接影响螺栓制品的性能波动，因此对其冶金生产工艺的稳定控制十分关键，需采用炉外精炼减少夹杂物并控制成分在较窄的范围，通过控制轧制和控制冷却细化组织以提高塑性和韧性并产生析出强化[5]。当然，在冶金厂由于使用了微合金添加剂，同时增加了一些工艺过程的控制难度，将使轧材的生产成本有所提高；在紧固件企业，则由于线材硬度较高，冷镦时模具寿命有所降低，且冷镦制作形状复杂的螺栓时易产生裂纹；此外，与调质螺栓相比，非调质螺栓的韧性偏低，强度受轧材强度波动和加工工艺波动的影响大[11,12]，这些问题有待进一步解决。为了去除加工应力以稳定化组织，需要对非调质螺栓进行 180～400 ℃的时效(稳定化)处理。当然，一些时效处理可与电镀后的去氢处理同时进行[5,7]。

冷作强化非调质钢的实用化已有 20 多年的时间，其使用量不断增加，应用范围不断扩大。困扰冷作强化非调质钢进一步扩大应用的一个主要难题便是冷加工性，这不仅需要冶金生产厂家研究开发出具有优良冷加工性的新钢种，同时还需要紧固件用户选择合适的冷镦模具、润滑剂等以提高模具寿命。随着生产技术的不断进步及对降低生产成本和环境保护要求的进一步提高，冷作强化非调质钢必将得到更加广泛的应用。

6.2 冷作强化非调质钢的设计

6.2.1 设计原则

对于冷作强化非调质钢而言，除要求满足力学性能指标如强度、塑性和韧性等外，更重要的是还要求满足工艺性和经济性的要求。

由图 6-1 可以看出，决定和影响冷作强化非调质钢所制螺栓力学性能的因素主要包括：热轧线材的性能、冷拔和冷镦工艺及时效处理工艺，其中热轧线材的性能又主要取决于钢的化学成分、轧制加热温度、控轧和控冷工艺。通过合理的化学成分设计，保证在轧制加热时既能够获得细小的原奥氏体晶粒，同时又控制 V、Ti、Nb 等析出强化元素的溶解程度；轧制工艺决定轧后的晶粒尺寸和晶内的组织状态；控制冷却决定相变组织即析出相、析出相比例、内部结构及铁素体晶粒大小等[1]。轧制过程和冷却过程中析出的弥散细小的微合金化元素的碳氮化物，一方面抑制热轧过程中奥氏体晶粒的再结晶，起细化晶粒的作用，从而提高钢的强度；另一方面，这些弥散细小的微合金化元素碳氮化物又产生析出强化，进一步提高钢的强度。冷拔时生成大量的位错而产生加工硬化，随后的时效处理则固定可动位错。因此，一般而言，采用冷作强化非调质钢所制螺栓的强度 R_m 由下述三个部分构成：

$$R_m = R_m^0 + \Delta R_m^{cd} + \Delta R_m^{ag} \quad (6\text{-}1)$$

式中，R_m^0 为冷作强化非调质钢热轧线材的强度；ΔR_m^{cd} 为热轧线材冷作强化所引起的强度增量；ΔR_m^{ag} 为冷作强化线材时效处理后所引起的强度增量。

冷作强化非调制钢的工艺性能主要是冷加工性能，包括冷拔和冷镦性能。热轧线材的塑性影响其冷加工性能，而线材冷变形时的硬化特征，则决定着冷作强化时的强度增量。因此，冷作强化非调质钢在成分设计时，多采取了降低碳含量，并添加微合金化元素的技术路线[1,8]。

研究开发冷作强化非调质钢的目的就在于节能降耗，降低生产成本，因而经济性对冷作强化非调质钢的设计尤为重要。如何使所研发的钢种，既具有良好的综合性能，在总体上又具有良好的经济效益，这是冷作强化非调质钢设计成功与否的关键。

6.2.2 热轧线材的强度和塑韧性控制

6.2.2.1 铁素体+珠光体型组织与性能的关系

复相组织与性能之间的关系比较复杂，需要建立起包括两相体积分数与应力间的函数关系。这是由于当其中一个相的体积分量很大时，它对材料性能的作用便上升为支配地位。对于铁素体+珠光体的混合组织，如假设强度随珠光体含量呈线性变化，当珠光体含量由 0→100%时，屈服强度的变化如图 6-2 所示，它可近似地由下式来表达[13]：

$$R_{\mathrm{eL}} = f_{\alpha}{}^{n} R_{\mathrm{eL}}^{\alpha} + (1 - f_{\alpha}{}^{n}) \cdot R_{\mathrm{eL}}^{\mathrm{P}} \tag{6-2}$$

式中，f_α 为铁素体体积分数；R_{eL}^{α} 为铁素体屈服强度，MPa；$R_{\mathrm{eL}}^{\mathrm{P}}$ 为珠光体屈服强度，MPa；n 为指数，n 随珠光体量而变化，一般取 1/3。

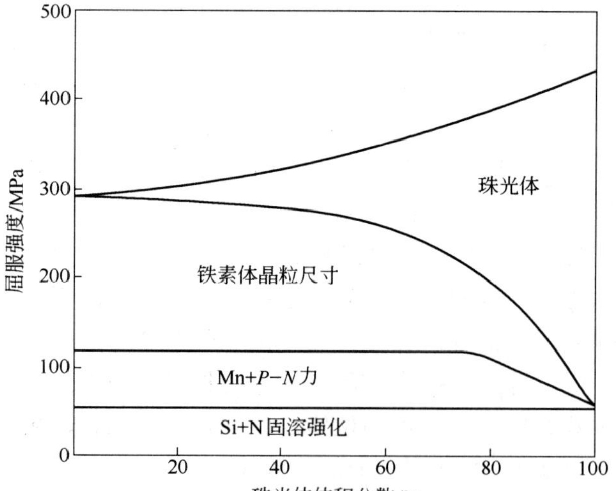

图 6-2 珠光体体积分数及各种强化因素对 C-Mn 钢屈服强度的影响[13]

多边形铁素体的性能与微观组织间的关系可由下式来描述[14]：

$$R_{\mathrm{eL}}^{\alpha} = \sigma_0 + \sum_{0}^{i} k_i c_i^{\,m_i} + k_{\mathrm{y}} d^{-1/2} + \sigma_{\mathrm{P}} \tag{6-3}$$

式中，R_{eL}^{α} 为铁素体的屈服强度，MPa；σ_0 为纯铁的摩擦应力，MPa；k_i 为 i 溶质的固溶强化系数，MPa；c_i 为 i 溶质的质量分数，%；m_i 为 i 溶质的固溶强化指数；d 为铁素体晶粒的平均线截距，mm；k_y 为常数，MPa·mm$^{1/2}$；σ_P 为沉淀强化增量，MPa。

固溶强化是各个溶质元素作用的总和。应当指出的是，m_i 的数值介于 1/2 和 1 之间，对于弱固溶强化元素如在铁中溶解度较大的置换固溶元素，m_i = 1；而对于强固溶强化元素如铁中的间隙固溶元素碳、氮，m_i=1/2。这表明固溶强化与成分间的关系是非线性的，但在稀释的固溶体，如在低碳钢中，间隙固溶的碳、氮含量的变化范围很小，其固溶强化效果可以近似地视为线性关系，即 $m_i \approx 1$。只要选取适当的 k_i 值，式 6-3 仍可使用。常用固溶元素的 k_i 值参见文献[15]。

晶粒尺寸的影响可由经典的 Hall-Petch 关系式来表达，即晶粒细化强化的贡献与铁素体晶粒尺寸的平方根成反比。理论估算结果表明，钢铁材料中 k_y 的数值约为 24.7 MPa·m$^{1/2}$。大量实验结果表明，当应变速率范围在 6×10^{-4}～1 s^{-1} 之间，晶粒尺寸在 3 μm 到数毫米范围时，钢铁材料室温下 k_y 的数值在 14.0～23.4 MPa·m$^{1/2}$之间，低碳钢中常采用 17.4 MPa·m$^{1/2}$，而较高碳含量钢中由于间隙固溶碳量的增多使得 k_y 有所提高，故常采用 22.3 MPa·m$^{1/2}$。但当晶粒尺寸细化到微米附近时，单位晶界面积上产生位错的总长度将由于相互制约而明显减小，由此导致 k_y 的数值下降到 10 MPa·m$^{1/2}$ 以下[15]。

铁素体中细小析出粒子所导致的沉淀强化的贡献 σ_P，可用 Ashby-Orowan 公式来描述[16]：

$$\sigma_P = \frac{5.9 f^{1/2}}{\chi} \ln\left(\frac{\chi}{2.5\times10^{-4}}\right) \qquad (6\text{-}4)$$

式中，f 为析出粒子的体积分数；χ 为析出粒子的平均截线直径，μm，它可由下式求得：

$$\chi = \sqrt{\frac{2}{3}} D \qquad (6\text{-}5)$$

式中，D 为析出粒子的平均直径，μm。

由此可见，由析出粒子造成的强化随粒子尺寸的减小和粒子体积分数的增加而增加。

对于片状珠光体，其屈服强度 R_{eL}^{P} 与珠光体片层间距 S 之间同样满足 Hall-Petch 关系[17]：

$$R_{eL}^{P} = \sigma_i + kS^{-n} \qquad (6\text{-}6)$$

式中，σ_i 为摩擦应力，为$(1- f_\alpha)= f_P$ 等于零时的屈服强度，即为铁素体的 R_{eL}^{α}；k 为常数；n 等于 1 或 1/2。

将式 6-3、式 6-4 和式 6-6 代入式 6-2，可得：

$$R_{eL} = f_\alpha{}^n\left[\sigma_0 + \sum_0^i k_i c_i{}^{m_i} + k_y d^{-1/2} + \frac{5.9 f^{1/2}}{\chi}\ln\left(\frac{\chi}{2.5\times10^{-4}}\right)\right] + (1 - f_\alpha{}^n)(\sigma_i + kS^{-n}) \tag{6-7}$$

式 6-7 便是铁素体+珠光体型钢的屈服强度与成分、组织结构间的典型关系式。如在含 20%～100%珠光体的铁素体+珠光体混合组织中，忽略沉淀强化的贡献，可获得以下关系式[13,17]：

$$R_{eL} = f_\alpha{}^{1/3}[35.4 + 58.5w(\mathrm{Mn}) + 17.4d^{-1/2}] + (1 - f_\alpha{}^{1/3})[178.6 + 3.85S^{-1/2}] + 63.1w(\mathrm{Si}) + 425N_f{}^{1/2} \tag{6-8}$$

式中，N_f 为间隙固溶体中自由氮的质量分数，%；$w(\mathrm{Mn})$、$w(\mathrm{Si})$为钢中锰、硅元素的质量分数，%。

对于抗拉强度 R_m 和 Charpy V 形缺口 27 J 的韧脆转变温度 ITT，同样可得：

$$R_m = f_\alpha{}^{1/3}[246.4 + 1142.7N_f{}^{1/2} + 18.2d^{-1/2}] + (1 - f_\alpha{}^{1/3})[719.2 + 3.5S^{-1/2}] + 97.3w(\mathrm{Si}) \tag{6-9}$$

$$ITT = f_\alpha[-46 - 11.5d^{-1/2}] + (1 - f_\alpha)[-335 + 5.6S^{-1/2} - 13.3R^{-1/2} + 3.48\times10^6 t] + 49w(\mathrm{Si}) + 762N_f{}^{1/2} \tag{6-10}$$

式中，R 为珠光体团平均尺寸，mm；t 为渗碳体片层厚度，mm。

从图 6-2 和式 6-7～式 6-9 可以看出，当钢中珠光体量较少时，式中与珠光体相关部分的作用很小，其表达式与低碳钢的强度与组织的关系式相似，即其强度与珠光体体积分数间呈线性关系；在珠光体量很低时，其强度与珠光体量几乎无关。因此，在铁素体量多时，强度的提高主要依靠铁素体晶粒的细化，如图 6-3 所示[13]。而当碳含量增加，珠光体含量达到一定数量时，钢的强度与珠光体体积分数间为非线性关系，具有 1/3 的指数关系，即珠光体对强度具有明显的影响。此时，铁素体的作用逐步减弱，珠光体团尺寸及其片层间距对强度的影响便变得突出起来。因此，调整钢中碳含量，控制组织中铁素体和珠光体的相对量，便可以调整钢的强度。对于冷作强化非调质钢，珠光体体积分数通常小于 25%。

由式 6-8 和式 6-9 还可以看出，硅和氮对屈服强度的作用依赖各自在先共析铁素体和珠光体铁素体（硅几乎不固溶于渗碳体）中的固溶，与铁素体和珠光体量无关。氮对抗拉强度也仅当它间隙固溶于铁素体中才有效，当铁素体量很少时，其作用也很小。锰固溶于铁素体内，只提高钢的屈服强度，而对抗拉强度没有贡献。但应当指出的是，锰含量会影响其他变量，如铁素体含量 f_α、铁素体晶粒尺寸 d 和珠光体片层间距 S。

由式 6-10 可见，韧脆转变温度随珠光体量增多而升高，珠光体团尺寸 R 对韧脆转变温度的影响与低碳钢中铁素体晶粒尺寸的影响类似，二者均对钢的韧性具有重要的影响，即细小的珠光体团与细小的铁素体晶粒一样均有利于韧性的改善。这是因为珠光体团的边界也和铁素体晶界一样，使裂纹扩展方向偏斜或受阻。式 6-10 还表明，为获得高的缺口冲击韧性，应限制硅和游离氮的含量。

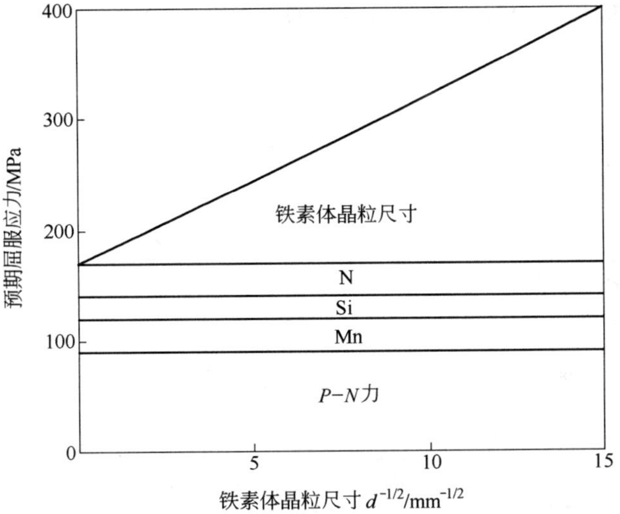

图 6-3　铁素体晶粒尺寸对正火低碳锰钢屈服应力的影响[13]
（质量分数，%, C 0.20, Mn 1.0, Si 0.20, N 0.010）

6.2.2.2　低碳贝氏体型组织与性能的关系

A　强度

低碳贝氏体钢强度的组织控制因素主要包括：

（1）贝氏体铁素体的细晶强化；

（2）碳化物强化；

（3）固溶强化；

（4）亚结构强化等。

a　贝氏体铁素体晶粒尺寸的强化效应

细化晶粒是强化材料的一项重要措施。贝氏体铁素体是贝氏体组织的主体，它的尺寸变化对贝氏体钢的强度有着明显的影响，两者之间同样满足 Hall-Petch 关系式，见图 6-4[18]。不过对低碳贝氏体钢断裂机制的研究结果表明，准解理断裂小裂面尺寸与条束尺寸相当的几率最高，而难以见到准解理小裂面尺寸等于条宽度的情况，因此上贝氏体组织强度的主要控制因素是铁素体条束，且铁素体板条束界对断裂的阻碍作用大于奥氏体晶粒。铁素体板条束即为低碳贝氏体钢控制强度的“有效晶粒”，二者之间同样满足 Hall-Petch 关系式[17]：

$$R_{p0.2} = 382 + 22d_B^{-1/2} \tag{6-11}$$

式中，$R_{p0.2}$ 为屈服强度，MPa；d_B 为贝氏体铁素体板条束尺寸，mm。

贝氏体铁素体板条束的大小与原奥氏体晶粒尺寸和相变温度有关，它一般随原奥氏体晶粒尺寸的变小和相变温度的下降而变小。

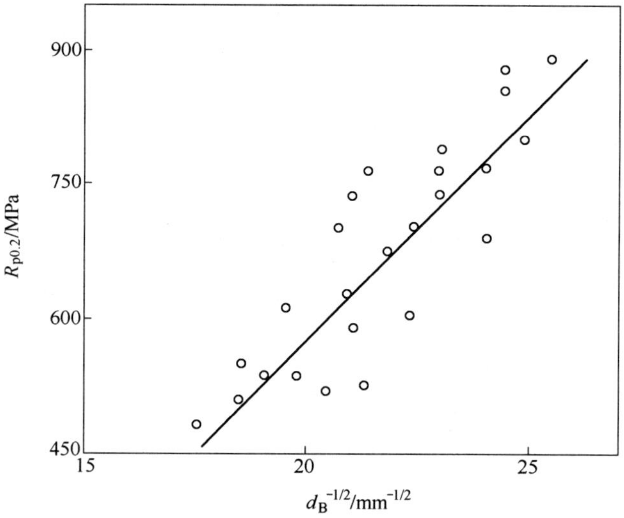

图 6-4　贝氏体铁素体板条束尺寸 d_B 对屈服强度 $R_{p0.2}$ 的影响[18]

b　贝氏体碳化物的强化效应

碳化物为贝氏体组织的另一个组成相，也是对强化有作用的因素。对于包含有非共格第二相粒子的合金，Orowan 提出合金流变应力[19]：

$$\sigma = \sigma_1 + \frac{4T}{\boldsymbol{b}\lambda} \tag{6-12}$$

式中，σ_1 为基体中不存在沉淀相时的流变应力；T 为位错线张力；λ 为滑移面上沉淀粒子间距；$\boldsymbol{b}$ 为柏氏矢量。当位错线的滑移为碳化物析出相所阻碍，并弯曲而处于极限状态（即成为半圆环形）时，Kelly-Nicholson 基于 Nabarro 的计算得出位错线张力 T 为[17]：

$$T = \frac{\mu b^2}{4\pi}\left[\frac{1}{2}\left(1+\frac{1}{1-\nu}\right)\right]\ln\frac{\lambda}{2\boldsymbol{b}} \tag{6-13}$$

式中，μ为基体的切变模量；ν 为泊松比。

由式 6-12 和式 6-13 可得：

$$\sigma = \sigma_1 + 4\alpha\mu \boldsymbol{b}\lambda^{-1} \tag{6-14}$$

式中

$$\alpha = \frac{1}{4\pi}\left[\frac{1}{2}\left(1+\frac{1}{1-\nu}\right)\right]\ln\frac{\lambda}{2\boldsymbol{b}} \tag{6-15}$$

对于碳化物的任意排列方式，当单位面积(mm^2)上碳化物粒子数为 n 时，则碳化物间距近似为[17]：

$$\lambda^{-1} \cong \boldsymbol{n}^{1/2} \tag{6-16}$$

式 6-14 表明，贝氏体组织的强度与单位面积碳化物粒子的数目之间，有着明显的正比关系。贝氏体钢屈服强度与碳化物的关系为[20]：

$$R_{p0.2} = 9.8(60 + 12.5\mu \boldsymbol{b}n^{1/2}) \tag{6-17}$$

单位面积碳化物的粒子数目随相变温度的下降而增多，因此相变温度越低，强度便越高，即典型下贝氏体所受沉淀强化的影响要比上贝氏体大得多。应当指出，碳化物对屈服强度的作用与碳化物间距有关。如粗大的碳化物粒子间距等于板条铁素体的宽度，则这种分布方式的碳化物沉淀对强度的贡献很有限。在典型的上贝氏体组织中，只有当碳化物间距小于铁素体条宽度时，碳化物沉淀强化才能成为有效的强化因素。

c 贝氏体铁素体的固溶强化效应

间隙强化增量 $\Delta\sigma_{ss}$ 随碳浓度 w(C)的平方根而改变，可用下式表达[15]：

$$\Delta\sigma_{ss} \propto w(\mathrm{C})^{1/2} \tag{6-18}$$

在低碳贝氏体钢中，贝氏体相变温度区域位置比较高，所以贝氏体铁素体中，间隙固溶的碳原子数目是非常有限的。其强化作用实质上是气团与位错交互作用的结果。当铁素体间隙固溶碳 0.01%时，对强度的贡献约为 140 MPa[17]。显然，低碳贝氏体型钢的间隙固溶强化并非为主要的强化因素。

低碳贝氏体钢中的硅、锰、铬等元素，可产生置换固溶强化。由于置换型溶质原子使基体金属的点阵往往产生“对称畸变”，因此强化效果通常不甚强烈。

d 贝氏体铁素体亚结构的强化效应

位错密度的强化作用可以由流变切应力的增量($\Delta\tau_f$)与位错密度(ρ)的平方根之间的关系来表达[20]：

$$\Delta\tau_f = \alpha\mu \boldsymbol{b}\rho^{1/2} \tag{6-19}$$

式中，α 为常数。可见，流变切应力增量随位错密度增加而提高。贝氏体铁素体条内的位错是因协作切变相变和碳化物沉淀而产生的。一般情况下，贝氏体铁素体中的位错密度随着转变温度的下降而增加，这可能是由于相变应变和铁素体中固溶碳量的增加而产生的[20]。关于贝氏体铁素体的位错密度还没有准确的实验数据，一般估计为 $10^8 \sim 10^9\ cm^{-2}$。不过，上贝氏体铁素体的位错强化作用通常不超过 100 MPa[17]。

各种强化机制对低碳贝氏体钢屈服强度的贡献，可用图 6-5 表示[13,17]。如前所述，图中碳化物的强化作用是有条件的，*A* 点是碳化物产生强化作用的起始点，只有当碳化物间距小于贝氏体铁素体板条宽度的情况下，强化作用才能显示出来。

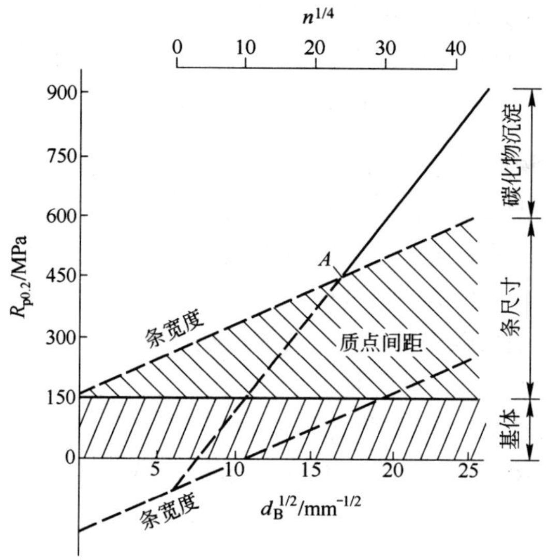

图 6-5　贝氏体组织强化机构综合图[17]

Honegcombe 等[21]根据试验结果分析，得到贝氏体强度与铁素体板条尺寸和碳化物质点间存在如下定量关系式：

$$R_{p0.2} = 15.4[-12.6 + 1.13 d_B^{-1/2} + 0.98 n^{1/4}] \qquad (6\text{-}20)$$

式中出现负值的常数项表明，碳化物粒子对屈服强度的贡献是有条件的（如前所述）。对于低碳合金钢的上贝氏体，由于碳化物间距大于铁素体板条宽度，因而处于贝氏体铁素体板条边界的碳化物不增加强化作用，此时钢的强度主要受贝氏体铁素体的尺寸所控制。故式 6-20 只适用于贝氏体中碳化物呈弥散分布的状态，在下贝氏体或某些高碳钢的上贝氏体中，碳化物的分布才对强度有贡献。关于位错强化的贡献，在上贝氏体中由于它大量集中在铁素体板条的界面处，因此便同铁素体晶粒大小的强化作用合并在一起，而在下贝氏体中，位错强化作用则合并于碳化物沉淀强化作用[20]。

式 6-20 并未包括所有的影响因素，它只是近似地表达了几种强化机制对贝氏体强度的作用。用位错密度 ρ(mm^{-2})和碳化物数量 n(mm^{-2})来衡量低碳贝氏体钢的屈服强度时，有下面关系式[17]：

$$R_{p0.2}=9.8[60+1.25\mu \boldsymbol{b}n^{1/2}+1.2\times10^{-4}\rho^{1/2}] \tag{6-21}$$

式中，常数项包括奥氏体晶粒尺寸的强化作用，但未包括贝氏体铁素体板条尺寸的作用，这也许是由于碳化物粒子间距远小于铁素体板条宽度，后者的影响已为前者的作用所掩盖，因而碳化物粒子就上升为强化的主要控制因素。

Pickering[18]研究了合金元素含量与贝氏体组织之间的关系。如果碳含量在0.05%～0.20%之间，贝氏体转变温度 B_s 的下降仅靠加入合金元素来达到，则贝氏体的抗拉强度与合金元素含量(wt，%)的关系式如下：

$$R_m=15.4[16+125w(\mathrm{C})+15(w(\mathrm{Mn})+w(\mathrm{Cr}))+12w(\mathrm{Mo})+6w(\mathrm{W})+8w(\mathrm{Ni})+4w(\mathrm{Cu})+2.5(w(\mathrm{V})+w(\mathrm{Ti}))] \tag{6-22}$$

该式表明低碳贝氏体钢的抗拉强度同钢中合金元素含量间呈线性关系。这是由于钢的抗拉强度与 B_s 温度之间、B_s 温度与合金元素含量之间均呈线性关系的缘故。

综合化学成分、组织结构的作用，低碳贝氏体组织的强度可表示如下[17]：

$$R_{p0.2}=88+27w(\mathrm{Mn})+83w(\mathrm{Si})+2900N_f+15.1d_B^{-1/2}+\sigma_{ph}+\sigma_{dh} \tag{6-23}$$

式中，σ_{ph} 为第二相粒子沉淀的 Ashby-Orowan 机制强化作用，MPa；σ_{dh} 为位错强化，MPa。

B　塑性和韧性

贝氏体组织的缺口塑性 $\psi_H=1-d_0^H/d_0$ (d_0 为缺口试样拉伸前的缺口处直径，d_0^H 为拉伸后的缺口处直径)高于回火马氏体组织，这主要是前者的屈服强度较低之故[17]。缺口塑性是试样缺口根部由于塑性变形而使应力能够较为均匀地分布的能量，即削减应力集中引起的应力峰的能力。这表明贝氏体组织具有较低的缺口敏感度。此点对于制造多缺口的高强度螺栓尤为重要。

均匀形变断面收缩率 ψ_u 标志材料均匀塑性变形能力的大小，同时还表示材料形变强化容量的大小即形变强化潜力的高低。ψ_u 主要取决于基体相的状态，反映基体相的强化程度，对第二相不敏感[22]。上贝氏体组织的位错密度低于下贝氏体，固溶碳量少或不过饱和碳，因而其形变强化容量的消耗较少，ψ_u 较高。集中形变断面收缩率 ψ_n 代表材料集中塑性形变能力的高低，受组织不均匀性的影响。典型上贝氏体组织中的碳化物较粗大且集中分布于铁素体板条之间，因此其 ψ_n 较下贝氏体组织低。

贝氏体组织的韧脆转变温度 ITT（℃）可用下式来估算[17]：

$$ITT=-19+44w(\mathrm{Si})+700\sqrt{N_f}+0.26(\sigma_{ph}+\sigma_{dh})-11.5d_B^{-1/2} \tag{6-24}$$

由此可见：

（1）提高贝氏体钢中的碳含量，提高式 6-24 中的沉淀强化和位错强化的作用($\sigma_{ph}+\sigma_{dh}$)，使 *ITT* 升高；

（2）增加钢中硅含量、N_f 含量，同样使 *ITT* 明显上升；

（3）减少贝氏体铁素体板条束尺寸可降低 *ITT*。

上贝氏体的韧性低于下贝氏体。贝氏体铁素体板条束尺寸随奥氏体晶粒细化而变小，因而细化晶粒是韧化上贝氏体的有效方法。

6.2.3 7T 级、8.8 级和 9.8 级螺栓用冷作强化非调质钢的设计

7T 级、8.8 级和 9.8 级螺栓，一般采用 ML 35 或 ML 40Cr 钢制造，并采用调质处理获得所要求的性能。该性能等级的螺栓应用量大、面广。因此，人们最早将冷作强化非调质钢应用于这一性能等级的螺栓。

如式 6-1 所示，采用冷作强化非调质钢所制螺栓的强度取决于热轧原材料的强度、冷加工的强度增量及时效处理的强度增量。下面仅分析热轧原材料成分设计的影响，冷加工和时效处理的影响见 6.3 节和 6.4 节。

国内外对 8.8 级、9.8 级螺栓用冷作强化非调质钢热轧材的成分、组织和性能的大量实验室研究与工业试验结果表明[1]，8.8 级螺栓用冷作强化非调质钢热轧材的抗拉强度应为 550～750 MPa 或 620～720 MPa；9.8 级螺栓用冷作强化非调质钢热轧材的抗拉强度应为 630～730 MPa。

非调质螺栓的强度波动受冷作强化非调质钢线材强度波动的影响。研究结果表明[23]，铁素体+珠光体组织的强度波动较贝氏体组织和复相组织的强度波动小。因此，在可以满足强度要求的情况下，选择铁素体+珠光体组织的钢为宜。以铁素体+珠光体为基体组织的非调质钢，按 6.2.2.1 节所示的计算公式，可提出多种符合上述强度要求的化学成分，但要满足冷作强化非调质钢的要求，特别是关于冷拔性能和加工硬化的要求，对其成分还要做进一步的选择。

（1）碳含量：钢中碳含量，对基体中铁素体和珠光体的比例有很大的影响，从而对钢的强度和塑性产生影响。增加钢中碳含量，可增加珠光体的比例，提高钢的强度；但与此同时，钢中铁素体的比例将减小，钢的塑性随之下降，其冷加工性能变差。此外，增加钢中珠光体的数量，钢的加工硬化率也将增大，但珠光体的数量过多，在较大的应变情况下，往往会导致微孔或微裂纹的形成。因此，对于冷作强化非调质钢，在成分设计时碳含量的选择应兼顾强度和塑性两方面的要求。如前所述，一般制作 8.8 级高强度螺栓的轧材，去除由于拉拔和时效处理而带来的强度增加外，其抗拉强度最低水平约为 550 MPa，而通过控轧控冷工艺可望增加强度 200 MPa，因此选择 0.10%碳含量就可以满足强度要求，见图 6-6[24]。总之，为了得到良好的冷拔、冷镦性能，并具有较高的加工硬化率，以低的碳含量为宜，一般应低于 0.2%，但也有些设计钢号

的碳含量较高。

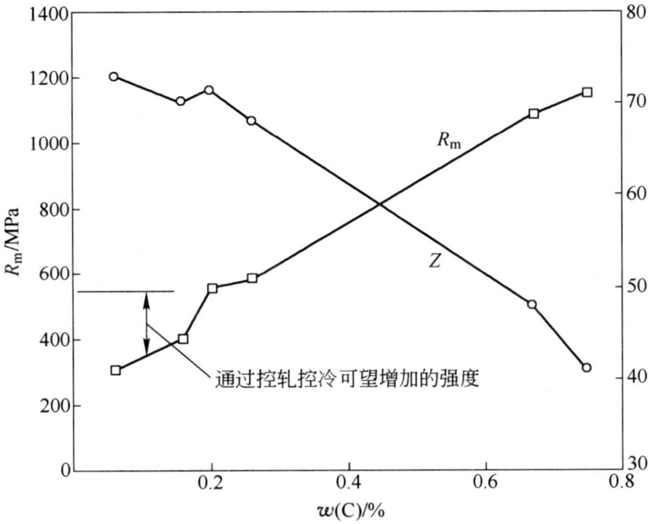

图 6-6 碳含量对普通碳钢线材拉伸性能的影响[24]

（2）锰含量：锰是非调质钢中常用的合金元素。锰是弱碳化物形成元素，在钢中主要以固溶的形式存在，室温下固溶于铁素体中，其固溶强化作用仅次于磷和硅，但锰含量低于 0.8%时，其强化效果不明显。锰为扩大铁的γ区的元素，增加钢中锰含量，将降低钢的共析成分碳含量，导致珠光体量增加，提高钢的强度，但降低钢的韧性；同时还降低钢的相变温度，减缓奥氏体向珠光体的转变速度，提高淬透性，并能细化铁素体晶粒、珠光体团和珠光体片间距，还使珠光体中渗碳体片的厚度减薄，提高钢的强度和改善钢的韧性和塑性。综合而言，锰是可以使钢的强度增加，而对韧性和塑性损害最小的元素。从图 6-7 可以看出，随着钢中锰含量从 0.45%提高到 0.75%和 1.54%，钢的强度和韧性均明显增加，冷拔后这种效果更明显[25]。

当钢中锰含量过高时，会使相变温度下降过多，组织中将出现贝氏体，损害钢的韧性。因此，一般将锰含量限制在 1.4%～1.8%的范围内。

（3）硅含量：硅在钢中不形成碳化物，具有很强的固溶强化作用，显著提高钢的加工硬化率，降低塑性和韧性。如果硅含量过高，加工硬化的增量过大，会造成拉拔时变形抗力增加，同时恶化钢的冷镦性能[26,27]。故对于冷作强化非调质钢，应在可能的范围内限制其用量，一般应小于 0.8%为宜。

（4）Ti、V、Nb 含量：细化晶粒可同时提高钢的强度和韧性，并提高塑性应变量，有利于拉拔；还可提高冷作强化的效果。因此，细小等轴的铁素体晶粒，对冷作强化非调质钢来说，也是刻意追求的组织形态[1]。在冷作强化非调质钢中，为了弥补碳含量降低引起强度的不足，常加入一定数量的微合金化元素 Ti、V、Nb 等，结合低温轧制和控制冷却，以起细化晶粒和析出强化的作用。

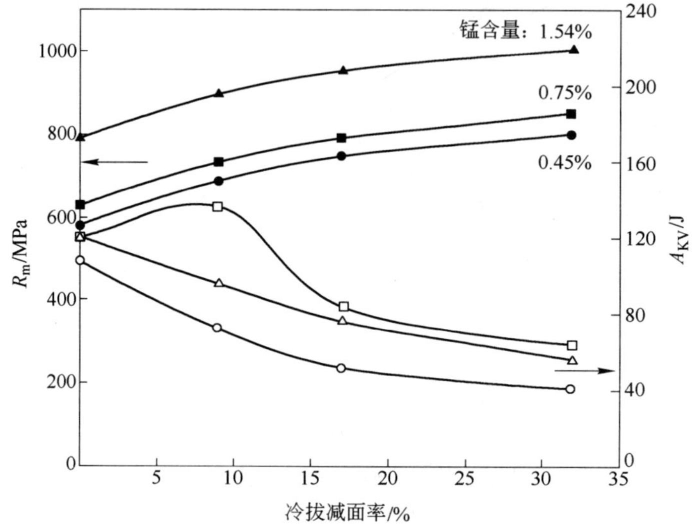

图 6-7　在不同的冷拔减面率下锰含量对钢的强度和韧性的影响[25]
（质量分数/%：C 0.25, Si 0.23, P 0.013, S 0.006, V 0.091, Al_s 0.031, N 0.0098）

表 6-1 和表 6-2 分别为国内外研究开发的 7T 级和 8.8 级螺栓用冷作强化非调质钢的化学成分。正如前所述，其成分特点基本上为低碳、高锰及添加微合金化元素 V、Nb、Ti 等，个别钢种的硅元素含量较高。为了弥补低碳所造成的强度损失，往往需要添加微合金化元素并进行控轧控冷，即在线材轧制前的加热时应保证微合金化元素充分固溶，随后在比较低的温度进行线材轧制，并控制轧后的冷却速度。在线材轧制和冷却过程中析出弥散微细的微合金化元素碳氮化物，能够抑制热轧过程奥氏体晶粒的长大，获得十分细小的晶粒，从而不仅可以提高钢的强度，还有利于改善钢的韧塑性。此外，这些微合金化元素的碳氮化物还可以起析出强化的作用而进一步提高钢的强度。

表 6-1　7T 级螺栓用冷作强化非调质钢的化学成分(质量分数, %)

厂　家	钢　号	C	Si	Mn	P	S	其　他	参考文献
住友金属	SUC-70	≤0.25	≤0.10	≤1.10	≤0.030	≤0.035	Cr≤0.35	[28]
神户制钢	KNCH7	0.22	0.24	1.37	0.020	0.010	Al 0.035	[29]
大同特殊钢	MC7	0.10	0.25	1.35	<0.020	<0.010		[30]
新日铁	NHF55	0.10～0.15	0.15～0.30	0.20～1.75	≤0.030	≤0.030	Nb≤0.10	[8]

表 6-2　8.8 级螺栓用冷作强化非调质钢的化学成分(质量分数, %)

厂家或国别	钢 号	C	Si	Mn	P	S	其 他	参考文献
神户制钢	KNCH8	0.30	0.26	1.53	0.011	0.010	Cr 0.05, Al 0.033, N 0.0045, Al/N=7.3	[23]
	KNCH8S	0.29	0.02	1.45	0.005	0.007	Cr 0.10, Al 0.045, N 0.0032, Al/N=14.1	[31,32]
	KNCH8P	0.13	0.04	1.57			Cr 0.15, Nb 0.030, V 0.110	[23]
大同特殊钢	MC8	0.14	0.27	1.50	0.012	0.003	Cr 0.14,V 0.09, Nb 0.02 Al 0.042, N 0.018	[33]
新日铁	NHF60	0.10/0.15	0.15/0.30	0.20/1.75			Nb≤0.10	[8]
	NHF-S	0.24	0.23	1.48	0.023	0.010	Als 0.042	[34～36]
NKK条钢		0.21	0.04	1.50	0.016	0.018	特殊元素	[37]
住友金属	SUC80	0.20		1.0			Cr 0.20, Ti, V, B	[38]
巴西 Belgo Mineira		0.08	0.20	1.90			Nb 0.06, Ti 0.03	[39]
中国	LF20Mn2	0.16/0.22	0.30/0.60	1.35/1.75	≤0.030	≤0.030	V 0.01/0.04, Ti 0.01/0.04	[40]
	LF10MnSiTi	0.06/0.12	0.50/0.80	0.40/1.70	≤0.030	≤0.030	Ti 0.06/0.12	[1,41]

如前所述，7T 级和 8.8 级螺栓用冷作强化非调质钢热轧状态下的组织，主要为铁素体+珠光体。如我国开发的 LF10MnSiTi 钢的组织全部为铁素体+珠光体，珠光体量约为 15%～20%，晶粒度为 11～12 级；LF20Mn2 钢的组织主要为铁素体+珠光体，同时含有少量的贝氏体。新日铁 NHF 系钢的特点是碳含量较低，且添加了铌或钛等微合金元素，通过控轧控冷细化晶粒，同时铌、钛碳氮化物的析出强化可以确保钢的强度。NHF55 和 NHF60 钢为低碳 Mn-Nb 系，具有铁素体+珠光体+贝氏体的混合组织，铁素体晶粒度为 12 级左右，具有十分优异的塑性，与通常的碳素钢相比，在相同强度水平下的断面收缩率提高了 10%以上（见图 6-8）[8]。

值得注意的是，为了进一步降低冷镦时的变形抗力，改善冷加工性能，日本神户和新日铁还分别开发出具有高冷加工性能的 KNCH7S、KNCH8S[31]和 NHF-S 钢[34~36]。NHF-S 钢主要通过适当提高碳含量、控制轧后冷却速度和增加预应力来增加包辛格效应，降低冷镦时的变形抗力。KNCH7S 和 KNCH8S 钢的设计思路如下[31]：

（1）降低硅元素含量，以降低加工硬化系数；

（2）减少氮元素含量和增加铝元素含量，提高 Al/N 比，以控制应变时效；

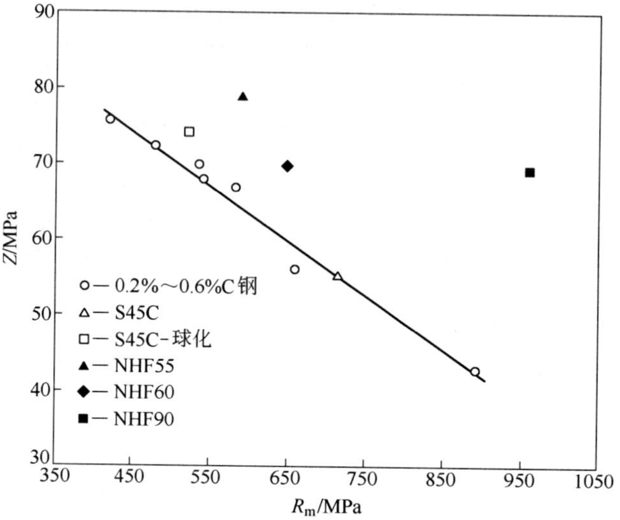

图 6-8　NHF 系列钢线材的强度（抗拉强度 R_m）和塑性（断面收缩率 Z）的关系[8]

（3）选择合适的冷拔减面率，合理利用线材冷拔加工所产生的包辛格效应。图 6-9*a* 为冷拔线材的抗拉强度与流变抗力的关系[31]。可见，KNCH8S 与先前开发的 KNCH8 钢均在冷拔减面率约 30%时流变抗力存在极小值，高于此冷拔减面率，则随着冷拔材强度的提高，流变抗力提高。一般而言，流变抗力随抗拉强度的降低而降低，在相同的抗拉强度下，KNCH8S 钢的流变抗力较 KNCH8 钢约低 5%。利用冷拔减面率 30%时的包辛格效应，KNCH8S 钢的流变抗力与 8.8 级调质螺栓用钢 KCK45KT-W 球化退火后的流变抗力相当。此外，即使提高冷拔减面率以进一步提高线材强度，KNCH8S 钢流变抗力增加的幅度仍较小。在 8.8 级螺栓的强度范围内，由于流变抗力的降低，在最佳减面率约 30%时，采用 KNCH8S 钢制造螺栓时的工具寿命较 KNCH8 钢得到大幅度提高，而与 KCK45KT-W 钢球化退火材相当，见图 6-9*b*。

在非调质螺栓头部冷镦成形时，螺栓头部和杆部的结合部会产生加工硬化，导致其塑性降低，在螺栓的使用过程中有可能在较低的应力下发生头部断裂。为此，神户制钢开发出具有良好塑性的 8.8 级螺栓用冷作强化非调质钢 KNCH8P[23]。该钢的成分特点是进一步降低钢中碳含量，由此所造成的强度损失通过高锰和添加微合金化元素钒、铌来弥补。此外，在线材轧制时采用低温轧制和轧后控制冷却来细化晶粒，进一步提高钢的塑性。与中碳钢 S45C 和冷作强化钢 KNCH8 相比，KNCH8P 具有十分优异的塑性，见图 6-10。

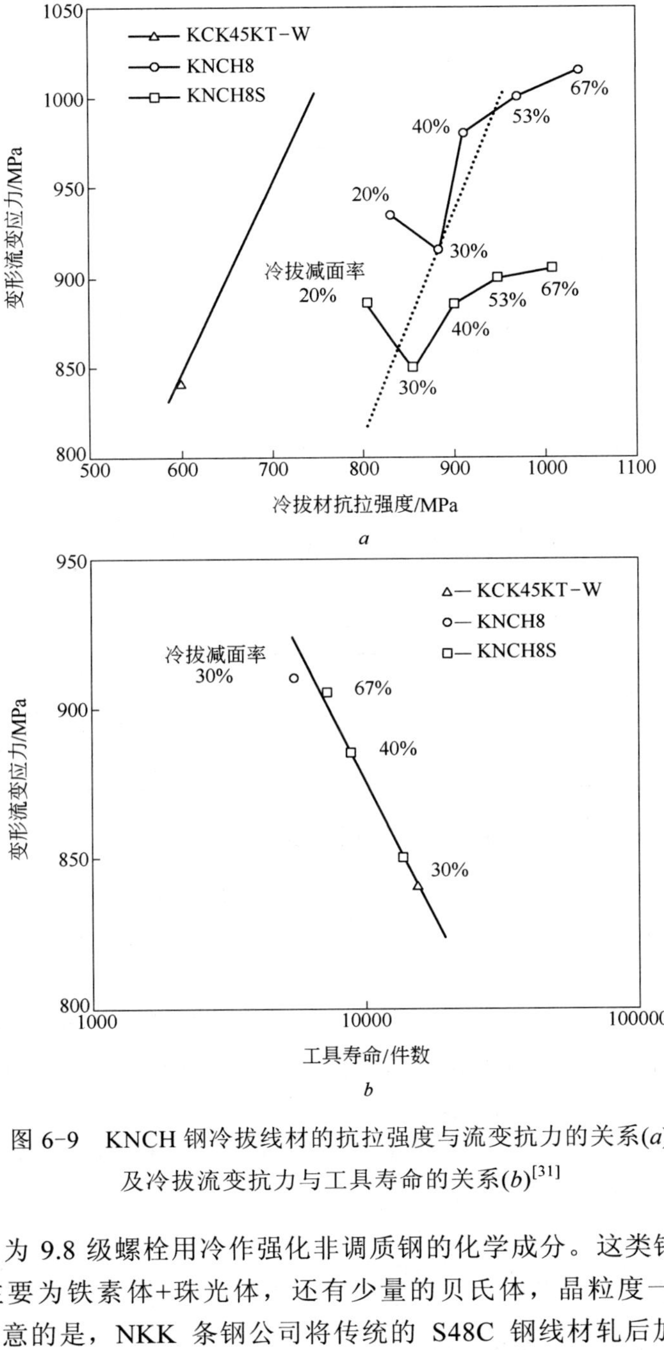

图 6-9 KNCH 钢冷拔线材的抗拉强度与流变抗力的关系(*a*)
及冷拔流变抗力与工具寿命的关系(*b*)[31]

表 6-3 为 9.8 级螺栓用冷作强化非调质钢的化学成分。这类钢热轧状态下的组织也主要为铁素体+珠光体，还有少量的贝氏体，晶粒度一般为 9～10 级。值得注意的是，NKK 条钢公司将传统的 S48C 钢线材轧后加速冷却，则可以省略调质处理用来生产 9.8 级 U 形螺栓。控制冷拔后的屈服强度以减少弯曲成 U 形后的回弹量。经电镀、时效处理后的 U 形螺栓的性能与传统的调质 U 形螺栓的性能相当[37]。

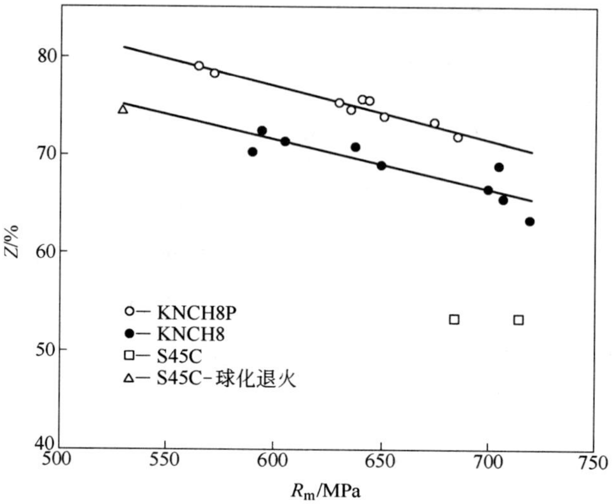

图 6-10　KNCH 钢的断面收缩率与抗拉强度的关系[23]

表 6-3　9.8 级螺栓用冷作强化非调质钢的化学成分(质量分数, %)

厂家或国别	钢　号	C	Si	Mn	P	S	其　他	参考文献
中　国	LF18Mn2V	0.15～0.20	0.30～0.60	1.35～1.75	≤0.030	≤0.035	Ti 0.01～0.04 V 0.04～0.07	[42]
NKK 条钢		0.47	0.19	0.76	0.021	0.022		[37]

6.2.4　10.9 级螺栓用冷作强化非调质钢的设计

10.9 级高强度螺栓，一般采用 40Cr、35CrMo 等合金结构钢，经调质处理制作而成。10.9 级螺栓用冷作强化非调质钢的基体组织主要为贝氏体，甚至还有少量马氏体。其成分设计应遵循如下原则[1]：

（1）应在空冷条件下，在相当宽的冷却速度范围内，均可获得均匀的贝氏体组织。这就要求钢的等温转变曲线具有海湾式的平台。合理的选择合金元素，将有利于得到贝氏体组织。

（2）在保证钢具有较高强度的同时，还应具有与其强度水平相协调的良好的塑性和韧性。对于低碳贝氏体组织，不希望得到粗大的上贝氏体，而以粒状贝氏体为好。

（3）细化奥氏体晶粒，从而细化贝氏体铁素体，以提高钢的塑性和韧性。

（4）具有良好的冷塑性变形能力。

在中温 650～450 ℃范围内，贝氏体的强度与转变温度呈线性关系变化。贝氏体转变温度 B_s 可通过调整其成分来调节：

$$B_s=830-270C-90Mn-83Mo-70Cr-37Ni \quad (6-25)$$

根据上述原则及式 6-21～式 6-24，对具有贝氏体组织的冷作强化非调质钢的成分应做如下考虑[1]：

（1）碳含量：在贝氏体组织中，增加碳含量，虽然有利于提高钢的强度，但对其塑性、韧性以及冷加工性能将有较大的损害。此外，增加碳含量，将使钢的连续冷却转变曲线，特别是贝氏体部分右移，不利于形成空冷贝氏体。因此，降低碳含量，是使冷作强化非调质钢具有良好冷加工性能的主要途径，其碳含量通常应控制在 0.15%以下。

（2）锰含量：除碳以外，锰是形成贝氏体组织最为有效的廉价合金元素。在等温转变温度相当于钢连续冷却转变曲线的“海湾”温度时，锰在 $\alpha-\gamma$ 界面上有最高的偏聚量，这将降低奥氏体中碳的活度梯度，消耗相变驱动力，对相界面的迁移起到拖曳作用。这些都将阻碍新相的长大，导致新相长大速率明显减少，对“海湾”的形成具有明显的作用。

在碳含量一定时，增加锰含量，钢中贝氏体的数量随之增加，特别是在冷却速度较小的情况下，增加的更为显著。因此，锰为低碳贝氏体钢中的主要合金元素，其含量一般以 1.9%～2.4%为宜。

（3）硼含量：微量的硼元素(0.002%)就可显著推迟铁素体开始析出线，增大获得空冷贝氏体的可能性。因此，硼元素往往是低碳贝氏体钢中的主要添加元素，一般含量为 0.001%～0.005%。硼含量过高(>0.007%)，钢易产生热脆，影响热加工性能。

综上所述，10.9 级螺栓用冷作强化非调质钢，通常为低碳、高锰、并以钒、钛、铌微合金化的含硼钢，其微观组织为低碳贝氏体，热轧态应具有足够的强度和极佳的冷拔性。

表 6-4 为国内外研究开发的 10.9 级及 12.9 级螺栓用冷作强化非调质钢的化学成分。NHF85～105 冷作强化非调质钢为 Si-Mn-Ti-B-(Cr)系，硅、锰元素起固溶强化的作用，微合金化元素钛起细化晶粒和析出强化的作用，添加 Mn、B、Cr 元素促进针状铁素体的形成，以获得具有良好韧性的低碳贝氏体组织，从而确保获得 10.9 级和 12.9 级螺栓所必需的强度和韧性。LF10Mn2VTiB 钢的奥氏体向先共析铁素体转变被推迟，而贝氏体转变却明显地突出，以至在只需大于 50 ℃/min 的冷却速度时，就可以在很宽的冷却速度范围内产生贝氏体组织(见图 6-11)[44]。该钢在热轧状态下的组织为粒状贝氏体，即贝氏体型铁素体基体上分布有 M-A 岛，岛中马氏体为板条状，残余奥氏体含量不足 4%，此外，还有少量的马氏体。

Nb+B 元素复合加入能够显著提高钢的淬透性，促进空冷时粒状贝氏体的生成。因此，在 10.9 级及其以上螺栓用冷作强化非调质钢中，还往往使 Nb+B

元素复合加入，形成低碳 Mn-Nb-B 系钢[46]。

表 6-4　10.9 级及 12.9 级螺栓用冷作强化非调质钢的化学成分(质量分数, %)

厂　家	钢　号	C	Si	Mn	其　他	参考文献
中　国	LF10Mn2VTiB	0.09～0.13	0.17～0.37	1.90～2.40	Ti 0.04～0.08, V 0.08～0.12 B 0.001～0.005	[43,44]
巴　西		0.09	0.20	1.90	Nb 0.04, Ti 0.03, Cr 0.60	[45]
法　国		≤0.12		1.60～1.70	Nb 0.080, B 0.0025～0.0050	[46]
新日铁	NHF85	0.08～0.13	0.50～0.80	1.40～1.70	Ti≤0.20, B	[8][47]
	NHF90	0.08～0.13	0.50～0.80	1.40～1.70	Ti≤0.20, B	
	NHF105	0.08～0.13	0.50～0.80	1.40～1.80	Ti≤0.20, B, Cr 0.20～0.50	
	NHF110	0.11	0.68	1.71	Ti 0.13, B 0.0018, Cr 0.30, Al 0.027	

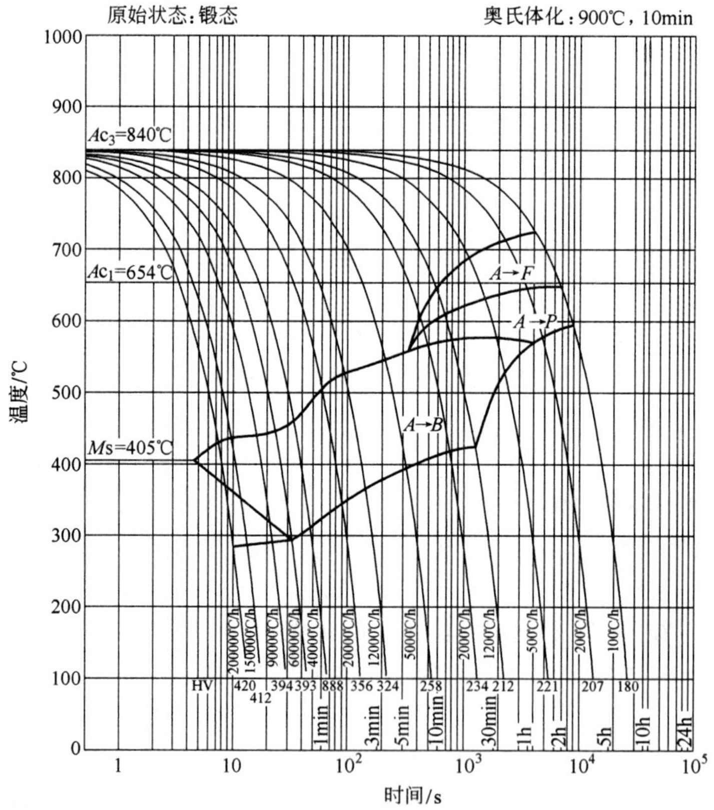

图 6-11　LF10Mn2VTiB 钢的过冷奥氏体连续转变曲线[44]

(LF10Mn2VTiB 钢的成分为：w(C)=0.107%; w(Si)=0.321%; w(Mn)=2.02%; w(P)=0.015%; w(S)=0.015%; w(Ti)=0.073%; w(B)=0.0014%)

6.3 冷作强化非调质钢的冷变形

在完全再结晶温度以下的室温进行的，形变后存在加工硬化现象的金属塑性变形过程，称为冷变形。由冷变形引起的强度升高的现象称为冷作强化，或称为冷作硬化、加工硬化、形变硬化、形变强化等。冷变形的目的，不仅在于改变制品的形状和尺寸，还在于改变其组织结构、提高制品的性能。20 世纪 80 年代发展起来的冷作强化非调质钢，就是微合金化原理与形变强化工艺相结合的产物。

如前所述，冷变形包括冷拔和冷镦，是采用冷作强化非调质钢制造螺栓等紧固件的生产过程中不可缺少的工序。并且，冷变形的工艺参数将直接影响最终产品的使用性能，即一方面要通过冷拔工序来得到所需要的线材尺寸，改善其表面状态；另一方面要借助于冷拔工序产生加工硬化，提高钢的强度，使其达到高强度螺栓的性能要求。由于在冷拔后还需进行螺栓的冷镦成形，因此，冷拔工艺的合适与否还直接影响材料的冷镦性能和螺栓的最终性能。

在冷变形的过程中，钢在再结晶温度以下产生了塑性变形，其组织结构发生了变化，从而引起钢性能的变化。

6.3.1 冷变形性的主要影响因素

钢材的冷变形性主要与以下的力学性能参量有关[13,17]：

（1）一定应变下的流变应力 σ_f；

（2）加工硬化速率 $\dfrac{d\sigma}{d\varepsilon}$；

（3）塑性失稳前的最大均匀应变 ε_U；

（4）断裂总应变 ε_T；

（5）形变强化指数 n。

这些参量都可以从真应力-真应变曲线上获得。钢的力学性能在本质上是它的内部组织结构的外部表现。因此，可从微观组织上对冷变形性进行评定。

（1）Gladman 等[48]的研究指出，当真应变 ε=0.2%时流变应力 σ_f(MPa) 与微观组织参数间存在以下典型关系：

$$\sigma_{f\,(\varepsilon=0.2)} = 246+45w(\text{Mn})+138\,w(\text{Si})+920\,w(\text{P})+120\,w(\text{Sn})+ 3750N_f+4.2f_p+15.0d^{-1/2} \quad (6\text{-}26)$$

（2）在拉伸真应力-真应变曲线上均匀塑性变性阶段，应力与应变之间符合 Hollomon 关系式：

$$\sigma_f = K\varepsilon^n \quad (6\text{-}27)$$

可见，加工硬化速率 $\dfrac{d\sigma}{d\varepsilon}$(MPa) 随应变的增加而降低，因此对已知某应变可得[13]：

$$\frac{d\sigma}{d\varepsilon}_{(\varepsilon=0.2)} = 385 + 57w(Mn) + 110w(Si) + 460w(P) + 150w(Sn) + 1510N_f + 1.4f_p + 15.4d^{-1/2} \tag{6-28}$$

（3）对展开成形工艺很重要的塑性失稳前的最大均匀应变 ε_U (%)以及受断裂限制的成形工艺很重要的断裂总应变 ε_T (%)，Gladman 等[48]的研究表明：

$$\varepsilon_u = 0.27 - 0.016f_p - 0.015w(Mn) - 0.040w(Si) - 0.040w(Sn) - 1.1N_f \tag{6-29}$$

$$\varepsilon_T = 1.3 - 0.020f_p + 0.30w(Mn) + 0.20w(Si) - 3.4w(S) - 4.4w(P) + 0.29w(Sn) + 0.015d^{-1/2} \tag{6-30}$$

（4）断裂应力 σ_F 为[17]：

$$\sigma_F = 492.8 - 3.39f_p + 246.4w(Mn) + 277.2w(Si) - 2618w(S) - 723.8w(P) + 246.4w(Cr) + 6622N_f + 44.44d^{-1/2} \tag{6-31}$$

综合上述的式 6-26～式 6-31 可以得出以下有益的启示：

（1）提高钢中的碳含量，也即增加组织中的珠光体含量使均匀应变 ε_U 和断裂应变 ε_T 均降低，而提高流变应力 σ_f 和加工硬化率 $\frac{d\sigma}{d\varepsilon}$。由于增加珠光体含量而缩短屈服平台的宽度而提高 σ_f 和降低 ε_U。此外，增加珠光体含量，会促进微孔或微裂纹的形成，这必然会影响断裂应变量。考虑到珠光体含量改变对 ε_U 和 ε_T 的影响，显然增加钢中碳含量不利于冷变形性。

（2）细化铁素体晶粒除提高钢的屈服强度外，也提高钢的流变应力 σ_f、加工硬化率 $\frac{d\sigma}{d\varepsilon}$ 和断裂应力 σ_F，但对后者提高的幅度较大。一般认为，晶粒细化将使变形后的位错密度增加，即变形所增加的位错密度随晶粒尺寸的减小而直线上升。均匀应变 ε_U 对铁素体晶粒尺寸的改变不敏感，或者说细化铁素体晶粒对均匀应变的贡献不大，但对断裂应变有一定的好处。由式 6-26 和式 6-28 可见，晶粒尺寸 d 的回归系数十分接近，因而使得 ε_U 基本上保持不变。细化晶粒会对 ε_T 带来好处，这是由于随着晶粒细化，在位错塞积群中堆积位错数目将会减少，从而降低应力集中，也就可推迟微孔或微裂纹的形成。

（3）Si、S、P 的置换固溶和氮的间隙固溶均提高流变应力 σ_f 和加工硬化率 $\frac{d\sigma}{d\varepsilon}$，而对 ε_U 和 ε_T 则有不同的作用。一般而言，某种元素如果使 σ_f 增大幅度在数值上大于 $\frac{d\sigma}{d\varepsilon}$，则将降低 ε_U；某种元素如果使 σ_F 的增大幅度大于 σ_f，则将提高钢的 ε_T。磷属于前者，而硅、锰属于后者。氮元素可溶入固溶体中也可形成氮化物，两种作用均降低 ε_U，但对 ε_T 无影响，这可能是氮增加 σ_f 的效果与增加 σ_F 的相当，二者相抵消致使 ε_T 保持不变。硫降低 ε_T 的作用事实上是反映 MnS 夹杂对 ε_T 的影响。

（4）沉淀相对 $\frac{d\sigma}{d\varepsilon}$ 及 n 的影响取决于沉淀相-基体的相界面性质。共格沉淀相降低 $\frac{d\sigma}{d\varepsilon}$ 而非共格沉淀相提高该值。由于所存在的许多沉淀相并不高度共格，因此总的情况是沉淀强化提高 $\frac{d\sigma}{d\varepsilon}$，降低 n 值[13]。沉淀相以其细化晶粒的作用而提高钢的 ε_T。在冷变形过程中，沉淀相不仅阻碍位错的运动，而且会造成位错的增殖。因此，沉淀相的存在，不仅会使位错密度增加，促使钢产生加工硬化，而且还影响形变后位错的分布状态。

（5）非金属夹杂物对钢的强度和塑性均有很大的影响，其中以硫化物和氧化物最为严重。夹杂物常在低应变下出现早期开裂或与基体金属剥离，这是裂纹形核的一个主要原因，而且夹杂物尺寸越大，开裂或剥离越早。

更多关于钢的冷镦性能的影响因素及评价方法见第 3 章。

6.3.2 冷变形对微观组织结构的影响

在冷变形过程中，金属的晶粒逐步改变其外形，其变化的趋势与工件宏观流变的趋势相符合。在单轴拉伸的情况下，晶粒沿工件拉伸轴的方向逐步伸长。在形变量很大时，如果不断裂，各晶粒已不能辨别开来，最后可变为纤维状晶粒，呈现纤维状组织（图 6-12）。在工件受单向压缩的条件下，晶粒则随工件的压缩而逐渐沿垂直于压力轴的方向伸展，直至变为圆片状的晶粒组织。

在晶粒形状变化的过程中，各个晶粒形状的变化并不是均匀一致的。在复相合金中，异相晶粒间，特别是当其成分和性能相差较大时，这种不均匀性就更为明显。如具有铁素体-珠光体组织的低碳钢冷变形后，铁素体和珠光体均产生了严重的变形。随变形量增加，原来的等轴晶粒沿形变方向逐渐伸长，变形量越大，晶粒伸长的程度越显著。其中，珠光体的变化比铁素体的变化要小。随着变形量的增加，产生明显的晶粒碎化现象，并且珠光体中的渗碳体要发生明显的扭折（图 6-13*i*）。

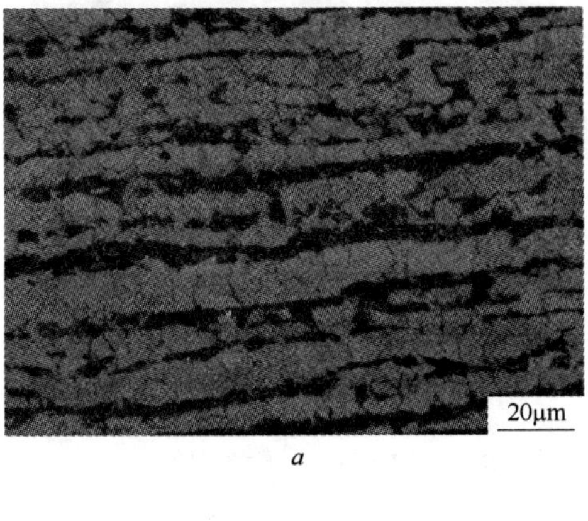

a

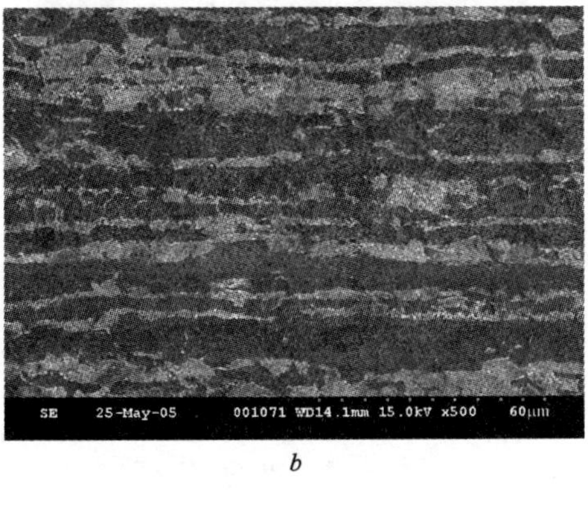

b

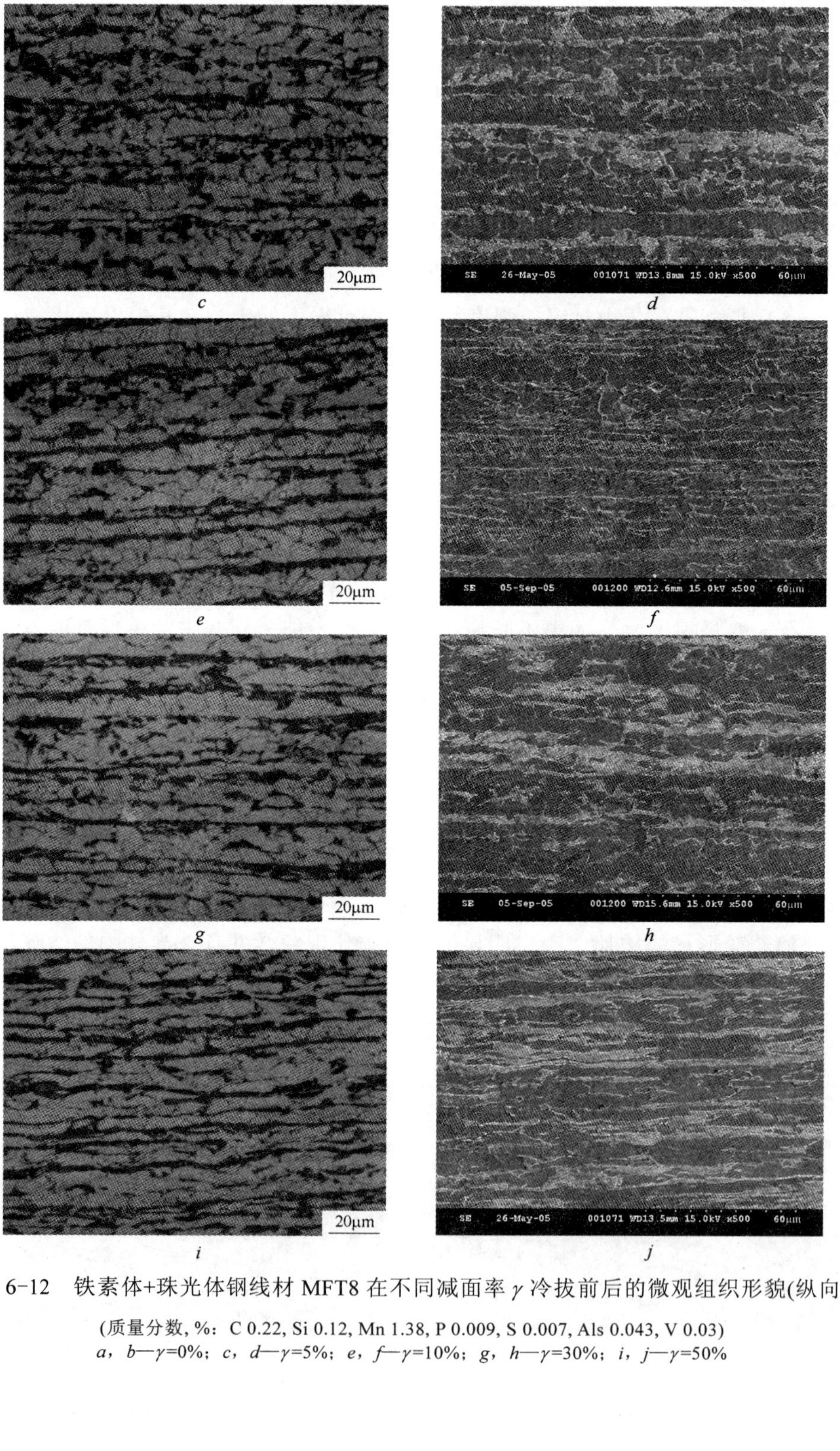

图 6-12　铁素体+珠光体钢线材 MFT8 在不同减面率 γ 冷拔前后的微观组织形貌(纵向)

(质量分数, %：C 0.22, Si 0.12, Mn 1.38, P 0.009, S 0.007, Als 0.043, V 0.03)

a，*b*—γ=0%；*c*，*d*—γ=5%；*e*，*f*—γ=10%；*g*，*h*—γ=30%；*i*，*j*—γ=50%

未经冷变形钢中的位错密度很低（图 6-13*a*,*b*）；当冷变形量较小时，铁素体晶粒内就已经产生了大量的位错，但此时位错的分布比较均匀，为无规则状态（图 6-13*c*,*d*）；随着变形量继续增大，位错密度迅速增加，在晶界处位错密度比晶内更高（图 6-13*e*,*f*）；进一步加大变形量，位错增殖更快，分布更为不均，紊乱的位错纠集起来，形成位错缠结的高位错密度区，并与位错密度低的部分分隔，形成胞状亚结构（图 6-13*g*）。位错密度在胞壁处很高，而胞内晶格畸变小，位错密度很低。最初形成的胞状结构，基本上是等轴状的；随着变形量的增大，某些局部区域会出现不均匀变形，并形成非等轴的胞结构；变形量进一步增大，胞的数量增多，尺寸减小，胞间的取向差也逐步增大。经强烈冷变形后，胞的外形也会沿主变形方向拉长，形成排列很密的条状变形胞（图 6-13*h*）。变形胞的出现对位错滑移过程的继续进行有巨大的阻碍作用，可使金属的变形抗力大大提高，是产生冷作强化的主要原因之一[49]。此外，随着变形量的增大，珠光体片层发生转向，并扭折碎化（图 6-13*i*）；另外，在钢中还出现形变孪晶（图 6-13*j*）。

在外力的作用下，晶体内的位错不断滑移，造成金属的塑性变形，同时晶体内各晶粒的取向按某些方向逐渐趋于一致，产生变形织构。织构的性质和强弱程度随材料性质、变形方式及变形程度的不同而不同。在单向拉伸或拉拔时，各晶粒的某一晶向倾向平行于拉伸方向，形成丝织构；在冷镦时，各晶粒的某一晶向倾向垂直于压应力方向，形成线织构。

对于粒状贝氏体组织，其贝氏体铁素体随变形量所产生的变化与上述铁素体+珠光体组织中铁素体的变化规律基本一致；M-A 岛在变形量较低（如约 13%）时基本无变化，当变形量较大（如约 57%）时，在铁素体与马氏体毗邻的铁素体一侧产生大量的微孔[44]。图 6-14 和图 6-15 为粒状贝氏体组织及其在冷变形过程中的组织变化。

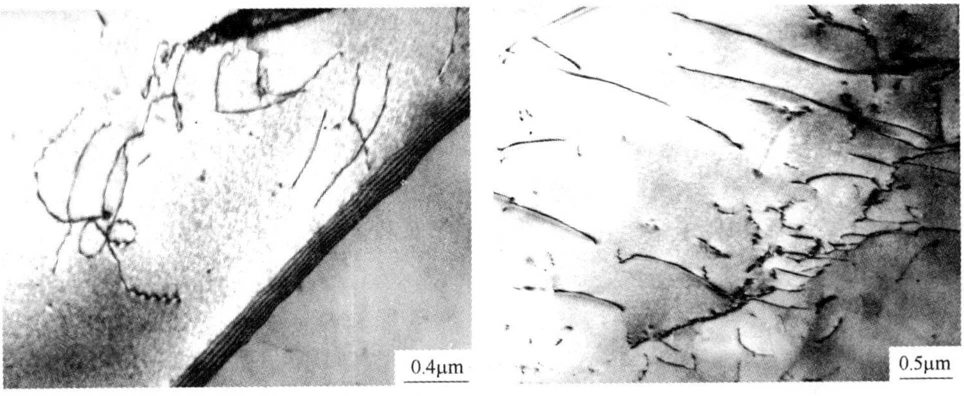

a *b*

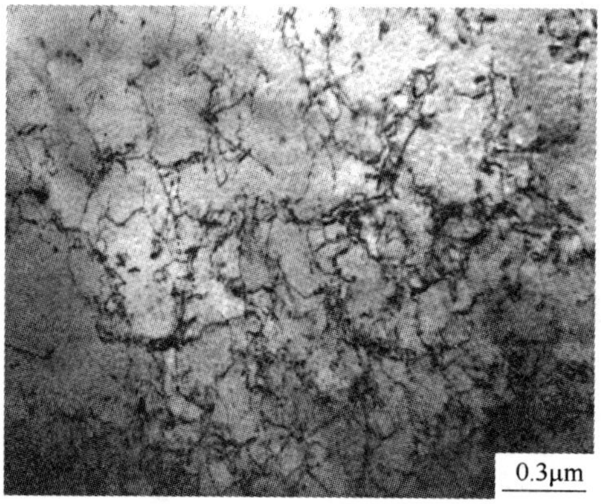

c

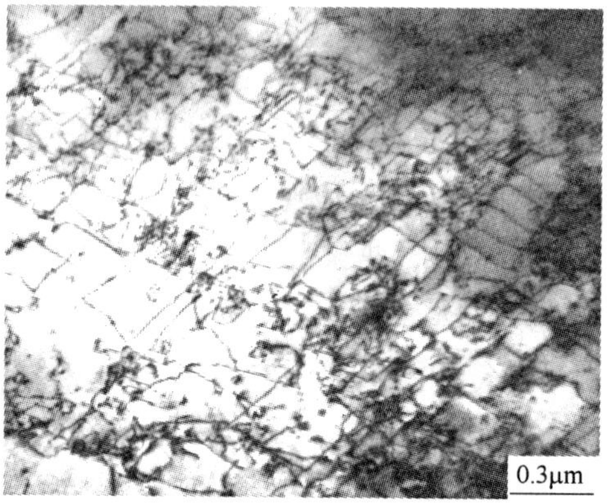

d

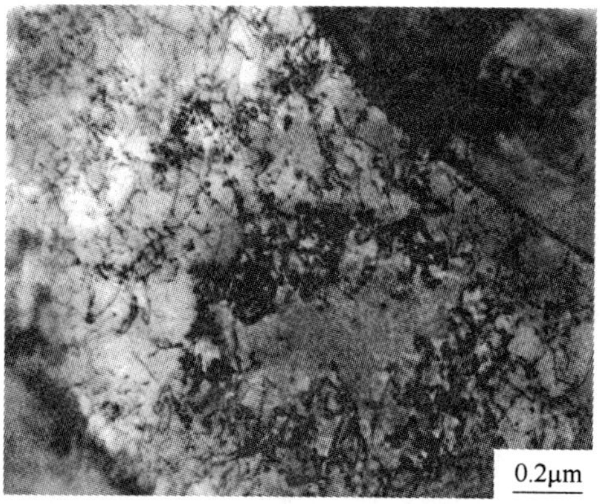

e

f

g

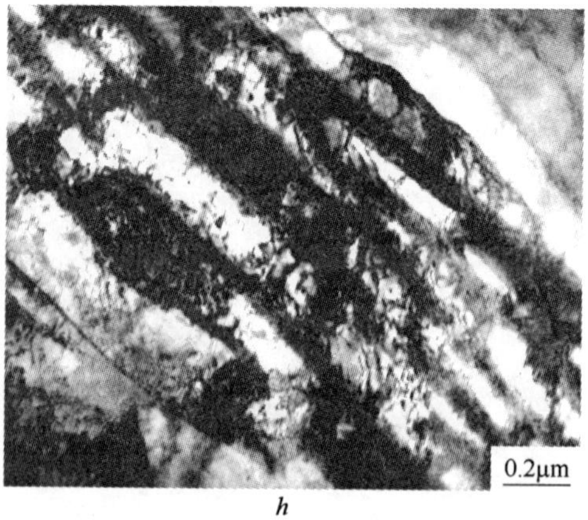

h

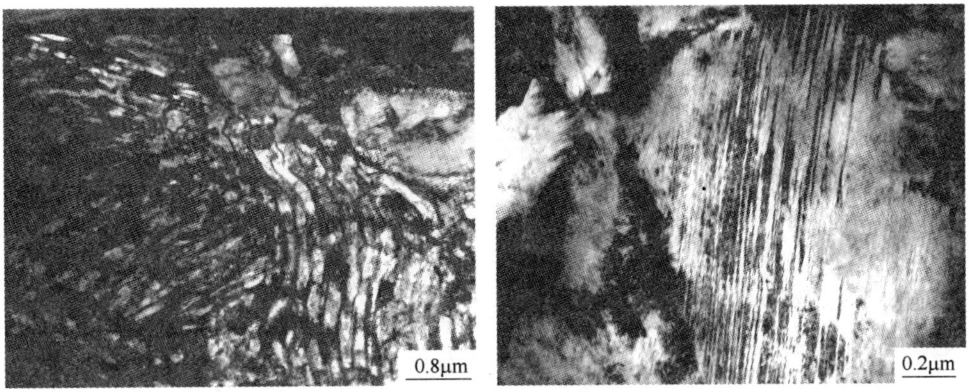

i *j*

图 6-13 铁素体+珠光体钢线材 MFT8 在不同减面率γ冷拔前后的 TEM 微观组织形貌

a, *b*—γ=0%；*c*, *d*—γ=5%；*e*, *f*—γ=20%；*g*, *h*—γ=30%；*i*, *j*—γ=50%；

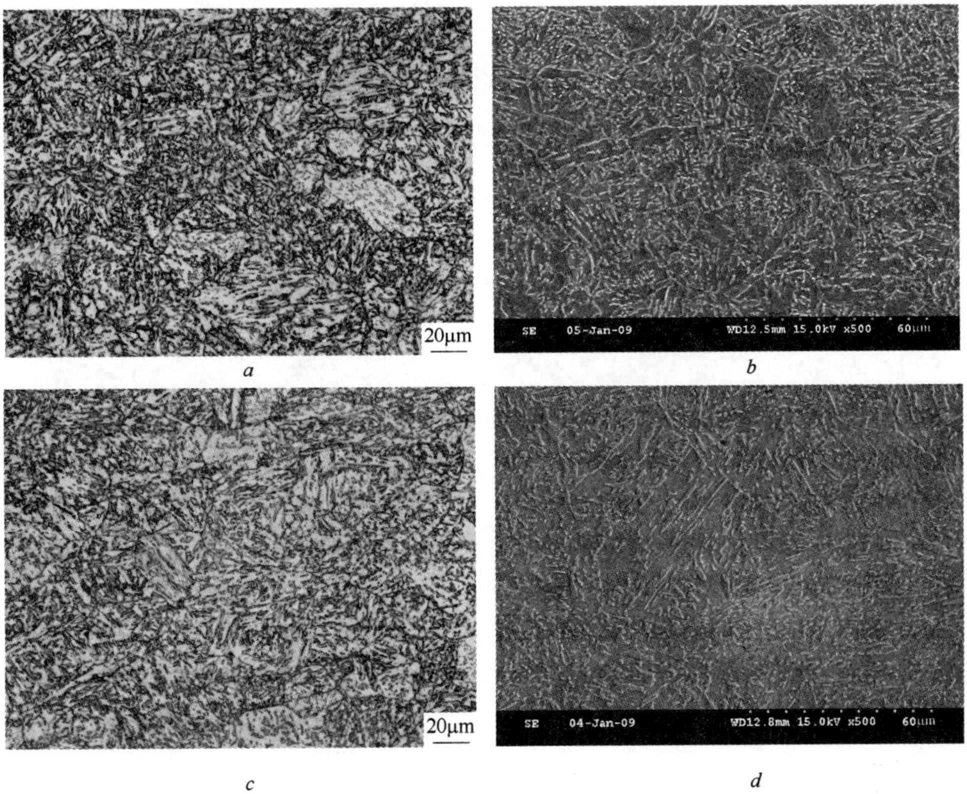

a *b*

c *d*

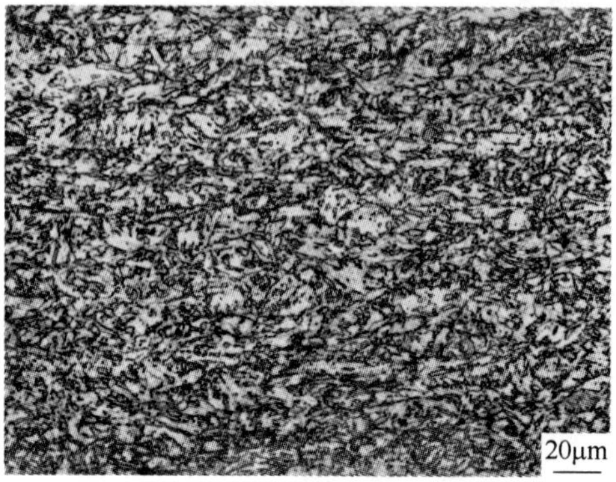

e

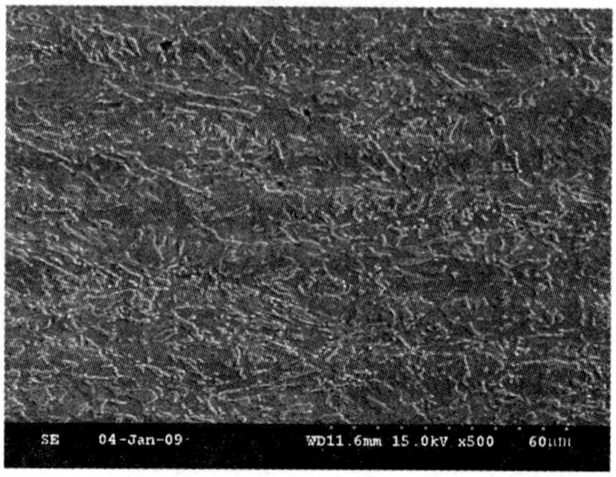

f

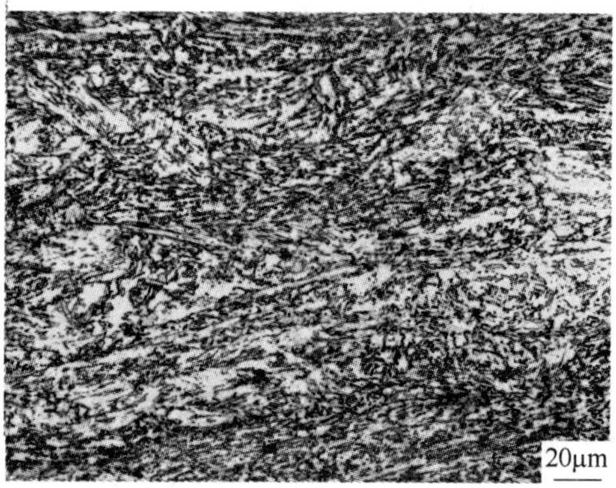

g

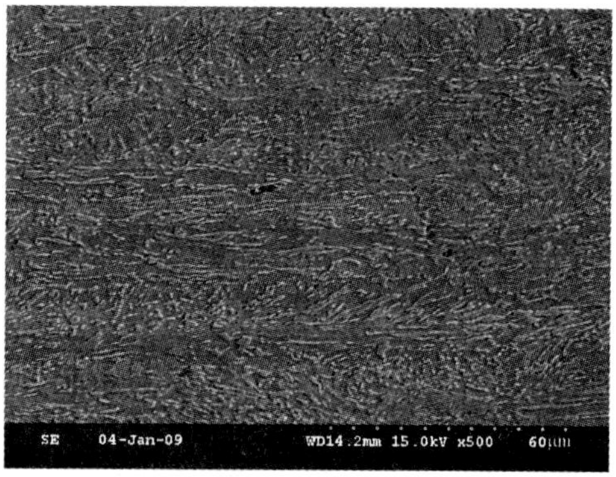

h

图 6-14　在不同减面率γ冷拔前后粒状贝氏体组织的微观组织形貌

(质量分数, %：C 0.10, Si 0.25, Mn 2.00, P 0.005, S 0.003, B 0.003, Ti 0.06)

a, *b* —γ=0%；*c*, *d* —γ=10%；*e*, *f* —γ=30%；*g*, *h* —γ=50%

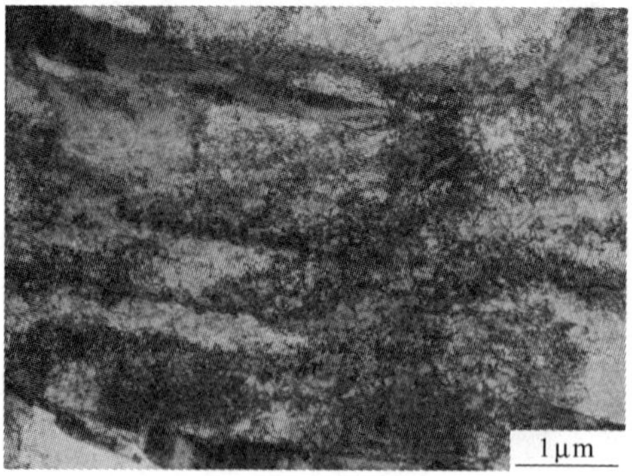

a

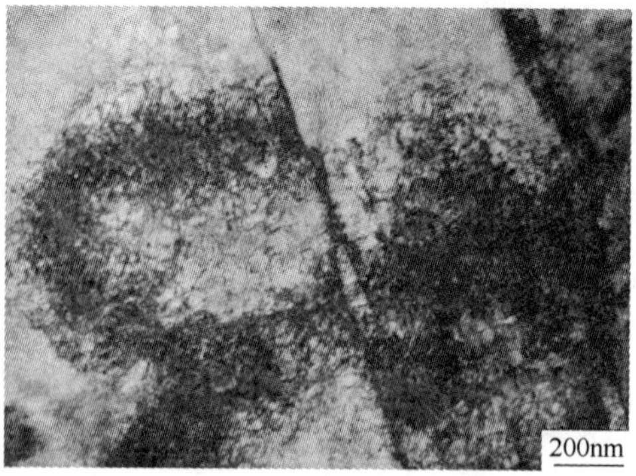

b

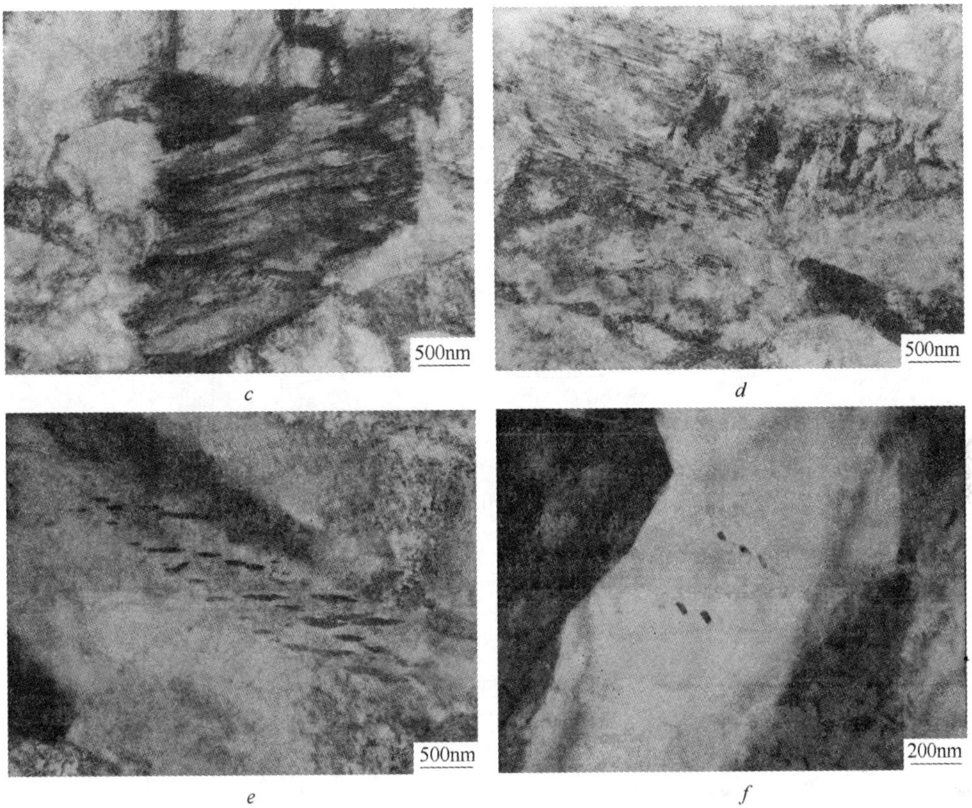

图 6-15 粒状贝氏体组织的 TEM 微观形貌

a— γ=0%，位错；*b*—γ=30%，300℃时效，位错；*c*—γ=30%，M-A 岛，板条马氏体；*d*— γ=30%，300℃时效，孪晶马氏体；*e*—γ=0%，M-A 岛，渗碳体；*f*—γ=0%，TiN

6.3.3 冷变形对性能的影响

冷变形后钢内部微观组织结构发生的上述诸多变化，必将导致其性能的变化。图 6-16 为 LF10MnSiTi 钢冷变形后力学性能的变化[41]。可见，随着变形量的增加，LF10MnSiTi 钢的强度明显提高，而塑性下降，即钢产生了明显的形变强化。图 6-17 为 KNCH-7 钢制造 7T 级螺栓过程中力学性能的变化情况[29]。可见，在螺栓的制造过程中，冷拔、冷镦等冷变形对力学性能有显著的影响。因此，深入研究具有不同成分、不同组织的热轧原材料在冷变形过程中组织、性能的变化，无论对冷作强化非调质钢的设计，还是制定冷作强化非调质钢制螺栓的加工工艺，都是极为重要的。

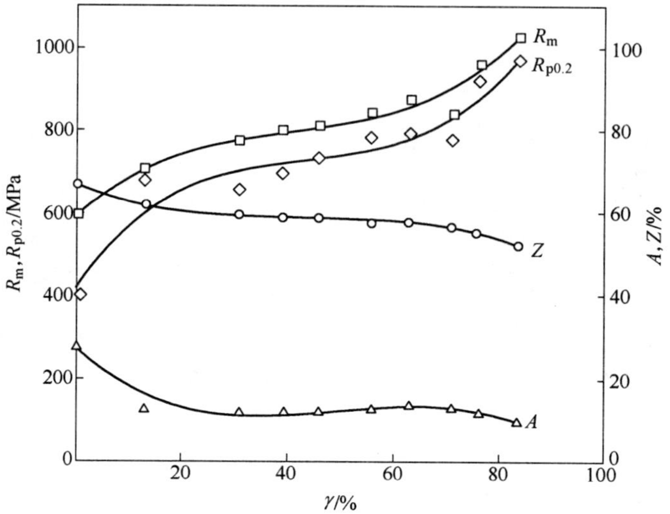

图 6-16 冷变形对 LF10MnSiTi 钢力学性能的影响[41]

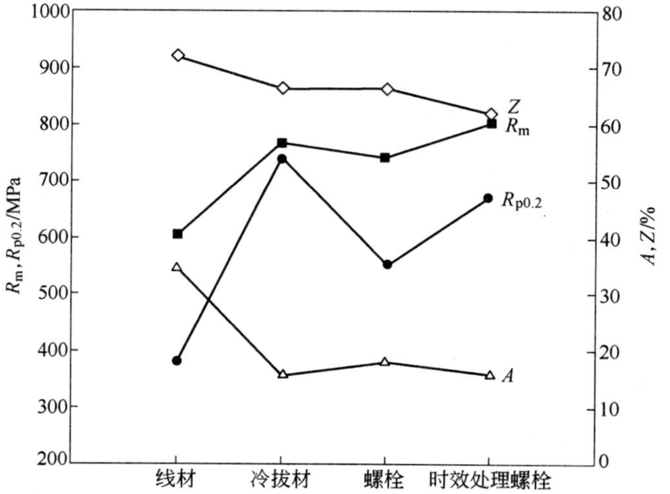

图 6-17 KNCH-7 钢制造 7T 级螺栓过程中力学性能的变化[29]

6.3.3.1 冷拔

在传统的调质螺栓生产过程和非调质螺栓生产过程中均有冷拔这一工序。冷拔具有调整线材尺寸，改善表面状态的作用。然而，对于非调质螺栓来讲，冷拔材的特性还直接影响到螺栓的加工性和力学性能，因此有必要明确冷拔时钢材组织性能的变化规律。

如前所述，冷拔时，钢的晶粒沿工件拉伸轴方向逐步伸长。在形变量很大的情况下，最后可变为纤维状组织。组织中的位错密度随形变量的增大而逐渐增加，致使钢的强度逐渐提高，塑性和韧性逐渐降低。不同成分的钢，冷拔后性能变化的规律基本一致，但变化幅度不同。其决定因素有以下两点[1]：一是钢的本性、点阵类型及其状态，由钢的形变强化指数来表征；二是冷拔时的减面率γ。同一成分的钢，在不同减面率的情况下，其性能变化的程度是不一样的。为了选择和确定冷拔工艺参数，许多研究者测定了多种不同成分的冷作强化非调质钢减面率对其强度和塑性的影响。图 6-18 为不同冷拔减面率时铁素体＋珠光体型 MC8 钢力学性能的变化[33]，图 6-19 为不同冷拔减面率时粒状贝氏体型 LF10Mn2VTiB 钢力学性能的变化[44]。

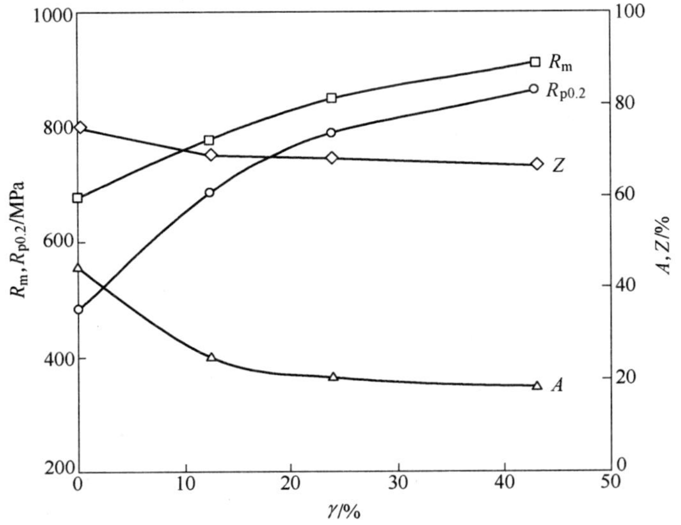

图 6-18 铁素体+珠光体型 MC8 钢冷拔时力学性能的变化[33]

(质量分数, %: C 0.14, Si 0.27, Mn 1.50, V 0.09, Nb 0.02, Al 0.042, N 0.018)

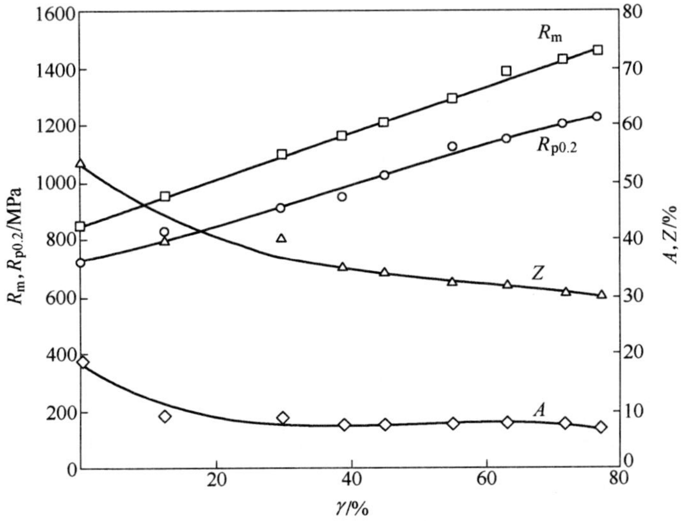

图 6-19 粒状贝氏体型 LF10Mn2VTiB 钢冷拔时力学性能的变化[44]

从图 6-16、图 6-18 和 图 6-19 中可以看出，无论对于铁素体＋珠光体型冷作强化非调质钢还是粒状贝氏体型冷作强化非调质钢，在冷拔初期(减面率约 10%～15%以下时)力学性能的变化较大，随后变化趋于缓慢。采用热轧态力学性能 $R_m \geqslant 600$ MPa、$R_{p0.2} \geqslant 390$ MPa、$A \geqslant 15\%$，$Z \geqslant 60\%$的 LF10MnSiTi 钢，在减面率为 40%的情况下，采用通常的螺栓生产工艺，即可生产出 8.8 级非调质高强度螺栓。对图 6-16 中的数据进行回归，可得 LF10MnSiTi 钢的力学性能与冷拔减面率之间的关系式：

$$R_m = 599.5 + 9.152\gamma - 0.1593\gamma^2 + 0.0013249\gamma^3 \quad (6\text{-}32)$$

$$R_{p0.2} = 392.2 + 12.31\gamma - 0.161\gamma^2 + 0.001146\gamma^3 \quad (6\text{-}33)$$

$$A = 22.85e^{-0.009334\gamma} \quad (6\text{-}34)$$

$$Z = 66.33e^{-0.002607\gamma} \quad (6\text{-}35)$$

式中，γ 为冷拔减面率，%，$\gamma=(1-d^2/d_0^2)\times 100$；$d_0$ 和 d 分别为线材冷拔前后的直径。

在实际冷拔过程中，一道次冷拔的减面率大多为 20%～30%。从图 6-16、图 6-18～图 6-21 中可以看出，大体在 10%～50%的减面率范围内，抗拉强度和屈服强度随减面率的增大而成比例地提高，而伸长率和断面收缩率的变化则相对较小。因此，冷拔后线材的抗拉强度 R_m 大体上可由下式来表达：

式中，R_m^0 为热轧材的抗拉强度，MPa；γ 为冷拔减面率，%，适用范围 10%～50%；A、B 为与材料成分等有关的常数，如对 NHF55、NHF60 钢（低碳

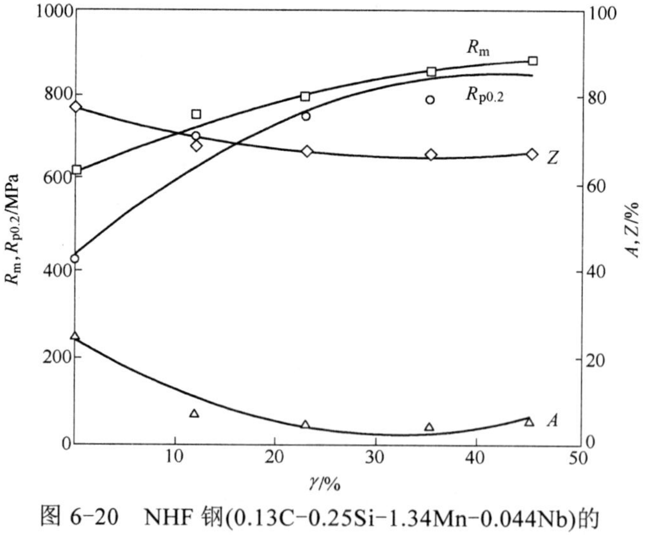

图 6-20　NHF 钢(0.13C-0.25Si-1.34Mn-0.044Nb)的力学性能随冷拔减面率γ的变化[8]

$$R_m = R_m^0 + A\gamma + B \quad (6\text{-}36)$$

Mn-Nb）[8]，A=4.9，B=68.6，对 KNCH8P 钢[23]，A=4.6，B=49.98。

根据式 6-36 所得到的某一钢的抗拉强度与冷拔减面率之间的关系式，便可通过调整减面率来得到所需的强度水平。

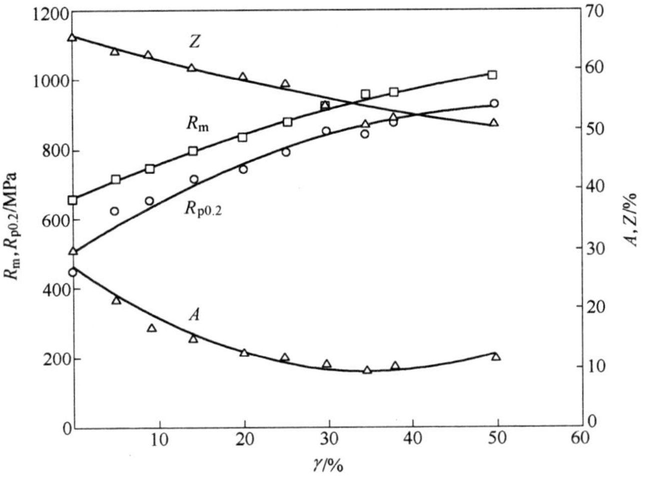

图 6-21　MFT8 钢的力学性能随冷拔减面率γ的变化

冷拔变形过程中形变强化指数 n 值随γ的变化见图 6-22[50]。上述微观组织演变造成的形变机制的变化是 n 随γ变化的主要原因。变形在 5%~25%减面率区间依靠位错的增殖和滑移不断进行，随着胞状位错的形成，可开动的滑移系的数目减小，位错的移动越来越困难，此时 n 变化不大；当γ达到 30%时，由于滑移很难进行，晶体发生孪晶变形，激发了进一步的滑移变形，故在此 n 开始明显提高；随着γ进一步增加，位错继续增殖，但速度减缓，故 n 在γ=35%时达到峰值；进一步增加γ，n 又减小。

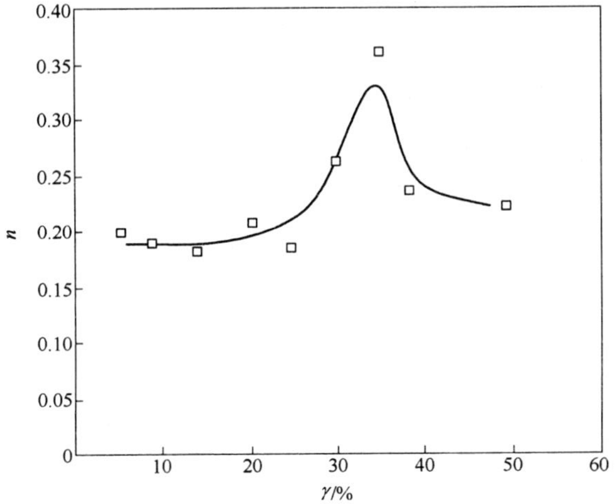

图 6-22　MFT8 钢的形变强化指数 n 随冷拔减面率γ的变化[50]

冷拔线材值得注意的特性是，冷拔时随着减面率的增大，钢的强度提高，但随后在进行压缩加工时，其变形流变抗力几乎没有变化，甚至有些降低，见图 6-23。这主要是因为冷拔时线材的塑性下降较少的缘故。在制作六角螺栓时，如果采用高强度材料，将增加冲头的冲击载荷，使工具寿命急剧下降。对此，可采用加大减面率提高强度的方法。如采用 NHF55 钢制造 700 MPa 级螺栓时，冷拔减面率通常为 20%左右。如果将冷拔减面率提高到 40%左右，则可以得到 800 MPa 级螺栓，并且发现冲头载荷反而下降[8]。800 MPa 级六角螺栓的实际生产结果也证实了此点[34]。因此，在非调质螺栓的生产中，应积极地利用高冷拔减面率的这种效果。

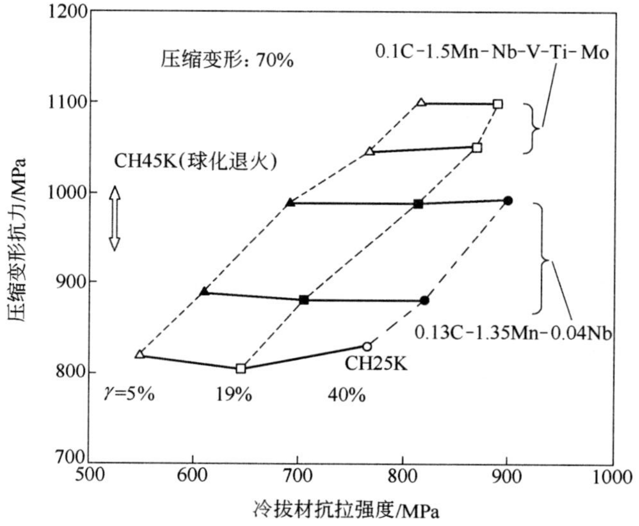

图 6-23　冷拔减面率与压缩变形抗力间的关系[8]

总之，在实际应用中，当强度偏低时，可采用增大形变量来弥补；当强度较高时，可减小形变量来控制。对非调质螺栓强度的控制，除了钢材的化学成分、热轧制度外，钢材的冷加工变形量控制具有同等重要的作用[1]。当然，冷加工形变量控制是有一定限度的。随着形变量的增大，屈服强度较抗拉强度增加的幅度大，因而形变量愈大，其屈强比愈接近 1，易于产生微裂纹。形变量过大，生产上不允许，经济上也不合理。因此，冷拔减面率一般应小于 50%。

6.3.3.2　成形和包辛格效应

冷镦是螺栓制造过程中常用的冷加工方式之一，如六角螺栓上的六角头，就是采用冷镦的方法制作出来的。冷镦时，工件受单向压缩，其晶粒则随工件的压缩而逐渐沿垂直于压力轴的方向伸展，直到变为圆片状的晶粒组织；同时，钢中的位错密度也要随变形量的增加而增大，使钢得到冷作强化。

非调质螺栓的成形过程与调质螺栓的基本一致，但由于冷拔线材的变形抗力高，因此需要确定合适的冷镦成形方法和模具材料。如有研究表明，当采用圆锥冲头代替传统的扁冲头时，冲压载荷可降低约 20%[8]。

用冷作强化非调质钢制造的标准六角螺栓的强度为 800 MPa 级时，其性能丝毫不逊色于调质螺栓。但是当螺栓的强度超过 1000 MPa 级，或螺栓变形量大、形状复杂时，即使成形不存在问题，但由于此时螺栓头部加工应变高度集中以及模具寿命急剧降低，限制了其实际应用。因此，冷作强化非调质钢的适用范围，取决于热轧材的加工性能和螺栓的成形加工量。目前，标准六角螺栓的实用化强度已达到 800 MPa 级，而成形加工量较小的双头螺栓的实用化强度已达到 1200 MPa 级[47]。随着材质和加工方法的不断改进，非调质化螺栓的适用范围将会越来越广。

采用非调质钢制作六角螺栓时还应特别注意头部的 *R* 角。*R* 角的影响有两点：首先是影响应力集中的效果，从而影响螺栓的疲劳性能，但非调质螺栓与调质螺栓二者间没有明显的差异（见 6.5 节）。其次是影响螺栓成形时的金属流变。*R* 角越小，*R* 角处的圆滑金属流变紊乱，引起加工应变集中。因此，当材料的变形抗力高时，螺栓的加工度便明显提高，而且这种加工应变集中对螺栓的性能没有好处。对 NHF55、60 钢制各种螺栓的分析结果表明，如果 *R* 角按 JIS 标准的规定（如 M8 螺栓为 0.4 mm 以上），则不会引起特别的问题[8]。应该指出的是，螺栓成形后的时效处理可使加工应变集中有所回复，即使对于冷镦引起的异常金属流变，采用 300 ℃以上的时效处理，可得到显著的回复效果。尽管如此，非调质螺栓冷镦成形时获得良好的金属流变仍应是基本的要求。

A　冷拔材的变形能力

钢的冷变形能力与断面收缩率之间具有良好的相关性。六角螺栓的压缩变形量在 70%～80%左右，如按临界压缩率 80%计，则要求缺口试样的临界压缩率在 50%以上[8]。从图 6-24 中可以看出，NHF 钢冷拔材的断面收缩率均在 60%以上，其缺口试样的临界压缩率基本在 50%以上。不同碳含量的 MFT8 钢热轧材经冷拔变形后，缺口试样的临界压缩率见图 6-25[51]。24C 料（0.24%C）的临界压缩率基本在 65%以上，22C 料（0.22%C）的临界压缩率较 24C 料整体上有所提高，大致在 70%左右，但减面率在 35%时，临界压缩率下降较大；20C 料（0.20%C）的临界压缩率较 22C 料整体上又有所提高，大致为 70%～75%，减面率超过 25%，临界压缩率下降，减面率达到 35%，临界压缩率又有所升高。整体上看随着碳含量的降低，临界压缩率提高，材料的冷镦性能提高。相对于 35K 钢的临界压缩率，MFT8 钢冷拔材表现出良好的冷变形能力。

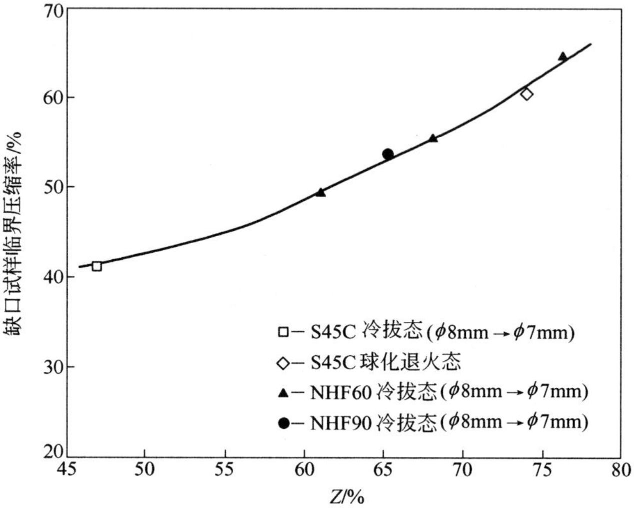

图 6-24　各种冷拔线材的断面收缩率与临界压缩率的关系(采用缺口试样)[8]

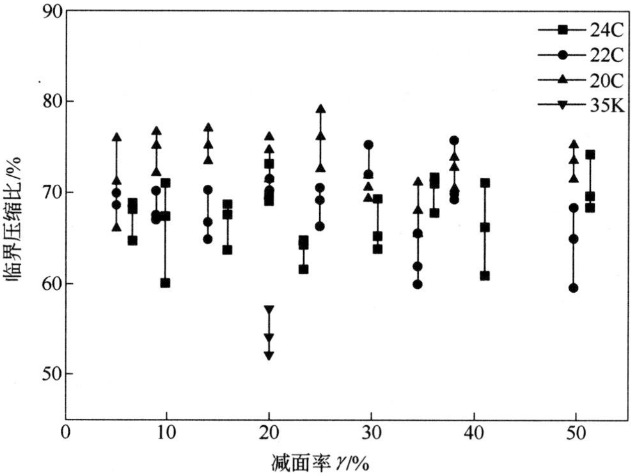

图 6-25　不同碳含量 MFT8 钢冷拔材的临界压缩比随冷拔减面率的变化[51]

B　包辛格效应和冷拔材的变形抗力

冷作强化非调质钢的热轧线材，经冷拔后再进行冷镦加工时，其变形抗力有所降低。这是包辛格（Bauschinger）效应在采用冷作强化非调质钢制作螺栓过程中的反映。所谓包辛格效应通常是指金属材料的流变应力和加工硬化速率对应变历史的某些依赖关系：在塑性变形中，反向变形的流变应力（例如压缩）常小于初始方向应变的流变应力（例如拉伸），然而在应力反向后，加工硬化速率有短暂的上升[52]。在正向变形时，位错运动形成位错缠结或胞状组织（如图 6-13*g*）。这种位错结构在力学上是相当稳定的，如果此时卸载并随后同向加载，位错线不能继续进行显著运动。但若卸载后施加反向载荷，位错被迫作反向运动。因为在反向路径上，林位错这类障碍数量较少，而且也不一定恰好位于滑移位错运动的前方，故位错可以在较低应力下移动较大距离，如图 6-26 所示。

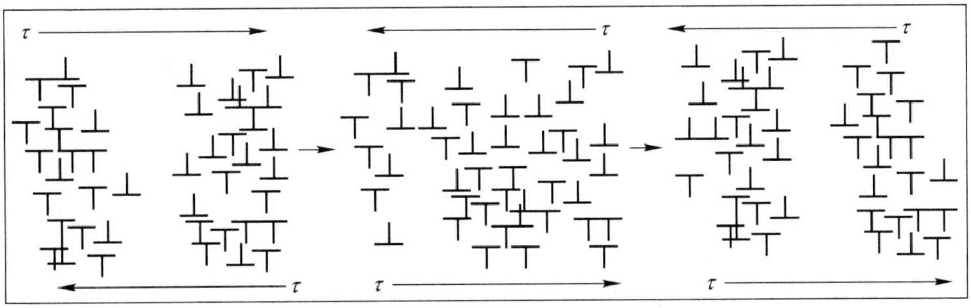

图 6-26 作用力反向时位错的运动情况示意图

表 6-5 为 LF18Mn2V 钢经三种不同减面率的冷拔后，再进行冷镦后的屈服强度变化[1]。可见，LF18Mn2V 钢在不同冷拔减面率下均有包辛格效应，但其大小有所差异。图 6-27 为 MFT8 钢热轧材冷拔变形后拉伸/压缩实验时屈服真应力及 1/3 冷镦变形时的真应力随γ的变化[50]。压缩变形的屈服真应力在$\gamma \leqslant 25\%$时增加平缓，在$\gamma = 30\%$时，屈服真应力出现一谷值；此后，随γ增加，屈服真应力又重新提高。此现象是包辛格效应和加工硬化共同作用的结果，即随着γ的增加，一方面，材料产生加工硬化，使其强度提高；另一方面，则由于包辛格效应的影响，材料经冷拔后再反向受力，屈服应力的提高幅度比较平缓，当γ值一定(=30%)时，包辛格效应达到最大值，因而屈服真应力反而下降。如果进一步增

表 6-5 LF18Mn2V 钢冷拔、冷镦后屈服强度的变化[1]

冷拔减面率γ/%	冷拔后 $R_{p0.2}$/MPa	冷镦后 $R_{p0.2}$/MPa	相对下降/%
22.0	624	534	14.4
46.0	847	629	25.7
57.0	842	663	21.3

大γ值，则由于明显的加工硬化作用，屈服真应力又重新提高。从图中还可以看出，当 $\gamma \geqslant 10\%$时，冷拔后的拉伸应力明显高于压缩应力。1/3冷镦变形时由于变形量大，压缩过程中的加工硬化掩盖了材料在冷拔过程中加工硬化的影响，所以，真应力随γ的变化不大，但仍然在$\gamma=30\%$附近体现出了包辛格效应的作用。为了定量地描述包辛格效应，定义包辛格影响因子 *BEF* 如下：

$$BEF=\frac{R_p}{\sigma_F} \tag{6-37}$$

式中，R_p为反向变形时的屈服强度；σ_F为正向变形时的流变应力。

BEF 越小，说明包辛格效应越明显。图 6-28 为 MFT8 钢冷拔材的 *BEF* 随γ的变化[50]。可见，随着γ的增加，*BEF* 减小，在$\gamma=30\%$时达到最小值。这与图 6-27 的实验结果相对应。在$\gamma>30\%$时，*BEF* 又增大，这是材料加工硬化率变化的结果。结合图 6-22、图 6-27 和图 6-28 可知，最佳冷拔减面率应选择包辛格效应最大而应变硬化指数尚未增加的阶段，在微观上就对应着位错充分增殖和缠结，材料原滑移系开动困难但是还没有发生形变孪晶，或者虽有孪晶出现但位错没有进一步增殖的阶段。

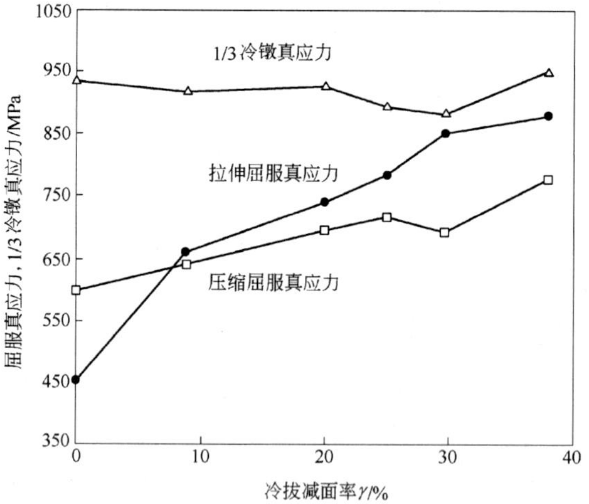

图 6-27　MFT8 钢的屈服真应力及 1/3 冷镦真应力随冷拔减面率γ的变化[50]

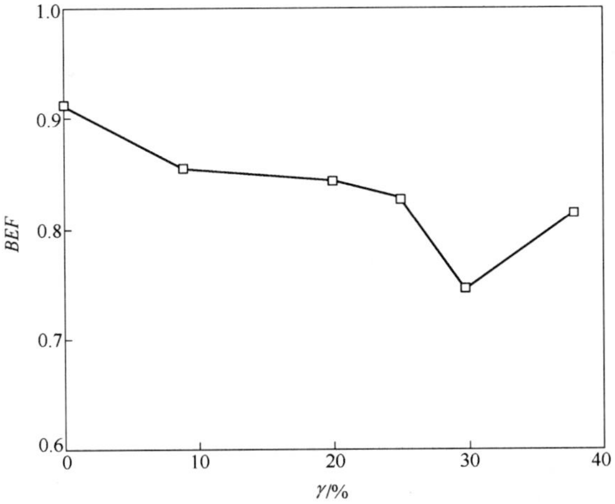

图 6-28 MFT8 钢的包辛格影响因子 *BEF* 随冷拔减面率γ的变化[50]

包辛格效应的大小与多种因素有关。对于铁素体-珠光体型钢，Kanisawa 等[34]的研究结果表明，在所研究的成分范围（C 0.10～0.44, Si 0.05～0.27, Mn 0.78～2.50, Nb 0～0.041）内，包辛格效应随钢中碳含量的增加而增大，而铌元素（以碳氮化物形式存在）及锰、硅元素（固溶于铁素体中）的影响较小，见图 6-29 和图 6-30。此外，增加线材轧后的冷却速度和增加预变形量（冷拔减面率）均有助于增大包辛格效应，见图 6-31 和图 6-32。上述包辛格效应变化的原因之一是随着钢中碳含量和冷却速度的增加，铁素体含量减少，这使得位错密度局部增加，因而包辛格效应增加。

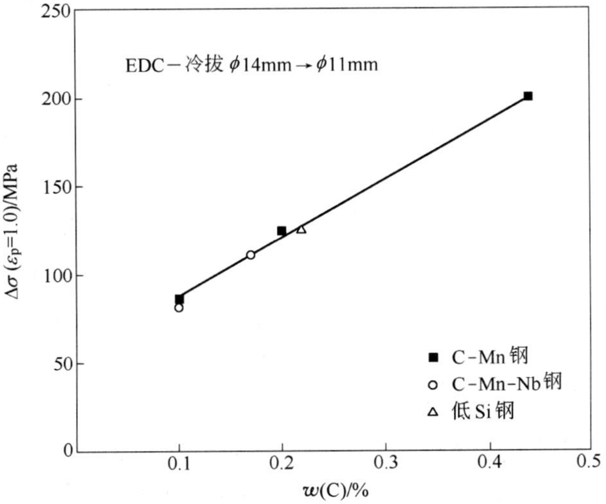

图 6-29 碳含量对包辛格效应大小的影响[34]

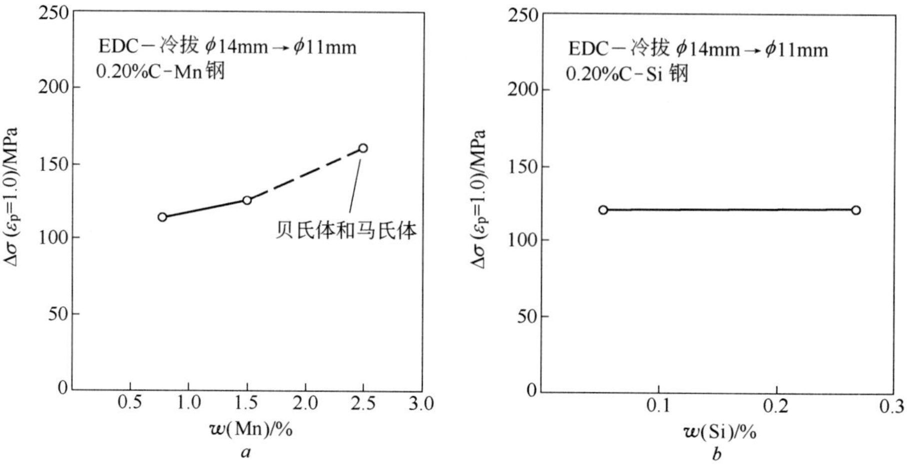

图 6-30　锰含量(*a*)和硅含量(*b*)对包辛格效应大小的影响[34]

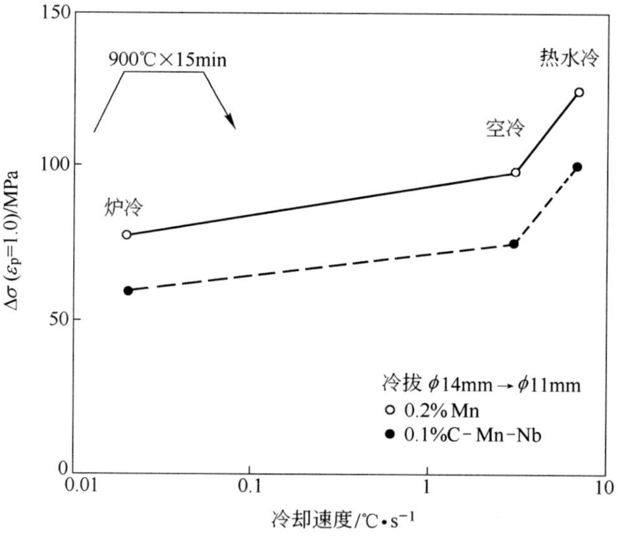

图 6-31　轧后冷却速度对包辛格效应的影响[34]

调质螺栓在头部冷镦成形前要进行球化退火处理，冷镦时的流变应力低；而非调质螺栓是在冷拔后直接进行头部冷镦成形，此时由于冷拔材的硬度高，冷镦时的流变应力高，因此冷镦模具的寿命明显降低，这在一定程度上限制了高强度非调质螺栓的生产和推广应用。然而，如果能够合理地利用包辛格效应，则可降低冷镦时的流变应力。日本新日铁据此开发出一种低流变应力的冷作强化非调质钢 NHF-S（质量分数，%：C 0.24，Si 0.23，Mn 1.48，Als 0.042），可用来制作 8.8 级高强度螺栓[34~36]。其具体措施为：

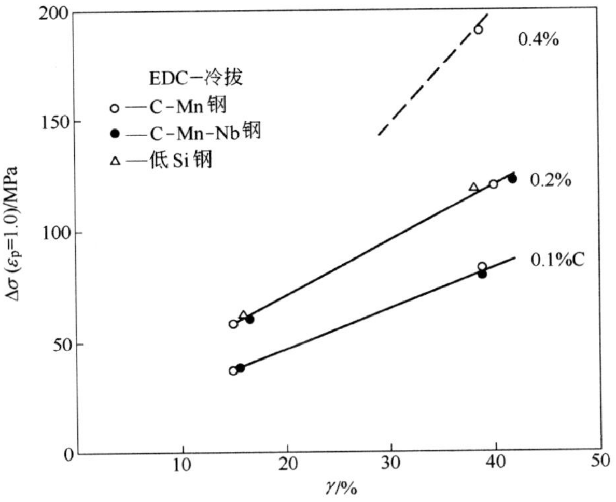

图 6-32 预应变对包辛格效应的影响[34]

（1）适当提高传统冷作强化非调质钢的碳含量以减少铁素体体积分数；

（2）提高线材轧后冷却速度；

（3）高预应变。

图 6-33 为所开发的 NHF-S 钢（热轧后 EDC 热水冷却，冷却速度 7.0℃/s）与传统的冷作强化非调质钢（质量分数, %：C 0.13, Si 0.26, Mn 1.35, Nb 0.038，Stelmor 吹风冷却，冷却速度 5.5 ℃/s）经冷拔后流变应力的比较，图中同时给出了常用的 S45C 钢经球化退火处理后的流变应力。螺栓头部冷镦成形时的真应变约 1.5（压缩率约 78%），据此进行比较，则 NHF-S 钢冷拔材的流变应力较传统的冷作强化非调质钢约低 100 MPa，而与球化退火处理的 S45C 钢相当。

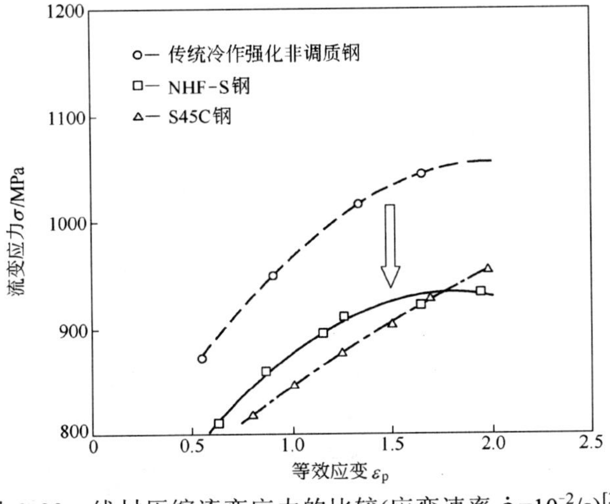

图 6-33 线材压缩流变应力的比较(应变速率 $\dot{\varepsilon}=10^{-2}$/s)[35]

(NHF-S 钢与传统冷作强化非调质钢—冷拔态，S45C 钢—球化退火态)

6.4　冷作强化非调质钢制螺栓的时效处理

螺栓在服役过程中不允许发生过量变形，在各国紧固件力学性能的标准中，均规定了对其产品必须进行保证载荷试验。我国 GB/T 3098—2000 中，针对不同规格螺纹紧固件，要求施加规定的保证载荷，测量由于施加保证载荷引起的永久伸长量，并规定此值不应大于 12.5 μm。

采用冷作强化非调质钢制作螺栓，是在冷拔、冷镦后，即在冷作强化的状态下使用的。因此，非调质螺栓具有冷拔、冷镦、滚丝等工艺引起的形变组织。这种形变组织中存在着高密度的可动位错和其他缺陷，使其处于不稳定状态。在螺栓加载时，这些可动位错就会攀移，引起微小屈服，因此是保证载荷试验中螺栓产生永久伸长的主要原因。稳定可动位错的时效处理（亦称稳定化处理）是防止上述问题的有效方法，同时还可使非调质螺栓具有良好的综合性能，因而是非调质钢制造螺栓过程中最重要的环节之一[1,53]。

6.4.1　微观组织的变化

在时效处理过程中，非调质螺栓的微观组织发生了变化。图 6-34 为成形 8.8 级螺栓在时效处理前后的微观组织形貌。如前所述，由于强烈的冷拔和冷镦变形作用，未经时效处理螺栓中的铁素体内部形成了大量的位错，并且位错纠缠形成了胞状亚结构，在胞壁处位错密度很高，而胞内位错密度则很低（图 6-34*b*）；珠光体也由于强烈的冷变形作用而发生扭折、破断（图 6-34*c*）。冷变形后经时效处理，铁素体中的位错形态则发生了变化，即时效后的铁素体中位错发生了回复现象，生成亚晶界（图 6-34*d,e*），珠光体的形态没有发生明显变化（图 6-34*f*）。位错的回复及亚晶界的形成将降低位错密度，消除内应力，改善尺寸的稳定性。低于 500℃时效仅发生回复，其组织形态变化不大。进一步升高时效温度，将发生再结晶。

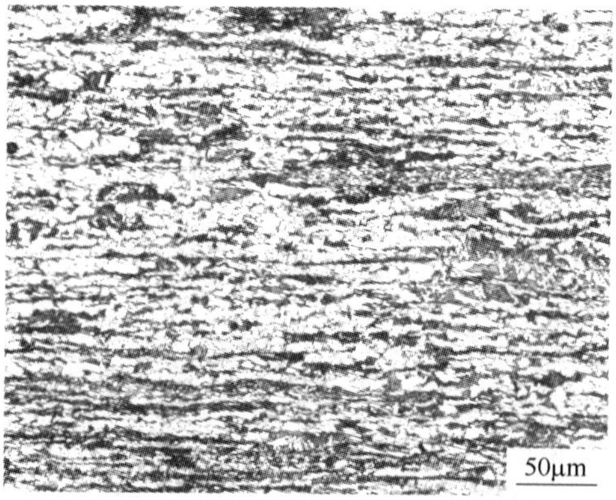

a

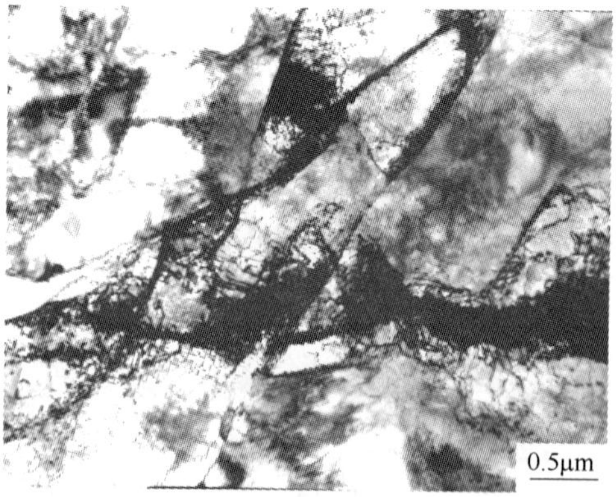

b

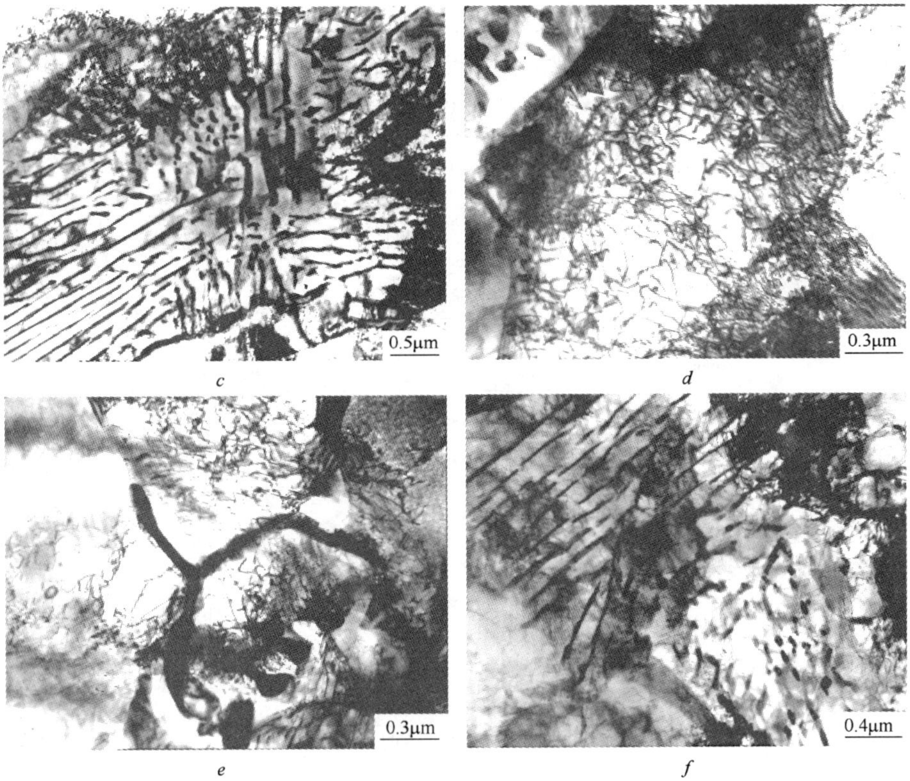

图 6-34　MFT8 钢制 8.8 级六角螺栓时效处理前后的微观组织形貌

（ϕ11 mm 线材冷拔 16%后冷镦成形并滚丝，时效处理 400 ℃保温 30 min 后空冷）

a—时效处理前，金相；*b*—时效处理前，TEM；*c*—时效处理前，TEM；

d—时效处理后，TEM；*e*—时效处理后，TEM；*f*—时效处理后，TEM

6.4.2　力学性能的变化

冷拔和冷镦材时效处理过程中微观组织的变化必然影响其力学性能。一般而言，随着时效温度的升高，钢的强度提高，当达到某一温度，其强度达到峰值；随后，强度又随时效温度的升高而下降。塑性随时效温度的升高则通常变化不明显。

图 6-35 为 MC8 钢冷拔后的时效温度对力学性能的影响[33]。可见，300 ℃时效处理后的抗拉强度和屈服强度均达到峰值，时效温度升高到 400 ℃时产生过时效而使强度有所降低。100 ℃和 200 ℃时效处理所引起的抗拉强度增量约为 30～50 MPa。表 6-6 为 MC8 钢制螺栓的保证载荷试验结果。可见，冷镦后未进行 200 ℃时效处理时的永久伸长量平均值高达 15 μm，超过 12.5 μm 的规定；经时效处理后螺栓的永久伸长量平均值为 4.3 μm，仅稍大于淬火回火处理的 S45C 钢制调质螺栓的 2.8 μm。对 LF18Mn2V 钢制 8.8 级柱螺栓也得到类似的结果，见表 6-7[1]。

时效温度对 NHF-60 钢和 NHF-90 钢冷拔材力学性能和应力-应变曲线的影响见图 6-36 和图 6-37，时效温度对 NHF-60 钢和 NHF-90 钢制 7T 和 10.9 级螺栓保证载荷永久伸长量的影响见图 6-38[8]。显然，对不同强度级别螺栓，在 300 ℃以上温度时效处理即可基本抑制永久伸长，获得与调质螺栓相同的性能。同时在 300 ℃以上温度时效处理还可使螺栓加工过程中产生的加工应变得到大部分恢复，因此，推荐在 300 ℃以上温度进行时效处理。时效温度对 MFT8 钢冷拔材力学性能的影响见图 6-39。

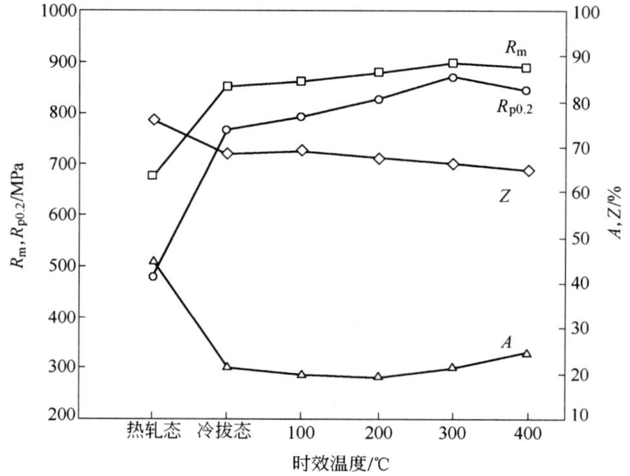

图 6-35　时效温度对 MC8 钢冷拔材(减面率 24%)力学性能的影响[33]

(MC8：0.14C-1.45Mn-0.1V-0.03Al-0.02Nb-0.02N)

表 6-6　8.8 级螺栓保证载荷试验后的永久伸长量[33]

编　号	MC8 钢		S45C 钢(淬火回火)
	冷镦态	200℃时效处理	
1	11.4	5.8	1.4
2	11.0	5.4	0.8
3	14.6	4.8	5.2
4	20.8	2.0	2.0
5	17.4	3.6	4.6
平均值	15.0	4.3	2.8

注：保证载荷=抗拉强度×有效截面积×屈强比×应力比=800 MPa×20.1 mm^2×0.8×0.91 =11700 N。

表 6-7　时效与未时效处理 LF18Mn2V 钢制柱螺栓的永久伸长量[1]

编　号	未 时 效 态	时 效 态
1	16.0	2.0
2	14.0	5.0
3	12.0	5.0
4	13.0	4.0
5	12.0	7.0
平均值	13.4	4.6

注：时效工艺：380 ℃保温 1 h。

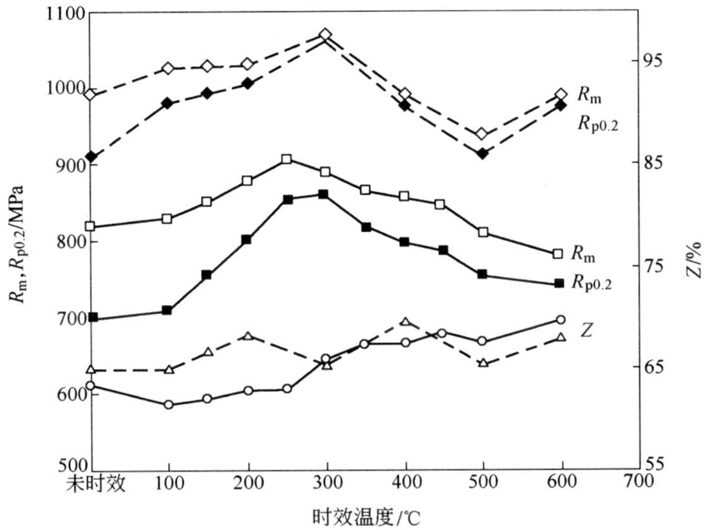

图 6-36 时效温度(保温时间 30 min)对 NHF-60 钢和 NHF-90 钢冷拔材力学性能的影响[8]

(实线—NHF-60 钢，ϕ8 mm 冷拔到ϕ 7 mm；虚线—NHF-90 钢，ϕ 11 mm 冷拔到ϕ10 mm)

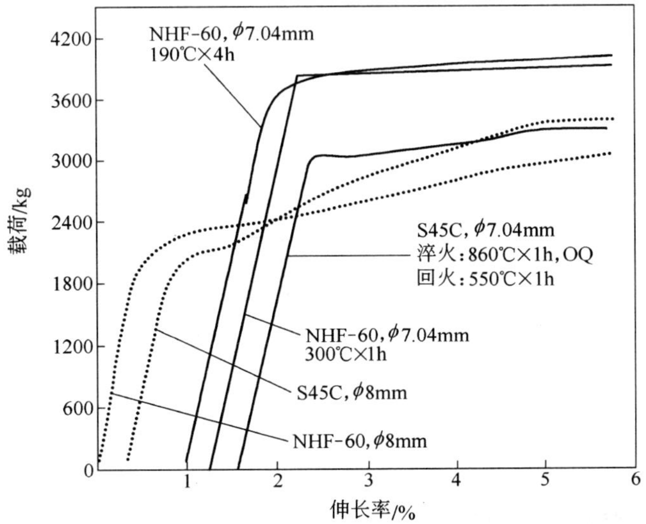

图 6-37 时效工艺对 NHF-60 钢冷拔材应力-应变曲线的影响[8]

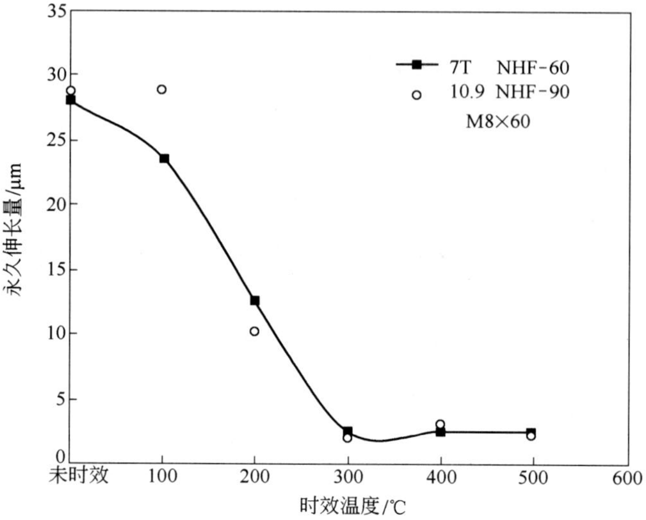

图 6-38　时效温度对 NHF 钢制 7T 和 10.9 级螺栓永久伸长量的影响[8]

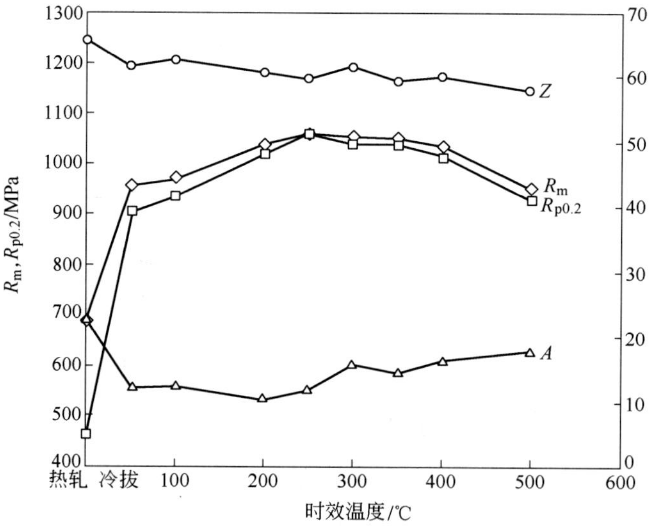

图 6-39　时效温度对 MFT8 钢冷拔材力学性能的影响（保温时间 2 h）

6.4.3　时效处理温度的选择

对于不同强度级别、不同成分的冷作强化非调质钢，需要进行时效处理工艺与永久伸长量、力学性能关系的研究，并制定出相应的时效处理工艺。

从图 6-35、图 6-36 和图 6-39 可以看出，通常存在一个时效处理温度，在该温度下强度和硬度达到峰值。该时效温度与钢中所含合金元素的种类有关，如含钛钢的峰值温度为 200 ℃，含铌及复合添加钛和硼钢为 250 ℃，而含钒钢则在 300 ℃以上[1]。在时效过程中，析出细小弥散的 V、Nb、Ti 等微合金化元素的碳氮化物，对位错的运动起阻碍作用；溶质原子碳、氮聚集在轧制和冷拔、冷镦等过程中形成的位错上，同样对位错的运动起钉扎作用，这不仅抑制螺栓的永久变形，而且还起弥散强化和固溶强化作用，提高钢的强度，一般为 30～50 MPa。

高强度螺栓在电镀后往往要进行脱氢的低温(200 ℃左右)烘烤处理，对于某些冷作强化非调质钢制螺栓，这种低温烘烤处理可代替时效处理。

6.5　冷作强化非调质钢的性能特征及其工业应用

如前所述，由于受冷加工性（模具寿命、成形性）的限制，采用冷作强化非调质钢制作非调质螺栓的强度级别受到限制。表 6-8 为日本采用冷作强化非调质钢制作非调质螺栓的实用化适用情况[10,31,54,55]，图 6-40 为神户制钢公司开发的 KNCH 系列冷作强化非调质钢线材的适用范围[31]。可见，对于形状复杂的 12.9 级高强度六角螺栓，难以用冷作强化非调质钢制造，而对于形状更为复杂的 7T 级六角螺栓，仍难以用冷作强化非调质钢制造。

表 6-8　冷作强化非调质钢的实用化适用情况

强度级别	实用化螺栓(代表例)				
	双头螺栓	U 形螺栓	六角螺栓	六角法兰面螺栓	六角・十字螺栓
7T	⊙	⊙	⊙	△	×
8.8 级(8T)	⊙	⊙	⊙	△	×
9.8~10.9 级(9T~10T)	⊙	△	△	×	×
12.9 级(12T)	◇	◇	×	×	×

注：⊙—已实用化；△—仅应用于冷加工量小的螺栓；◇—正在进行实用化探索；×—受冷加工性限制，未实用化。

对于制作螺栓用冷作强化非调质钢，虽然其性能水平相同，如均可达 8.8 级或 9.8 级所要求的各种力学性能和使用性能，但由于其研制或生产厂家不同，钢的化学成分会有所差异。但是，为使冷作强化非调质钢具有良好的强韧性配合，以及良好的冷加工性能，基本上都采用了低碳、高锰及微合金化的成分体系。下面按所制作螺栓强度级别的不同分别介绍。

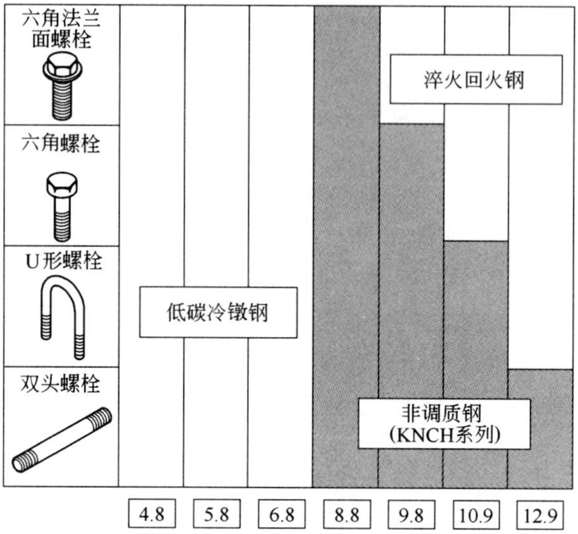

图 6-40　神户 KNCH 系列冷作强化非调质钢线材的适用情况[31]

6.5.1　7T 级、8.8 级和 9.8 级螺栓用冷作强化非调质钢

7T 级和 8.8 级冷作强化非调质钢在热轧状态下的组织，主要为铁素体＋珠光体。有的钢号，如 LF10MnSiTi，其组织全部为铁素体＋珠光体，珠光体量约为 15%～20%，铁素体晶粒度为 11～12 级；有的钢号，如 LF20Mn2，其组织主要为铁素体＋珠光体，但有时会出现少量的贝氏体，铁素体晶粒度为 9～10 级。新日铁开发出的 NHF 系列冷作强化非调质钢中，NHF55 和 NHF60 为低 C-Mn-Nb 系，可用来制作 700 MPa 级和 800 MPa 级的标准六角螺栓，其组织为微细的铁素体＋珠光体＋贝氏体的混合组织，由于具有高达 12 级的铁素体晶粒，其塑性极好。

表 6-9～表 6-11 分别为 7T 级、8.8 级和 9.8 级螺栓用冷作强化非调质钢热轧状态和所制螺栓的力学性能。可见，冷作强化非调质钢的热轧态抗拉强度，对于 7T 级为 600 MPa 左右，8.8 级为 700 MPa 左右。各钢的冷拔减面率约为 20%～40%，时效处理通常为 200～400 ℃，经过冷拔、冷镦和时效处理后最终所制螺栓的抗拉强度大体提高 200 MPa 左右。

LF18Mn2V 钢制 U 形螺栓的主要工艺流程为：热轧材→酸洗→磷皂化→一次冷拔或二次冷拔→矫直切断→冷成形→时效处理→清洗涂漆→滚压螺纹→检查成品入库。与调质钢制 9.8 级 U 形螺栓工艺流程相比，省去了钢材在冷拔前的球化退火、半成品 U 形螺栓的淬火和回火等三道热处理工序，使酸洗工序时间缩短了一半，增加了一道时效处理工序。采用该钢先后制造了多种 U 形螺栓成品 20 余万件，主要应用于连接载货车、客车底盘上钢板弹簧与车桥及载货车车架与车厢等[56]。

表 6-9 7T 级螺栓用冷作强化非调质钢热轧态和所制螺栓的力学性能

钢 号	R_m/MPa	$R_{p0.2}$/MPa	A/%	Z/%	时效处理	冷拔减面率/%
SUC-70	590/830①	400/750	22/14	73/65	190 ℃×4 h	39
KNCH7	590/775	380/675	34/16	69/	200 ℃×4 h	20
MC7	600/755	470/680	17/18	76/73	200 ℃×4 h	20
NHF55	(540~735)/820	≥295/755	≥15/19.5	≥60	300 ℃×4 h	20

注：表中所示为热轧状态的力学性能/螺栓的力学性能。

①所示为热轧态的力学性能/冷拔线材的力学性能。

表 6-10 8.8 级螺栓用冷作强化非调质钢热轧态和所制螺栓的力学性能

钢 号	R_m/MPa	$R_{p0.2}$/MPa	A/%	Z/%	时效处理	冷拔减面率/%
KNCH8	690/885	380/790	/18	70/	200 ℃×4 h	30
KNCH8S	680/840	/690	/19	72/	300 ℃×4 h	30
KNCH8P	650/880			75/68		≥20
MC8	680/840	480/765	45/16	75/68	200 ℃×4 h	24
NHF60	(590~785)/910	(≥345)/840	≥15/15.5	≥60	300 ℃×4 h	30
NHF-S	610/860	410/800	29/15	71/—	350 ℃×0.5 h	36
LF20Mn2	(600~700)/(≥800)	(≥390)/(≥640)	≥14/≥12	≥50/≥40	400 ℃×1 h	≥10
LF10MnSiTi	(550~750)/(800~950)	(400~560)/	≥20/≥12	≥50/		35~40

注：表中所示为热轧状态的力学性能/螺栓的力学性能。

表 6-11 9.8 级螺栓用冷作强化非调质钢热轧态和所制螺栓的力学性能

钢 号	R_m/MPa	$R_{p0.2}$/MPa	A/%	Z/%	时效处理
LF18Mn2V	630~730/900~955	≥400/840~900	≥22/≥10	≥50/	380 ℃×1 h

注：表中所示为热轧状态的力学性能/螺栓的力学性能。

6.5.2 10.9 级和 12.9 级螺栓用冷作强化非调质钢

在目前的生产条件下，采用 10.9 级及其以上螺栓用冷作强化非调质钢制作六角螺栓时，由于其变形抗力较大，冷镦时螺栓头部径向膨胀不充分，切边较为困难，故目前还不宜制作六角螺栓，但适合于制作不需冷镦加工的双头螺栓和 U 形螺栓。表 6-12 为 10.9 级和 12.9 级螺栓用冷作强化非调质钢热轧态和所制螺栓的力学性能。

10.9 级和 12.9 级螺栓用冷作强化非调质钢在热轧状态下的组织通常为粒状贝氏体，并往往含有少量的马氏体，因此具有良好的耐延迟断裂性能。

LF10Mn2VTiB 钢制造双头螺栓的主要生产工艺流程为：

热轧材→酸洗、磷化→冷拔→切断→滚丝（细牙部分）→机加工成形（细牙部分）→时效处理→表面处理（发蓝）→检验→包装、入库

LF10Mn2VTiB 冷作强化非调质钢具有良好的冷加工性能，适宜制作 10.9 级高强度 U 形螺栓。此外，具有上限化学成分的 LF10Mn2VTiB 钢热轧材，经减面率为 40%的冷拔加工后所生产的双头螺栓，其力学性能可达到 GB/T 3098 中 12.9 级螺栓的力学性能要求。LF10Mn2VTiB 冷作强化非调质钢在汽车、拖拉机、机床及工程机械等部门可广泛应用。

表 6-12　10.9 级及 12.9 级螺栓用冷作强化非调质钢热轧态和所制螺栓的力学性能

钢　号	R_m/MPa	$R_{p0.2}$/MPa	A/%	Z/%	时效处理
LF10Mn2VTiB	820~950/1000~1300①	710~855/900~1200	≥15/≥9	≥45/40	350 ℃×0.5 h
NHF85	850~1050/	≥500/	≥7/	≥55/	300 ℃×4 h
NHF90	900~1100/1165②	550/1090	≥7/14.5	≥55/	300 ℃×4 h
NHF105	1050~1250/1350②	≥600/1265	≥5/12.5	≥50/	300 ℃×4 h

注：表中所示为热轧状态的力学性能/螺栓的力学性能。

① 螺栓规格 M14～M30；

② 螺栓规格 M8。

6.5.3　冷作强化非调质钢制螺栓的应用性能

采用冷作强化非调质钢所制非调质螺栓的常规力学性能虽然与调质螺栓相当，能够完全满足高强度螺栓的要求，但其应用性能如何，对其能否最终应用和使用寿命至关重要。

GB/T 3098.1—2000 中规定的螺栓性能试验项目主要包括：强度、硬度、塑性、冲击功、保证应力、楔负载、头部坚固性及表面脱碳层等。值得注意的是，对于非调质螺栓，由于不同部位的加工度不尽相同，因此螺栓断面内的硬度存在差异，见图 6-41 和图 6-42。

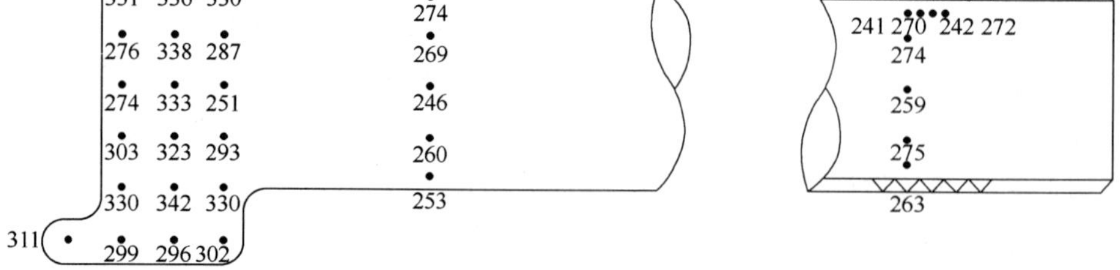

图 6-41　NHF60 冷作强化非调质钢制 700 MPa 级 M10 螺栓截面的硬度分布[8]

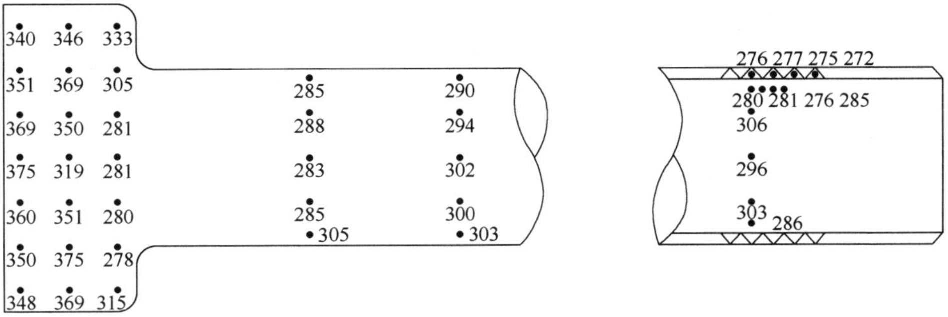

图 6-42 MFT8 钢制 8.8 级 M8×1.25 六角螺栓截面的硬度分布

6.5.3.1 脱碳层

中碳钢制调质螺栓普遍存在全脱碳层。相比之下，采用冷作强化非调质钢制作的非调质螺栓几乎没有全脱碳层，其优点十分明显。如 LF20Mn2 钢和 MFT8 钢制作的 8.8 级螺栓，没有明显脱碳层（图 6-43），故全脱碳层的最大深度检验（要求小于 0.015 mm）和螺纹未脱碳层最小深度检验均合格。

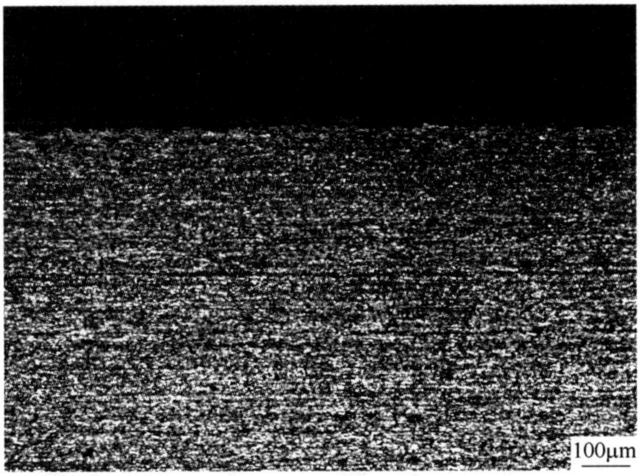

图 6-43 MFT8 钢制 8.8 级 M8×1.25 六角螺栓截面的脱碳情况

6.5.3.2 保证载荷试验

在拉力试验机上对试件施加轴向载荷，载荷达到规定的保证载荷后保持 15 s，然后卸载，测量由于施加载荷造成的永久伸长量[57]。这个永久伸长量（包括测量误差）不应大于 12.5 μm。

前已指出，采用冷作强化非调质钢制作的非调质螺栓，由于冷拔、冷镦和滚丝等冷变形而产生形变组织。这种形变组织中存在着高密度的可动位错和其他缺陷，使其处于不稳定状态。在螺栓加载时，这些可动位错就会攀移，引起微小屈服，因此是保证载荷试验中螺栓产生永久伸长的主要原因。通过合适温度的时效处理，可以固定可动位错，使非调质螺栓的永久伸长量满足标准的要求，见 6.4 节。

6.5.3.3　楔负载试验

楔负载试验实质上是一种实物拉伸试验，所不同的是试验时在螺栓头下增加一片楔形垫圈，使试件承受复合应力，产生弯曲，受力状况恶化，以检验螺栓的韧性和头杆结合强度。螺栓的断裂部位应发生在杆部或未旋合的螺纹长度内，而不应发生在头部和头杆交接处。

对冷作强化非调质钢制非调质螺栓的楔负载试验结果表明，非调质螺栓的楔负载均达到标准规定的指标，断裂部位均发生在螺纹部位，符合标准的规定。表 6-13 为 KNCH8 和 KNCH8S 钢制 8.8 级非调质螺栓的楔负载试验结果[31]。

表 6-13　KNCH 钢制 8.8 级非调质螺栓的楔负载试验结果[31]

钢　号	冷拔减面率/%	时 效 处 理	断裂强度/MPa
KNCH8S	30	未处理	785
		200 ℃×4.0 h	845
		400 ℃×0.5 h	865
	40	未处理	810
		200 ℃×4.0 h	865
		400 ℃×0.5 h	880
	67	200 ℃×4.0 h	1000
KNCH8	30	未处理	830
		200 ℃×4.0 h	890
		400 ℃×0.5 h	905
JIS 规定			≥800

6.5.3.4　疲劳试验

对于疲劳性能有较高要求的高强度螺栓，通常需要在淬火回火处理后进行滚丝。采用冷作强化非调质钢制作的非调质螺栓，在经滚丝成形后，仍保留着螺纹根部的残余压应力，并且螺纹根部的金属流线也将阻止裂纹萌生，这都将提高其疲劳性能。因此，非调质螺栓具有优于调质螺栓的疲劳性能。冷作强化非调质钢制不同强度级别螺栓的疲劳性能见图 6-44～图 6-46[1,29,34]。图 6-44 为 KNCH7 钢制 7T 级 M10 螺栓的疲劳试验结果[29]。从图中还可以看出，经 400 ℃时效处理后，由于裂纹根部的残余压应力有所释放，因而疲劳极限有所降低，但仍明显高于对比的 S45C 钢制调质螺栓。

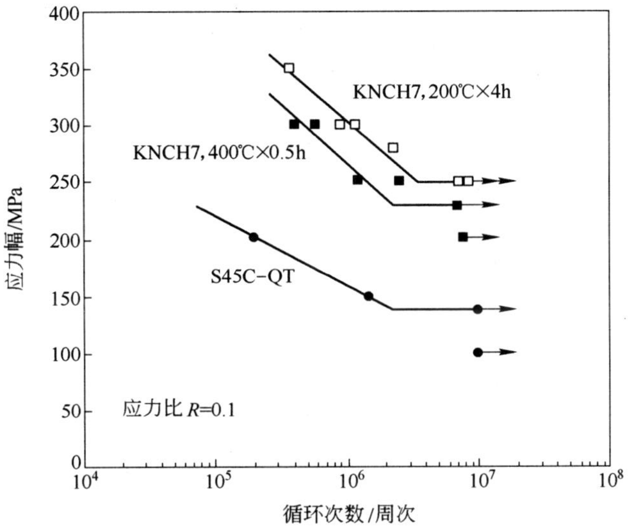

图 6-44　KNCH7 钢制 7T 级 M10 螺栓的疲劳试验结果(M10×1.5, R=0.1)[29]

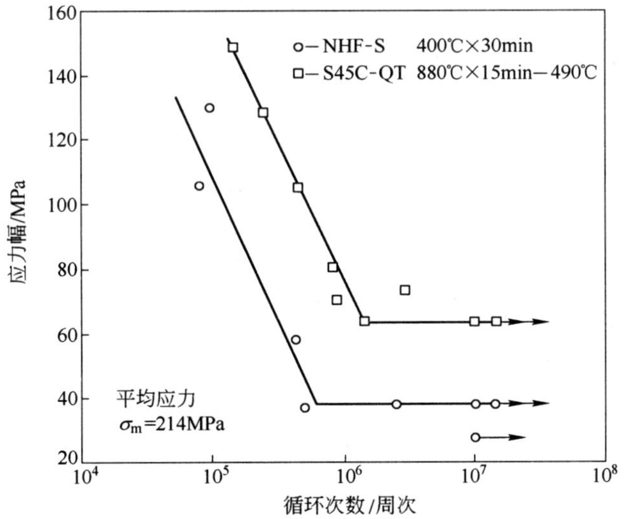

图 6-45　NHF-S 钢制 8.8 级 M12×1.25 六角螺栓的疲劳试验结果[34]

六角螺栓头下 R 角对螺栓疲劳性能的影响见图 6-47[8]。传统调质螺栓裂纹处的疲劳强度较低，R 角的影响不明显，而是通常在螺母第一扣螺纹附近应力集中最大的部位断裂，其疲劳极限大约为 49 MPa。与此不同，调质处理后滚丝螺栓和非调质螺栓的螺纹根部受到强化，当 *R* 角较小如等于 0.2 mm 时，*R* 角处的疲劳极限相对较低，此时的疲劳极限由头部的疲劳破坏决定；当 *R* 角增大到 0.9 mm 附近时，裂纹部位和 *R* 角部位的疲劳强度大体相当，两处均发生疲劳断裂。因此，螺栓的疲劳强度依存于头下 *R* 角的大小。

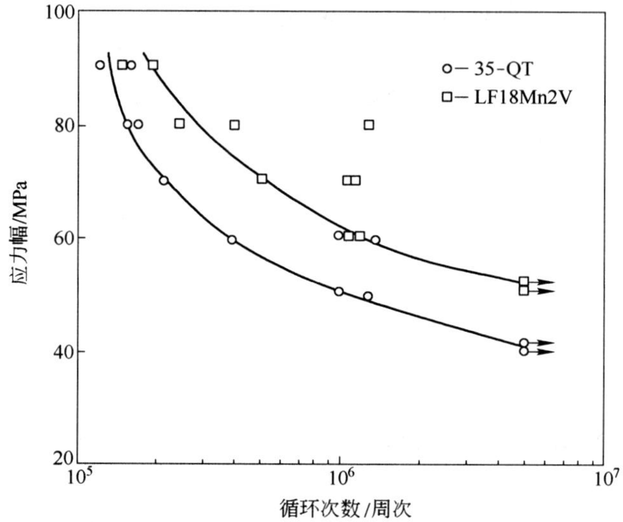

图 6-46　LF18Mn2V 钢制 9.8 级 U 形螺栓的疲劳性能[1]

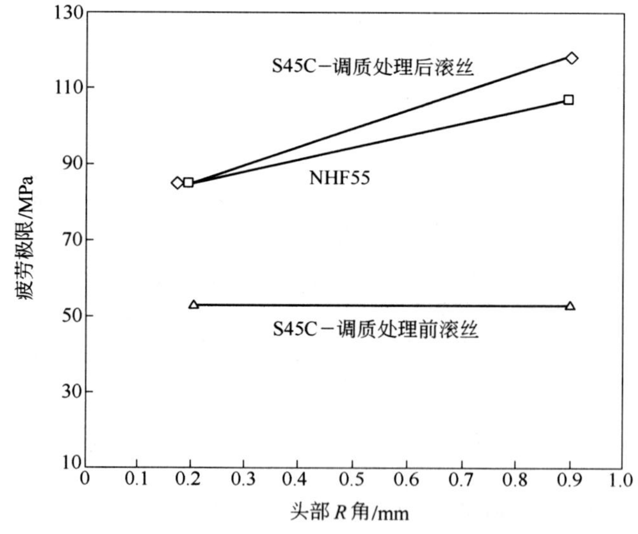

图 6-47　六角螺栓头下 *R* 角对调质钢（S45C）和冷作强化非调质钢（NHF55）制螺栓疲劳性能的影响[8]

6.5.3.5 延迟断裂试验

对于冷作强化非调质钢制造的高强度螺栓特别是 10.9 级及其以上级别的高强度螺栓，需考虑其延迟断裂性能。图 6-48 为 NHF105 钢制 12.9 级双头螺栓在 20% NH_4SCN 水溶液中的延迟断裂试验结果[8]。对比的 SCM435 钢制螺栓（组织为回火马氏体）在 30 h 内全部断裂；而 NHF105 钢制螺栓（组织为低碳粒状贝氏体）经过 500 h 仍未发生断裂。此外，上述螺栓在 0.1mol/L HCl 溶液浸泡 2500 h 后，在恒温恒湿箱（温度 60 ℃，湿度 100%）中放置两年，也未发生断裂，此点与调质螺栓未见差异。对于其他 NHF 钢制 700 MPa 级和 800 MPa 级六角螺栓（组织为铁素体+珠光体+少量贝氏体）进行相同的试验，也未发生断裂。采用试样对我国研制的 LF10MnSiTi 和 LF10Mn2VTiB 钢进行的延迟断裂试验结果同样表明，二者均分别具有与调质态的 35 钢和 40Cr 钢相当的延迟断裂抗力[58]。

上述结果表明，非调质螺栓具有优于或与调质螺栓相当的耐延迟断裂性能。

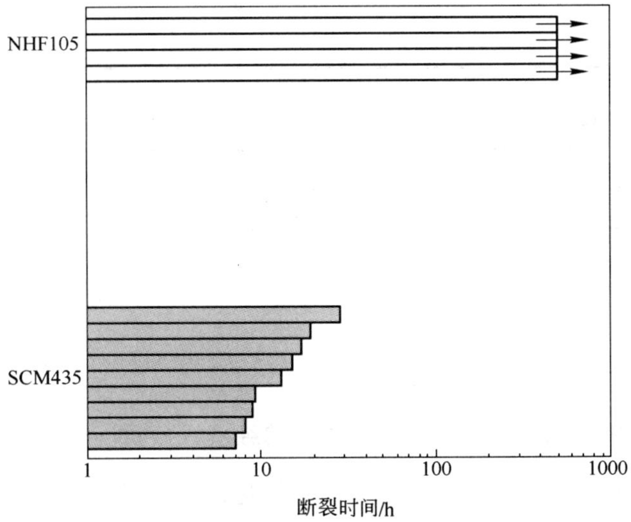

图 6-48 NHF105 钢和 SCM435 钢制 12.9 级双头螺栓延迟断裂性能的比较[8]

（试验条件：20% NH4SCN 水溶液，室温，加载轴力 0.8 $R_{p0.2}$）

6.5.3.6 摩擦性能试验

螺栓的摩擦性能将影响螺栓装配后的轴向预紧力，通常可用扭矩系数 K 来表征螺栓的总体摩擦性能。扭矩系数 K 由式 6-38 给出：

$$T = K \cdot d \cdot F \tag{6-38}$$

式中，T 为拧紧扭矩，N·m；d 为螺纹公称直径，mm；F 为螺栓轴向预紧力，kN。

表 6-14 和表 6-15 为 NHF60 钢和 S38C 钢制 7T 级六角螺栓的摩擦性能试验结果[8]。扭矩系数受表面处理方法的影响大，不同材料之间没有明显的差异。电镀螺栓的扭矩系数较高，室内保存一段时间后未见明显变化；而热处理态（NHF60 钢制螺栓为时效处理态，S38C 钢为回火处理态）螺栓的扭矩系数在制造后短期内低于电镀螺栓，室内保存一段时间后明显增加。一定轴向力拧紧下的螺栓摩擦特性受材料和表面处理方法的影响不明显，而受拧紧轴向力的影响大，即轴向力较低时容易引起松弛。因此，在一定扭矩拧紧的情况下，扭矩系数大螺栓的轴向力较低，应注意松弛问题。

表 6-14　扭矩系数的比较(M8×1.25, 7T 级六角螺栓，未润滑)[8]

表面处理	材　料	20 J 扭矩系数	
		制造后 2 个月	制造后 4 个月
电镀锌+铬酸盐处理	NHF60	0.349	0.373
	S38C	0.402	0.391
热处理态(时效处理)	NHF60	0.266	0.391
热处理态(回火处理)	S38C	0.277	0.351

表 6-15　松弛试验结果(M8×1.25, 7T 级六角螺栓)[8]

表面处理	材　料	轴向力降低率	
		初始轴向力 $0.7R_{p0.2}$	初始轴向力 $0.37R_{p0.2}$
电镀锌+铬酸盐处理	NHF60	11	38
	S38C	18	38
热处理态(时效处理)	NHF60	18	58
热处理态(回火处理)	S38C	19	45

6.5.4　冷作强化非调质钢制造高强度螺栓的经济性分析

冷作强化非调质钢产生和发展的动力便是为了降低螺栓的生产成本。我国在冷作强化非调质钢研制过程中，便对其生产成本进行了系统的测试与分析[1]。下面主要以适合用冷作强化非调质钢制造的 8.8 级和 9.8 级螺栓为例对此进行说明。

6.5.4.1　8.8 级螺栓

在降低成本、增加效益方面，主要体现在：

（1）在酸洗工序，酸洗时间减少一倍，酸洗能力提高一倍；硫酸和蒸气消耗降低一倍，并且材料的酸蚀损耗明显减少。

（2）省去了球化退火工序，每吨螺栓可节约电能 625 kW·h；省去了淬火及回火工序，每吨螺栓可节约电能 100 kW·h；同时还减少了热处理废品的损失，约 0.2%；并且减少了退火氧化的损耗，每吨约 42.5 kg。

（3）采用冷作强化非调质钢，还可以减少人工费用；缩短生产周期，提高效率，降低生产成本。

在增加成本、减少效益方面，主要体现在：

（1）因 8.8 级冷作强化非调质钢主要用于替代中碳结构钢，如 ML35，钢中所含合金元素的种类和用量增加，这将增加原料成本。这是钢材增加成本的主要因素。

（2）采用冷作强化非调质钢制作螺栓，因钢材在螺栓制造过程中的性能即为其最终使用性能，强度较高。因此，冷拔时模具寿命比冷拔 ML35 钢低 20%左右。此外，冷镦时所用工模具寿命也要降低，约为 16.6%~30%。此为标准件厂增加生产成本的重要因素。

（3）采用冷作强化非调质钢制作螺栓，须进行时效处理。这也增加生产成本（但低于回火处理的成本），减少其经济效益。

6.5.4.2 9.8 级螺栓

在降低成本、增加效益方面，主要体现在：

（1）采用 9.8 级冷作强化非调质钢制作细长杆状制件，替代低强度细长杆件，可节约钢材 16%~33%，使成本下降 15%以上。

在汽车制造中，细长杆件用量较大。但因热处理变形问题很难解决，不得不用截面尺寸大，而强度级别低的钢材制作。如连接卡车车架与车厢用的细长 U 形螺栓，均用 5.6 级或 6.8 级的低强度钢制造。采用高强度冷作强化非调质钢制作细长杆状制件，可以提高细长杆件的强度级别，减轻工件的重量。

（2）替代经调质处理的高强度 U 形螺栓，可明显节约能源。一般高强度 U 形螺栓杆件，如汽车板簧总成用 U 形螺栓，系采用中碳合金结构钢经调质处理制造而成。采用 9.8 级冷作强化非调质钢来制造，可省去原材料的退火、螺栓的淬火及回火处理，节约能耗 50%~70%，节约材料 3%~4%，降低成本 15%以上。

（3）采用 9.8 级冷作强化非调质钢制作细长杆件，还具有提高工件表面质量和尺寸精度、提高工件疲劳寿命、简化生产工序、缩短生产周期等优点，可进一步降低制造成本。

同样，采用 9.8 级冷作强化非调质钢制作高强度螺栓，也有增加成本的因素，如模具消耗等。但随着螺栓生产工艺和工装的不断改进，冷镦模具的使用寿命必将会得到缓解。

总之，采用冷作强化非调质钢制作高强度螺栓，降低成本的幅度远大于增加成本的幅度，并且产品质量明显提高，经济效益显著。因此，推广应用冷作强化非调质钢具有广阔的前景。

参考文献

[1] 董成瑞，任海鹏，金同哲，等. 微合金非调质钢[M]. 北京：冶金工业出版社，2000.

[2] 井上毅，勝亦正昭. 非調質鋼の最近の動向と材料開発の考え方[J]. 熱処理，1993, 33(1):11～16.

[3] 野村一衛，脇門恵洋. 非調質鋼の現状と動向[J]. 特殊鋼，1993, 42(5):9～14.

[4] 王瑞珍，章洪涛. 微合金非调质紧固件用钢[J]. 机械工程材料, 1993, 17(3):6～9.

[5] 惠卫军，董瀚，翁宇庆. 高强度螺栓钢的发展动向[J]. 机械工程材料，2002, 26(11):1～4,38.

[6] 志賀則夫. ワイヤ-メ-カ-の動向[J]. 特殊鋼, 1999, 48(2):16～18.

[7] 萩原好敏. 自動車用ボルト·ねじ[J]. 特殊鋼, 1995, 44(12):7～10.

[8] 芹川修道. 非調質高強度ボルトの製造法と特性[J]. 熱処理, 1984, 24(1)25～32.

[9] 千葉政道. 非調質ボルト用線材[J]. 線材とその製品, 2001, (6):14～19.

[10] 中井 修. 非調質ボルト用線材[J]. 特殊鋼, 1994, 43(11):22～23.

[11] 野口三和人. ボルト用非調質鋼のメリット·デメリット[J]. 特殊鋼，1995, 44(12):28～29.

[12] 並村裕一. ボルト·ねじ用鋼材の動向一構造用鋼·合金鋼[J]. 特殊鋼，1999, 48(2):19～21.

[13] F.布赖恩，皮克林. 钢的组织与性能[M]. 刘嘉禾 等译. 北京：科学出版社, 1999.

[14] Gladman T, Dulieu D, McIvor I D. in: Korchynsky M ed. Microalloying 75. New York: Union Carbide Corporation, 1977, 32～54.

[15] 雍岐龙. 钢铁材料中的第二相[M]. 北京：冶金工业出版社, 2006.

[16] Ashby M F. in: Oxide Dispersion Strengthening. Warrendale: AIME, 1966, 143.

[17] 俞德刚. 钢的强韧化理论与设计[M]. 上海：上海交通大学出版社，1990.

[18] Pickering F P. Physical Metallurgy and the Design of Steels[M]. London: Applied Science Publishers, 1980.

[19] Orowan E. Discussion in Symp. On Internal Stresses in Metals and Alloys[J]. Inst. Metals, 1948.

[20] 康沫狂，杨思品，管敦惠. 钢中贝氏体[M]. 上海：上海科学技术出版社，1990.

[21] Honegcombe R W K, Pickering F B. Ferrite and bainite in alloy steels[J]. Metall. Trans. A, 1972, 3A(5):1099～1112.

[22] 束德林. 金属力学性能[M]. 北京：机械工业出版社，1987.

[23] 川上平次郎，加藤猛彦，芦田真三，ら. 80kgf/mm^2 級高じん性非調質ボルト用線材[J]. R·D 神戸製鋼技報，1987, 37(4):69～72.

[24] Gondo H. Nippon Steel Technical Report[J]. 1980, (16):142～166.

[25] Ohtani H, Nakasato F. Properties of low-carbon as-rolled steel bars for machine and structural use. HSLA Steels-Technology and Applications[J]. Philadelphia Pa, Oct. 3～6, 1983, 991～1001.

[26] 项程云. 合金结构钢[M]. 北京：冶金工业出版社，1999.

[27] Souza C R, Cetlin P R. The influence of aluminum, silicon and titanium on cold headability of 0.2 percent carbon steel wire[J]. Wire J. Int., 1993, (8):80～83.

[28] 大野鉄，相原賢治，相田彰，ら. 非調質高張力ボルト[J]. 住友金属，1979, 31(1):71～75

[29] 中村芳美，加藤猛彦，寺桓俊久，ら. 熱処理省略型鍛造用線材·棒鋼－非調質高張力ボルト用線材. R·D 神戸製鋼技報，1981, 31(4):34～37.

[30] 並木邦夫，高橋健二. 非調質ボルト用鋼[J]. 電気製鋼，1984, 55(2):138～142.

[31] 鹿磯正人，千葉政道. 非調質ボルト用線材[J]. R·D 神戸製鋼技報，2002, 52(3):52～56.

[32] 澤田裕治. 非調質ボルト用線材-KNCH8S[J]. 特殊鋼，1999，48(2):43～44

[33] 並木邦夫，飯久保知人，木村泰廣，ら. 非調質ボルト用鋼の開発[J]. 電気製鋼，1987, 58(3):166～175.

[34] Kanisawa H, Mori T, Okuno Y. Development of wire rod with low flow stress for non-heat-treated fasteners[J]. Wire J. Inter., 1990, (4):32～37.

[35] 蟹澤秀雄，森俊道，三木武司. バウシンガー効果を活用した変形抵抗の低いボルト用高強度線材の開発[J]. 日本金属學会会報，1991, 30(6):557～559.

[36] 神坂栄治，森俊道，蟹澤秀雄. 工具寿命の優れた非調質ボルトの開発[J]. 特殊鋼，1986, 35:S660.

[37] 福岡和明. 非調質ボルト用鋼[J]. 特殊鋼，2002, 51(12):41.

[38] 塚本孝. 冷間鍛造用非調質鋼[J]. 特殊鋼，1999，48(2):45～47.

[39] Boratto F, Santos R, Cetlin P. Process and material for making high strength bolts[P]. Brazilian Patent 8906781, Dec. 27, 1989.

[40] 钢铁研究总院. 冷作强化非调质钢 LF20Mn2 的研制(内部资料). 1988.

[41] 赵玉生，崔润炯，郭永安，等. 8.8 级高强度螺栓用非调质钢的强韧化[J]. 钢铁钒钛，1991, 12(3):43～47.

[42] 钢铁研究总院，等. 9.8 级冷作强化非调质钢 18Mn2V 的研制(内部资料). 1990.

[43] 攀钢钢研院. 冷作强化非调质钢 LF10Mn2VTiB 的研制(内部资料). 1991.

[44] 阎振綮，张万显，任海鹏. 10.9 级螺栓用非调质钢强韧化机理研究[J]. 钢铁钒钛，1992, 13(3):1～8,74.

[45] Boratto F, Ricardo M, Santos M, et al. Microalloyed bainitic steels for 10.9 strength

class fasteners[J]. Wire J. Inter., 1992, (9):129～134.

[46] Heritier B, Maitrepierre P, Rofes-Vernis J, et al. HSLA steels in wire rod and bar applications[J]. HSLA Steels-Technology and Applications. Philadelphia Pa, Oct., 3～6, 1983, ASM, Metals Park, Ohio, 981～989.

[47] 落合征雄，芹川修道，田尾武男，ら．非調質型 120kg/mm^2 級スタツドボルトの材質特性[J]. 鉄と鋼，1981, 67(13):S1315.

[48] Gladman T, Holmes B, Pickering F B. Work hardening of low-carbon steels[J]. J. Iron Steel Inst., 1970, 208(2):172～183.

[49] 卢光熙，侯增寿．金属学教程[M]. 上海：上海科学技术出版社, 1985.

[50] 马晓平，惠卫军，刘春明，于同仁，孙维．冷作强化非调质钢冷变形过程中的包辛格效应[J]. 钢铁研究学报，2007, 19(1):39～43,52.

[51] 马晓平，惠卫军，刘春明，于同仁，孙维．碳含量对冷作强化非调质钢力学性能的影响[J]. 金属热处理，2006, 31(12):29～32.

[52] 马鸣图．金属合金中的 Bauschinger 效应[J]. 机械工程材料, 1986, 15～21,36.

[53] 赵玉生，陈新安．国内螺栓用非调质钢现状[J]. 钢铁钒钛, 1992, 13(5):59～61,53.

[54] 松島義武，長谷川豊文．自動車用非調質鋼[J]. R·D 神戸製鋼技報，1997, 47(2):46～49.

[55] 志賀則夫．ワイヤーメーカーの動向[J]. 特殊鋼, 1999, 48(2):16～18.

[56] 俞振隆．LF18Mn2V 冷作强化非调质钢制 9.8 级高强度汽车 U 形螺栓实例[J]. 汽车工艺与材料, 2007, (11):42～49.

[57] 李维荣．标准紧固件实用手册(第二版) [M]. 北京：中国标准出版社，2001.

[58] 中国金属学会特殊钢分会微合金非调质钢学术委员会．微合金非调质钢汇编，1993.

7　高强度螺栓用热轧双相冷镦钢

7.1　概述

众所周知，金属材料的强度和塑性是一对矛盾，对于冷成形的材料，强度和塑性的矛盾就更为突出。从使用性能上看，总希望强度高些，而从工艺性能来看，又希望强度低一些，塑性好一些。而常规的强韧化手段总是顾此失彼[1]。取得这些相互矛盾的性能最优化的一个重要方法就是应用复合材料概念进行合金设计。20 世纪 70 年代问世的双相钢就是在这种原理指导下进行合金设计的一个典型例子。这类钢克服了一般低合金高强度钢冷成形性差的缺点，既有高的强度，又有高的塑性和初始加工硬化率，容易冷成形，从而成功地解决了强度与成形之间的矛盾。因此，它是复杂形状冷成形高强度结构件、高强度支承件和高强度冷镦件等的良好选材。

通常，由低碳钢或低合金高强度钢经临界区处理或控轧控冷而得到的、主要由铁素体和马氏体所组成的钢称为双相钢[2]。双相钢的主要特征是[3,4]，在软的铁素体基体上分布着一定数量（一般 10%~30%）和某种形状（岛状或纤维状）的硬马氏体相，也会有少量的贝氏体和残余奥氏体。其主要性能特点为：较低的屈服强度、连续屈服（无屈服平台）、高的起始加工硬化率、较高的抗拉强度、很好的延展性和成形性以及良好的抗疲劳、耐低温和可焊接性等。同时，双相钢的合金元素含量较少，生产工艺比较简单，性能可根据不同用途来调整。由于这些优点，使得双相钢不仅在汽车工业的冲压构件等方面得到广泛的应用，而且在钢筋、钢丝、钢带、钢棒等非冲压件的应用上也有巨大的潜力。

日本和美国最早开展双相钢的研究和开发工作，先后发展了连续退火双相钢、亚温淬火双相钢及热轧双相钢等，并很快在汽车构件上得到应用。在 1973 年开始了商品化生产。近年来，国内外已开始研究采用双相钢来制造螺栓等紧固件[3~13]。与传统的调质螺栓生产工艺相比，采用双相钢制作高强度螺栓，可以省去球化退火、调质处理等工序，既简化了生产工艺，又保证了产品质量，还节约了能源，降低了生产成本。因此，双相钢是一种极有前途的高强度螺栓用钢，其应用范围和应用量必将得到显著扩大和增加。

从一定程度上讲，高强度螺栓用双相钢也是一种冷作强化非调质钢。鉴于其本身的特点，特在本章中对此进行单独介绍。

7.2　双相钢的组织特征及生产方法[1]

国内外双相钢按化学成分大致可分为三类：

（1）普通碳素钢，如 10、20 钢等，主要通过亚温淬火来获得双相组织。缺点是由于淬火冷却速率较快，伸长率较差。

（2）Si-Mn 系双相钢，有时添加少量 Nb、Ti、V 等元素，可通过连续退火，亚温淬火或控制轧制后低温卷取来获得。

（3）Mn-Si-Cr-Mo 系，主要通过控制轧制后高温卷取来获得双相组织，也可添加较高含量的铬而取代钼。

双相钢的显微组织主要为细晶粒铁素体和 10%~30%的马氏体，在利用控制轧制得到的双相钢中，还可能存在少量贝氏体和残余奥氏体。铁素体内含有高密度位错，碳氮化物质点很少。马氏体一般为位错型和孪晶型的混合组织。在马氏体内或附近经常可以见到少量残余奥氏体，在含铬、钼元素的双相钢中，甚至可达 10%左右。这些残余奥氏体往往很稳定，甚至在液氮中深冷也不能消除，但经过少量形变却可以几乎完全转变成马氏体。在经亚温区（$\alpha+\gamma$）停留后再冷却得到的双相组织中，铁素体分两种：一种是在亚温区形成的未溶解铁素体；另一种是冷却时从奥氏体中重新析出的铁素体。

普通冷成形钢的组织一般为两种：一种是铁素体基体加少量珠光体，强度较低；另一种是铁素体基体上分布有弥散的碳、氮化合物硬质点。这些硬质点虽起强化作用，但由于硬度太高，本身不能参与变形，同时由于相结构与基体的明显差异，容易造成相界剥离，这都破坏了材料的塑性。与这些材料相比，双相钢中铁素体内分布的少量马氏体，既在变形初期起到加工硬化的作用，又可随外力的不断增大，相界处应力的不断集中，逐渐参与变形，进而改善了材料的延性，因此这种双相钢具有十分满意的强度与延性配合。双相钢的拉伸曲线上没有屈服平台，这对于避免零件冲压等冷成形时的起皱十分有利。屈服平台的消除主要是因为双相钢的铁素体内含有高密度可动位错，它们在低应力下就可启动。双相钢的屈服强度低，主要是因为奥氏体向马氏体转变时的体积膨胀，在铁素体内保留了残余弹性应力，从而减少了材料屈服时所需要的外界名义应力。

根据合金的成分，可利用不同的方法来获得双相组织，主要方法有：亚温淬火、台阶淬火、连续退火等热处理方法以及控制轧制、控制冷却等工艺方法。热处理方法的优点是不需向钢中添加更多的合金元素，缺点是由于需要热处理设备和重新加热，使生产过程复杂化，并增加了钢材加热时氧化铁皮损耗和能量消耗，增加了钢材的成本。控制轧制法一般是高温轧制后在两相区终轧，根据钢种的过冷奥氏体连续转变动力学（CCT）曲线，选择适当的冷却方式，让大量的铁素体先分离出来，剩余的奥氏体在更低的温度下转变成马氏体。由此法得到的双相钢常称为热轧双相钢。此法的最大优点是省略了钢材轧制后的二次加热，因此其应用比较广泛。

7.3 热轧双相冷镦钢的成分设计

热轧双相冷镦钢主要是通过控制轧制来获得双相组织，因而其成分设计应基于如下要求[3,4,14]：首先，具有铁素体-马氏体双相组织，其中马氏体的体积分数为 15%~25%，以满足冷镦钢强度的需求。其次，考虑到该类钢加工硬化率高的特点，用它制作 8.8 级螺栓时的力学性能要求达到：抗拉强度为 600~650 MPa，伸长率不低于 22 %，断面收缩率不低于 50 %；而用它制作 8.8 级以上螺栓时的力学性能要求达到：抗拉强度为 600~720 MPa，伸长率不低于 22 %，断面收缩率不低于 50 %。同冷作强化非调质钢一样，通过冷镦前的冷拔加工硬化和冷镦后的时效处理可获得所需的强度增量。

根据上述要求，高强度螺栓用热轧双相冷镦钢化学成分的选择应满足[14]：

（1）必须使钢的 CCT 曲线中铁素体最短孕育期向左移动，以便在轧后冷却过程中，能迅速析出大量（75%~85 %）的铁素体；

（2）增加一些元素的浓度，可使轧材在辊道上冷却时抑制珠光体的转变；

（3）碳饱和的岛状残余奥氏体（15%~25%）必须有高度的稳定性，以便线材在控冷过程中不发生分解，保证转变为马氏体；

（4）钢中元素的加入必须有利于获得所要求的综合力学性能。

根据上述原则，在热轧双相钢的发展中最优化的合金元素主要有碳、锰、硅、铬、钼等。

7.3.1 热轧双相冷镦钢的碳含量[3,14]

碳是双相钢中极重要的元素，通常它的含量多少是根据对钢的强度水平及微观组织的要求来确定。在双相钢中，碳除极少量溶入铁素体中外，大部分存在于马氏体中。在轧后空冷过程中，随着先共析铁素体的不断析出，碳向尚存的奥氏体中富集。随着温度的不断降低，当冷却速度大于尚存的奥氏体转变为马氏体的临界冷却速度时，尚存的富碳奥氏体就会转变为马氏体，马氏体碳含量也就是奥氏体的碳含量。从对热轧双相冷镦钢强度的要求出发，钢中马氏体体积分数以 20 %左右为宜，这也是工业上常用的双相钢中的马氏体含量。

双相钢中马氏体的碳含量具有重要意义。从双相钢的力学性能出发，希望组织中的硬相马氏体既有高的强度，又有较好的韧性。因此要求形成的马氏体的亚结构，主要是板条型的位错马氏体，力求避免孪晶型马氏体的过量出现。如对 8.8 级高强度螺栓，要求其屈服强度≥640 MPa，考虑到冷拔所引起的强度增量约 200 MPa，则要求双相冷镦钢热轧材的屈服强度≥440 MPa。已知退火铁素体的屈服强度为 180 MPa，马氏体体积分数取 20 %，则按照混合定则可知，钢中马氏体的屈服强度应达到 1480 MPa，这相应的要求马氏体含有约 0.40 %的碳量[15]。总之，双相钢中马氏体碳含量通常应控制在 0.30%~0.40 %。据此通过下面计算可获得热轧双相冷镦钢的碳含量范围。

设双相钢的碳含量为 $w_S(C)$，双相钢中铁素体(F)和马氏体(M)的碳含量分别为 $w_F(C)$、$w_M(C)$，两相各自的体积分数分别为φ_F、φ_M（近似等于质量分数）。根据质量守恒定律，有以下关系式：

$$w_S(C)= w_F(C)\cdot\varphi_F + w_M(C)\cdot\varphi_M$$

$$\varphi_F+ \varphi_M=1 \tag{7-1}$$

由于马氏体的碳含量及体积分数就是被保留到马氏体相变前的奥氏体(A′)中的碳含量 $w_A(C)$及体积分数φ_A，因此式 7-1 可改写为：

$$w_S(C)= w_F(C)\cdot\varphi_F + w_{A'}(C)\cdot\varphi_{A'} \tag{7-2}$$

铁素体中的碳含量极少，可忽略不计，则 $w_F(C)=0$；而$\varphi_M=\varphi_{A'}=0.2$，$w_M(C)= w_{A'}(C)=0.3\%\sim0.4\%$，一并代入式 7-1 或式 7-2 可得：

$w_S(C)=(0.3\%\times0.2\%)\sim(0.4\%\times0.2\%)=0.06\%\sim0.08\%$

因此，热轧双相钢的碳含量应为 0.06%~0.08 %。

如果将双相组织形成过程中碳向奥氏体的富集考虑进去，则有：

$$w_{A'}(C)=(w_S(C)- w_F(C)\cdot\varphi_F)/(1-\varphi_F) \tag{7-3}$$

由上式可知，在双相钢的碳含量和所析出的铁素体的碳含量给定的情况下，$w_{A'}(C)$是φ_F 的函数。式 7-3 表达了在轧后冷却过程中，随着铁素体的析出，被保留的奥氏体的碳含量 $w_{A'}(C)$与铁素体析出量φ_F之间的关系。

钢在轧后冷却过程中析出的铁素体，其碳含量取决于轧后的冷却速度，依铁素体形成的温度而定。对于轧后空冷，$w_F(C)$可近似地取 0.01%，代入式 7-3，可得空冷条件下的 $w_{A'}(C)$的计算公式：

$$w_{A'}(C)=(w_S(C)-0.01\%\times\varphi_F)/(1-\varphi_F) \tag{7-4}$$

为了简化计算，在工程估算中可取 $w_F(C)=0$，这相当于缓慢冷却的情况，从而得到简化式：

$$w_{A'}(C)= w_S(C)/(1-\varphi_F) \tag{7-5}$$

将式 7-5 作成曲线，如图 7-1 所示。图中每条曲线代表着双相钢的不同碳含量。曲线关系表明了随铁素体析出(φ_F 增大)，奥氏体中碳浓度增加的情形。如前所述，双相钢中马氏体的适宜碳含量 $w_M(C)= w_{A'}(C)=0.3\%\sim0.4\%$，适宜的马氏体体积分数$\varphi_M=15\%\sim25\%$，则需析出的适宜铁素体体积分数$\varphi_F=75\%\sim85\%$。这个适宜的范围如图 7-1 中的影线区所示。在双相钢热轧后的冷却过程中，随着先共析铁素体的形成，在尚存的奥氏体中的碳含量，将沿着图中相应的曲线不断增加。显然，欲进入影线区，双相钢的碳含量 w_S(C)只能在某个范围内，其上、下限分别为：

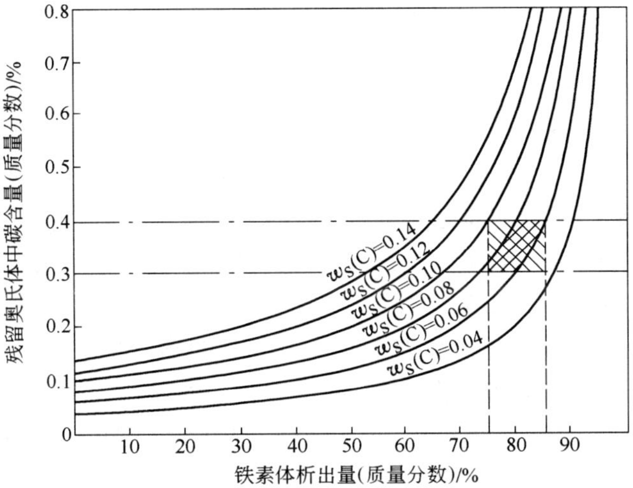

图 7-1 奥氏体碳浓度与铁素体析出量的关系[3]

$[w_S(C)]_下= w_M(C)\cdot\varphi_M$ =0.3 %×0.15 %=0.045 %

$[w_S(C)]_上= w_M(C)\cdot\varphi_M$ =0.4 %×0.25 %=0.100 %

如果采用式 7-4，则修正后钢的碳含量下限和上限分别为：

$[w_S(C)]_下= w_M(C)\cdot\varphi_M$+0.01 %×0.85 % =0.0538 %

$[w_S(C)]_上= w_M(C)\cdot\varphi_M$+0.01 %×0.75 % =0.1075 %

据此，确定热轧双相冷镦钢碳含量的设计范围为 0.05%~0.11%，碳含量的最佳范围为 0.06%~0.08%。国外发表的双相钢碳含量多介于 0.06%~0.13%间，也有认为碳含量以不大于 0.08%~0.09 %为佳。

7.3.2 热轧双相冷镦钢的合金化

双相钢中加入合金元素，一为控制组织；二为控制性能。首先，合金元素的添加改变 Fe-C 平衡相图，主要是改变 Ar_3 线的陡度。硅、钼、铝等元素的添加可增大 Ar_3 线的陡度，从而使马氏体含量对加热温度的波动不敏感，保证了在实际生产条件下，产品质量的稳定性。其次，合金元素的添加改变 CCT 曲线。常用的 Mn、Si、Cr、Mo 等增加淬透性合金元素溶入奥氏体后，影响钢从高温冷却时过冷奥氏体转变的动力学，使钢的 CCT 曲线右移，避免冷却过程中形成珠光体和贝氏体，这对于热轧双相钢尤为重要。在钢的冷却速度给定的情况下，合金元素通过使 CCT 曲线位置的改变，以与热轧后的冷却条件达到理想的匹配，从而获得理想的双相组织和性能。合金元素既能直接影响所形成相的结构和性质，例如硅、锰使铁素体固溶强化；又可通过对相变动力学的影响而改变相的相对量和组织，例如使双相钢中马氏体的体积分数改变，甚至导致组织中出现非马氏体型相变产物。合金元素通过上述两种不同途径，都可以对双相钢的性能产生影响，但一般来讲，以相变动力学的途径为主[3,14]。

大多数合金元素溶入奥氏体后，既推迟 CCT 曲线中铁素体开始析出线，同时也推迟珠光体开始析出线。显然，对于直接热轧双相钢，只希望合金元素推迟珠光体型转变，而不推迟先共析铁素体的形成。在常用合金元素中，钼元素推迟珠光体型转变的效果大于推迟先共析铁素体形成的效果最佳，其次是硅元素，然后是锰和铬元素等。

从预期合金元素对相变动力学产生最有利的影响出发，同时考虑到经济性，热轧双相冷镦钢多选择硅和锰元素为合金化元素，从而形成了既经济又合适的低碳 Si-Mn 系双相钢，典型的品种如 0.06C-1.5Mn-0.5Si，0.12C-2Mn-0.55Si，0.10C-1.50Mn-1.55Si 等[3]。当然，除主加元素锰、硅外，为了预防珠光体转变，提高淬透性，可向低碳 Si-Mn 钢中加入少量的铬、钼等；为了细化晶粒可以加入钒、铌和钛等微合金化元素。

7.3.2.1　锰元素

锰可扩大奥氏体区，降低 Ac_1 和 Ac_3。双相钢中加入锰，主要是用来推迟珠光体的形成。例如对 0.09C-1.40Si-1.35~2.42Mn 钢的研究结果表明[16]，当钢中锰含量为 1.79 %时，空冷轧材组织中出现非马氏体型转变产物珠光体，当锰含量低至 1.35 %时，轧态组织主要为铁素体+珠光体。此时的拉伸工程应力-应变曲线有明显的物理屈服延伸，且钢中锰含量越少、珠光体量越多时，应力-应变曲线上屈服平台越长。当钢中锰含量大于 2.09 %时，轧态组织中不再出现珠光体而出现马氏体，该马氏体岛区由几个微区组成，这些微区分别为孪晶马氏体区和位错板条马氏体区。上述结果表明，锰含量与组织类型密切相关。当钢中碳含量一定时，增加锰含量可使奥氏体数量增加，因而生成的马氏体数量增加，钢的强度提高，见图 7-2。对(0.6~0.11)C-(0.73~1.28)Si-(1.52~2.10)Mn 钢轧材经斯太尔摩冷却线控制冷却处理后的研究结果表明[12]，除 1.52 %Mn 钢采用慢冷工艺未得到铁素体-马氏体双相组织外，其余各钢均得到铁素体-马氏体双相组织，且当锰含量大于 1.60%时，热轧控冷工艺可以在 50~130 MPa 范围内调整线材的强度；当锰含量大于 1.95 %时，线材在相同冷却条件下形成的马氏体量明显增加，因而强度显著提高，见图 7-3。因此，对于制作 8.8 级螺栓，锰含量宜为 1.60%~1.90 %。此外，锰可降低铁素体中的固溶碳，从而提高双相钢的塑性，这可能是双相钢中均含有一定量锰的原因[14]。

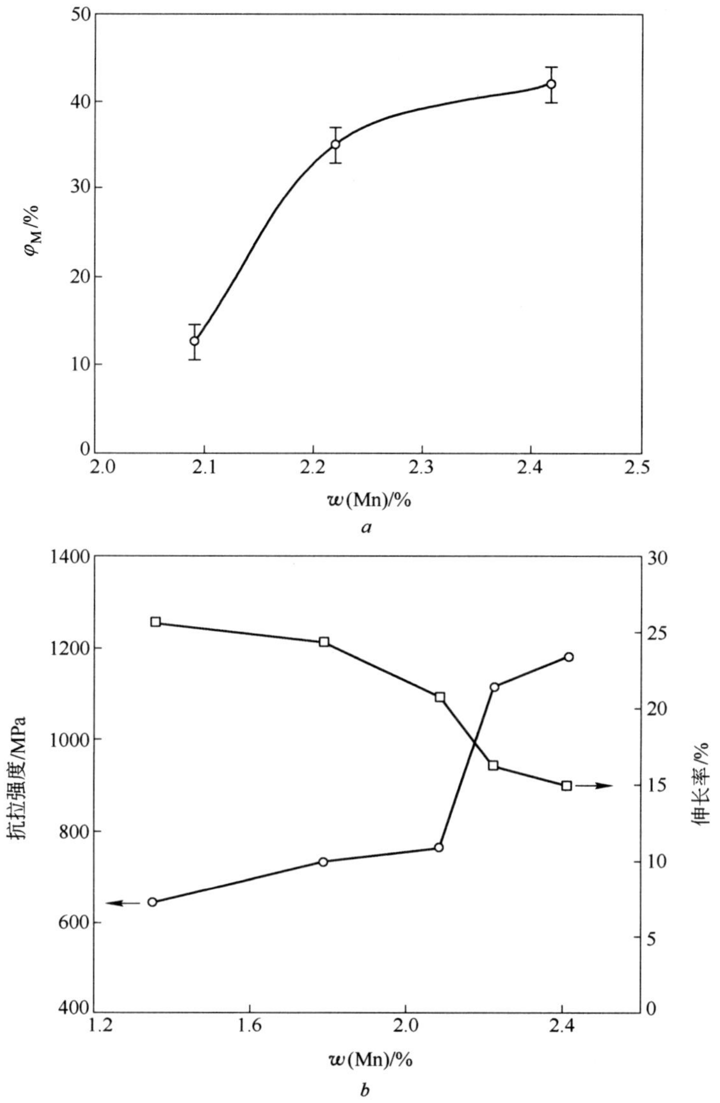

图 7-2　双相钢热轧态的马氏体体积分数$\varphi_M(a)$及抗拉强度和伸长率(b)与锰含量的关系[16]

(基体成分：0.09C-1.40Si)

因此，在双相钢中，为保证不形成珠光体，随冷却速度的不同，在不加入其他合金元素的情况下，钢中应含有的最低锰含量如图 7-4 所示[3]。从图中可以得出，在直径 d=12～20 mm 的棒材轧后空冷的情况下(棒材中心的冷却速度相当于 2～4 ℃/s)，钢中应加入的最低锰含量为 1.90%～2.10%。应当指出的是，图 7-4 是针对热处理型双相钢提出的，考虑到热处理条件下出现的偏差，计算结果还应通过实验加以检验并修正。在考虑其他元素合金化的情况下，双相钢中的锰含量一般介于 1.0%~2.0 %之间。

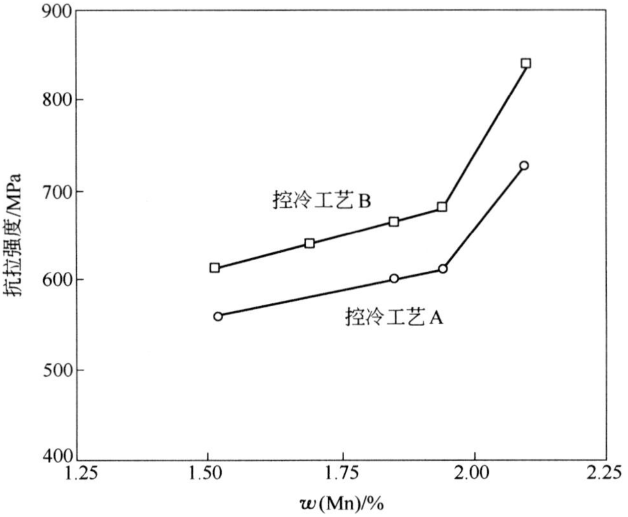

图 7-3　双相钢热轧控冷线材的抗拉强度与钢中锰含量的关系[12]

(基体成分：（0.6~0.11）C-（0.73~1.28）Si)

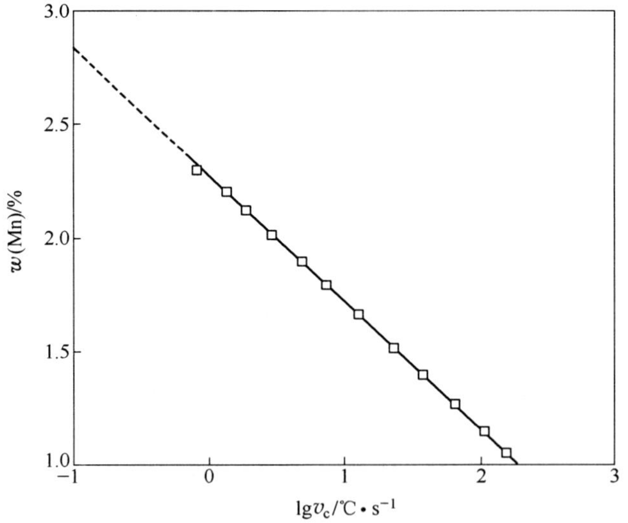

图 7-4　锰含量与获得双相组织临界冷却速度 v_c 的关系[3]

7.3.2.2　硅元素

热轧双相钢中加硅的目的在于[3,14]：

（1）硅在固溶强化的同时，对铁素体中的固溶碳有净化作用，对钢的塑性降低不大，并明显提高钢的回火稳定性。

（2）硅能扩大 $\alpha+\gamma$ 双相区，极大地降低双相钢的性能对温度的敏感度，即可降低由于轧钢温度的波动而引起的组织和性能的不稳定性。

（3）硅促进空冷时先共析铁素体的析出倾向，加速先共析铁素体的形成，并使奥氏体富碳，提高冷却时奥氏体的稳定性。

（4）固溶到铁素体中的硅，可以影响位错的交互作用，提高加工硬化能力，增加在给定强度水平下的均匀伸长率，保证双相钢强韧性的良好配合。

（5）硅阻碍粗大碳化物在铁素体-马氏体界面上的脱溶沉淀，从而加大了铁素体-马氏体界面的结合力，有利于钢的冷变形。

然而，如果钢中的硅含量过高，如 $w(\mathrm{Si})>1.5\%$时，同时加速铁素体和珠光体的反应，使珠光体最短孕育期比 PF_{75}(析出 75%的多边形铁素体的开始时间)向左移动约 2 倍，从而使可接受冷却速度的工作范围缩小 57%[17]。此外，高硅钢材的表面质量较差，因而其含量受到限制。所以，高硅双相钢的应用受到限制，其硅含量一般不宜高于 1.50 %[15]，如在 C-Mn-Si-Cr-Mo 系双相钢中，最优硅含量为 1.20%～1.50 %[17]。

对于低碳钢，硅推迟珠光体型转变的作用远弱于锰。锰和硅同时加入钢中时，可采用下式求得钢中的锰当量（%）[3]：

$$[\mathrm{Mn}\text{当量}]\%= w(\mathrm{Mn})\%+0.076w(\mathrm{Si})\% \tag{7-6}$$

7.3.2.3 铬元素

在双相钢中，添加 0.30%～0.50%Cr 可使铁素体强化减弱，较大地增加奥氏体组分的稳定性，其中包括由于碳从铁素体重新分配到奥氏体内，以及当从两相区冷却时加速 α 相从奥氏体中的析出。与不含铬的双相钢相比，含铬双相钢可在较低的冷却速度下获得较高的马氏体体积分数。值得注意的是，铬的这种影响与钢中碳含量有关，碳含量增加时，在同样的临界区温度下，会有更多体积分数的奥氏体形成，而每个奥氏体岛中平均铬含量降低，即铬对淬透性的有益影响降低。在 C-Mn-Si-Cr-Mo 系热轧双相钢中，推荐的铬最优含量为 0.40%～0.50 %[17]。

7.3.2.4 钼元素

如前所述，在常用合金元素中，钼元素推迟珠光体型转变的效果最佳。含钼钢在热轧后冷却过程中有利于铁素体的转变，而抑制珠光体的转变，即提高了奥氏体的稳定性；在较低的冷却速度下也可获得铁素体-马氏体双相组织。在 C-Mn-Si-Cr-Mo 系热轧双相钢中，推荐的钼含量为 0.33%～0.38 %[17]。通常钼的加入量不大于 0.40 %。

铬、钼对淬透性的作用可折合成锰当量，有下列经验式[15]：

$$[\mathrm{Mn}\text{当量}]\%= w(\mathrm{Mn})\%+1.3w(\mathrm{Cr})\%+2.76w(\mathrm{Mo})\% \tag{7-7}$$

7.4　双相钢的力学性能及其主要影响因素

7.4.1　双相钢强韧性的特点

双相钢的强韧性具有以下特点[15]：

（1）双相钢的强度主要由马氏体体积分数、铁素体晶粒尺寸及铁素体本身的强度三者所决定，铁素体本身的强度则依靠位错强化和置换固溶强化的作用。

（2）双相钢的塑性、韧性和成形性主要取决于铁素体的性质，在很大程度上这是铁素体净化间隙固溶原子所致。

（3）各种相同强度的双相钢之间，铁素体强度高的钢具有较大的塑性。

（4）双相钢的强度和塑性变化规律可近似地沿用纤维强化复合材料的理论计算公式。

许多描述双相钢的组织–性能的尝试，通常采用复合材料的模型[15,18]。这些模型通常假设,硬的不能变形的质点随机分布在软的铁素体基体上。在铁素体–马氏体混合组织中，铁素体与马氏体相界的结合是近乎理想的结合，界面上的联系是原子间的联系；另外，在实验上双相钢的应力–应变曲线符合 $\sigma = k\varepsilon^n$ 关系式。不过在双相钢中岛状马氏体是沿铁素体晶界分布的，并非与拉伸轴相平行，马氏体这种非直线性的排列方式可能降低强度；但在双相钢中，当奥氏体转变为马氏体时，比容较大的马氏体受到多向压缩作用，因此马氏体处于水静压力的状态，使其承载能力增大，从而可抵消非直线性排列所造成的强度下降。此外，如前所述，双相钢的碳含量是较低的，一般在 0.10 % 以下，且马氏体的含量较低，它具有一定的韧性，可以粗略的看成是一个韧性的第二相。

如上所述，双相钢的强度、塑性和组织之间的关系可以运用复合材料的 Mileiko 公式来处理，也就是说可用复合律，于是可得到以下关系式：

$$R_{p0.2}^{Mix} = R_{p0.2}^{M}\varphi_{M} + R_{p0.2}^{F}\varphi_{F} \qquad (7\text{-}8)$$

式中，$R_{p0.2}^{Mix}$ 为混合组织的屈服强度；φ_M 和 φ_F 分别为马氏体和铁素体的体积分数，$\varphi_M + \varphi_F = 1$；$R_{p0.2}^{M}$ 和 $R_{p0.2}^{F}$ 为马氏体和铁素体二者的屈服强度。在一定的实验条件下，已证实了上述观点是正确的。

如果在某种双相钢中，当改变组成相体积分数时，$R_{p0.2}^{M}$ 和 $R_{p0.2}^{F}$ 不能保持定值而会发生变化，则式 7-8 便不适用。$R_{p0.2}^{M}$ 和 $R_{p0.2}^{F}$ 发生变化的原因主要来自塑性变形约束的作用。如果钢的碳含量本来就很低，塑性变形的约束作用也很小，$R_{p0.2}^{M}$ 和 $R_{p0.2}^{F}$ 不致因 φ_M 或 φ_F 改变而有很大的改变，则复合律是仍然有效的。

7.4.2 马氏体含量的影响

一般认为，在马氏体含量小于 50 %时，双相钢的抗拉强度和屈服强度均大致随马氏体含量增加而呈直线关系提高，其伸长率和加工硬化指数则随马氏体含量增加而直线下降[15,18~20]，如图 7-5 所示[15]。图中试验数据分布还比较分散，这与没有把铁素体晶粒尺寸和铁素体强度变化考虑进去有关，但无论如何强度与马氏体含量间的线性变化趋势是十分明显的。因此，双相钢的强度（MPa）可由式 7-8 通过下式来估算[18]：

$$\begin{aligned} R_{p0.2} &= 103 + 1.11\varphi_M \\ R_m &= 365 + 16.3\varphi_M \end{aligned} \tag{7-9}$$

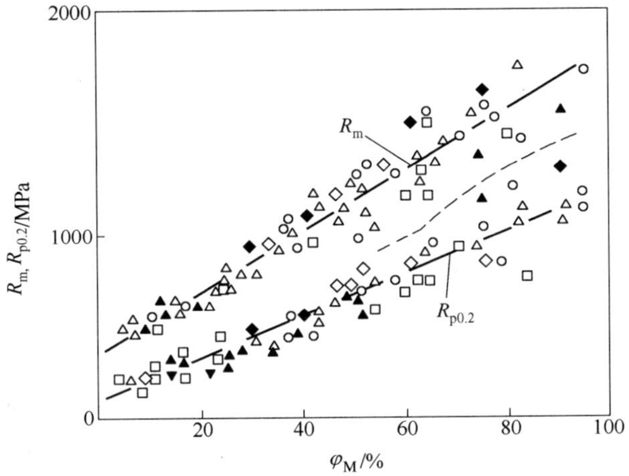

图 7-5 Fe-C-Mn 钢的强度与马氏体体积分数之间的关系[15]

一般双相钢热处理后尚可残余部分奥氏体（如<6%～7%），所以双相钢的强韧性还受到残余奥氏体的影响。

双相钢中马氏体含量对其疲劳性能也有影响。如当双相组织中的铁素体相与马氏体相的硬度比 K 等于 4.5 时，马氏体含量 φ_M 由 0.44 增加到 0.79，则使双相钢的弯曲疲劳极限由 196 MPa 提高到 235 MPa。而如果马氏体含量不变 (φ_M=0.44)，两相硬度比 K 由 4.5 提高到 6.7 时，则双相钢的弯曲疲劳性能变化不明显，见图 7-6[1]。

与静拉伸性能的变化趋势不同，当 φ_M<30%时，双相钢的疲劳应力随 φ_M 升高而直线提高；当 φ_M>30%时，这种升高趋势减缓[1]。这是因为当 φ_M 较低时，双相钢的疲劳性能主要取决于铁素体的性能，而当 φ_M 较高时，则其疲劳性能受两相间应变分布控制和裂纹萌生及扩展特性的影响。

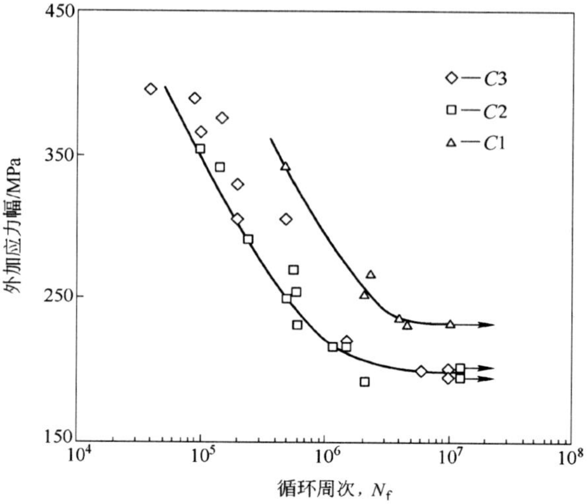

图 7-6　双相钢旋转弯曲疲劳实验的 S-N 曲线[1]
（$C1$：马氏体/铁素体硬度比 K=4.5，马氏体含量 φ_M=0.79；
$C2$：K=4.5，φ_M=0.44；$C3$：K=6.7，φ_M=0.44）

7.4.3　马氏体碳含量的影响

同一钢种在铁素体+奥氏体两相区不同温度加热时，在马氏体碳含量变化的同时，马氏体含量 φ_M 也发生了变化。因此，要固定 φ_M 来研究马氏体碳含量对双相钢性能的影响，只好采用碳含量不同（0.06%~0.52 %）的钢，在不同温度加热后冷却，得到一系列 φ_M 和马氏体碳含量不同的双相钢，试验结果见图 7-7[21]。可见，尽管在同样的 φ_M 下，由于钢中碳含量不同，采用的淬火温度不同，马氏体碳含量也不同，但双相钢的屈服应力差异却很小。因此，有人认为双相钢的强度主要取决于马氏体含量，而与马氏体碳含量无关[22]。

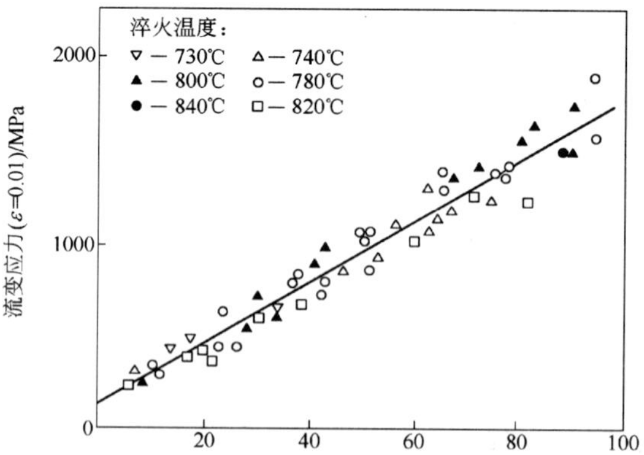

图 7-7　Fe-Mn-C 双相钢的屈服应力与马氏体含量的关系[21]

显然，这个结果与一般的认识相矛盾。因为一般的概念是马氏体碳含量由钢的碳含量和淬火加热温度所决定，在两相区淬火加热温度低，钢的碳含量高，马氏体碳含量也高，马氏体的强度与它的碳含量的关系服从严格的函数关系。上述的反常现象目前还没有比较满意的解释，可能是因为在 $\gamma+\alpha$ 混合组织中，当 $\gamma\rightarrow\alpha'$ 时，α' 所经受到的制约作用小于 100 % γ 转变为 α' 的情况，所以双相钢中马氏体的位错密度或孪晶量低于预计值，低于单相马氏体钢。也有研究者用 Bauschinger 效应和高碳马氏体中存在微裂纹，以及钢中马氏体碳含量不同，应变分布不同等原因来说明[15]。

然而也有研究工作[20]表明，马氏体含量与马氏体碳含量对双相钢拉伸行为的影响是相互独立的。从图 7-8 可以看出，当φ_M一定时，应力-应变曲线取决于马氏体碳含量，即马氏体碳含量越高，双相钢的抗拉强度也越高。

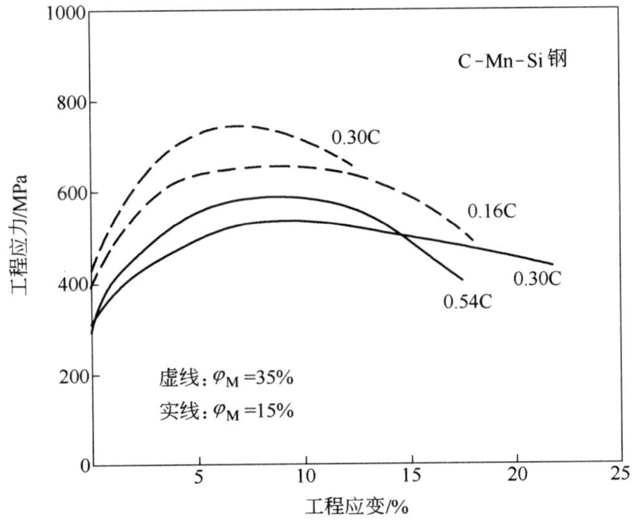

图 7-8 Fe-C-Mn-Si 双相钢在不同马氏体含量和马氏体碳含量下的应力-应变曲线[20]

沈显璞等[23,24]根据剪切滞后分析法推导出双相钢的强度表达式：

$$R_{mDP}=X_M R_{mM} V_M + R_{mF}(1-\varphi_M) \tag{7-10}$$

$$X_M=\left(\frac{\beta}{2\sqrt{3}}+0.65\right)\frac{1}{K}$$

式中，R_{mDP}、R_{mM}、R_{mF} 分别为双相钢、马氏体和铁素体的抗拉强度；β 为马氏体岛长度与直径比值；K 为马氏体与铁素体两相硬度比；X_M 为马氏体强度利用率，表明对双相钢强度有实际贡献的马氏体强度的比分，在双相钢中

X_M 值一般为 0.4～0.7。它说明马氏体实际承受的载荷远没有达到其本身的强度极限。

从式 7-10 可知，马氏体强度 R_{mM} 对双相钢强度是有影响的，但随 R_{mM} 提高，X_M 下降（K 值增大），又削弱了马氏体强化的作用。因此，在双相钢中靠提高马氏体碳含量来增加钢的强度，效果是不明显的，相反却损失了钢的塑性。许多研究工作表明[1]，马氏体的碳含量越高，双相钢的塑性越差。这主要是由于高碳孪晶马氏体在变形早期不参与变形，并易于形成裂纹。

在马氏体含量 φ_M 不变时，马氏体碳含量由 0.21 %增加到 0.48 %时，循环屈服应力将从 407 MPa 增加到 452 MPa。在应变幅为 0.002 和 0.005 时，应变疲劳寿命约提高 1.5~2.1 倍，见表 7-1[1]。总之，随马氏体碳含量的增加，双相钢的循环流变应力和疲劳寿命都有所增加，但这种影响要比增加马氏体含量的影响要小得多。

表 7-1　双相钢的疲劳寿命与马氏体碳含量的关系[1]

应变振幅	至失效的循环数	
	马氏体碳含量 0.48%	马氏体碳含量 0.21%
0.01	1.6×10^3	2.3×10^3
0.005	1.7×10^4	1.03×10^4
0.002	2.2×10^5	1.01×10^5

综上所述，在双相钢中控制马氏体碳含量在较低的范围对双相钢的综合力学性能较为有利。在获得同样的马氏体含量的要求下，采用较低碳含量的钢种，就可以在较高的两相区温度加热，这样得到的马氏体碳含量也较低。

7.4.4　马氏体形态及分布的影响

过去，大多把双相钢中马氏体看成是等轴状的，可在用混合律估算双相钢强度时又把它们当成长纤维[19]。实际上把马氏体岛看成长度与直径比值来表征的短纤维比较符合实际。如沈显璞等[25]实测了不同工艺条件下得到的双相组织中的马氏体岛长度直径比（$\beta=l/d$），结果表明热处理工艺对 β 值有明显影响。轧后空冷再于两相区加热淬火得到的双相组织中 β 值最高。β 值的大小直接与双相钢抗拉强度有关，当 φ_M 不变时，β 值越大，双相钢强度越高，见图 7-9。这与用剪切滞后法推导出的强度表达式 7-10 完全一致。

马氏体组织的分布形式对双相钢塑性也有明显影响。当马氏体呈带状分布时，塑性最差，而呈针状弥散分布时，其塑性最好。

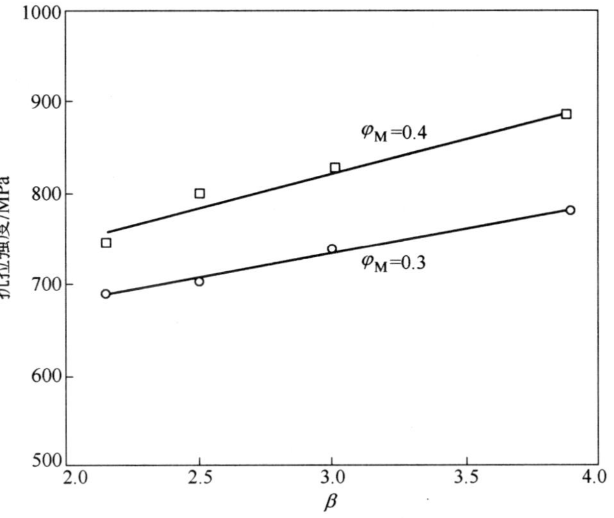

图 7-9 双相钢中马氏体岛长径比 β 值对强度的影响[25]

7.4.5 铁素体状态的影响

双相钢中的铁素体具有以下特点：铁素体内部含有较高密度的可动位错；沉淀相和间隙原子较少；铁素体晶粒比较细小。这些特点明显地影响到双相钢的性能[1]。

如前所述，在双相钢的抗拉强度给定时，提高铁素体强度能够改善钢的塑性。除马氏体体积含量外，另一个影响双相钢强度的因素是铁素体晶粒尺寸。研究工作表明，晶粒越细，双相钢的强度和塑性得配合越好。由图 7-10 可见，粗晶粒钢的抗拉强度和屈服强度均处在直线的下部；对于细晶粒钢，当马氏体含量小于 50 %时，其抗拉强度位于直线的上部，而屈服强度则不论马氏体含量多少，均在直线之上，始终与铁素体晶粒有关。对于马氏体含量17%~20 %的双相钢，晶粒尺寸对抗拉强度的强化系数为[15]：$8.27d^{-1/2}$ MPa（Fe-C-Mn 钢）或 $7.72d^{-1/2}$ MPa（VaN80 钢），d 为晶粒直径（mm）。

铁素体中间隙原子数量越多，双相钢的塑性越差。当冷却速度减慢时，铁素体中处于过饱和状态的间隙原子就可能以沉淀相的方式析出。因此，常常向双相钢中添加微量增加淬透性的元素，来降低自亚温区淬火时的冷却速度。

磷和硅是有效的强化铁素体元素。随着铁素体中磷和硅量增加，强度提高，而对塑性的影响不大。在铁素体晶粒尺寸一定时，铁素体的置换固溶强化能改善双相钢的强韧性及成形性。

此外，铁素体的强化可以在保证双相钢强度水平的条件下，减少马氏体碳含量来改善双相钢的塑性。如当铁素体强度由 265 MPa 提高到 539 MPa 时，强度为 755 MPa 的双相钢的真实均匀伸长率可由 14 %提高到 25 %[22]。

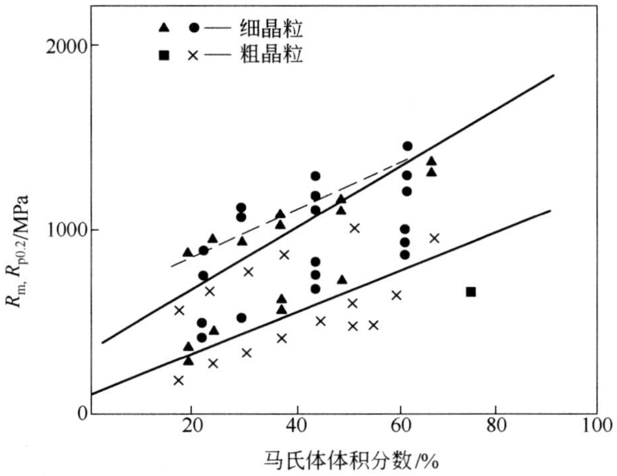

图 7-10　不同铁素体晶粒尺寸下双相钢的强度随马氏体体积分数的变化[15]

7.4.6　回火的影响

对于合金双相钢，由于含有较多的残余奥氏体(甚至达 10 %)，回火过程中残余奥氏体的分解对双相钢性能有较大的影响，见图 7-11[1]。在 200℃以下温度回火，力学性能各项指标变化均不明显（但屈服平台可能出现）。高于 200℃回火，屈服强度开始升高，在 450℃左右达到最大值，而抗拉强度则不断下降。回火温度超过 350℃以后，总伸长率和均匀伸长率均大幅度下降。因此，对于这种热轧双相钢应避免在 300~500℃温度区间回火，在这个温度范围内回火钢的综合力学性能不好。然而，对于热轧态的含铌低碳 Mn-Cr 双相钢，当回火温度低于 400℃，抗拉强度变化很小，随后随着回火温度的继续升高，抗拉强度逐渐下降；与抗拉强度不同的是，当回火温度低于 400℃时，屈服强度显著增加，随后随着回火温度的继续升高，增加的趋势变缓，见图 7-12[6]。屈服强度的这种增加可能主要与铬或铌碳化物的沉淀强化及间隙杂质原子偏聚对可动位错的阻碍作用有关。

然而对于碳素双相钢或 C-Mn 双相钢，情况就不同了。在低于 200 ℃回火时，屈服强度略有升高，而抗拉强度已开始降低，总伸长率和均匀伸长率则明显提高，见图 7-13[1]。随回火温度进一步升高，屈服强度缓慢降低，而抗拉强度急剧降低，总伸长率和均匀伸长率显著提高，即钢的综合力学性能得到改善。

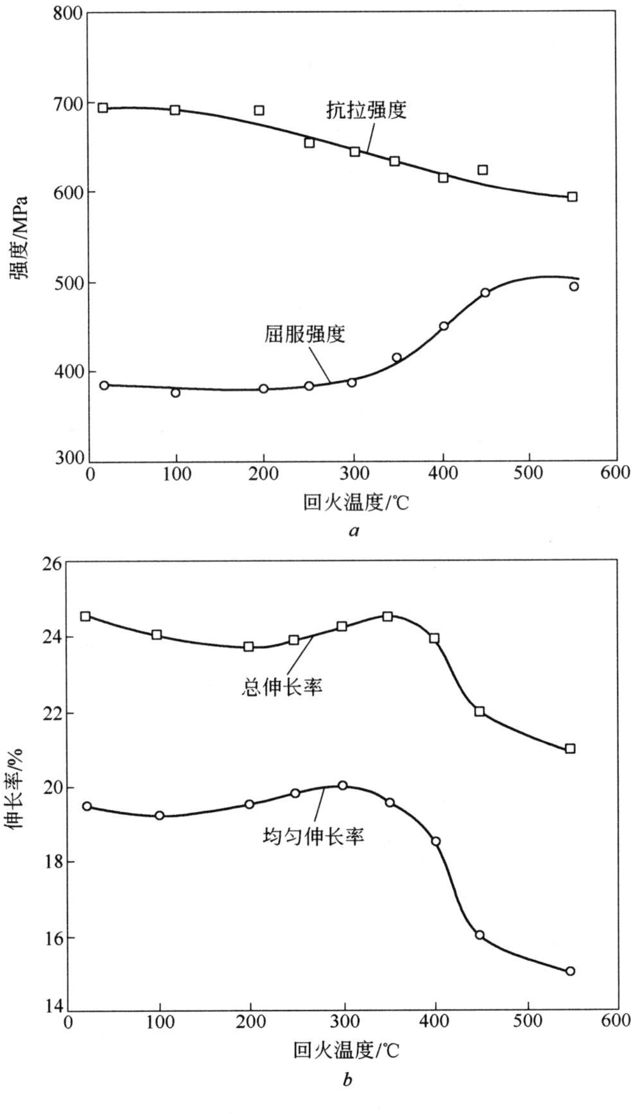

图 7-11　含钒双相钢的强度(*a*)和塑性(*b*)随回火温度的变化[1]

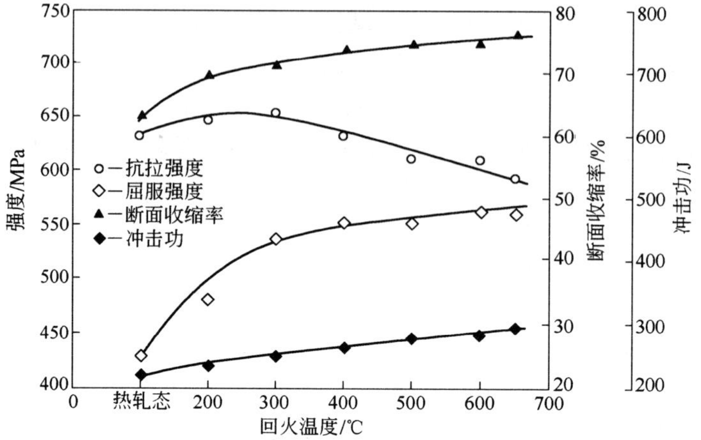

图 7-12　含铌双相钢的力学性能随回火温度的变化[6]

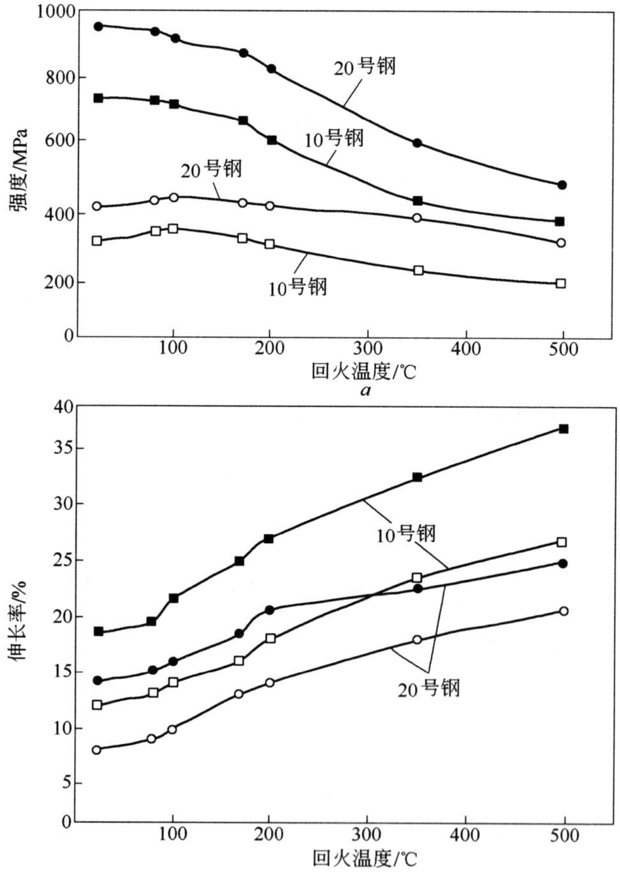

图 7-13　碳素双相钢的力学性能随回火温度的变化[1]

a—抗拉强度（实心点）和屈服强度（空心点）；*b*—总伸长率（实心点）和均匀伸长率（空心点）

7.4.7　冷拔变形和时效的影响

同冷作强化非调质钢一样，热轧双相冷镦钢线材同样需要通过冷拔变形获得所需的强度水平。图 7-14 为 07Mn2SiV 钢盘条拉拔时的抗拉强度变化[13]。可见，初始变形的加工硬化率很高，经一道次 ε=0.34（减面率 28.6%）的变形后，强度即由 680 MPa 提高到 880 MPa。三种不同规格的 PBF9 钢（化学成分见表 7-2）盘条拉拔时的强度和塑性变化见图 7-15[7]。同样，在拉拔变形初期的性能变化比较显著，且应变在 0.5～1.5 范围时，强度和塑性可满足 8.8 级螺栓的强度和塑性要求。应当指出的是，热轧双相冷镦钢冷拔变形时的加工硬化曲线明显要高于传统的微观组织为铁素体+珠光体的冷镦钢。

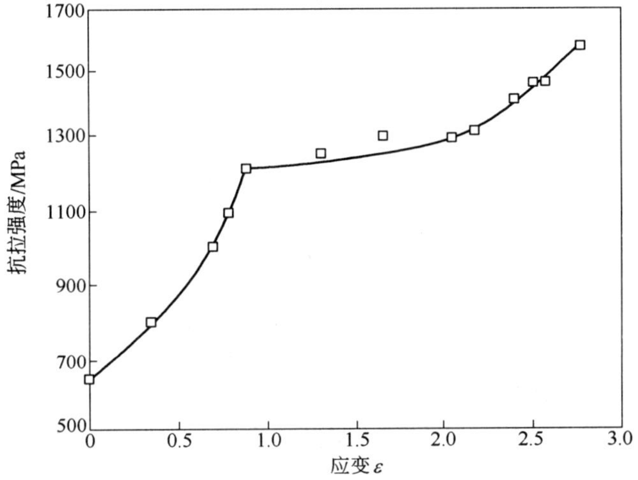

图 7-14　07Mn2SiV 热轧双相冷镦钢盘条（ϕ8 mm）拉拔时的抗拉强度随应变量的变化[13]

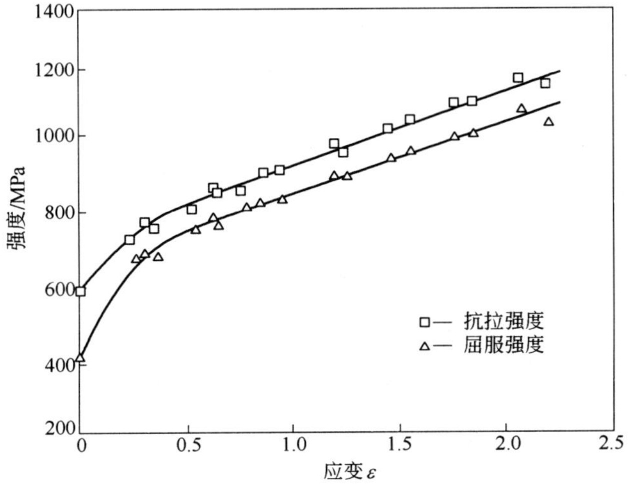

a

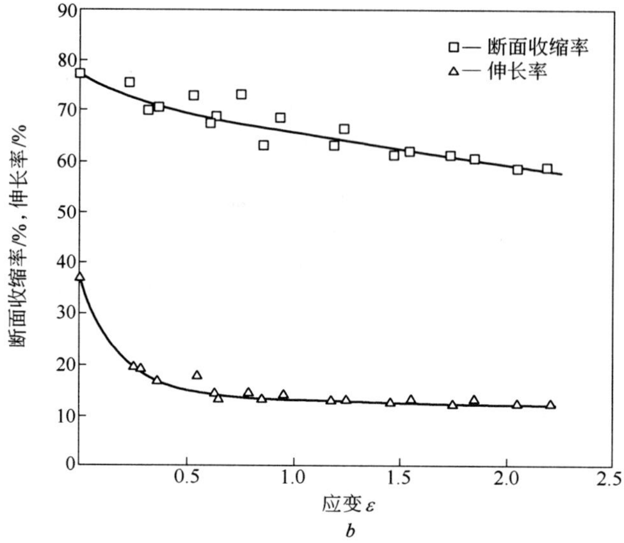

图 7-15　不同规格（ϕ5.5, 6.5, 8.0 mm）的 PBF9 热轧双相冷镦钢盘条拉拔时的强度（*a*）和塑性（*b*）随应变量的变化[7]

同样，为了消除冷变形后的残余应力和稳定组织，同时满足螺栓保证载荷试验对永久伸长量的要求，需要在螺栓冷镦后进行时效处理。时效处理还会使螺栓的强度有所提高，如图 7-16 所示[7]，当时效温度为 280℃时，抗拉强度和屈服强度的增量最大，其中以后者的增量更为显著。同时，时效处理还会使螺栓因冷拔变形而降低的塑性和韧性得到一定程度的回复，见图 7-17[6]。

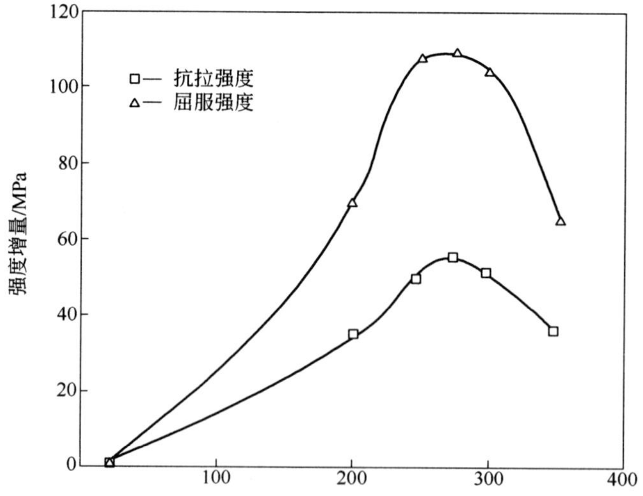

图 7-16　PBF9 热轧双相冷镦钢制螺栓时效处理时的强度增加（时效时间 30 min）[7]

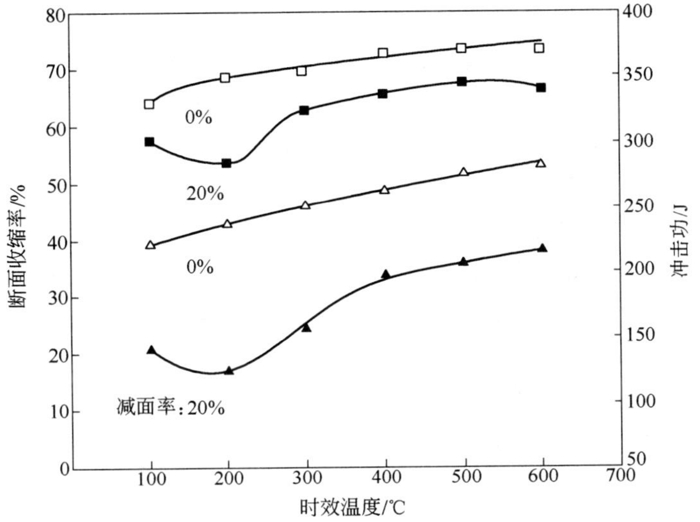

图 7-17 时效处理温度和冷拔对热轧双相冷镦钢 SNQ 塑性和韧性的影响[6]

7.4.8 包辛格效应

同冷作强化非调质钢一样，双相冷镦钢利用加工硬化获得所需的强度，而后在螺栓的成形过程中，利用材料的包辛格效应，可使冷镦时的变形抗力有所降低，以减少模具损耗。花礼先等[26]针对 Si-Mn 系双相冷镦钢研究了临界区热处理对包辛格效应的影响。结果表明，随着临界区加热温度的升高，钢中马氏体含量增加，包辛格效应明显增加，但当马氏体含量大于 20%以后，包辛格效应则增加缓慢，甚至有所降低。

7.5 热轧双相冷镦钢的开发及其应用

如前所示，国内外开发的热轧双相冷镦钢多为低碳 Si-Mn 系，表 7-2 汇总了国内外研究和开发的一些典型钢种的化学成分。

表 7-2 国内外开发的一些热轧双相冷镦钢的化学成分（质量分数，%）

钢 号	C	Si	Mn	Cr	Mo	其 他	参考文献
DP6	0.09	0.94	1.54			N: 0.0038	[8,9]
DP2	0.11	0.68	1.82		0.46	N: 0.0040	[8,9]
UNIM2F8	0.06	1.60	1.52	0.025		Al: 0.055	[5]
PBF9	0.10	0.80	1.46				[7]
SNQ	0.05/0.10	0.23	1.60	0.50		Nb: 0.04	[6]
08SiMn2	0.07	1.30	2.00			Als: 0.03	[11]
07SiMn2V	0.05/0.12	1.00/1.50	1.50/2.00			V: 添加	[13]

前面已经指出，对于热轧双相冷镦钢线材，应通过控制冷却使其具有最佳的第二相含量和形态。如 Wanjara 等[8,9]采用双相钢 DP2 和 DP6 研究了其用来制作 9.8 级螺栓的可行性。他们首先在实验室采用双相区退火处理获得不同含量和形态的双相组织（见表 7-3），研究结果表明，当金相组织为铁素体加约 15%～20%球块状马氏体时，可获得最佳的强度和成形性的配合（图 7-18）。如果增加第二相马氏体的含量，使得球块状颗粒互相连接在一起时，则钢的成形性明显恶化。Rigaut 等[5]的研究结果也表明，减小 UNIM 2F8 钢线材中串状马氏体的尺寸能够提高钢的临界变形量；进一步对线材每一道次拉拔后的金相组织检查发现，尽管其临界变形率 $\ln(S_0/S)$[S_0、S 分别为线材拉拔前后的横截面积]高达 3.7，但如果串状马氏体比较粗大，则当 $\ln(S_0/S)=1.46$ 时，在铁素体/马氏体界面处就会发现微观剥离裂纹。将串状马氏体细化后，则可避免这种拉拔微裂纹。

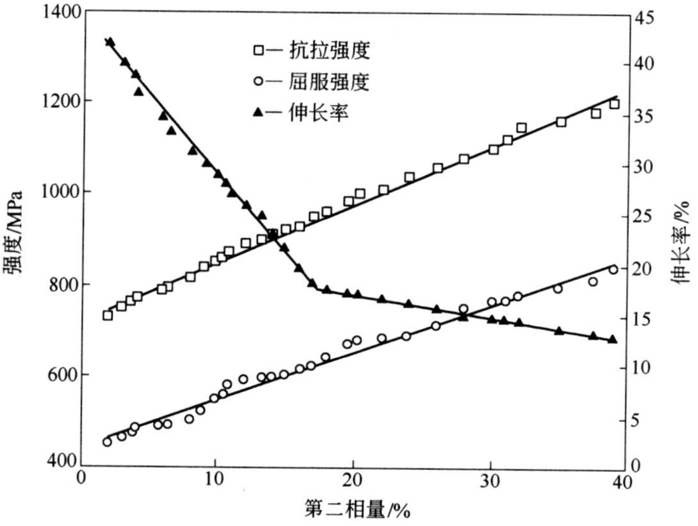

图 7-18　0.1%屈服强度、抗拉强度和伸长率随 DP6 钢中第二相马氏体含量的变化[8]
（采用剪切冲压试验技术）

如果双相冷镦钢线材组织中含有一定量的残余奥氏体，则其性能特征不尽一致。Wanjara 等[8,9]在实际线材轧机上的进一步试验结果表明，DP6 钢热轧材的组织为铁素体+15%左右的马氏体，而 DP2 钢热轧材组织中的第二相除 7%～11%的马氏体外，还含有 8%左右的残余奥氏体（表 7-3）。采用静态压缩试验变形 10%时的应力 $\sigma_{0.1}$ 和应力-应变曲线在 20%～70%变形段的曲线斜率 θ 两个参数来评估实验料的成形性，结果见表 7-3。可见，常用冷镦钢

1036M 热轧态线材（组织为铁素体+珠光体）的 $\sigma_{0.1}$ 很高，经球化退火后，$\sigma_{0.1}$ 显著降低而 θ 提高，因而更适合进行冷镦变形。显然，DP6 钢的热轧态双相组织适合用来制造 9.8 级螺栓，而 DP2 钢热轧态线材的 $\sigma_{0.1}$ 偏高，θ 偏低，因而其成形性偏低，磨具损耗较高，适合用来制造对成形性要求较低的一些 9.8 级和 10.9 级螺栓。采用 DP2 钢热轧材试制 9.8 级螺栓的结果证实冷镦螺栓的强度和硬度完全满足 9.8 级螺栓的要求（冷镦前后未进行任何热处理），且接近 10.9 级螺栓的要求，如果冷镦后进行热处理，则其强度有可能达到要求。

表 7-3　DP2 和 DP6 双相钢的组织和性能特征[9]

材　料	微 观 组 织	第二相体积分数/ %	$\sigma_{0.1}$①/MPa	θ②/MPa
DP2, 双相区退火	铁素体（F）+马氏体（M）+残余奥氏体（RA）	6.3%F+8.7%RA	842	252
DP2，热轧	F+M+RA	10.9%F+8.1%RA	878	236
DP6，双相区退火	F+M	16%M	721	348
DP6，热轧	F+M	15%M	733	355
1036M，热轧	F+P		1010	320
1036M，退火	球化体		613	353

① 10%压缩应变的应力；
② 应力-应变曲线在 20%～70%变形段的曲线斜率。

特别值得注意的是，如果 DP2 钢热轧材中的残余奥氏体在冷镦前的伸直和冷拔过程中发生 TRIP 效应而转变为马氏体，则在冷镦过程易产生剪切裂纹。因此，需采取措施如适当的合金化或组织控制来提高残余奥氏体的稳定性。

Unimetal 公司开发出一种可用来制作 8.8 级螺栓的低碳 Si-Mn 系双相钢 UNIM 2F8[5]。该钢热轧控冷后的组织为铁素体和约 20%的第二相（马氏体和贝氏体）。与传统的用来制作 8.8 级螺栓的 20MnB5 钢线材（组织为铁素体+珠光体）相比，UNIM 2F8 钢线材具有较低的屈强比（表 7-4）；不同规格（ϕ5.5～9.0 mm）线材间的力学性能差异很小；冷镦和冷拔变形时的加工硬化率较高。双相钢制作螺栓在冷镦态的屈服点偏低，为此需在冷镦后进行时效处理。从表 7-4 中可以看出，UNIM 2F8 钢制螺栓经时效处理后的屈服点得到显著提高，其力学性能水平完全达到 8.8 级螺栓的要求，且明显优于 20MnB5 钢制 8.8 级螺栓。

表 7-4　UNIM 2F8 双相钢线材（ϕ11 mm）和制作螺栓（M10×70 mm）的力学性能[5]

钢　种		UNIM 2F8		20MnB5	
状　态	热轧态	冷镦态	时效态①	热轧态	淬火回火态
抗拉强度，R_m/MPa	620	895	927/935	567	888
屈服强度，$R_{p0.2}$/MPa	365	846	913/917	368	855
R_e/MPa		587	759/784		705
$R_{p0.2}/R_m$	0.59	0.95	0.98/0.98	0.65	0.96
Z/%	73			74	
疲劳强度②，σ_D/MPa			86.9		60.0

① 斜线前时效工艺为 250 ℃×1 h，斜线后时效工艺为 380 ℃×1 h；

② 轴向拉伸疲劳，频率 110 Hz，外加应力为 8.8 级螺栓名义屈服强度最小值的 0.8 倍（29000 N）。

日本住友金属[6]开发的一种低碳 Mn-Cr-Nb 热轧双相冷镦钢 SNQ 具有细小的铁素体+贝氏体双相组织，其中的贝氏体含量约 25%。SNQ 钢的回火特征见图 7-12，时效处理温度和冷拔对其塑性和韧性的影响见图 7-17。在相同的强度水平（抗拉强度 850 MPa）下，SNQ 钢线材经拉拔和时效处理后具有十分优异的塑性特别是韧性，其冲击功是 S45C 钢的近两倍，是含钒非调质钢 LMIC 的 1.5 倍，见图 7-19。采用 SNQ 钢制造长杆螺栓时由于省略了球化退火、淬火和矫直工序，其变形和强度波动明显低于 S45C 钢，见表 7-5。

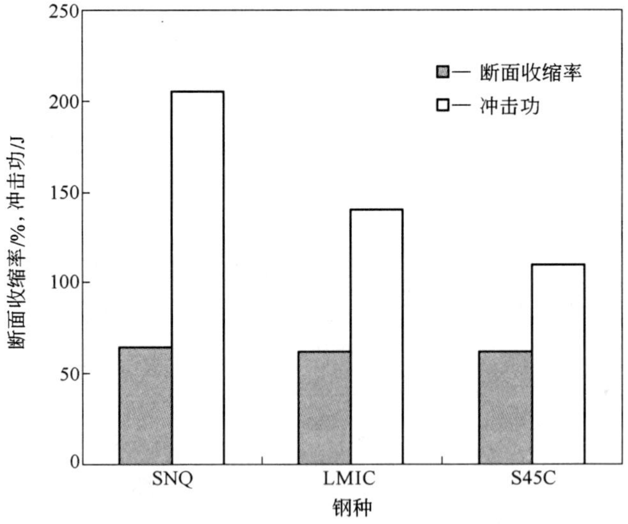

图 7-19　SNQ 钢与传统冷镦钢的塑性和韧性的比较[6]
（抗拉强度 850 MPa；SNQ 钢：拉拔+时效；LMIC：热轧态；S45C：淬火回火态）

表 7-5 采用 SNQ 钢制造长杆螺栓时的变形和强度波动[6]

钢　种	零件变形/mm		抗拉强度/MPa	
	均　值	标准偏差	均　值	标准偏差
SNQ（时效）	0.20	0.03	950	5.5
S45C（淬火+回火）	0.77	0.45	870	11.5

08SiMn2 钢是我国在 20 世纪 80 年代末开发的一种新型热轧双相冷镦钢[3,11]，其过冷奥氏体连续冷却转变曲线（CCT 曲线，见图 7-20）的位置和特征保证了ϕ12～20 mm 棒材在轧后空冷中即可得到所预期的双相组织和性能，且冷却速度的正常波动（2～4 ℃/s）对轧材组织和性能的影响很小。采用其制造 8.8 级螺栓可省去两次（至少一次）退火、一次拉拔、酸洗、磷化处理及调质处理工序，缩短了生产周期，因而可节约能源，降低生产成本，而且还可以提高螺纹精度，降低表面粗糙度。采用该钢制造的 8.8 级螺栓、8 级以上螺母和 8.8 级以上螺柱进行了装车试用，运行效果良好。

总之，与传统的冷镦钢相比，热轧双相冷镦钢具有明显的优势，可用来制造 8.8 级甚至 9.8 级高强度螺栓，是一种很有前途的新型冷镦钢，其应用范围和应用量必将得到显著扩大和增加。

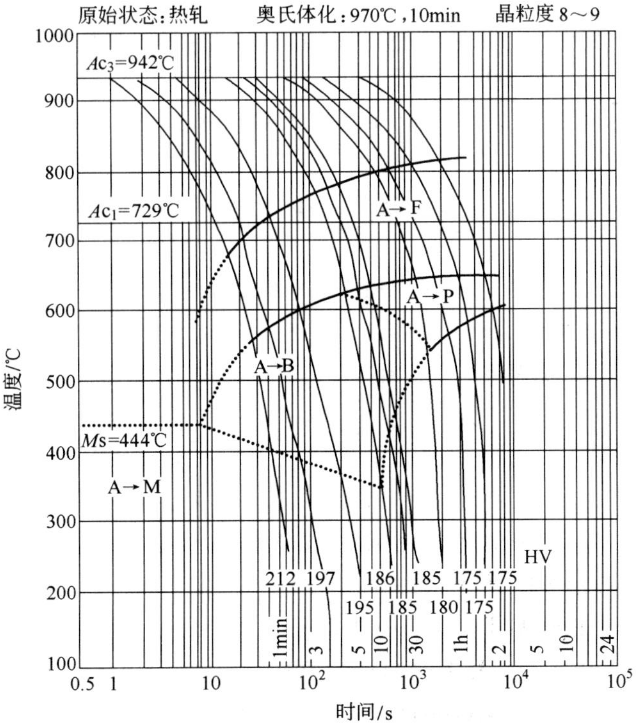

图 7-20 08SiMn2 钢的过冷奥氏体连续冷却转变曲线（CCT 曲线）[11]

参考文献

[1] 沈显璞. 双相钢的特性及其应用[J]. 金属热处理，1987，（10）:47～56，（11）:53～61.

[2] 马鸣图，吴宝榕. 双相钢——物理和力学冶金（第二版）[M]. 北京：冶金工业出版社，2009.

[3] 程项云. 合金结构钢[M]. 北京：冶金工业出版社，1999.

[4] 荣启光，赵军. 直接热轧双相冷镦钢的研究与应用[J]. 汽车工艺与材料. 1993，（2）:11～15.

[5] Rigaut G, Tassin S. New steel grades for cold-heading quality[J]. Wire J. Inter., 1985,（8）:34～42.

[6] Nakasato F, Higurashi M, Fukushima S. Nonquenched low-carbon acicular ferrite steel wire rod for cold forging applications[J]. Wire J Inter., 1989, （4）:51～60.

[7] Boratto F, Santos M, Castilho R, et al. Dual-phase steel for 8.8 strength class fasteners[J]. Wire J. Inter., 1993, （9）:70～73.

[8] Wanjara P, Donaberger R, Hone M, et al. Development and application of dual-phase steels for cold-heading high strength steel fasteners[J]. 41st MWSP Conference Proceedings, ISS, Vol. ⅩⅩⅩⅦ, 1999, 151～157.

[9] Wanjara P, Hone M, Nickoletopoulos N, et al. Dural-phase steels for cold-heading application[J]. Wire J. Inter., 2001, （9）:104～107.

[10] 程肃之，花礼先，王绪. Mn-Si 系双相钢高强度螺栓的研究[J]. 金属热处理，1987, （8）:3～6.

[11] 宋沂生，田琮，杨第，等. 直接热轧双相冷镦钢 ML08SiMn2[J]. 钢铁, 1991, 26（5）:46～57.

[12] 胡孝三，张国珍，田琮. 热轧控冷双相钢盘条的组织及性能[J]. 金属热处理，1994, （11）:24～27.

[13] 完卫国，孙维. 非调质高强度紧固件用双相钢盘条的试用[J]. 金属制品, 2005, 31（4）:41～43.

[14] 敖运亨. 热轧双相钢的发展[J]. 轧钢, 1992, （5）:41～46.

[15] 俞德刚. 钢的强韧化理论与设计[M]. 上海：上海交通大学出版社，1990.

[16] 李胜利，田琮. 锰对热轧态双相钢显微组织和力学性能的影响[J]. 北京科技大学学报，1992, 14（5）:518～523.

[17] Coldren A P, Eldis G T. Using CCT diagrams to optimize the composition of an as-rolled dual-phase steel[J]. J. of Metals, 1980, 32（3）:41～48.

[18] Davies R G. The mechanical properties of zero-carbon ferrite plus-martensite structures[J]. Metall. Trans. A, 1978, 9A:451～455.

[19] Koo J Y, Young M I, Thomas G. On the law of mixtures in dual-phase steels[J] Metall. Trans. A, 1980, 11A:852～854.

[20] Ramos L F, Matlock D K, Krauss G. On the deformation behavior of dual-phase steels[J]. Metall. Trans. A, 1979, 10A:259～261.

[21] 李承基，宋沂生，崔文暄，等. 第一届全国双相钢学术会议论文.

[22] Davies R G. Influence of martensite composition and content on the properties of dual phase steels[J]. Metall. Trans. A, 1978, 9A（5）:671～679.

[23] Shen H P, Lei T C.Shear lag analysis of strength of dual phase steels[J]. Metal Sci., 1984, 18（5）:257～264.

[24] 沈显璞，雷廷权. 一种新的双相钢强度表达式[J]. 金属学报，1984, 20（4）:A271～277.

[25] 沈显璞，雷廷权. 组织因素对双相钢拉伸性能的影响[J]. 机械工程学报，1986, 22（1）:70～80.

[26] 花礼先，王绪，冯惠平. 临界区热处理对 Si-Mn 系冷镦双相钢 Bauschinger 效应的影响[C]. 中国机械工程学会热处理专业学会第五届年会论文集，1991，天津，112～116.

8 高强度螺栓钢的软化退火处理

8.1 概述

如前所述，冷镦成形由于具有一系列的优点，目前仍是高强度紧固件的主要成形方式。对此，在成形前要求材料具有尽可能小的变形抗力和尽可能高的变形能力。除冷作强化非调质钢和低碳硼钢等钢类外，按照传统冶金生产工艺流程生产出的高强度紧固件用钢如中碳钢和中碳合金钢，往往要在冷拔和冷镦成形前事先进行软化的球化退火处理。球化退火的目的是得到球化体组织，这是任何一种钢具有最佳塑性和最低硬度的一种组织，良好的塑性是由于有一个连续的、塑性好的铁素体基体[1]。球化体组织的良好塑性和低硬度对中碳钢的冷成形非常重要。获得球化体的途径主要有三种：

（1）珠光体的球化；

（2）由奥氏体转变为球化体；

（3）马氏体在低于并接近 A_1 的温度分解。

球化退火处理往往周期长，要消耗大量的能源和资源，还污染环境。如冷镦钢盘条在分批处理或连续处理的退火炉中球化退火，其周期大约为 12～24 h[2]。因此，紧固件制造行业迫切希望能够简化球化退火工艺，缩短球化退火处理时间甚至省略球化退火处理工序。随着现代冶金生产技术的发展和设备的不断更新换代，国内外先后开展了简化甚至省略冷镦钢等钢种的球化退火处理工艺的研究开发，其着眼点主要在于进行控制轧制和控制冷却，充分利用轧制潜热，在线获得易于进行球化退火处理的组织甚至球化组织。其中，近年来利用先进热机械轧制和控冷设备开展的冷镦钢在线软化处理技术，其意义十分重大，必将推动特殊钢生产工艺流程的变革[3]。

应当指出的是，通过改变钢的化学成分也可省略球化退火处理而满足冷镦性的要求，如所开发的冷作强化非调质钢和低碳硼钢，对此已在前面的章节中进行了详细论述。本章着重论述在化学成分基本不变或变化很小的情况下，如何主要通过工艺技术的手段实现中碳冷镦钢的离线和在线软化处理。

8.2 碳化物球化的机制

碳化物的球化有其独特的规律，国内外对此进行了广泛的研究，并不断改进各种球化退火的工艺方法，但迄今人们对球化微观机制的了解和研究还不够透彻，还不能解释球化过程的许多细节，甚至存在互相矛盾之处，而关于动力学方面的研究工作则更少。

8.2.1 片层状珠光体球化理论

当渗碳体的体积一定时，只有呈球状时才具有最小的表面能。所以从表面能较高的片状渗碳体向球状渗碳体转化，使体系自由能降低，这是一个自发过程。渗碳体片中有位错，形成亚晶界。第二相颗粒在基体中的溶解度与其曲率半径有关，曲率半径越小的颗粒在基体中的溶解度越大。由于在亚晶界棱角处具有较小的曲率半径，因此，在其周围的基体铁素体中的溶解度将大于在该温度下的平衡浓度。由于亚晶界棱角处渗碳体的溶解而使渗碳体片沿亚晶界两端形成沟槽，在交点处铁素体与渗碳体界面间的表面张力 $\sigma_{F/c}$ 与渗碳体亚晶界的表面张力 $\sigma_{c/c}$ 保持瞬间的平衡[4]：

$$\sigma_{c/c} = 2\sigma_{F/c} \cdot \cos\frac{\beta}{2} \tag{8-1}$$

由于在沟槽前沿处，铁素体高碳浓度的区域不断向四周运输碳原子到低碳浓度的区域并以渗碳体的形式在附近平面渗碳体上析出，即发生下坡扩散，从而使沟槽交点处表面张力的平衡被破坏。为保持平衡，沟槽将因渗碳体继续溶解而加深。如此往复，渗碳体片将溶穿、溶断，平面处长大成球状。图 8-1 为片状渗碳体溶断机制示意图[4]。

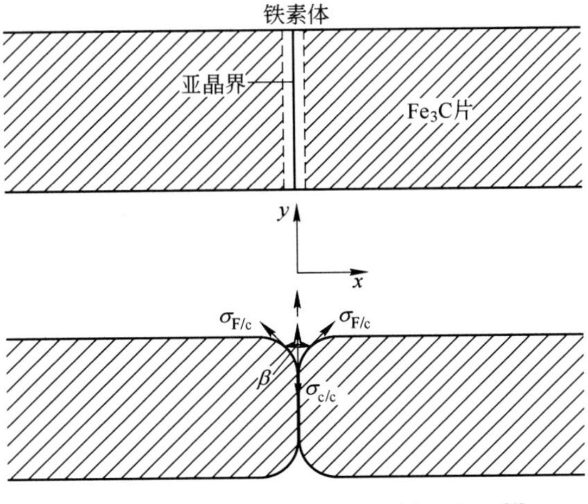

图 8-1 片状渗碳体溶断机制示意图[4]

针对片层状组织的球化机制提出了许多模型，但归纳起来主要有以下三种，如图 8-2 所示[5]。

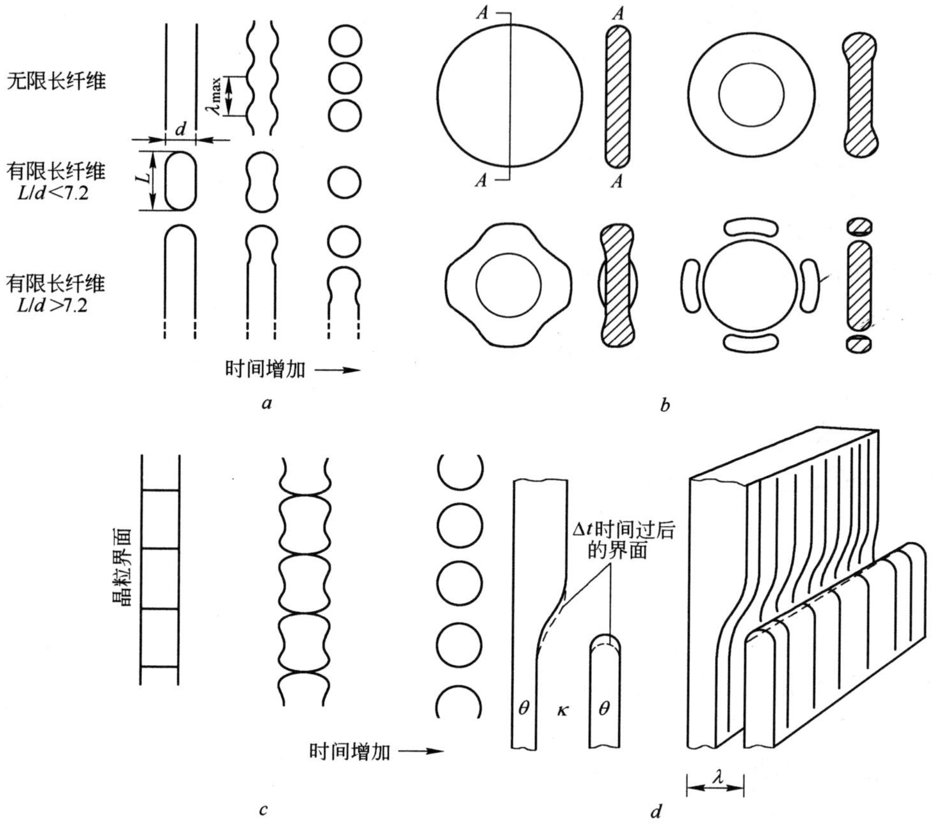

图 8-2　几种典型的球化模型示意图[5]

a—Rayleigh 棒状球化模型；*b*—Mullin 盘状球化模型；
c—晶界沟槽球化模型；*d*—缺陷迁移理论片状球化模型

8.2.1.1　Rayleigh 扰动理论

液体圆柱会破碎成一串球形液滴，此称 Rayleigh 失稳。圆柱形新相纤维的直径不可能均匀，局部区段上存在直径的涨落，造成不稳定。图 8-2*a* 所示的 Rayleigh 扰动模型适用于毛细管作用诱导的扰动所引起的圆柱体的不稳定现象。在理论上和实验上均已证实，在扰动波长大于临界波长 λ_c 的情况下，受到正弦波扰动的长圆柱体在本质上是非稳态的，会自发断裂成一列彼此相距最大波长 λ_{max} 的球状颗粒。λ_c 和 λ_{max} 的值取决于物质传输机制。例如，当界面扩散为速率控制机制时，则对于无限长圆柱体，$\lambda_c=2\pi r$，$\lambda_{max}=2\pi\sqrt{2r}$，式中 r 为圆柱体的半径。

与圆柱体不同，即使在毛细管作用诱导的扰动下，盘片仍相当稳定。Mullins 的理论分析表明，盘片界面受到的任何扰动会随时间延长而衰减，因而该理论不能直接用来解释片层状组织的不稳定性。对此，Mullins 和 Nichols 提出了修正的模型，见图 8-2*b*。尽管盘片的平坦表面对于任何扰动是稳定的，但盘片边沿的曲率高于盘片平表面，因而在它们之间存在化学位梯度和扩散流，使得盘片的边缘将形成炸面圈状，然后满足 Rayleigh 波动理论条件而逐渐球化。

8.2.1.2 热沟槽理论

由沿亚界面扩散所引起的片层状结构断裂模型见图 8-2*c*。如果在形变或相变过程中产生了一列亚边界，就会在每个三角节点处建立界面张力的初始局部平衡和形成晶界沟槽，从而在片层状界面中引入了弯曲界面和化学位梯度。在化学位梯度的推动下原子离开弯曲沟槽扩散而促使沟槽生长，最终造成片层断裂并球化。通常认为热沟槽理论是形变的片层状珠光体球化的主要机制，因为形变后出现了大量的亚晶界和扭折状渗碳体。

8.2.1.3 缺陷迁移理论

前述两个理论是针对孤立的圆柱体或盘片的不稳定性而言。然而，对于包括许多圆柱体和盘片的实际组织，须考虑它们扩散的相互作用。对此，Graham 和 Kraft 在研究单向凝固的 Al-$CuAl_2$ 合金的球化问题时提出了缺陷迁移理论。这是目前广泛接受的用来解释片层状组织非稳定性的主要理论。促使其球化的驱动力是弯曲片层缺陷与毗邻平坦界面的化学位梯度。原子从弯曲片层缺陷的末端向相邻的平坦界面迁移，导致了末端尖部的溶解和毗邻片层的增厚，见图 8-2*d*。

Tian 和 Kraft[5]对 AISI 1080 钢和纯 Fe-C 合金在静态退火过程中的珠光体球化机制进行了研究，证实了缺陷迁移理论，并根据实验观察结果对其进行了一些修正，认为片层缺陷包括末端、扭折、孔洞、裂缝和其他高曲率界面，且其迁移具有各向异性，该各向异性是由于 α/Fe_3C 界面能的各向异性。

总的来说，片层状渗碳体的球化过程是通过渗碳体的断裂、碳的扩散、渗碳体的析出进行的，即首先在片层状渗碳体中某些微观缺陷处因碳的扩散和渗碳体的局部溶解而断裂，或在渗碳体片两侧的某些区域具有较多的微观缺陷而加速碳的扩散，使片状渗碳体破裂；随后破裂的渗碳体小片，再通过尖角处溶解、平面处析出，而逐渐形成渗碳体小球。

由于渗碳体自发球化过程很缓慢，故对如何加快这一过程提出了不少新理论，主要包括形变加速球化、控冷加速球化和高温固溶预处理球化等，主要目的是通过缺陷等加快原子扩散，获得球化所需的能量，从而减少球化时间。

8.2.2 碳化物颗粒的球化长大理论

8.2.2.1 单个颗粒的自发球化（自身球化）

从溶解度来看，第二相粒子的溶解度与其曲率半径 r 有关，曲率半径 r 越小，其在基体中的溶解度越大。该关系可由 Thompson-Friedrich 方程式来描述[6,7]：

$$\ln\frac{C_r}{C_\infty}=\frac{2\sigma V}{RTr} \tag{8-2}$$

式中，C_r 为粒子半径为 r 时母相的溶解度；C_∞为粒子与母相之间的相界面为平面时（$r\to\infty$）的溶解度；σ 为界面的表面能；V 为第二相摩尔体积；T 为绝对温度；R 为气体常数。

根据这一原理，可有效地解释单个不规则形状渗碳体自身球化的过程：由于靠近非球状渗碳体的尖角处（曲率半径小的部分）的固溶体具有较高的碳浓度，而靠近平面处（曲率半径大的部分）的固溶体则具有较低的碳浓度，故存在碳浓度梯度，这就引起了碳从高浓度的尖角处向低浓度的平面处的扩散，从而打破了碳浓度的胶态平衡；为了保持碳浓度的平衡，将导致尖角处的渗碳体继续溶解来补充扩散的碳，而在平面处由于扩散过来的碳造成碳过饱和而通过渗碳体沉淀或析出来降低碳浓度；如此不断进行，直到形成曲率半径相同的球状渗碳体，此时各处溶解和沉淀速率一样，如图 8-3 所示。

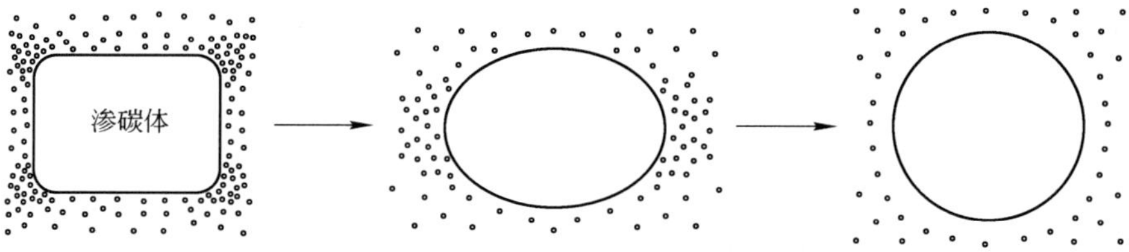

图 8-3　渗碳体自身球化过程示意图

8.2.2.2　大颗粒吞食小颗粒的自发球化

小颗粒的曲率半径小于大颗粒的曲率半径，其周围溶解度大，必然在浓度梯度的作用下扩散到大颗粒上沉淀析出。这样就导致小颗粒溶解直至消失，大颗粒将不断长大而粗化，粒子数目逐渐减少，而体积分数保持不变，形貌趋于圆整，符合 Ostwald 熟化规律。

图 8-4 为两个半径不同的球状碳化物粒子（$r_1<r_2$）长大原理示意图，碳化物迁移前后体系的自由能变化ΔG 为[8]：

$$\Delta G=8\pi r_2\sigma_2\left(1-\frac{r_2}{r_1}\frac{\sigma_1}{\sigma_2}\right)dr_2<0 \tag{8-3}$$

式中，σ_1、σ_2 分别为半径为 r_1、r_2 的碳化物粒子的单位面积界面能（$\sigma_2<\sigma_1$）。

这表明，在等温过程中，碳化物由小粒子向大粒子中迁移是一个自发过程，即大碳化物粒子通过吞并小碳化物粒子的形式球化长大是自发进行的，它是通过碳原子的扩散完成的。

新相颗粒在一定温度 T 下随时间 t 延长而不断长大。Wagner 和 Lifshitz-Shyozov 推导出颗粒平均半径与温度的关系式[9]：

$$\overline{r^3}-\overline{r_0^3}=\frac{8}{9}\frac{DM\sigma C_\infty t}{RT\rho} \tag{8-4}$$

式中，$\overline{r_0}$ 为粗化开始时新相粒子的平均半径；$\overline{r}$ 为经过时间 t 粗化后的粒子平均半径；D 为新相的扩散系数；ρ 为密度；M 为新相的原子量。

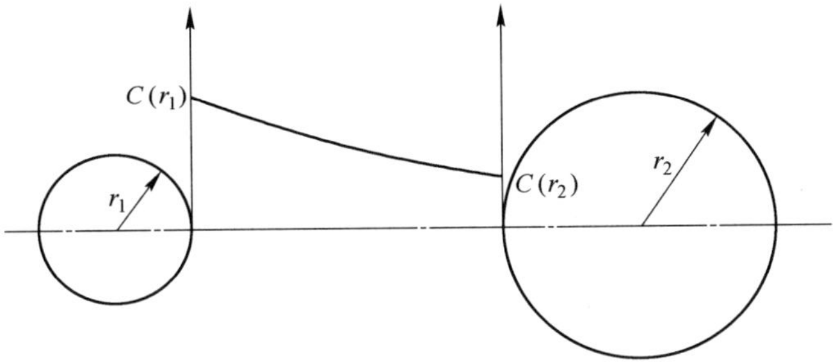

图 8-4 碳化物粒子长大原理示意图

8.3 影响碳化物球化的主要因素

8.3.1 化学成分的影响[4]

碳对钢中碳化物球化具有重要的影响。钢中碳含量越高、碳化物数量越多，可在较宽的奥氏体化温度范围内加热并易于球化，即高碳钢较低碳钢更容易获得球状珠光体。

合金元素对碳化物球化过程的影响规律比较复杂，因为合金元素（特别是形成碳化物的合金元素）将影响碳化物的成分、结构和在奥氏体中的溶解度、碳在钢中的扩散以及合金元素本身的再分配过程，从而对球化过程产生复杂的影响。对此，目前还缺乏系统的研究工作。对过共析钢碳化物球化的研究表明，钢中如没有碳化物形成元素，则球化较快；反之，加入碳化物形成元素将使球化过程变慢。其阻碍作用的程度与合金元素形成碳化物的强烈程度成正比。这种减慢作用首先是由于合金元素本身在奥氏体中的扩散激活能较高；其次，它们将降低碳在奥氏体中的扩散系数。

8.3.2 原始组织的影响

球化退火前原始组织的类型、晶粒粗细，以及自由铁素体、碳化物的大小、形状、数量和分布等均显著影响球化过程。

一般而言，珠光体在高亚临界温度（即低于并接近 A_1 的温度）长时间保温的球化过程最慢，特别是当片层间距较大时。图 8-5 为 0.74C-0.71Si 钢在 700～580℃之间进行等温转变，形成粗、中、细三种珠光体后，再在 700℃进行球化退火时，碳化物球化的百分数与时间的关系[10]。可见，即使是很细的珠光体（在 580℃等温形成，片间距为 0.14 μm），完全球化也需 250 h 以上。

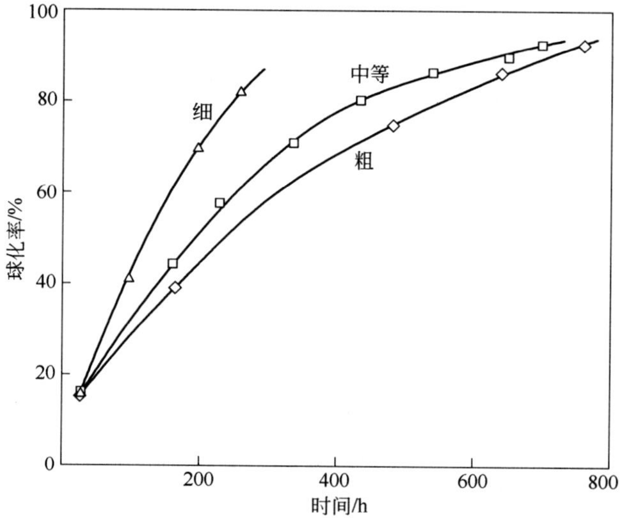

图 8-5　粗细不同的珠光体在 700℃退火时的球化进程[10]

实际上，对于现代高速线材轧机生产的控轧控冷的冷镦钢线材，完全可以采用这种球化退火工艺，对此将在后面论述。

淬火马氏体是均匀的过饱和固溶体，在 A_1 以下的较高温度回火时将使碳化物析出，并将聚集长大而获得球状碳化物。在这种情况下，球化速率较快，且球化组织均匀。当采用缓慢冷却法进行球化退火时，球化退火的效果与原始组织有很大关系，如亚共析钢原始组织为大块状铁素体与珠光体的混合组织，经过缓冷球化退火后，在组织中碳化物分布往往极不均匀。当原始组织为贝氏体时，则较粗片状珠光体容易获得均匀细小的球状碳化物。

原始组织若经过冷变形、温锻等形变加工，将会显著地促进球状碳化物的形成[11~13]。该塑性变形可与球化退火同时进行，也可在退火之前进行。

8.3.3　加热温度与保温时间的影响

提高加热温度及延长保温时间，可增加碳化物在钢中的固溶度，减少残余碳化物，有可能导致形成片层状珠光体。如对 45 钢的研究结果表明[14]，奥氏体化温度过高或过低，均得不到完全的球化组织，该钢的合适奥氏体化温度为760℃。这表明，球化处理的充分条件是控制好奥氏体化温度和保温时间，保留一定数量的点状碳化物。因此，若采用缓冷、等温退火或循环退火等球化退火工艺时，须严格控制奥氏体化温度使其在最适当的范围内。

若采用低于 A_1 温度长时间保温的球化退火，升高球化温度，则球化速率增加，特别当原始组织是马氏体或贝氏体时尤为显著。

8.3.4 冷却速度的影响

用缓冷法进行球化退火时，冷却速度是能否得到球化组织的重要因素之一。冷却速度决定了过冷奥氏体转变的温度 Ar_1，冷速快，转变温度低，此时碳和铁原子的扩散就更加困难，从而使碳化物球化时的临界扩散距离减小。如当冷却超过 20℃/h 时，45 钢就很难得到完全的球化组织，特别在奥氏体化温度至 700℃这个冷却区间内，冷速对球化有明显的影响，而在 700℃至室温这个冷却区间内，影响则不大[14]。因此，在工业上采用的缓冷球化退火的冷速多控制在 10～20℃/h 之间。此外，缓冷球化退火工艺的冷却速度还影响到球状碳化物的尺寸，即碳化物尺寸随冷却速度增加而减小，这显然是由于在快冷时扩散受到抑制的结果。

8.3.5 残留碳化物的影响

如前所述，用缓冷法和等温法球化退火时，奥氏体化后的残留碳化物对球化结果影响很大。通常认为球状碳化物是以残留碳化物为核心逐渐析出长大的，其根据是缓冷法处理后的球状碳化物数目和奥氏体化后的点状残留碳化物数目相同[15,16]。

章为夷等[17,18]对中碳和高碳钢采用缓冷法和等温法球化退火处理过程的研究结果则与传统的观点不尽相同。从热力学的角度来讲，碳化物在点状残留碳化物上以颗粒状析出时的析出自由能小于碳化物直接从基体中以颗粒状析出时的析出自由能，因此，在奥氏体化后的缓冷过程中，发生共析转变时，由于非均匀形核的作用，碳化物会优先在点状残留碳化物上析出。然而，由于残留碳化物的数目较少，不能为共析转变中大量析出的碳化物提供足够的形核位置，因而只有部分碳化物会在这些残留碳化物上以颗粒状析出，剩余碳化物仍将从基体中直接以短棒状析出。因此，残留碳化物对球化的影响不是直接的而是间接的，它们通过影响共析转变中碳化物的析出形貌而间接影响了球化效果，即其作用就是使碳化物在共析转变中能以颗粒状和短棒状析出，以便为随后的碳化物球化长大做好组织准备。

为此，他们提出了奥氏体化后碳化物球化要经历三个阶段：

（1）加热及保温过程中碳化物由片状溶解断开，以点状弥散分布在基体中；

（2）由奥氏体化温度缓冷至共析转变温度过程中碳化物重新以短棒状和颗粒状析出；

（3）在共析转变完成后的缓冷或等温过程中，由于大小粒子的界面能不等，使得碳化物以小粒子溶解在大粒子上重新析出或是短棒状碳化物棒端溶解在棒中部重新析出的方式球化长大。

碳化物球化的这三个阶段是连续进行的，相互依赖，缺一不可，任一阶段受阻，都影响到最终的球化效果。其中第二阶段中碳化物的析出形貌对最终能否得到完全的球化组织影响很大。如前所述，随着奥氏体化温度的升高，球化效果变差，其原因就在于奥氏体化温度升高将使点状残留碳化物数目减少，使共析转变时短棒状碳化物的析出量增多，从而影响了最终的球化效果。

8.4　碳化物球化退火工艺

8.4.1　常规球化退火工艺

球化退火工艺各种各样，根据其工作原理，可主要分为[1,4,19]：

（1）亚温球化退火：即珠光体自身的球化。将钢加热到接近临界温度 A_1 长时间保温，利用片状渗碳体的自发球化趋势球化。

（2）双相区球化退火：即由奥氏体转变为球化体的退火。将钢加热到略高于临界温度 Ac_1（一般为 Ac_1+10～20℃）并经短时间保温形成不均匀奥氏体及部分未溶碳化物，然后采取以下措施：

1）通过缓慢冷却（一般 10～20℃/h）到 Ar_1 以下一定温度，即缓慢冷却球化退火；

2）低于临界点（一般 Ar_1-20～30℃）等温分解，又称等温球化退火；

3）在 A_1 上下 10～20℃左右交替保温，又称周期球化退火。

（3）淬火+高温回火：将钢加热到高于 Ac_3 温度，获得均匀奥氏体后再进行马氏体或贝氏体淬火，在小于 A_1 温度进行高温回火使碳化物析出并球化。

（4）形变球化退火：将工件在一定温度（或室温）下形变后再于低于 Ac_1 温度中长时间保温进行球化退火。

表 8-1 为常用的典型球化退火的工艺曲线及参数[4,19]。应根据钢种来选择合适的球化退火工艺，如处理碳钢时等温和缓慢冷却球化退火法均可采用，而处理合金钢时，用等温球化退火法则效果较好。图 8-6 为 35K 钢采用等温球化退火工艺获得的球化组织。

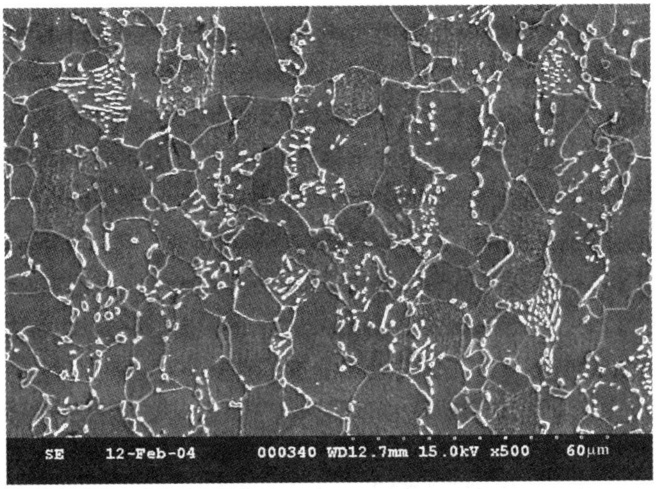

图 8-6　SWRCH 35K 钢采用等温球化退火工艺获得的球化组织
（加热到 750℃并保温 2 h 后，炉冷到 700℃等温 20 h 后空冷）

目前，几乎所有的冶金和紧固件企业均采用上述的等温球化退火工艺进行冷镦钢的退火处理，如 O'Brien 等[2,20]对 8 家企业（4 家冶金企业、1 家中间商、3 家紧固件企业）的调查表明，其中有 7 家企业采用等温球化退火工艺，仅有 1 家企业采用亚温球化退火工艺，但也考虑改用等温球化退火工艺。等温球化退火工艺是将冷镦钢线材加热到稍高于 A_1 温度以上的奥氏体+铁素体两相区，保温适当的时间使整个盘卷均温，随后降温到稍低于 A_1 温度，保温足够长的时间（通常 10～20 h，取决于钢种和线材盘重），最后炉冷或空冷。表 8-2 为美国三家企业（两家紧固件企业，一家冶金企业）对 AISI 1541 钢所采用的球化退火工艺[2]。AISI 1541 钢由于锰元素含量较高（1.35%～1.65%Mn），因此很难球化。采用表 8-2 工艺所得到的球化率为 60%～80%（光学显微镜下估算）。

表 8-1　常用的典型球化退火工艺曲线及参数[4,19]

退火方法	工 艺 曲 线	工 艺 参 数	备 注
亚温球化退火	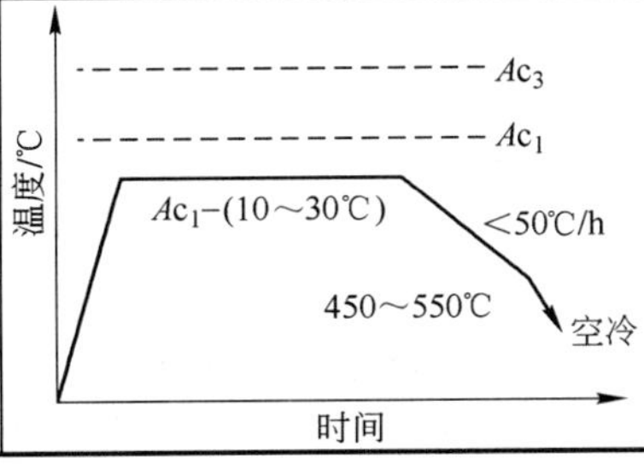	1．加热温度：Ac_1-(10～30℃)； 2．保温时间：取决于原始组织弥散度与工件尺寸，几十到上百小时； 3．冷却：<50℃/h 到 450～550℃空冷	球化效果较差；原始组织粗大者不适应

续表 8-1

<table>
<tr><th>退火方法</th><th>工艺曲线</th><th>工艺参数</th><th>备注</th></tr>
<tr><td>缓慢冷却球化退火</td><td>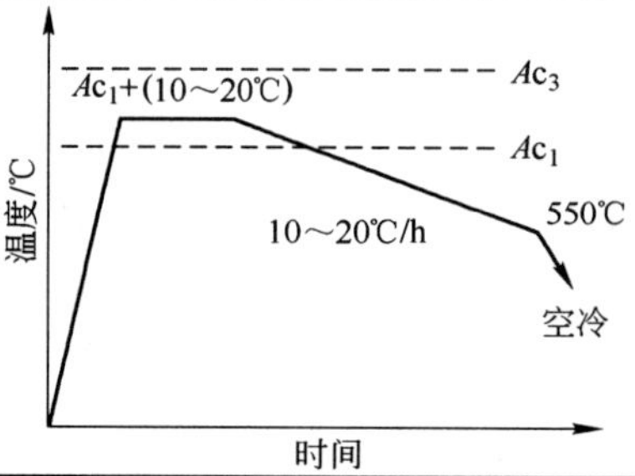
</td><td>1. 加热温度：Ac_1+(10～20℃)；
2. 保温时间：取决于工件烧透时间，不宜过长；
3. 冷却：一般 10～20℃/h 冷却到 550℃以下空冷，碳钢冷速可稍快些（20～40℃/h）</td><td>球化较充分，周期长</td></tr>
<tr><td>等温球化退火</td><td>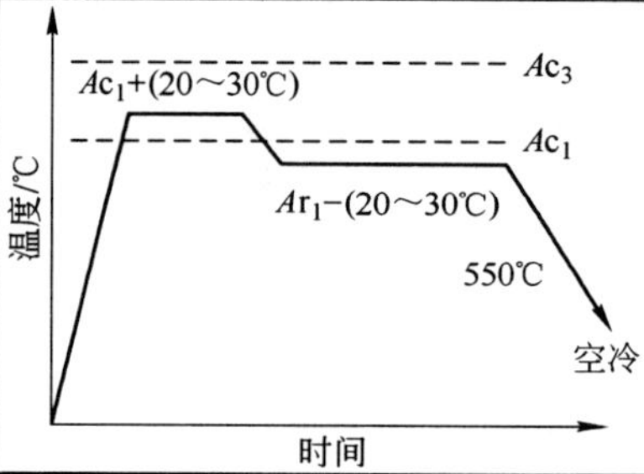
</td><td>1. 加热温度：Ac_1+(20～30℃)；
2. 保温时间：取决于工件烧透时间；
3. 等温温度：Ar_1−(20～30℃)；
4. 等温时间：取决于 TTT 曲线及工件截面尺寸；等温后空冷</td><td>球化充分，易控制；周期较短，适宜大件</td></tr>
</table>

表 8-2 AISI 1541 钢采用的常规球化退火工艺[2]

厂家	A_1 温度以上处理		A_1 温度以下处理	
	温度	时间	温度	时间
紧固件企业 1	748℃	6 h	690℃	10.5 h
紧固件企业 2	748℃	4 h	694℃	12 h
冶金企业 1	748℃	4 h	690℃	14 h

注：上述时间不包括：（1）从室温升温到 A_1 温度以上的时间；（2）从 A_1 温度以上降到 A_1 温度以下的时间；（3）从 A_1 温度降到室温的时间。

8.4.2 加速球化退火处理技术

钢中发生的共析转变即奥氏体向珠光体的转变通常认为只能以渗碳体的片状形态从母相中析出，是以扩散为基础并受扩散所控制。由于球状渗碳体在热力学上较片状更稳定，因此，在理论上潜藏着片状渗碳体向热力学稳定的球状转化的自发趋势。然而，由片状转化为球状所需激活能（吴凡等测定的该值是 695 kJ/mol[21]）不但比碳原子在α-Fe 中的扩散激活能高一倍以上，而且比铁原子的自扩散激活能还高。因此，尽管片状渗碳体存在球化的自发趋势，但渗碳体一旦以通常机制形成片状，再由片状改为球状理应是一个十分困难的过程。

解决该难题的一个途径是设法改变球化退火处理前的珠光体组织形貌，如通过控轧控冷技术产生退化珠光体或通过形变增加退火前组织中的内部缺陷，提高系统的能量水平（从 ΔF 变为 $\Delta F'$），即提高片状改为球状的驱动力，则可降低转变所需的能垒值（Q 变为 Q'），如图 8-7 所示。

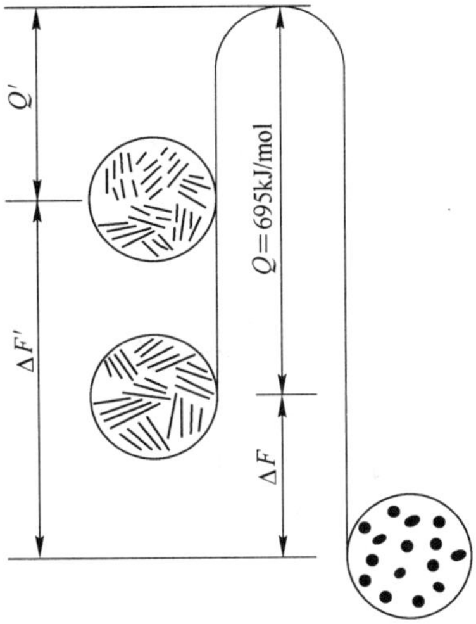

图 8-7 渗碳体不同形态间的能量差与形态转换所需的能垒值[21]

8.4.2.1 控轧控冷线材的球化退火处理技术

前已指出，通常认为在临界点 A_1 以下等温使碳化物球化所需的周期太长，因而生产中很少采用亚温球化退火工艺。这种考虑也许与以往线材未控冷所得到的粗大片状珠光体组织有关。对于这种组织，其亚温球化退火的进程十分缓慢，见图 8-5。然而，对于现代高速线材生产线生产的快速冷却的冷镦钢线材，具有很细的珠光体组织（见图 8-8*a*），如果加热到 A_1 温度以上，随后缓冷到 A_1 以下，则这种细珠光体组织往往会被缓冷或保温过程中形成的粗大珠光体组织所替代，其结果反而不利于碳化物的球化；特别对于控轧控冷的冷镦钢线材，其部分珠光体已发生退化，渗碳体呈短棒状甚至颗粒状（见图 8-8*b*），而在 A_1 点以上保温 2 h 后，则完全消除了这种组织状态，更不利于碳化物的球化。因此，有必要重新考虑采用亚温球化退火工艺或改进传统的双相区球化退火工艺，以节约能源、资源和减少球化退火时间[2,3]。

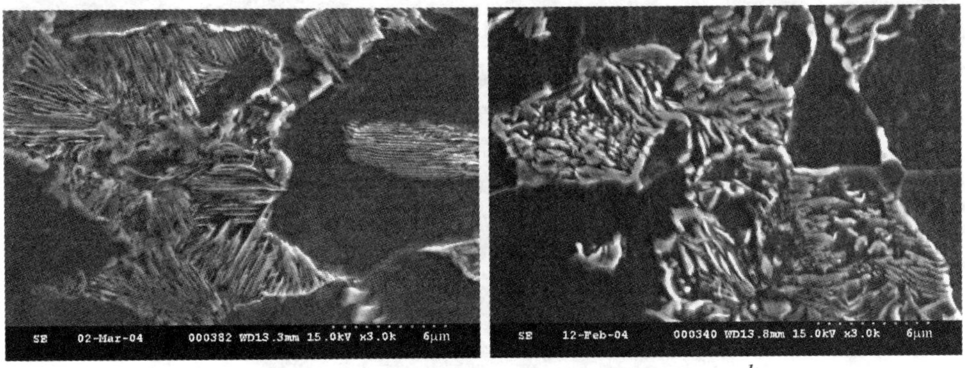

a *b*

图 8-8 快速冷却（*a*）和控轧控冷（*b*）的 SWRCH 35K 钢线材的 SEM 微观组织形貌

基于上述考虑，我们对高速线材轧机控轧控冷和常规轧制的 SWRCH 35K 钢线材的球化退火行为和力学性能进行了系统的研究[3,22]。两种 SWRCH 35K 钢线材在等温球化退火[加热到 750℃保温 2 h 后，炉冷（约 2℃/min）到

700℃保温不同时间后空冷]过程中的渗碳体球化情况分别见图 8-9 和图 8-10。对于控轧控冷线材，在等温温度 700℃未保温时的组织为先共析铁素体+片层状珠光体（图 8-9*a*），其中的片层状珠光体是从 750℃炉冷到 700℃时未转变的奥氏体在随后的空冷过程形成的；等温 2 h 后即有部分渗碳体溶断、球化，此时组织中粗大的珠光体是在炉冷或在 700℃等温过程中形成的，而十分细小的珠光体则是未转变的奥氏体在随后的空冷过程中形成的（图 8-9*b*）；此后，随着等温时间的延长，渗碳体球化率继续提高，并按照 Ostwald 熟化机制长大，且分布更加均匀（图 8-9*c*）。应当指出的是，即使经过 20 h 的等温，试样中仍有少量未球化的片状渗碳体，这表明要得到全部球状渗碳体非常困难。常规轧制线材的渗碳体球化行为与控轧控冷线材类似，只是其渗碳体球化进程明显落后于后者（图 8-10）。图 8-11 是 AISI 1541 钢线材在等温球化退火过程中的未转变奥氏体量（即细珠光体量）随等温时间的变化[2]。显然，在 A_1 点下需等温约 4 h 才能使大部分奥氏体发生转变。

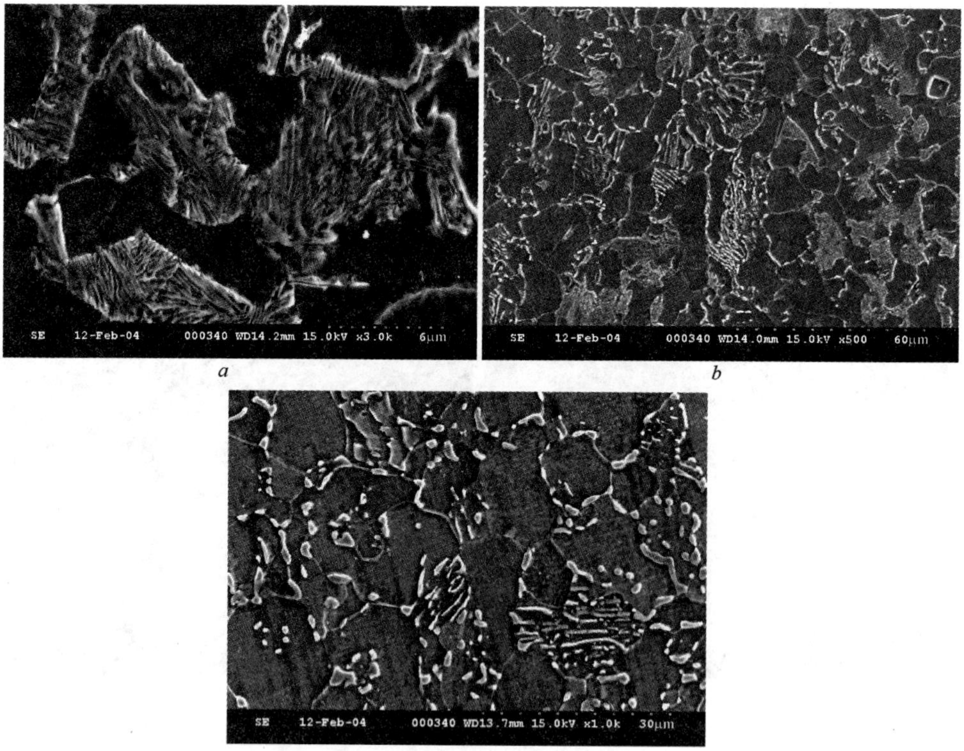

c

图 8-9　控轧控冷的 SWRCH 35K 钢线材在等温球化退火过程中的渗碳体球化情况
（此处所给出的时间为在 700℃的等温时间，不包括在 750℃的 2 h 保温时间）
a—0 h；*b*—2 h；*c*—8 h

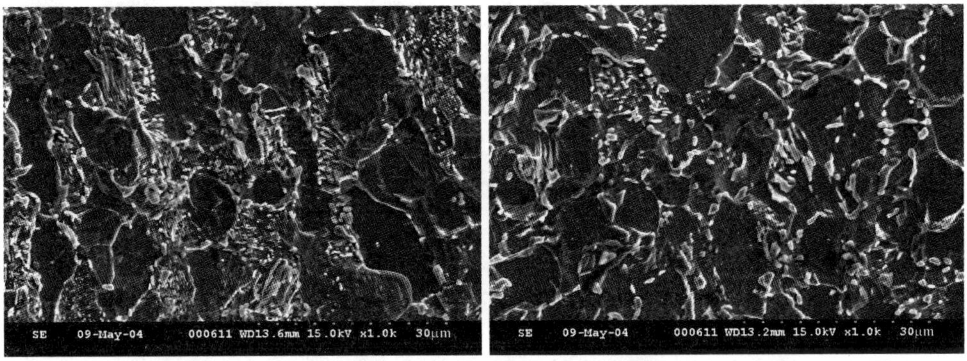

图 8-10 常规轧制的 SWRCH 35K 钢线材在等温球化退火过程中的渗碳体球化情况
（此处所给出的时间为在 700℃的等温时间，不包括在 750℃的 2 h 保温时间）
a—4 h；*b*—8 h

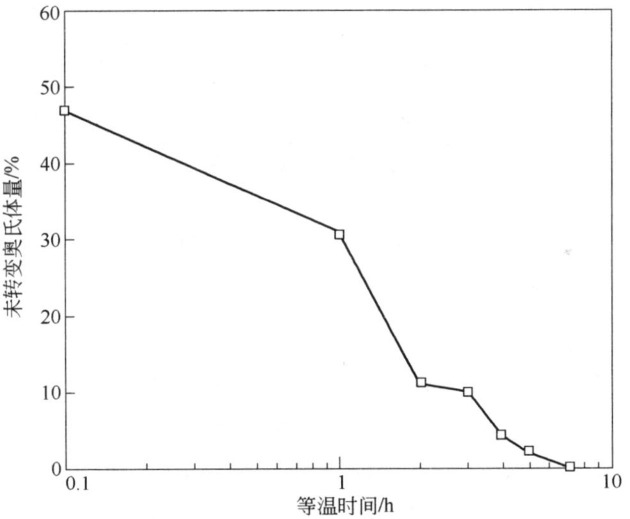

图 8-11 AISI 1541 钢在等温球化退火过程中的未转变奥氏体量随等温时间的变化[2]
（等温球化退火：加热到 748℃保温 2 h，以 6℃/min 冷到 688℃等温）

上述线材在亚温球化退火（加热到 700℃保温不同时间后空冷）过程中的渗碳体球化情况见图 8-12。可见，控轧控冷线材在 700℃保温 2 h 后渗碳体即大部分变成短棒状或颗粒状，渗碳体球化率在 60%以上，此时的整个保温时间较常规球化退火至少缩短了 2 h。同样，常规轧制线材的渗碳体球化进程明显落后于前者。

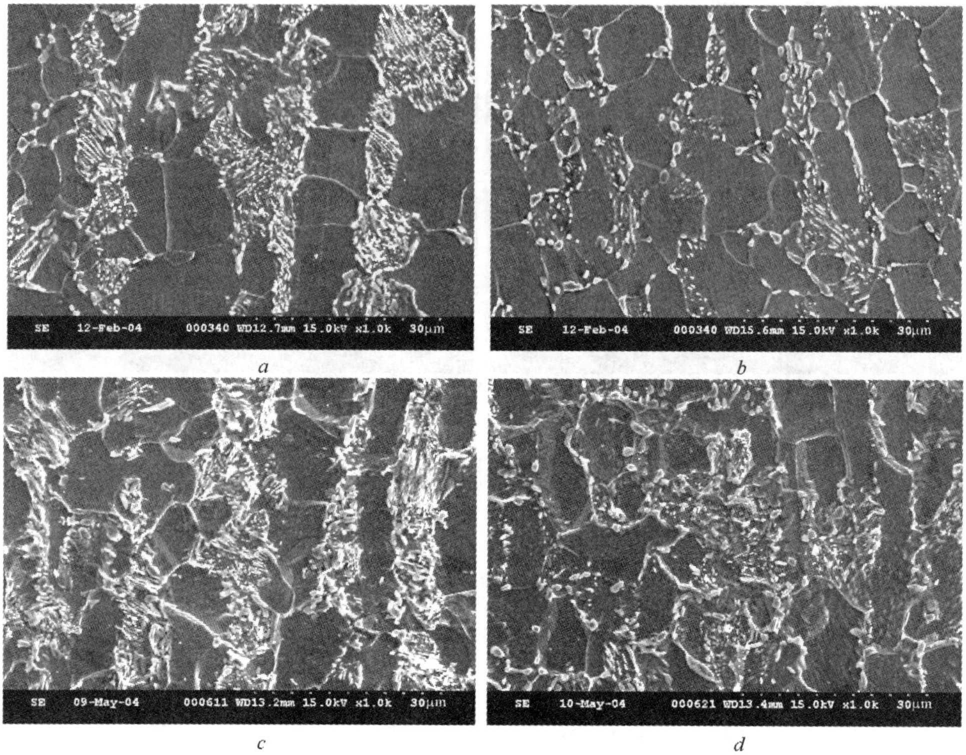

图 8-12　SWRCH 35K 钢线材在亚温球化退火（700℃）过程中的渗碳体球化情况

a—控轧控冷线材，2 h；*b*—控轧控冷线材，8 h；*c*—常规轧制线材，2 h；*d*—常规轧制线材，8 h；

图 8-13 为控轧控冷线材经等温球化退火和亚温球化退火处理后的渗碳体球化率随等温时间的变化。此处定义渗碳体颗粒的最大尺寸与最小尺寸的比值≤3 时的渗碳体颗粒数与渗碳体颗粒总数的比值为渗碳体球化率。可见，在等温初期，随着等温时间的延长，两种球化退火工艺的球化率均显著增加，但当等温时间超过约 8 h（亚温球化退火）或 12 h（等温球化退火）后球化率提高的幅度很小。这主要是由于一方面不断有新的片状渗碳体溶断、球化，使球化的渗碳体数量增加；另一方面又不断有渗碳体颗粒按照 Ostwald 熟化机制长大，使球化的渗碳体数量减少。因此，综合作用的结果是球化率随着等温时间的延长而先迅速增加，而后增加趋势变缓。正如前面所述，亚温球化退火的渗碳体球化率要高于等温球化退火，这种差异在退火早期比较显著。对 AISI 1541 钢也得到类似的结果，见图 8-14[2]。

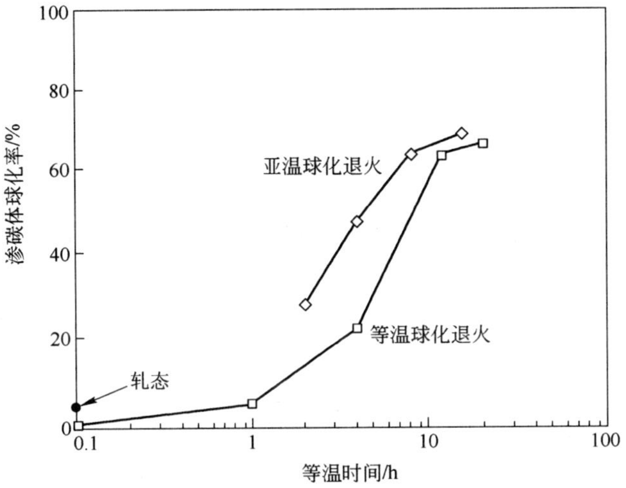

图 8-13 控轧控冷的 SWRCH 35K 钢线材在等温和亚温球化退火过程中的渗碳体球化率随等温时间的变化
（球化退火时间为在 700℃的等温时间，不包括在 750℃的 2 h 保温时间）

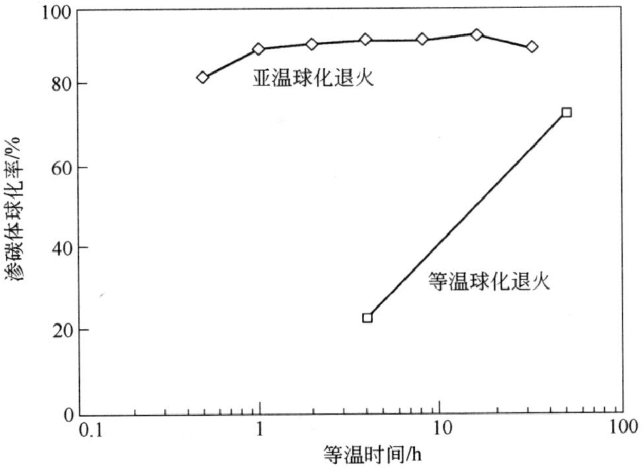

图 8-14 控轧控冷的 AISI 1541 钢线材在等温和亚温球化退火过程中的渗碳体球化率随等温时间的变化[2]
（等温球化退火：加热到 748℃保温 2 h，以 6℃/min 冷到 688℃等温；亚温球化退火：加热到 704℃等温）

图 8-15 是控轧控冷 SWRCH 35K 钢线材经等温球化退火和亚温球化退火处理后的抗拉强度和断面收缩率随等温时间的变化。对于等温球化退火，当等温时间小于约 8～10 h（在 700℃等温时间 6～8 h）时，主要是未转变奥氏体的共析分解和粗大片状渗碳体溶断、球化，因而随着等温时间的延长，未转变奥氏体量（空冷后为细珠光体）减少，因而强度降低幅度较大，塑性得到明显改善；此后随着等温时间的延长，主要是渗碳体按 Ostwald 熟化机制长大，因而强度缓慢降低。对于亚温

球化退火，渗碳体在等温初期即大部分溶断、球化，因而强度缓慢降低，塑性缓慢提高；在等温时间超过约 5 h 后，亚温球化退火试样的抗拉强度稍高于等温球化退火的试样，这主要是前者渗碳体比较细小的缘故，见图 8-9 和图 8-12。由于冷镦性与渗碳体的球化率有良好的对应关系，而硬度和颗粒尺寸变化对其影响不明显[2]，这种组织状态的差异使得亚温球化退火料较等温球化退火料具有更好的塑性，从而具有更好的冷镦性能。鉴于冷镦时的裂纹多由圆周方向的拉伸应力引起，因而可采用圆锥形扩口实验来评估线材的冷镦性能。图 8-16 是对控轧控冷的 AISI 4037 和 AISI 1541 钢线材的评估结果。可见，为了获得相同的冷成形性，采用等温球化退火工艺需约 10 h，而采用亚温球化退火仅需 2～4 h。

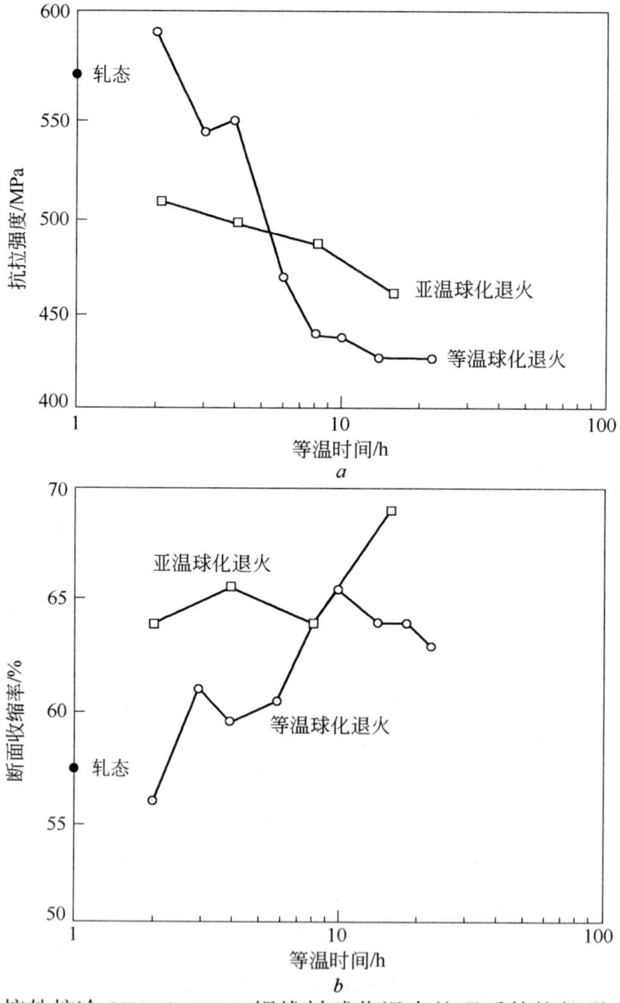

图 8-15　控轧控冷 SWRCH 35K 钢线材球化退火处理后的抗拉强度（*a*）和断面收缩率（*b*）随等温时间的变化

（等温温度 700℃，等温球化退火的等温时间包括在 750℃的 2 h）

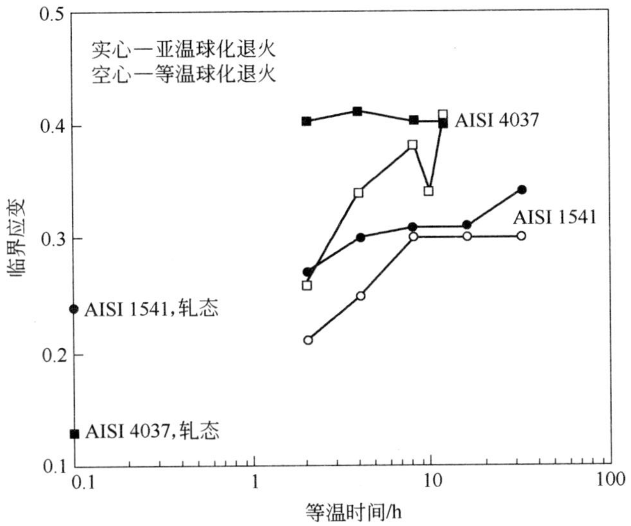

图 8-16 AISI 4037 和 1541 钢线材经不同球化退火工艺处理后的冷成形性随等温时间的变化[2]

（等温球化退火：加热到 748℃保温 2 h，以 6℃/min 冷到 688℃（1541 钢）或 704℃（4037 钢）等温；亚温球化退火：加热到 704℃等温）

从图 8-17 中可以看出，对于等温球化退火处理，SWRCH 35K 钢常规轧制线材的强度略高于控轧控冷线材；而对于亚温球化退火处理，两种线材的强度差别不大。图 8-18 是在不同等温温度下常规轧制线材的抗拉强度随等温时间的变化。可见，无论对于等温球化退火还是亚温球化退火，随着等温时间的延长，强度逐渐降低；而随着 A_1 以下等温温度的升高，强度逐渐降低，这主要是由于等温温度过低使得碳原子的扩散比较困难，从而延缓渗碳体球化进程的缘故。

上述研究结果表明，对于现代高速线材轧制生产的冷镦钢线材，与采用传统的双相区等温球化退火相比，采用亚温球化退火时的渗碳体球化进程明显加快，球化率高，且渗碳体比较细小，具有良好的塑性和冷成形性，因而采用亚温球化退火处理可明显地缩短球化退火时间，具有明显的节能降耗、提高生产效率的作用，值得进一步深入研究和推广应用。此外，控轧控冷的 SWRCH 35K 钢线材尽管具有相对粗大的珠光体组织，但因有相当部分的珠光体发生退化，其球化退火进程要明显快于常规轧制的具有细珠光体组织的线材。

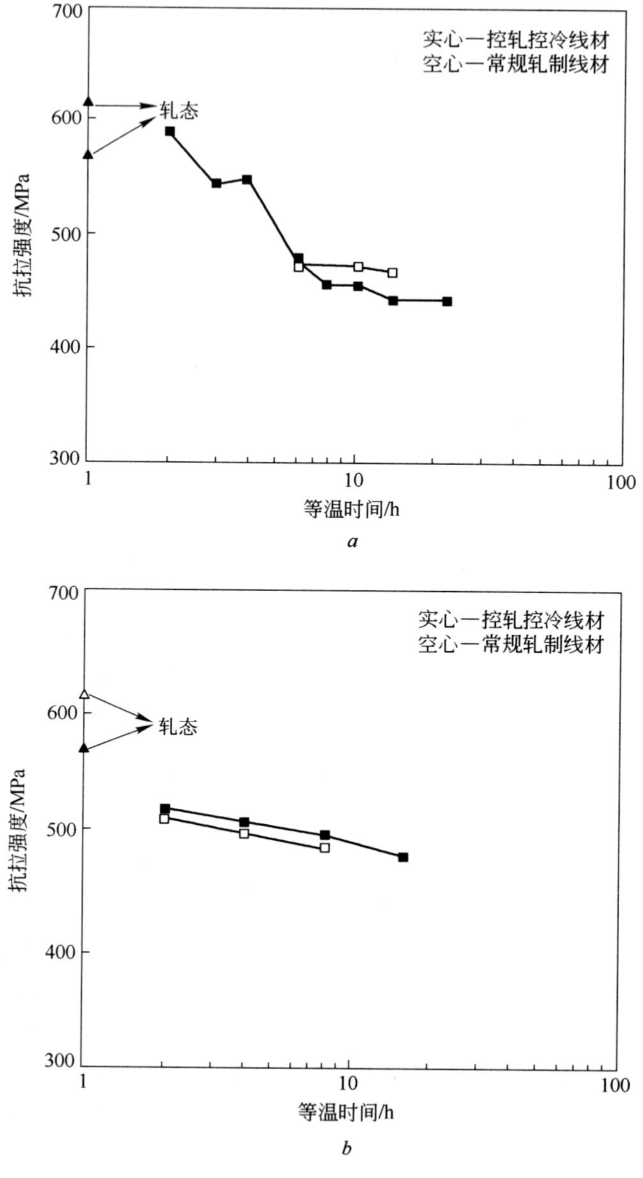

图 8-17　SWRCH 35K 钢线材等温球化退火（*a*）和亚温球化退火（*b*）过程中的抗拉强度随等温时间的变化

（等温温度 700℃，等温球化退火的等温时间包括在 750℃的 2 h）

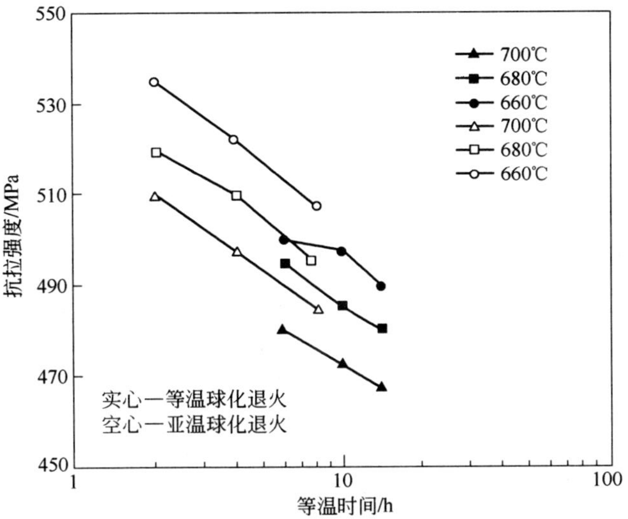

图 8-18 常规轧制 SWRCH 35K 钢线材的抗拉强度随等温时间的变化
（等温温度 700℃，等温球化退火的等温时间包括在 750℃的 2 h）

8.4.2.2 快速球化退火处理技术

双相区球化退火处理是利用不均匀奥氏体中未溶碳化物或奥氏体中高浓度碳偏聚区的非自发形核的有利作用来加速球化[4]。然而有不少研究工作[23~27]指出，对于中碳钢，在 A_1 温度以上在 0.5 h 以内碳化物即全部溶解，如果珠光体很细，则这种溶解会更为迅速。从这个角度上讲，很难理解目前工业生产中所采用的这种双相区球化退火处理工艺。一种可能是这种工艺制度是移植自过共析钢的球化退火工艺，因为对于过共析钢，在 A_1 之上的保温处理是破碎先共析渗碳体的重要手段。

为此，有研究者开发出一种中碳钢快速球化退火工艺，可在很短的时间（不到 30 min 甚至 15 min）内获得较好的球化组织，见图 8-19[24,25]：将片层状珠光体迅速加热到铁素体+奥氏体两相区，短时保温使部分珠光体转变成奥氏体，并使片状渗碳体快速溶断，形成具有成分不均匀的奥氏体和大量溶断的渗碳体组织；然后快速冷却到 A_1 点以下的合适温度保温较短时间，一方面在这种成分不均匀的奥氏体中析出渗碳体；另一方面未溶的渗碳体可作为渗碳体的核心，加速奥氏体的转变，同时使析出和溶断的渗碳体球化长大。

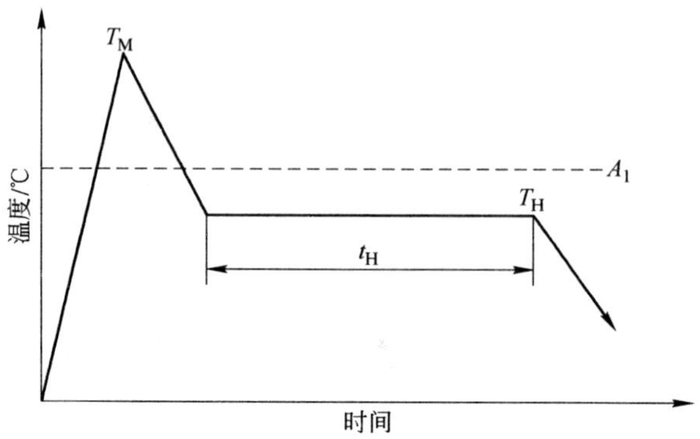

图 8-19　快速球化退火工艺曲线

这种快速球化退火工艺的关键是选择合适的加热温度、等温温度及保温时间。当加热温度过高或奥氏体化时间过长时，渗碳体就会均匀溶于奥氏体中，从而形成单一均匀的奥氏体组织，缺乏渗碳体析出的核心。这种均匀的奥氏体很难在短时间内转变成球化体，易形成较多的片层状珠光体。反之，当加热温度过低时，渗碳体没有被充分溶断，存在较多的残留珠光体，同样难以获得理想的球化组织。在随后的等温转变过程中，如果等温温度过低，碳原子的扩散比较困难，易于发生片层状珠光体的组织转变；而如果等温温度过高，又会导致过冷度偏小，转变速度减慢，同样达不到快速球化的目的。因此，对于每一种钢，应探索其最佳的加热温度、等温温度及保温时间等工艺参数，以获得较好的球化组织。如对 45 钢的研究结果表明[25]，快速加热到 780℃，然后空冷至 680℃，保温 20～25 min，可获得较好的球化效果，与传统的球化退火工艺相比，球化时间缩短了近 10 倍。

从本质上讲，快速球化退火工艺的球化机制与传统的双相区球化退火工艺相同，但下面三点不同使得二者的球化退火时间存在明显差别：

（1）前者的加热和冷却速度要快得多；

（2）为了缩短奥氏体化时间，前者的加热温度 T_M 要稍高些；

（3）前者的等温时间 t_H 明显缩短。

显然，为了实现快速加热和冷却及温度的窄范围精确控制，传统的装炉量较大的线材盘卷在井式或箱式电炉内整体球化退火方式不再适合，需盘卷开卷后采用盐浴加热、电加热或感应加热等方式进行球化退火。

快速循环球化退火是图 8-19 所示工艺的一个变种，其球化进程要比传统的等温球化退火快得多[26,27]。将 40Cr 钢快速加热到 760℃奥氏体化 12 s 后，在 700℃等温 10 min 为一个循环，图 8-20 为循环次数对碳化物粒径和淬火硬度（奥氏体化后直接淬火）的影响。由于奥氏体化时首先是片状和细小球状碳化物溶解，而未溶的较粗大碳化物在随后冷却等温过程中长大粗化。因而随着循环次数的增加，碳化物的粒径逐渐增大，导致随后形成的奥氏体的碳含量减少，使淬火后马氏体的硬度降低。

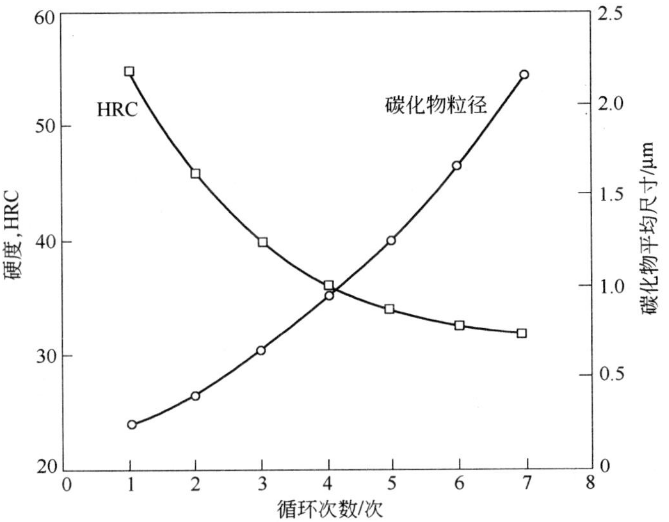

图 8-20 循环次数对 40Cr 钢球化退火后碳化物粒径和奥氏体化后淬火硬度的影响[26]

8.4.2.3 形变加速球化退火处理技术

如前所述，形变能够提高系统的能量水平，从而能够显著地加速渗碳体的球化过程，并据此发展了形变球化退火的工艺。形变的作用在于形成利于珠光体球化转变的组织缺陷（如位错、亚晶界、扭折、弯曲、条纹、孔洞和裂缝等），以便在球化退火处理过程中作为核心，加速渗碳体球化的转变进程。形变球化退火通常可分为低温形变球化退火和高温形变球化退火[3]。

将钢件在低温如室温下施行一定的形变加工，然后再在低于 A_1 温度进行退火，这种工艺称为低温形变球化退火。其基本思路是通过珠光体状态下承受的形变储能补偿固相中仅靠加热所不易得到的活化能。如吴凡等[28]将显微组织中含有片层状珠光体的中碳钢 45、45Cr 加热到 Ac_1 点之下较高的温度进行适量的变形，可实现片状碳化物向球状的快速转变；变形后继续在变形温度停留 1～2 h，即可使碳化物球通过 Ostwald 熟化机制达到尺寸均匀化和粗化，同时铁素体基体完成再结晶，以满足冷镦成形的要求。在轧制变形（应变速率=6～8 s^{-1}）的情况下，所需真应变约为 0.96。在低温的珠光体状态下进行冷加工的致命缺点之一是材料的变形抗力大，需要施加很大的变形力，控制不当容易产生裂纹，故其实用性受到限制；另一个缺点是在低温下蓄积的晶内缺陷在随后升温过程中往往损失很多。然而，对于现代高速线材轧机控轧控冷生产的冷镦钢线材，如能在球化退火前首先进行一次少变形量的冷拔，然后进行球化退火处理，将会显著地加快球化退火进程。

如果在高温（如 Ac_1+30～50℃）形变后立即进行缓冷或等温退火的工艺称为高温形变退火。采用此工艺可加快球化进程和获得更好的球化组织。神户制钢[29,30]对中碳钢 S45C 的热模拟结果表明，与传统轧制（轧制温度 1100℃）线材的粗大珠光体和多呈网状析出的铁素体组织不同，控轧控冷（轧制温度 850℃）线材的组织则珠光体明显细化，铁素体量增加且多呈块状分布，随着冷却速度的增加，这种组织细化的程度更加明显。图 8-21 为变形和冷却速度对铁素体体积分数 φ_F 的影响。可见，冷却速度为 10℃/s 时 φ_F 显著增加。为了抑制细小的奥氏体动态再结晶晶粒在随后冷却过程中发生静态再结晶而引起晶粒粗化，应将冷却速度控制在 10℃/s 以上。图 8-22 为改变轧制和冷却条件而获得的 φ_F 对球化行为的影响。可见，球化程度随 φ_F 的增加而提高，当 φ_F 愈接近平衡态含量时，球化程度愈好。显然，随着 φ_F 的增加，珠光体中的碳含量相应增加。这样在随后的球化退火处理中，当加热到两相区时，容易残存较多的细小渗碳体粒子和抑制二次珠光体的形成。此外，组织的细化还使得铁素体-珠光体界面积增加，从而可加速片状渗碳体的溶化。进一步的 TEM 观察表明，当冷却速度为 10℃/s 时，珠光体-铁素体界面不规则，且沿界面有较多的薄片渗碳体层析出。

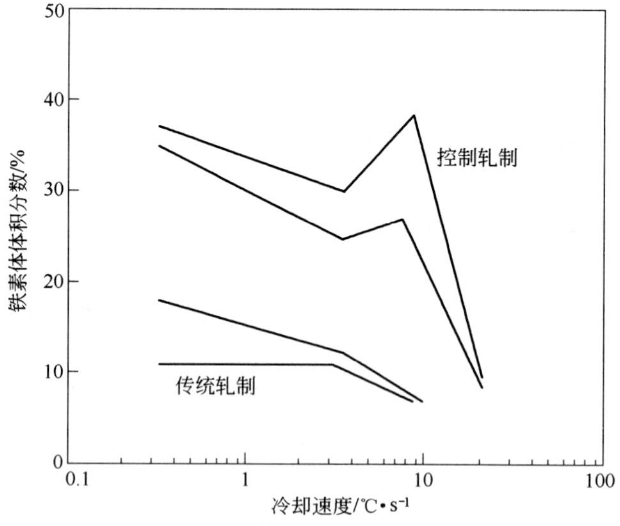

图 8-21　热变形条件和冷却速度对 S45C 钢铁素体体积分数的影响[29,30]
（传统轧制：1100℃，70%，10/s；控制轧制：850℃，70%，10/s）

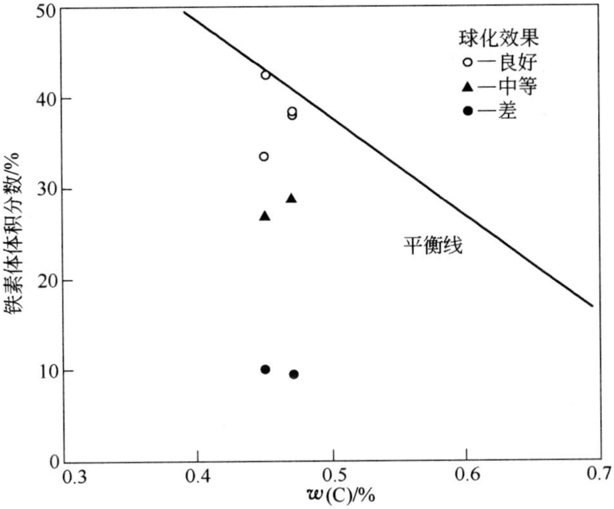

图 8-22 铁素体体积分数对 S45C 钢球化行为的影响[29,30]
（球化退火处理：740℃保温 30 min 后，以 25℃/h 冷却到 650℃后空冷）

应当指出的是，对于大规格棒线材，轧制时其横截面的铁素体含量往往不尽相同，即存在质量效应，见图 8-23。显然，对于传统轧制材，随着距表面距离的增加，φ_F 逐渐增加，这主要是冷却速度的影响；对于控轧控冷材，其表面 φ_F 却急剧增加，这主要是由于奥氏体晶粒尺寸与冷却速度相互作用的结果。

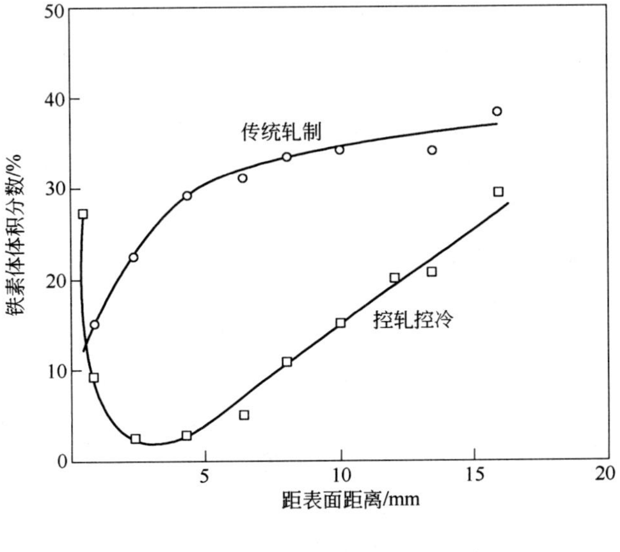

图 8-23 实验轧机轧制时棒线材横截面铁素体体积分数的变化[29,30]

8.5　在线软化处理技术

8.5.1　在线软化处理技术的基本考虑

钢中发生的共析转变即奥氏体向珠光体的转变通常认为只能以渗碳体的片状形态从母相中析出。因此，8.4 节所述的各种球化退火技术是将渗碳体由片状改变为球状，从本质上讲是一种离线处理，即需将热轧态线材离线重新加热进行球化退火处理，未能利用轧制余热。

既然球状渗碳体在热力学上较片状更稳定，必然有可能在一定条件下不经历中间亚稳态而直接从过冷奥氏体中稳态析出。显然，稳态的球状渗碳体不可能从稳态的奥氏体中析出，如果能够使奥氏体尽可能地偏离平衡态，则析出的渗碳体就越接近转变温度区间内的平衡态，即得到球状的渗碳体[21]。前述的工业上钢材的常规球化退火处理，其机理便是利用不均匀奥氏体中未溶碳化物或奥氏体中高浓度碳偏聚区的非自发形核的有利作用，将过冷奥氏体缓冷或低于 A_1 温度等温而得到球状渗碳体。此外，由于共析相变产物原则上不超过母相晶粒边界，故渗碳体片的长度不大于母相奥氏体晶粒直径；而其宽度则取决于共析相变发生的实际温度，该温度越接近母相和子相的相平衡温度，渗碳体就越宽。如将渗碳体片的长宽比等于 5 作为球和片的分界，则获得球状渗碳体时的母相奥氏体临界直径约为 5 μm[21]。

对低碳钢的大量研究结果已经证实[31,32]，在高应变速率、大应变下，进行稍高于 Ar_3 的奥氏体形变可使铁素体超细化，得到 2 μm 以下的超细铁素体，使钢的强度和韧性得到显著提高。值得注意的是，对低碳钢如 SS400、Q235、20Mn 等的研究发现[33~35]，形变改变了超细铁素体周围未转变的超细奥氏体的分解方式，在随后的缓冷或保温退火过程中表现为奥氏体向离异或退化珠光体的加速转变并缓慢粗化。这种珠光体的退化现象不仅具有重要的理论意义，同时还具有重要的工业应用前景。

图 8-24 为控轧控冷过程中奥氏体晶粒和组织转变示意图[36]。降低轧制温度，可抑制再结晶和晶粒长大，从而可获得细小的奥氏体晶粒或未再结晶奥氏体晶粒。对于这种状态的奥氏体晶粒，铁素体容易在晶界或形变带处形核析出。

基于上述考虑，对于珠光体含量较高的中碳钢，如果在轧制过程中通过控制形变实现奥氏体的非平衡化（高位错密度等缺陷）和超细化，再通过随后的控制冷却就有可能获得球状的渗碳体，而非通常的片层状渗碳体，这样就可以大幅度地缩短球化退火时间甚至省略球化退火处理，实现在线软化处理。

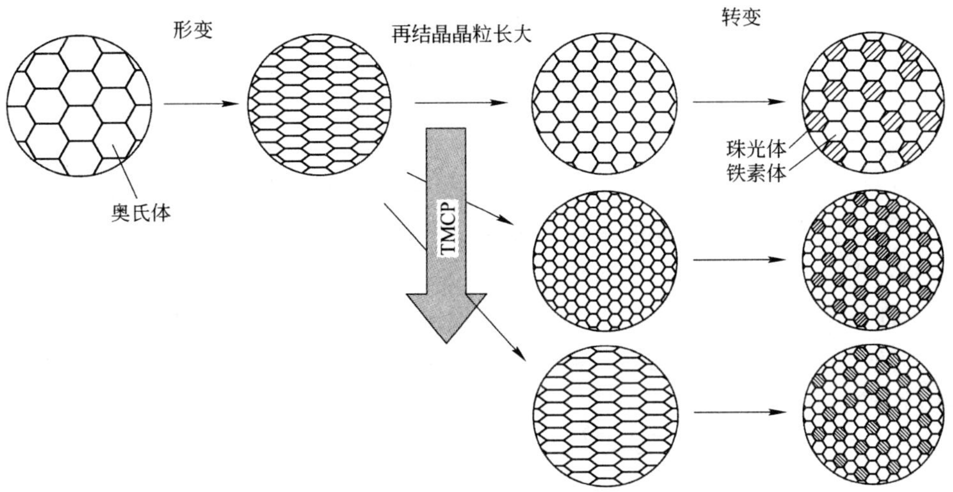

图 8-24 控轧控冷过程中组织变化示意图[36]

8.5.2 在线软化处理技术的前期探索

在线软化处理技术的前期探索工作主要着眼于加速渗碳体的球化进程，如早期 Paqueton 等[13]的研究结果表明，过冷奥氏体所承受的应变能仅有助于加速共析转变（使 C 曲线向左上移动），却不改变转变产物珠光体的片层状形态。在 20 世纪 80 年代初期，新日铁在实验室进行了线材在线缓冷技术的探索[37]。他们采用三段式控制冷却的技术路线，即在相变前先快冷（第一阶段冷却），在相转变区缓冷（第二阶段冷却），相转变结束后又快冷（第三阶段冷却）。图 8-25 为获得的 S45C 钢的第二阶段冷却的许可温度范围。

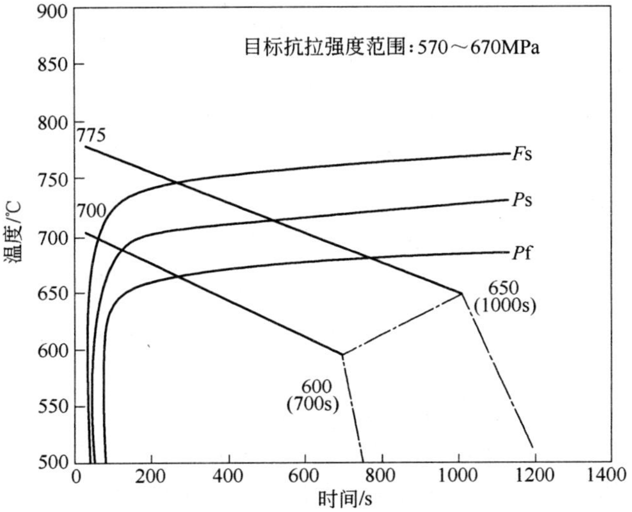

图 8-25 S45C 钢相变区缓冷的许可温度范围[37]

日本住友金属[38]对 S45C、SCM435 钢的实验研究表明，在低温（675℃）大压下量（62.5%）轧制后，在 700℃仅等温 1 h 即可获得良好的渗碳体球化组织，且轧制前和轧制过程中铁素体的充分析出对渗碳体的球化影响显著。川崎制铁[39]对 SCM435 钢的研究表明，随着冷却速度的增加，强度和塑性均增加，但当冷却速度增加到 0.1℃/s 时，抗拉强度急剧增加，塑性急剧降低，即存在一个强度和塑性平衡的最佳冷却速度。实际轧制的ϕ14 mm 线材的结果也表明，当冷却速度为 0.12℃/s 时，抗拉强度不高于 800 MPa，即控制轧后线材的冷却速度可以省略线材二次加工前的软化退火处理。随后，神户[29,30]对中碳钢 S45C 的控轧控冷研究结果表明，通过控制轧制可使奥氏体晶粒细化，结合随后的控制冷却可获得细小的铁素体+珠光体组织。最后，这种组织进行快速球化退火处理可获得良好的球化体。

20 世纪 90 年代国防科大的吴凡等[21,40]对中碳冷镦钢的在线软化技术进行了探索。他们提出的三阶段轧制工艺如下：

（1）在 Ac_3～（Ac_3+100℃）的温度区间以一定变形比轧制并发生瞬间再结晶，使平均晶粒直径控制到约 40 μm 的再结晶控轧；

（2）速冷至 Ar_3～（Ar_3+100℃）温度区间，以一定变形比使奥氏体晶粒拉长，并在其中形成大量形变缺陷，致使钢的 Ar_3 和 Ar_1 得以提高的预轧；

（3）速冷至业已提高的（Ar_3～Ar_1）温度区间，以一定变形比将钢材轧至最终尺寸。此时，奥氏体晶粒因热力学稳定的先共析铁素体相超量析出而被机械分隔、超细化至 5 μm 以下，并失去再长大的空间，称为精轧。最后将钢材温度回升至 Ac_1 以下较高温度等温一段时间（700℃，1 h），以完成形变铁素体的再结晶和渗碳体的球化。图 8-26 为该三阶段轧制及随后的等温过程示意图。按照此工艺生产的 QML35 钢线材的球化率在 90%以上，可省去原材料拉拔前的球化退火处理，缩短表面涂敷前的酸洗时间，而且原材料硬度较低，可连续多次拉拔，拉拔减面率可大大提高，适合高速自动化冷成形[41]。上述工艺的致命缺点是终轧温度偏低（≤650～675℃），且轧后需在 Ac_1 以下较高温度（700℃）等温较长时间（≥1 h），在现有的高速线材生产线条件下难以实现，因此，并不是真正意义上的在线软化（球化）处理工艺。

韩国浦项制铁研究了变形过程中应变诱导相变（SIFT）对中碳 45 钢组织分解的影响[42]，发现在一定的变形条件下，变形后奥氏体直接分解成铁素体和球状渗碳体组织而不是珠光体和铁素体组织，此时钢中的铁素体含量增多，原奥氏体晶内和晶界均有铁素体组织均匀转变，硬度约 170HV，不需要进行退火处理即可直接进行冷镦，其相变过程的原理如图 8-27 所示：在变形过程中最初在奥氏体晶界发生应变诱导铁素体相变，见图 8-27*a*；同时随着变形量的增大，在晶内形变带或者沿着亚晶界也发生了应变诱导铁素体相变，此时，奥氏体被分割得非常细小，见图 8-27*b*；由于能量和成分的扰动在铁素体晶界上出现了球状渗碳体，见图 8-27*c*，随着保温时间的延长，球状渗碳体获得了长大，见图 8-27*d*。

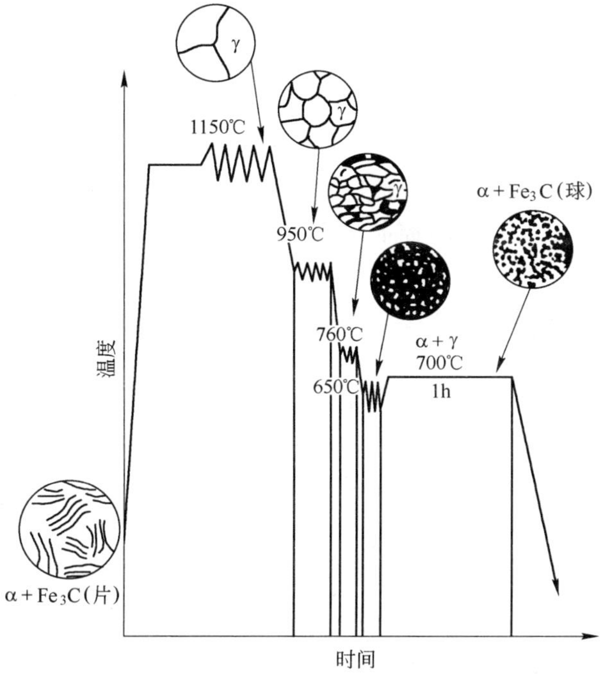

图 8-26 三阶段控轧和随后等温处理工艺过程示意图[21]

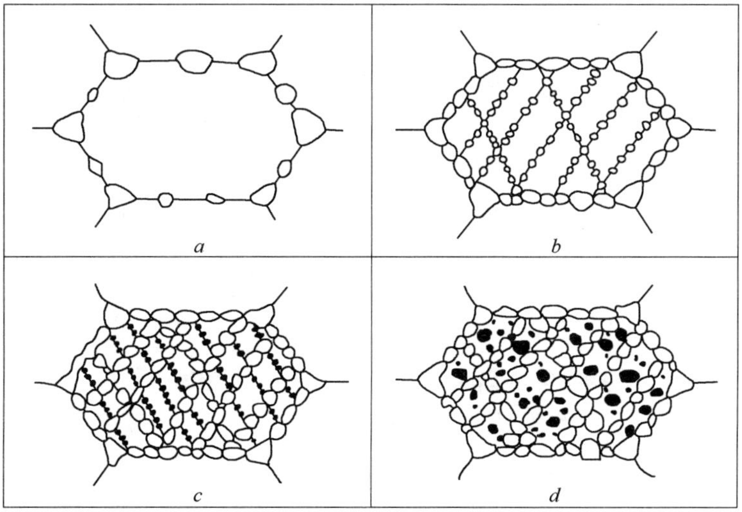

图 8-27 渗碳体球化过程示意图[42]

此外，Park 等[43]研究热机械形变对 0.45% C 中碳钢组织细化的影响，结果发现在 Ar_3（600℃）点形变可获得 1 μm 的超细晶粒，从而经过 710℃，3 h 的球化退火便可获得良好的球化组织。Storojeva 等[44]对 0.36% C 中碳钢在 600～710℃进行多道次大形变，随后在形变温度等温 2 h，同样可获得良好的球化组织，其力学性能与淬火回火组织相当。上述研究工作中采用的形变温度过低，在目前的工业生产中还难以实现，且仍是一种离线球化退火处理。

传统高速线材轧机往往难以实现在线软化退火的一个主要原因在于不能够进行低温大变形量的控制轧制和控制冷却线过短。对此，神户制钢公司的第 7 线材厂在 1999 年进行了设备改造，增加了具有超重载能力的减定径机组并将斯太尔摩控冷运输线从原先的 48 m 加长到 100 m，从而实现了低温控制轧制和在较宽温度范围内的控制冷却。图 8-28 为合金钢线材的冷却速度与抗拉强度关系的示意图[36]。对于传统轧材，其奥氏体晶粒粗大，为了实现软化，则需要相当缓慢的冷却速度，对此需离线进行炉冷退火处理；而对于具有细小奥氏体晶粒的控轧线材，则可通过轧后延长时间的缓冷实现软化。2001 年他们成功地在改造后的线材轧机上生产出在线软化的冷镦钢盘条。在线软化处理的中碳合金钢 SCM435 线材，强度在 800 MPa 以下，低于传统工艺的 900 MPa 以上；用其进行球化退火，在达到同样珠光体球化率的情况下，节省等温时间 45%；而所生产出的中碳钢 S45C 线材则可实现快速球化退火。

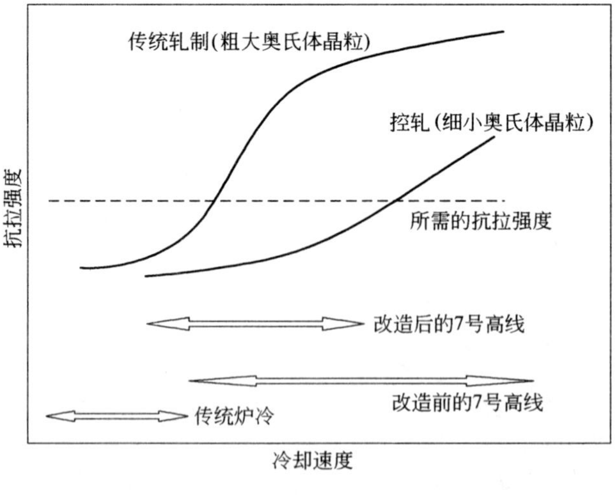

图 8-28　合金钢线材冷却速度与抗拉强度关系的示意图[36]

胡孝三等[45]对中碳合金钢 35CrMo 的热模拟研究结果表明，当低温

（750～800℃）总变形量大于 65%时，可以避免形成粒状贝氏体和马氏体组织，提高铁素体含量，因而材料被显著地软化；过冷奥氏体可能会直接转变成粒状和碎片状珠光体，变形温度越低，变形量越大，越有利于珠光体球化；在珠光体球化的同时，铁素体被超细化，铁素体超细化使钢的硬度提高。

8.5.3 在线软化处理技术的实验室研究

以下以工业生产的中碳冷镦钢 SWRCH 35K 为例，介绍我们对其在线软化技术的实验室研究结果[3,46,47]。实验材料的化学成分（质量分数，%）为：C 0.36, Si 0.18, Mn 0.68, S 0.009, P 0.015。实验钢的 A_1 点和 A_3 点分别为 719℃和 786℃，用 Formaster 热膨胀仪测出实验料以 5℃/s 的速度冷却时的 Ar_3 点为 645℃。在 Gleeble 2000 型热模拟机上进行单向热压缩形变实验，样品为直径 8 mm、长度 15 mm 或直径 10 mm、长度 20 mm 的圆柱试样。形变后部分样品采用水淬以固定高温组织。

8.5.3.1 热变形行为

图 8-29 为 35K 钢试样在不同应变速率和不同变形温度下的真应力-应变（σ-ε）曲线。在相同的形变温度或应变速率下，随着应变速率的增加或形变温度的降低，应力水平提高。从图 8-29*a* 可以看出，σ-ε 曲线在低应变速率下（$\dot{\varepsilon}=0.01$，0.1 s^{-1}）具有双峰特征，$\dot{\varepsilon}>1\ s^{-1}$ 时，σ-ε 曲线上的第 2 个峰变得较平缓，硬化特征不明显。σ-ε 曲线的这种特征与 Q235 钢在 750～780℃、不同速率形变时的 σ-ε 曲线特征[48]类似。随着应变量的增加，形变过冷奥氏体的缺陷密度不断增加，形变储能不断积累，形变诱导铁素体（DIF，Deformation Induced Ferrite）在奥氏体晶界、晶内形变带等处形核析出。当奥氏体的动态回复和动态再结晶及 DIF 的析出所引起的形变储能的释放超过形变储能的积累时，在 σ-ε 曲线上表现为应力下降，从而出现第一个峰；应变量继续增加，铁素体大量形核、长大，其转变量不断增加，由于析出的铁素体随着应变量的增加也逐渐硬化，因此流变应力不再下降反而提高，在曲线上出现低谷；应变量进一步增加，形变储能不断积累，应力逐渐提高，随后铁素体和未转变的奥氏体在合适的条件下将发生动态回复或再结晶软化，使得流变应力不再提高反而下降，从而出现第 2 个峰。

在其他条件不变的情况下，形变温度的影响主要体现在随着温度降低，形变储能的释放途径由动态回复和动态再结晶逐步向形变诱导铁素体相变（DIFT）过渡。即形变温度降低，相变化学驱动力增加，同时位错回复程度降低，形变储能增加，从而使得 DIF 量增加，见图 8-29*b*，图 8-30 及图 8-31。

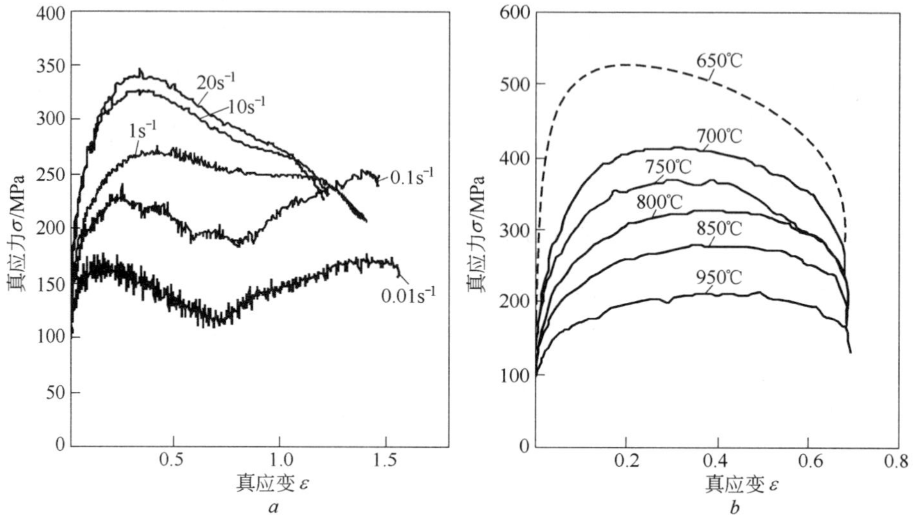

图 8-29　不同应变速率（变形温度 750℃）（*a*）和变形温度（应变速率=20 /s）（*b*）对 35K 钢真应力-应变曲线的影响

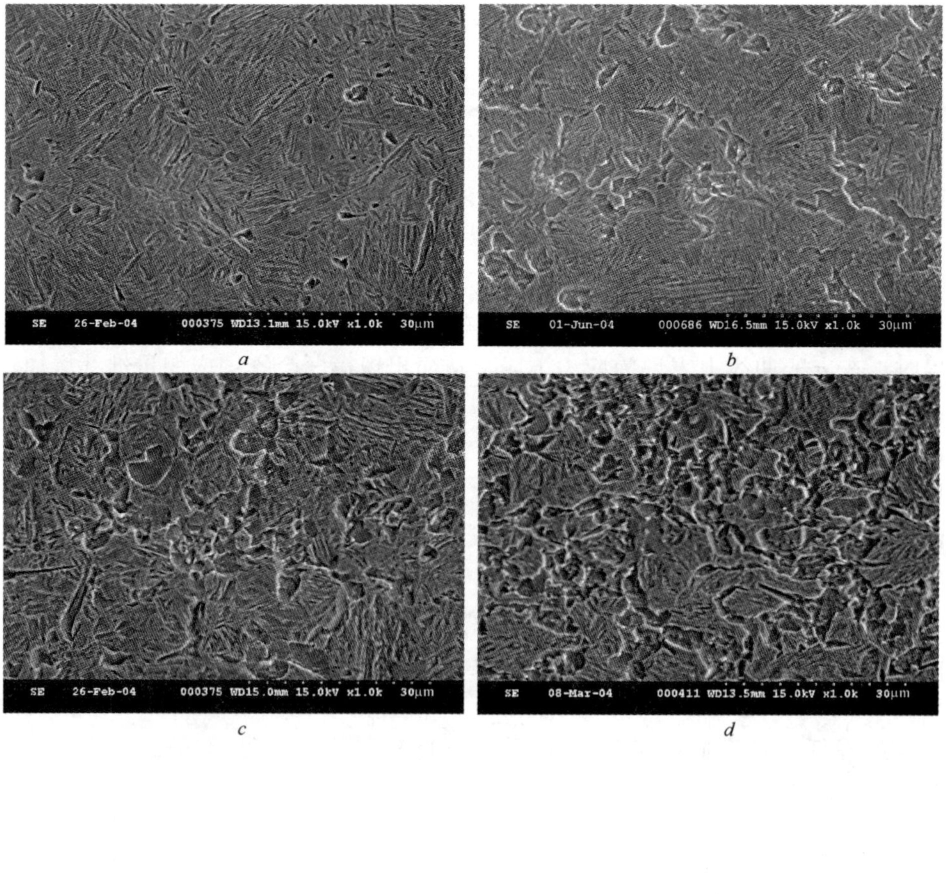

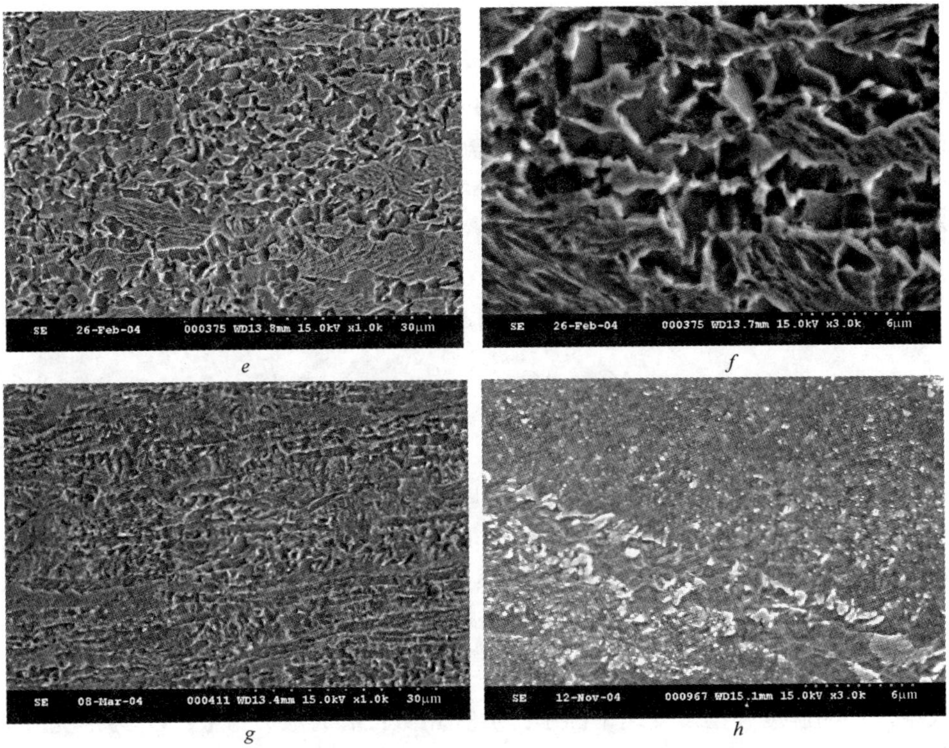

图 8-30　35K 钢在不同温度下形变后水冷的 SEM 组织（ε=0.69）

a—950℃；*b*—850℃；*c*—800℃；*d*—750℃；*e*，*f*—700℃；*g*—650℃；*h*— 620℃

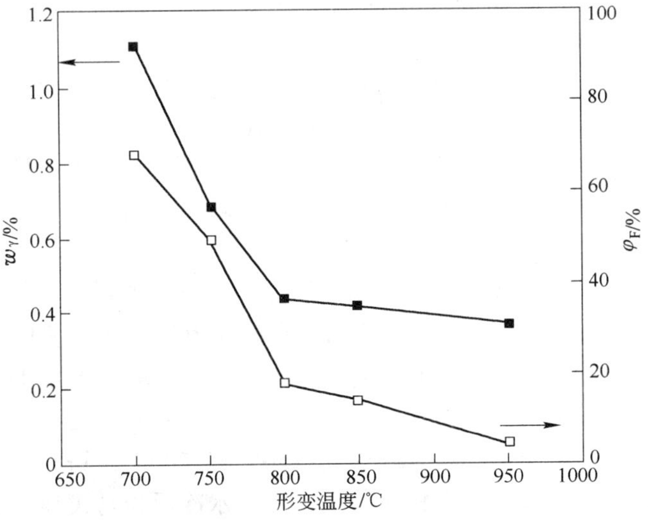

图 8-31　35K 钢在不同温度形变（ε=0.69）后形变诱导铁素体体积分数 φ_F 和未转变奥氏体平均碳含量 w_γ 随形变温度的变化

相变产生的方向应是降低体系自由能的方向，即 $\Delta G<0$，ΔG 可表达为

$$\Delta G=-V(\Delta G_V-\Delta G_e)+\Delta G_s \tag{8-5}$$

式中，V 为体积；ΔG_V 为化学自由能变化；ΔG_e 为弹性自由能变化；ΔG_s 为形成新相时的表面自由能变化。若考虑到塑性变形过程中体系中有部分形变能（ΔG_d）不能被热释放和热弛豫，因而将引起体系的自由能变化，并转变为相变的驱动力，即最终降低了系统的自由能，则式 8-5 变为：

$$\Delta G=-V(\Delta G_V-\Delta G_e)+\Delta G_s-\Delta G_d \tag{8-6}$$

上述的形变储能主要取决于形变引起的位错能[48]：

$$\Delta G_d \approx \Delta G_{dis} = \frac{\sigma^2}{M^2\alpha^2\mu} \tag{8-7}$$

式中，M 为 Taylor 因子，对面心立方金属取 3.11；α 为常数，取 0.15；μ为剪切弹性模量，取 7.9×10^{10} N/m^2。单位摩尔奥氏体内的位错能需在上式中乘以奥氏体的摩尔体积（$V=7.1\times10^{-6}$ m^3/mol）[48]。奥氏体热变形是一个热激活过程，这里采用广泛接受的双曲正弦关系来表示热变形过程中应力、形变温度及应变速率之间的关系[49]：

$$Z = \dot{\varepsilon}\exp(Q/RT) = A\{\sin h(\alpha\sigma)\}^n \tag{8-8}$$

式中，Z 为温度补偿形变速率因子；A 为常数；n 为应力指数；Q 为形变激活能；R 为气体常数；T 为形变温度；α 为应力因子，可近似地取 0.012 MPa^{-1}[48]。

对式 8-8 两边取对数可得：

$$\ln\dot{\varepsilon}=\ln A+n\ln\sigma-Q/(RT) \tag{8-9}$$

分别在 T 和 $\dot{\varepsilon}$ 不变的情况下对 $\ln\dot{\varepsilon}$ 和 $1/T$ 求偏导，可求得 n、Q、A。在图 8-29 中取第一个峰值的应力值进行计算，可求得 n=3.73，Q=420.3 kJ/mol，$A=5.69\times10^{16}$。根据式 8-7 和式 8-8 可求得 35K 钢的形变储能与 Z 参数的如下关系：

$$\Delta G_d=271.3-34.5(\lg Z)+1.1(\lg Z)^2 \tag{8-10}$$

式 8-10 与低碳微合金钢所得到的关系式类似[48]。可见，形变储能随着 Z 的增加即随着形变温度的降低和应变速率的升高而增加。

8.5.3.2　不同温度形变后微观组织特征

图 8-30 为 35K 钢试样在不同温度形变（ε=0.69）后立即水冷的 SEM 组织。950℃形变时的组织基本为马氏体（水冷前为奥氏体）和极少量的铁素体（图 8-30*a*）。850℃形变时则有一定量的铁素体（此铁素体为 DIF）析出，这说明在应力作用下奥氏体向铁素体转变温度升高。随着形变温度的降低，铁素体转变量逐渐增加，当形变温度降低到 750℃和 700℃，铁素体转变量显著增加（图 8-30*d*，*e*，*f*），此时未转变的奥氏体（水冷后为马氏体）呈扁长条形。在稍高于 Ar_3 点的 650℃形变，则得到一种完全不同的组织（图 8-30*g*）。在低于 Ar_3 点的 620℃形变，渗碳体在原珠光体区主要以粒状分布，而与细小等轴

的铁素体相邻的部位以球状形式存在（图 8-30*h*）。

图 8-31 给出了不同温度形变（ε=0.69）后立即水冷所测得的形变诱导析出的铁素体体积分数 φ_F 随形变温度的变化，图中同时给出了未转变奥氏体平均碳含量 w_γ 随形变温度的变化。w_γ 可由下式计算得到

$$w_\gamma = \frac{w_0 - \varphi_F w_\alpha}{1 - \varphi_F} \tag{8-11}$$

式中，w_0 为相变前奥氏体的碳含量（质量分数），本实验为 0.36%；w_α 为铁素体的碳含量（质量分数），本实验为 0.0218%。可见，同样随着形变温度的降低和 DIF 的析出，未转变奥氏体中的平均碳含量亦逐渐增加。DIF 含量与形变温度的关系曲线大致呈反 S 形，即在相同形变量下，当形变温度在 800℃（>A_3 点）以上时，γ→α 转变速率较慢；在 800～750℃（A_3 点附近）范围内，转变速率最快；在 750℃以下，γ→α 转变速率又趋缓，转变量比平衡态铁素体含量高，这种现象可称为 DIF 超量析出。

应当指出的是，铁素体析出时扩散排出的碳的分布并不均匀，而是高度富集在细小的铁素体界面和未转变奥氏体的界面。在随后的等温或缓冷过程中，这些富碳区析出短棒状或颗粒状渗碳体。从图 8-30 中还可以看出，即使在淬火态，少部分渗碳体已经呈短棒状或颗粒状，且这种状态在形变温度较低时较明显。

图 8-32 为 35K 实验料在不同温度形变后的铁素体晶粒尺寸随形变温度的变化。随形变温度的降低，铁素体晶粒尺寸也减小，在 750～800℃温度范围内铁素体晶粒尺寸单调减小；当形变温度降低到 700℃时铁素体晶粒尺寸急剧下降，达到 3 μm。

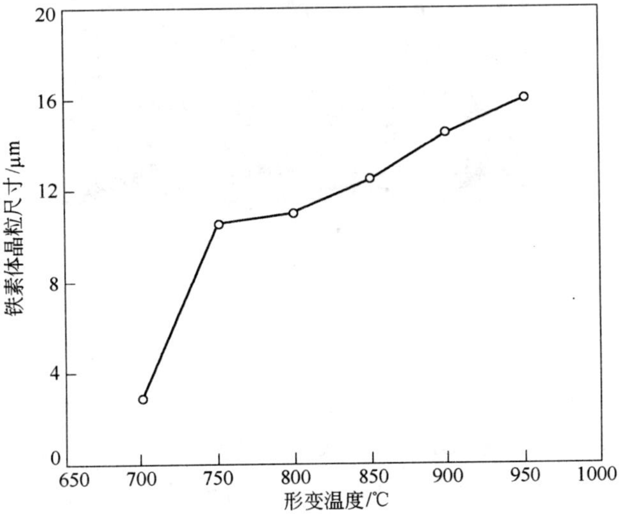

图 8-32 35K 钢在不同温度形变（ε=0.69）后的铁素体晶粒尺寸随形变温度的变化

8.5.3.3　不同形变量的微观组织特征

在形变温度一定的条件下，形变量与奥氏体内部形变带的出现、交滑移的产生和位错堆积密度等密切相关，对组织性能有很大的影响。

图 8-33 为 35K 钢在 780℃不同形变量下立即水冷淬火的 SEM 组织。当形变量低于 0.15 时，没有 DIF 的析出；随着形变量的增加，少量 DIF 在奥氏体晶界析出；当形变量达到 1.2 时，奥氏体大部分被分割成小岛状，但仍然有部分块状奥氏体存在，DIF 含量显著增加，并接近平衡态含量。这进一步说明形变提高了奥氏体向铁素体转变的温度，促使 DIF 的析出。

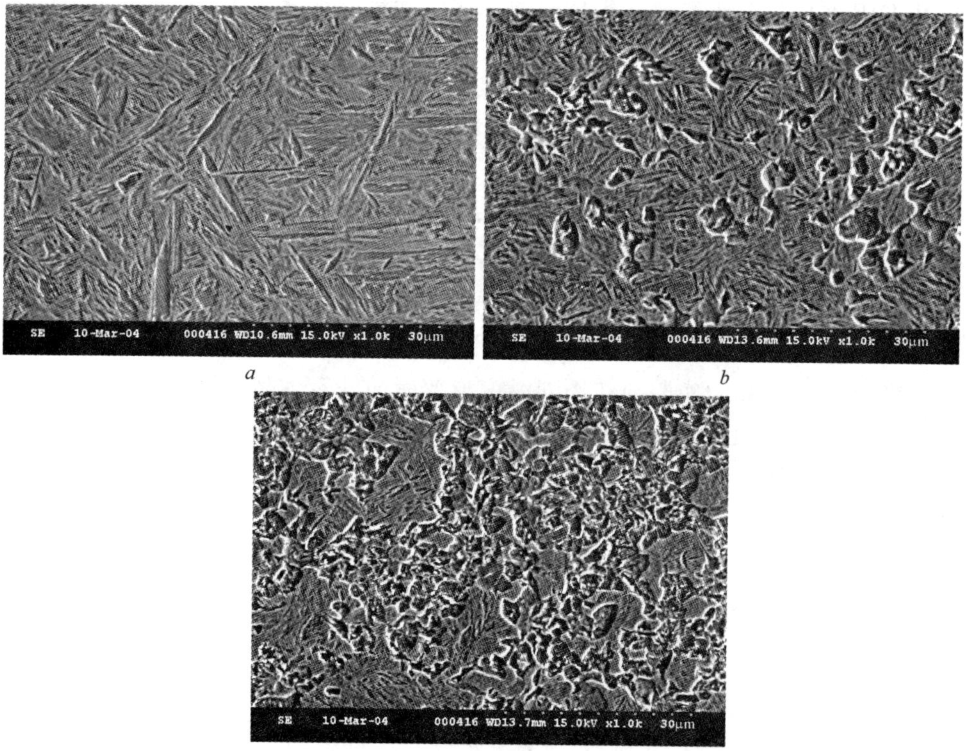

a　*b*　*c*

图 8-33　35K 钢在 780℃不同形变量下水冷淬火的 SEM 组织

a—ε=0；*b*—ε=0.69；*c*—ε=1.20

图 8-34 为 35K 钢在 700℃不同形变量后水冷淬火的 SEM 组织。可见，形变 0.15 后即有 DIF 沿奥氏体晶界析出，这种 DIF 占据了大部分奥氏体晶界，形成了网状结构，但未见 DIF 沿奥氏体形变带析出，也就是说该形变量还不足以开动此析出机制。此后随着形变量的增加，DIF 除了沿着奥氏体晶界继续析出外，同时在形变奥氏体的形变带或孪晶带等畸变能高的部位析出，DIF 数目不断增加，奥氏体（淬火后为马氏体）被分割成扁长饼状和孤立的小岛状。

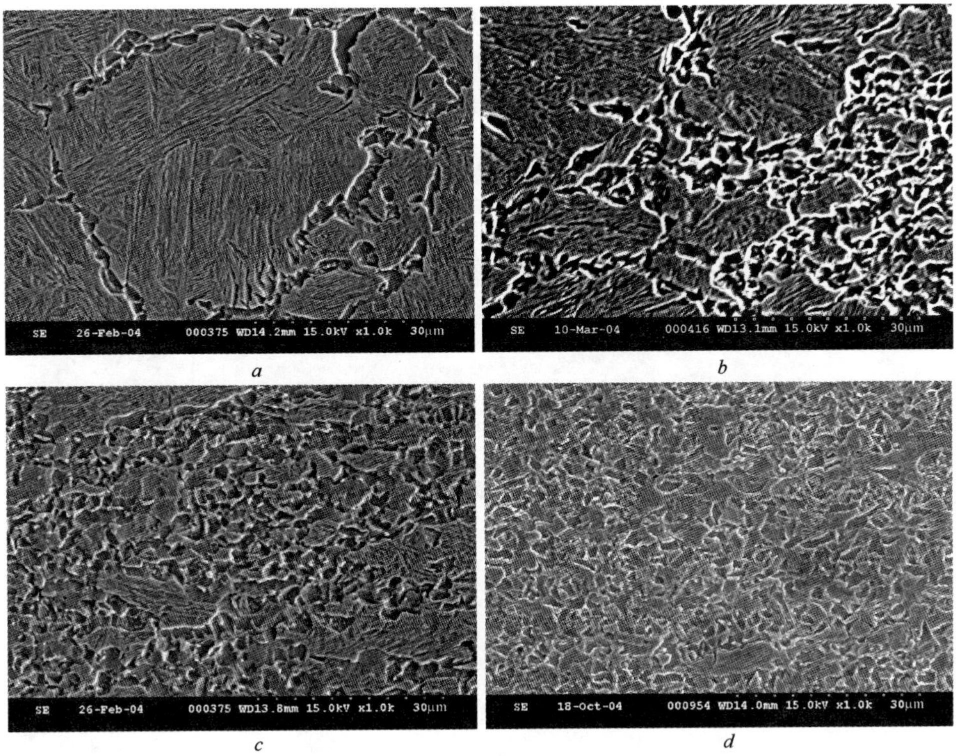

图 8-34　35K 钢在 700℃不同形变量下水冷淬火的 SEM 组织

a—ε=0.15；*b*—ε=0.30；*c*—ε=0.69；*d*—ε=1.20

35K 钢在形变后水冷淬火后的铁素体量随形变量的变化见图 8-35。在 700℃形变后，DIF 含量 φ_F 与形变量 ε 的关系曲线大致呈 S 形，可近似用 Arrami 方程来表示：

$$\varphi_F = 1 - \exp(-k\varepsilon/T) \tag{8-12}$$

式中，k 为系数；T 为绝对温度。即在形变量较小时，$\gamma \to \alpha$ 转变速率较慢；在中等形变量下，转变速率较快；当转变量达到平衡数值后，再增加形变量，转变速率又趋缓。总的来说，形变量对 DIF 含量有较大的影响，而当其转变量达到平衡值后，影响不再显著。在 780℃下形变，当形变量较低时未有 DIF 产生，当形变量超过 0.69 后，铁素体量明显增加，其趋势与在 700℃形变的曲线相同，但 700℃形变 0.5 就可得到 780℃形变 1.2 时产生的 DIF 含量。这说明形变温度的提高使曲线右移，形变温度与形变量共同影响形变诱导铁素体的析出，在形变量一定的条件下，形变温度对 DIF 起决定作用。

35K 钢在 700℃形变时不同形变量下的真应力-真应变曲线如图 8-36 所示。可见，刚开始应力随形变的增加而增加，以形变引起的加工硬化为主，曲线较陡；随着奥氏体发生回复以及 DIF 沿晶界析出后起到的软化作用抵消了部分加工硬化，曲线变缓；当铁素体充满全部奥氏体晶界，同时奥氏体内形变带或孪晶带等高畸变能区也已形成，而 DIF 还没有普遍从这些位置析出时，即真应变 ε=0.4 左右，应力达到峰值；此后随形变的增加应力缓慢降低，原因在于 DIF 在奥氏体与铁素体相邻晶界、奥氏体形变带等高畸变能区大量形核析出的软化作用起主导作用。这样通过 DIF 在奥氏体区的大量形核和析出，实现了把原始的奥氏体分割成扁长的奥氏体和孤立的奥氏体小岛，同时碳原子主要聚集在铁素体晶界、铁素体与未转变奥氏体界面以及未转变的奥氏体内。

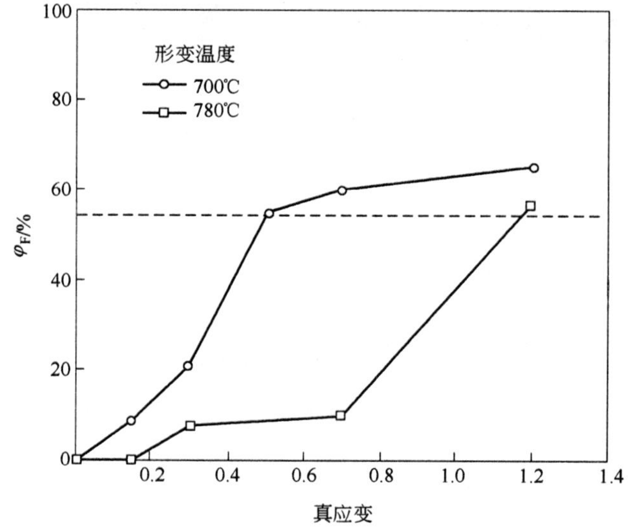

图 8-35　35K 钢在不同温度形变后的形变诱导铁素体体积分数 φ_F 随形变量的变化

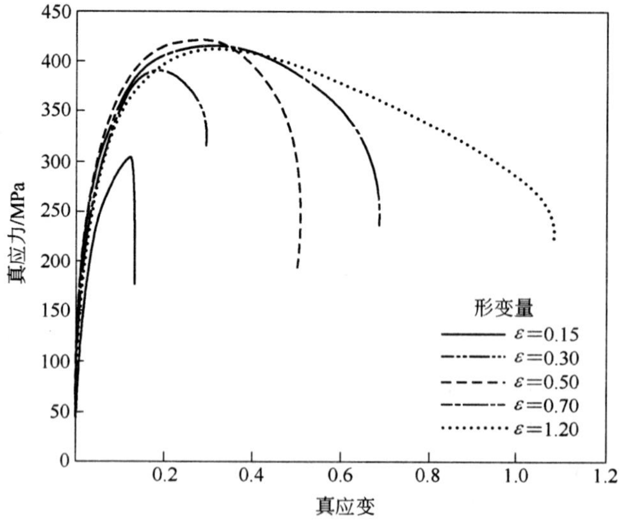

图 8-36　35K 钢在 700℃不同形变量下的真应力-真应变曲线

8.5.3.4 不同温度形变和等温后的组织变化

图 8-37 为 35K 钢未形变及在不同温度进行应变为 0.69 的形变，随后在 680℃等温 10 min 后空冷的微观组织。可见，未形变试样中珠光体发生一定程度的退化，部分渗碳体呈短棒状或颗粒状（图 8-37*a*）；850℃形变试样中珠光体片层间距细小，也发生一定程度的退化；此后随着形变温度降低到 800℃和 750℃，铁素体边界富碳的膜或未转变奥氏体小岛发生转变，渗碳体大多呈短棒状或颗粒状（图 8-37*b*,*c*）；进一步将形变温度降低到 700℃时，则得到了渗碳体基本呈短棒状或颗粒状的良好球化组织（图 8-37*d*）。

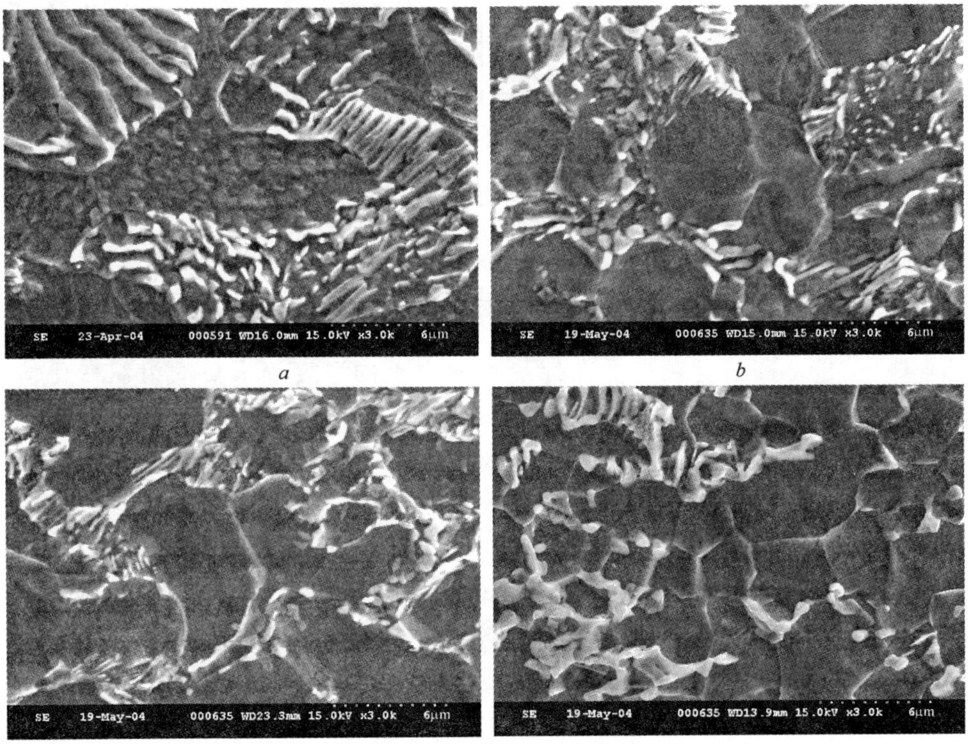

a *b*

c *d*

图 8-37 35K 钢在不同温度形变 0.69 后在 680℃等温 10 min 后空冷的 SEM 组织

a—未形变；*b*—800℃；*c*—750℃；*d*—700℃

图 8-38 为 35K 钢在 750℃进行名义应变 1.2 的形变，在 700℃等温不同时间后水冷的组织。由于试样呈严重鼓形，因而试样中心的应变量应明显高于名义值。可见，在较高温度如 750℃形变时，提高形变量同样可获得良好的球化

组织。从图 8-38 中还可以看出，在细小的铁素体晶粒内也有少量的颗粒状渗碳体。

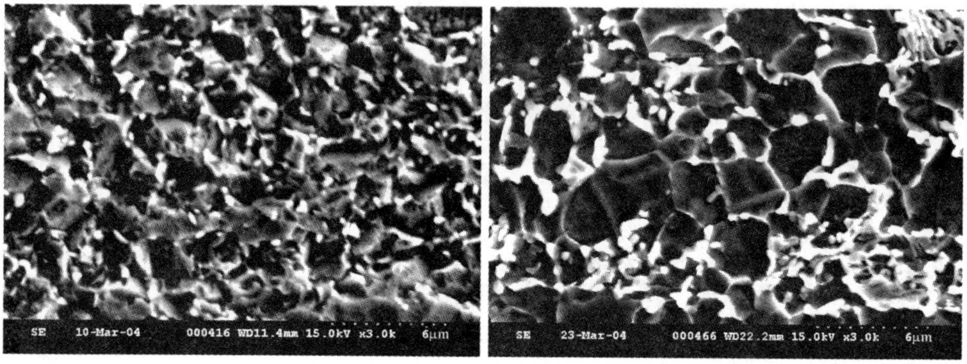

a　　*b*

图 8-38　35K 钢在 750℃形变后在 700℃保温不同时间后水淬的组织变化（ε>1.2）

a—5 min；*b*—10 min

8.5.3.5　形变后缓慢冷却过程中的组织变化

图 8-39 为实验料变形后在控冷过程中不同温度淬火后的组织变化情况。可见，在 750℃等温 0.092 s（相当于以 10/s 压缩形变量 0.92 所需的时间）并控冷后的组织为粗大的铁素体和片层状珠光体，少量珠光体发生退化。形变并控冷到 700℃淬火的组织为细小（形变诱导）铁素体和大量细珠光体以及少量马氏体，说明快冷把形变的特征保留下来了，而且这种组织即使控冷到 670℃变化也不明显。形变并控冷到 640℃淬火的组织为细小铁素体和短棒状渗碳体，局部为粗片层状渗碳体，该珠光体片层间距比图 8-39*b*,*c* 中的珠光体片层间距大得多，因而可认为先前的细珠光体为淬火过程中形成的，并不是过冷奥氏体共析转变的，据此可推断共析转变温度在 670～640℃间，比测定的 620℃高，进一步说明形变提高了共析转变温度。控冷到 600℃淬火发现扭折的渗碳体进一步断开、长大和球化，片层状渗碳体变化不明显，少量铁素体实现多边形化。控冷到 600℃后空冷的组织基本与图 8-39*e* 类似。总的来说，铁素体在控冷过程中长大不明显，片层状渗碳体在控冷过程中不易实现断开而球化，即过冷奥氏体转变产物主要与转变前的组织（此处为形变引起 DIF）状态密切相关，在随后的控冷过程中主要按 Ostwald 熟化机制变化。

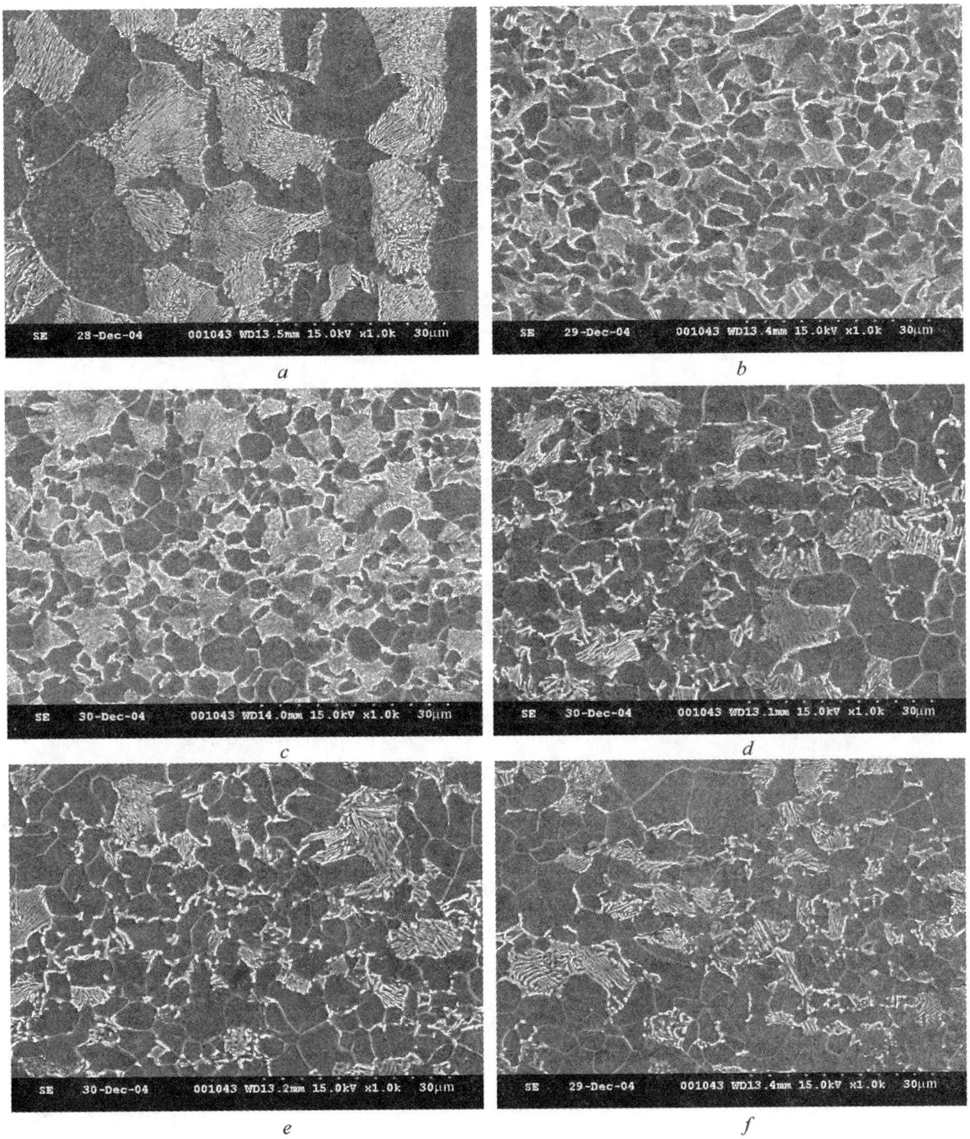

图 8-39 35K 钢未形变与形变后控冷过程中的组织演变（变形速率 10/s）

a—750℃等温 0.092 s 并控冷到 600℃后空冷；*b*—750℃形变 0.92 并控冷到 700℃后淬火；*c*—750℃形变 0.92 并控冷到 670℃后淬火；*d*—750℃形变 0.92 并控冷到 640℃后淬火；*e*—750℃形变 0.92 并控冷到 600℃后淬火；*f*—750℃形变 0.92 并控冷到 600℃后空冷

8.5.3.6 不同温度下形变时中碳钢组织转变的理论解释

由于形成片层状珠光体需要铁素体与渗碳体的协同长大，而影响其协同长大的因素有形变温度、形变量、奥氏体原始晶粒尺寸等。形变温度作为控制轧制的一个重要参量，破坏了珠光体转变所需的协同长大条件，从而严重影响了形变奥氏体在随后控冷或等温过程中的分解方式，具体如下：

A　形变温度高于 Ad_3 点

在其他条件不变的情况下，当形变温度高于 Ad_3 点（平衡状态开始出现铁素体相的 Ae_3 平衡点,由于形变储能 ΔG_D 的影响该平衡点上升为 Ad_3[48]），如 950℃时，形变储能很低，无 DIF 析出，此时形变奥氏体在随后低于 A_1 点的控冷过程中转变为铁素体（F）+片层状珠光体（P），如图 8-40*a* 所示。显然，在控冷结束前，按照能量趋低原理，部分片层状珠光体会发生一定程度的退化。

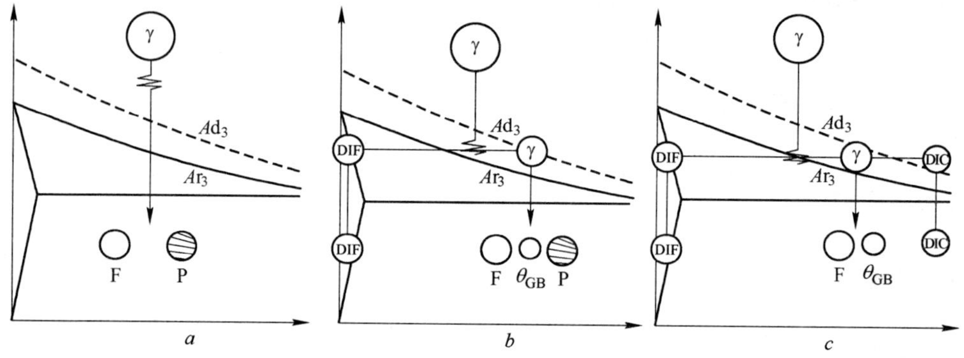

图 8-40　中碳钢在不同温度下形变时的微观组织变化示意图

B　形变温度介于 Ad_3 和 Ar_3

形变储能的引入使铁素体临界形核功降低，形核率大幅度提高。因此，当 35K 钢的形变温度低于 Ad_3 点（高于 Ar_3 点）时，DIF 含量随形变温度的降低而提高。在形变诱导铁素体相变过程中，从铁素体中排出的碳往往并不是均匀地富集于未转变奥氏体中，而是在铁素体/铁素体界面和铁素体/奥氏体之间的界面前沿高度富碳。界面处这些高度富碳奥氏体区在随后的等温甚至形变过程中易析出短棒状或颗粒状渗碳体。由于能量趋低原理，这种短棒状渗碳体还会在随后的控冷过程中溶断而逐渐球化。而未转变的奥氏体转变为铁素体+珠光体。因此，此时的微观组织为铁素体+珠光体+晶界渗碳体。

然而，上述组织中各相的形态和所占的比例受形变温度和形变量所影响的奥氏体的形变储能、富碳程度和尺寸等的影响。通过上面的体系自由能计算、碳偏聚现象以及动态过程研究和不同温度形变奥氏体分解方式的分析，可以得出 DIF 在控冷过程中受钉扎作用长大不明显以及形变奥氏体在控冷过程中的分解模型（图 8-41）：

（1）当未转变奥氏体尺寸很小时，特别是位于 DIF 棱角处的奥氏体，直接析出球粒状或短棒状渗碳体，见图 8-41*a*；

（2）当未转变奥氏体尺寸较大时，主要是扁长的或小岛状奥氏体，转变为退化珠光体，见图 8-41*b*。因此，可以认为是形变破坏了珠光体转变所需的协同长大条件，在一定成分和浓度、能量起伏下，促使形变奥氏体偏离平衡态而发生离异分解。

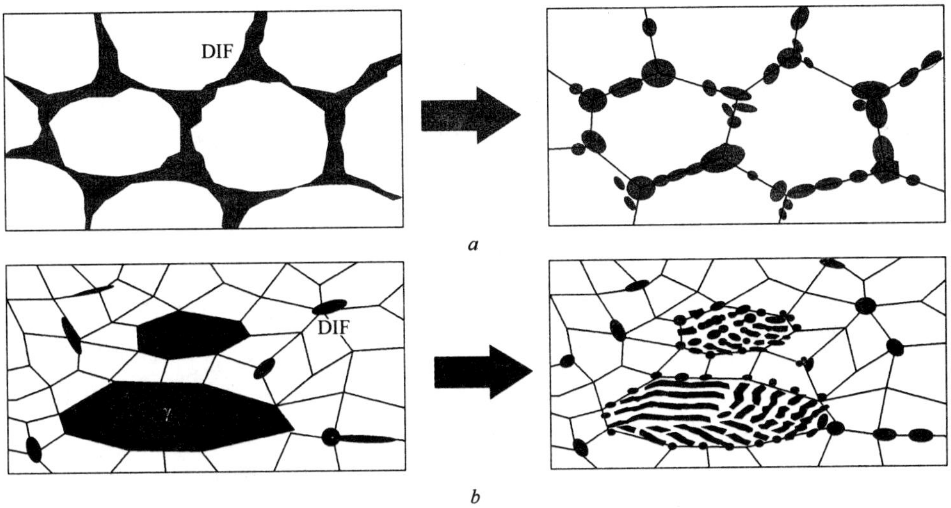

图 8-41 中碳钢的组织演变示意图

a—DIF 晶界处奥氏体转变为球粒状或短棒状渗碳体；*b*—形变奥氏体转变为退化珠光体

35K 钢在平衡态的铁素体含量为 56%。当形变温度为 750℃时，形变诱导铁素体含量 φ_F 即接近平衡态；继续降低形变温度，φ_F 明显增加，远大于平衡态含量，与此对应的未转变奥氏体含量也高于平衡态含量，这时被铁素体分割包围的未转变奥氏体高度富碳（平均碳含量为 0.95%），且其尺寸也愈来愈小，呈小岛状。因此，当形变温度小于 750℃时，将获得较多的晶界渗碳体，而片层状珠光体量较少。这说明未转变奥氏体晶粒的超细化有利于获得球状珠光体。反之，当形变温度较高如 800℃、850℃时，形变储能较低，形变诱导铁素体量较少，低于平衡态，未转变奥氏体尺寸较大，其中的富碳程度较低，低于珠光体转变的共析成分。这些均使得未转变奥氏体在随后的控冷过程中先析出铁素体，而后富碳浓度达到共析成分时发生珠光体共析转变，显然按照这种机制将获得较多的片层状珠光体。故在此温度区形变获得铁素体（F）+晶界渗碳体（θ_{GB}）+片层珠光体（P），图 8-40*b* 所示。

C 形变温度在 Ar_3 点附近

当形变温度很低，如在 Ar_3 点附近形变时，形变储能很高，铁素体以细小等轴存在，同时形变提高了 A_3，使得未转变奥氏体内部产生极高的位错密度，渗碳体在位错线上等处大量领先形核，然后向各个方向以大致相等的速度长大成接近球状，因而获得十分细小弥散分布的球状或粒状形变诱导渗碳体（DIC）。故在此温度区形变获得 F+θ_{GB}+DIC，如图 8-40*c* 所示。

8.5.4　在线软化处理技术的工业应用

马钢股份公司于 2003 年对其原有的高速线材轧机进行了升级改造，形成了马钢高线独具特色的、具有自主知识产权的热机械轧制工艺技术生产线。经过全面改造的马钢新高速线材轧机，具有低温（750℃）轧制的超重载精轧机组和减定径机、CCT 工艺控制、全线的数字化控制和在线测径技术；轧后控制冷却线长 105 m，18 台大风机，40 个保温罩盖，最新型风嘴设计，可实现低温轧制后的缓慢冷却。

在线软化处理高性能冷镦钢的生产工艺路线为：铁水预处理脱硫→60 t 复吹转炉→吹氩站喂线→LF 炉精炼→140 mm^2 小方坯连铸→高速线材热机械轧制→成品盘条。采用该工艺路线和特有技术可生产免退火 SWRCH 35K 系列、简化退火 SCM435 系列等常用的冷镦钢品种，目前累计生产量三十多万 t。

8.5.4.1　免退火处理的在线软化中碳冷镦钢盘条

一般常规轧制的 SWRCH 35K 盘条的金相组织为铁素体+片层状珠光体，抗拉强度 R_m 为 580～620MPa，断面收缩率 Z 为 40%～50 %。马钢在线软化工艺生产的 SWRCH 35K-M 钢盘条的晶粒度 8～10 级，微观组织为超量析出的铁素体+退化或球化的珠光体（图 8-42），不同规格 SWRCH 35K-M 钢盘条力学性能的统计结果见图 8-43，R_m 平均值为 525 MPa，Z 平均值为 52.5%。国家钢铁材料测试中心的检测结果见表 8-3。SWRCH35K-M 线材按 10%左右减面率拉拔，成品丝硬度 HRB≤87，不退火直接冷镦时不增加模具消耗，完全满足紧固件生产的要求。

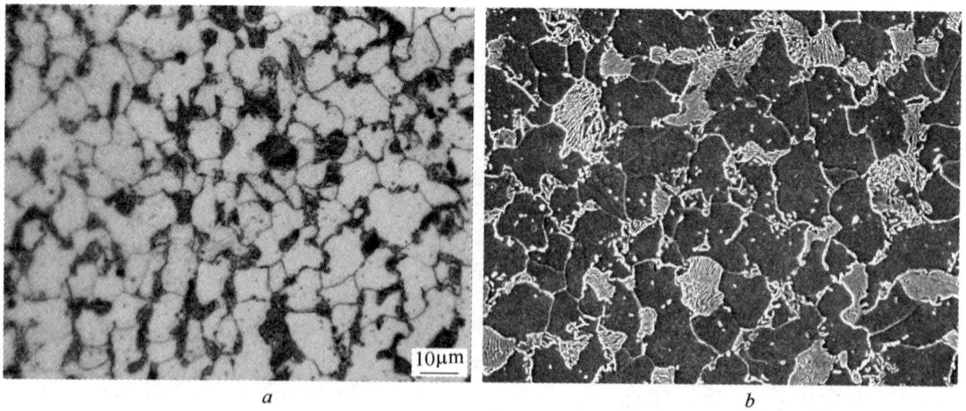

图 8-42　在线软化处理技术生产的 SWRCH 35K-M 钢盘条热轧态的微观组织形貌

a—光学金相；*b*—SEM

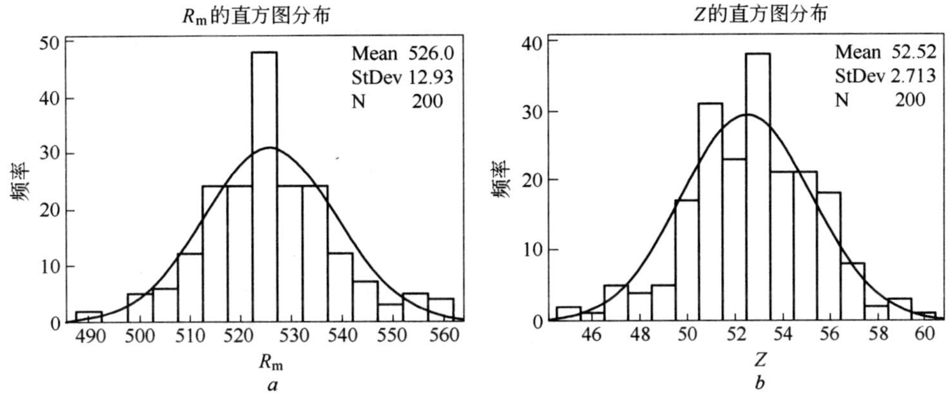

图 8-43 在线软化处理的 SWRCH 35K-M 钢盘条的抗拉强度（a）及断面收缩率（b）的统计结果

表 8-3 国家钢铁材料测试中心检测的 SWRCH35K-M 线材的力学性能

序 号	规格/mm	R_m/MPa	A_{100mm}/%	Z/%
1	16	540	30.5	54.5
2	16	540	29.0	52.0
3	14	515	29.0	53.0
4	14	505	29.0	54.0
5	12	525	26.5	52.0
6	12	540	28.0	54.5
7	8	510	27.5	59.0
8	8	510	23.0	57.5

8.5.4.2 简化退火处理的在线软化中碳合金冷镦钢盘条

常规轧制的 SCM435 钢盘条的微观组织中往往含有较多的贝氏体/马氏体组织,因而其强度高（R_m 在 950 MPa 左右）、塑性低（$Z \leqslant 35$ %）。马钢在线软化处理的 SCM435 钢盘条的微观组织为铁素体+退化珠光体，$R_m \leqslant 730$ MPa，$Z \geqslant 58$ %，硬度 HRB≤90。这种盘条经 9 h 的简化球化退火后碳化物基本球化，完全满足冷镦要求，而比常规轧制盘条退火时间（通常在 30 h 以上）缩短了 2/3[50]。

参考文献

[1] 胡光立，谢希文．钢的热处理-原理和工艺[M]．西安：西北工业大学出版社，1993:67～69.

[2] O’Brien J M, Hosford W F. Spheroidization Cycles for Medium Carbon Steels[J]. Metall.

Mater. Trans. A, 2002, 33A（4）:1255～1261.

[3] 惠卫军. 在线软化处理中碳冷镦钢的研究[D]. 博士后出站科研报告，钢铁研究总院博士后马钢工作站，2006.3.

[4] 安运铮. 热处理工艺学[M]. 北京：机械工业出版社，1982.

[5] Tian Y L, Kraft R W. Mechanisms of Pearlite Spheroidization[J]. Metall Trans A, 1987,18:1403～1414.

[6] N. N. 诺维柯夫[苏]. 金属热处理理论[M]. 北京：机械工业出版社, 1987.

[7] 刘宗昌，任慧平，宋义全. 金属固体相变教程[M]. 北京：冶金工业出版社, 2003.

[8] 章为夷. 等温球化处理过程中球状碳化物的 Ostwald 长大现象[J]. 材料科学与工艺, 1993, 1（4）:44～48.

[9] 肖纪美. 合金相与相变[M]. 北京：冶金工业出版社, 1987.

[10] Chattopadhyay S, Sellars C M. Quantitative measurements of pearlite spheroidization[J]. Metallography, 1977, 10:89～105.

[11] Robbins J L，Shepard O C，Sherby O D．Accelerated Spheroidization of Eutectoid Steels by Concurrent Deformation[J]．Journal of the Iron and Steel Institute，1964,（12）:804～807.

[12] Chojnowski E A，Tegart W J M．Accelerated Spheroidization of Pearlite[J]．Metal Science Journal，1968, 2:14～18.

[13] Paqueton H ， Pineau A ． Acceleration of Pearlite Spheroidization by Thermomechanical Treatment[J]．Journal of Iron and Steel Research，1971, （10）: 991～998.

[14] 章为夷. 影响碳化物球化的若干因素[J]. 金属热处理, 1992, （5）:34～38.

[15] 木下修司. 鋼の球状化焼なまし[J]. 熱処理, 1975, 15（4）:237.

[16] 王金山，焦作山，樊邯生. 钢的球化退火机理的研究[J]. 特殊钢, 1982, （3）:1.

[17] 章为夷. 球化处理中残留碳化物的作用[J]. 热加工工艺, 1994, （4）:15～18.

[18] 王学芝，章为夷. 碳化物的球化过程和机理探讨[J]. 大连铁道学院学报, 1997, 18（3）:51～56.

[19] 中国机械工程学会热处理专业分会《热处理手册》编委会. 热处理手册（第 3 版） 第 1 卷 工艺基础[M]. 北京：机械工业出版社, 2001.

[20] O'Brien J M, Hosford W F. Spheroidizing of medium carbon steels[C]. 19th ASM Heat Treating Society Conference Proceedings Including Steel Heat Treating in the New Millennium. Materials Park, 2000, 638～644.

[21] 吴凡，赵恂，姜冀湘. 钢中碳化物形态控制的一种新理论——渗碳体从母体直接稳态析出[C]. 材料加工和研究新技术（2），94 秋季中国材料研讨会（Ⅳ），北京：化学工业出版社，1995, 283～286.

[22] 惠卫军，于同仁，苏世怀，董瀚，翁宇庆. 中碳钢球化退火行为和力学性能的研究[J]. 钢铁, 2005, 40（9）:60～64.

[23] Whiteley J H. The Formation of Globular Pearlite[J]. JISI, 1922,105:339～357.

[24] 井上毅，十代田哲夫，金子晃司，高田寿. 機械構造用鋼線材の急速球化処理法の開発[J]. 鉄と鋼，1983, 69（10）:1296～1302.

[25] 吕英怀, 张芝安, 孙宝臣. 中碳钢快速球化退火工艺的研究[J]. 东北重型机械学院学报，1994, 18（4）:323～326.

[26] 杨仁山. 40Cr 钢的快速循环球化退火的研究[J]. 热加工工艺, 1993, （3）:5～7.

[27] 杨仁山. 45 号钢快速循环球化退火的研究[J]. 上海金属, 1994, 16（6）:42～45.

[28] 吴凡，曾祥云，卞波，姜冀湘. 中碳钢碳化物相的应变诱发快速球化[J]. 国防科技大学学报, 1991, 13（3）:117～121.

[29] 金築裕，勝亦正昭，澤田裕治. 中炭素鋼の球状化挙動に及ぼす制御圧延，制御冷却の效果[J]. 鉄と鋼，1989，75:1178～1185.

[30] 金築裕，勝亦正昭，澤田裕治. 制御圧延·制御冷却を適用した中炭素球状化簡略化棒鋼の開発[J]. R·D 神戸製鋼技報，1990,40（3）:73～76.

[31] 翁宇庆. 钢铁结构材料的组织细化[J]. 钢铁, 2003, 38（5）:1～11.

[32] 辻伸泰. 鉄鋼材料の結晶粒超微細化[J]. 鉄と鋼, 2002, 88（7）:359～369.

[33] 李维娟，王国栋，刘相华. 低碳钢的晶粒细化与碳化物析出[J]. New Generation Steel’2001, Beijing , China, Nov.13-16, 2001, 311～314.

[34] 杨平，郝广瑞，孙祖庆. 低碳钢中超细铁素体的长大倾向[J]. 北京科技大学学报, 2002, 24（5）：519～524.

[35] 田朝旭，杨平，孙祖庆. Q235 碳素钢超细铁素体组织的退火过程研究[J]. 材料热处理学报， 2003，24（3）：18～22.

[36] Hata H, Yaguchi H, Shimotsusa M, et al. Development of High Quality Wire Rod through Thermomechanical Control Processes[J]. Kobelco Technology Review, 2002,（25）:25～29.

[37] 佐藤 孝，村上雅昭，佐藤洋 等. 緩速冷却技術の開発——基礎試験結果[J]. 鉄と鋼，1982，S1307.

[38] 須藤忠三，相原賢治，神原進. 直接球状化製造条件の検討[J]. 鉄と鋼，1984，S540.

[39] 星野俊幸，峰公雄，坂本俊夫 等. 低合金鋼線材の直接軟化[J]. 鉄と鋼，1986，S1391.

[40] 吴凡，董军锁. 中碳当量冷顶锻钢碳化物快速球化的工业实验[J]. 钢铁研究学报，1997，9（4）：64～66.

[41] 徐德生. 球化钢 QML35 工艺试验研究[J]. 汽车科技，2000，（6）:44～46.

[42] Lee D L，Lee Y H，Choi J K，et al. The effect of SIDT on the microstructure of medium carbon steel[J]. Posco Tech，2002:269～271.

[43] Park J, Song D H, Lee D, Choo W Y. Grain refinement of medium carbon steel with controlled thermo-mechanical deformation[C]. in：Zhu Y T, Langdon T G, Mishra R S, Semiatin S L, Saran M J, Lowe T C eds，Ultrafine Grained Materials Ⅱ, Seattle：The Minerals, Metals & Materials Society, 2002:275～280.

[44] Storojeva L, Kaspar R, Ponge D. Ferritic-pearlitic steel with deformation induced spheroidized cementite[J]. Mater Sci Forum, 2003, 426～432:1169～1174.

[45] 胡孝三，于同仁，梁皖伦．高强度冷镦钢热机轧制工艺模拟试验研究[J]．钢铁, 2003, 38（12）:49～52.

[46] 惠卫军，田鹏, 董瀚, 苏世怀，于同仁，翁宇庆. 形变温度对中碳钢组织转变的影响[J]. 金属学报, 2005, 41（6）:611～616.

[47] 田鹏，惠卫军，刘荣佩，张步海，于同仁，苏世怀. 形变参数对中碳钢组织转变的影响[J]. 材料热处理学报, 2005, 26（4）:69～73.

[48] 翁宇庆 等. 超细晶钢-钢的组织细化理论与控制技术[M]. 北京：冶金工业出版社，2003：140,118.

[49] McQueen H J, Ryan N D. Constitutive analysis in hot working[J]. Mater Sci. and Eng., 2002；A322：43～63.

[50] 于同仁，惠卫军，张步海，苏世怀. TMCP 在线软化处理中碳冷镦钢的研究开发[J]. 理化检验-物理分册, 2006, 42（6）:271～274,284.

名 词 术 语

A

奥氏体晶界迁移的激活能 126

B

包辛格效应 210
保证载荷试验 139
贝氏体铁素体 183
变形抗力 14
变形能力 14
表面缺陷 9
表面脱碳 10
表面质量 6
不可逆氢脆 34
不可逆陷阱 37
不完全球化组织 16

C

淬透性 153

D

等温球化退火 272
低碳贝氏体钢 183
低温轧制 11
低中碳硼钢 153
电解充氢 84
电子能量损失谱（EELS） 117
动态回复 293
动态再结晶 286

E

二次硬化 87

F

非调质钢 177
非调质螺栓 188
非金属夹杂物 6
非扩散性氢 40

G

高强度紧固件 1
高强度紧固件用钢 6
高强度螺栓 2
高强度螺栓钢 63

H

恒应变延迟断裂试验 51
恒载荷延迟断裂试验 50
缓慢冷却球化退火 272
回复 211
回火脆性 97

J

紧固件 1
晶界偏聚 75
晶界强化 64
晶界碳化物 79
晶粒细化 68
精密轧制 8

K

可扩散性氢 40
可逆氢脆 34
可逆陷阱 37

控制冷却　11
控制轧制　11
快速球化退火　283
快速循环热处理　65

L

冷拔　179
冷拔减面率　190
冷变形　177
冷成形性　14
冷顶锻　7
冷顶锻试验　15
冷镦　6
冷镦钢　6
冷镦性　6
冷作强化　177
冷作强化非调质钢　177
粒状贝氏体　194
裂纹扩展速率(da/dt)　40
裂纹萌生临界变形量　19
裂纹萌生曲线　17
临界变形量　17
临界扩散性氢量(w_c(H))　52
炉外精炼　6
螺栓　1

M

慢应变速率实验（SSRT）　40
门槛应力(σ_c)　47
摩擦性能　231
钼元素　109

N

耐延迟断裂高强度螺栓钢　64

P

硼钢　153
硼钢晶粒尺寸的控制　156
硼元素　153
疲劳裂纹扩展速率　135
疲劳性能　28
片层状珠光体　265

Q

氢促进局部塑性变形理论　47
氢脆　34
氢降低表面能理论　46
氢降低键合力（弱键）理论　45
氢扩散系数　86
氢陷阱　37
氢压理论　45
氢逸出峰　93
氢逸出曲线　85
氢致材质恶化　34
氢致塑性损失　48
氢致延迟断裂应力场
强度因子(K_{th}, K_{IH})　41
球化率　25
球化体　265
球化退火　14
缺口敏感性　129
缺口应力集中系数　28

R

热放氢法　38
热机械轧制　306
热轧双相冷镦钢　239
韧脆转变温度　132

S

S-N 曲线 30
时效处理 179
双相钢 237
双相区球化退火 272

T

碳化物（渗碳体）球化 264
退化（离异）珠光体 288
退火处理 265

W

微合金化元素 79
温度补偿形变速率因子（*Z* 参数） 296

X

先共析铁素体 107
陷阱结合能 37
楔负载试验 140
形变储能 293
形变激活能 296
形变极限曲线 17
形变球化退火 272
形变热处理 65
形变温度 299
形变诱导渗碳体（DIC） 306
形变诱导铁素体（DIF） 293
形变诱导铁素体（DIF）超量析出 299
形变诱导铁素体相变（DIFT） 293

Y

亚温球化退火 272
延迟断裂 1
延迟断裂抗力 41
延迟断裂敏感性 33
延迟断裂强度比（*DFSR*） 69
沿晶断裂 64
应力腐蚀 34
应力腐蚀临界应力场强度因子（K_{ISCC}） 40
应力集中 28
应力诱导扩散 34

Z

杂质元素 21
再结晶 179
在线软化处理 288
中碳钢 265
中碳合金钢 292
周期球化退火 272
铸坯 10
准解理断裂 85